U0301576

“十四五”国家重点出版物
出版规划项目

环保公益性行业科研专项经费项目系列丛书

固体废物处理与资源化技术进展丛书

Pollution Characteristics and Risk Control of
Residue from Inorganic Chemical Industry

无机化工废渣污染特征与污染风险控制

颜湘华　王兴润　等 编著

化学工业出版社
·北京·

内容简介

本书以无机化工废渣污染特征分析及污染风险控制为主线，主要介绍了无机化工行业的特点和现状，筛选了废渣产生量大和环境污染严重的十大无机化工行业（硫酸、烧碱、纯碱、铬盐、碳酸钡、钛白、黄磷、硼砂、氧化镁和硫酸锰）作为调研对象，全面分析了相应的主流工艺、产废节点，系统调研了典型企业废渣的产生量、污染特性和处理处置过程的关键污染风险，并提出了无机化工废渣污染控制对策与建议。

本书具有较强的针对性和技术应用性，可供从事无机化工固体废物处理处置及污染管控等的工程技术人员、科研人员和管理人员参考，也可供高等学校环境科学与工程、化学工程、生态工程及相关专业师生参阅。

图书在版编目（CIP）数据

无机化工废渣污染特征与风险控制／颜湘华等编著. —北京：化学工业出版社，2023.6
（固体废物处理与资源化技术进展丛书）
ISBN 978-7-122-43797-6

Ⅰ．①无… Ⅱ．①颜… Ⅲ．①无机化工-废渣-污染防治 Ⅳ．①X781

中国国家版本馆 CIP 数据核字（2023）第 126732 号

责任编辑：刘兴春 刘 婧
文字编辑：白华霞
责任校对：刘曦阳
装帧设计：王晓宇

出版发行：化学工业出版社
（北京市东城区青年湖南街 13 号 邮政编码 100011）
印 装：北京建宏印刷有限公司
787mm × 1092mm 1/16 印张 $22^{1}/_{2}$ 字数 470 千字
2024 年 2 月北京第 1 版第 1 次印刷

购书咨询：010-64518888
售后服务：010-64518899
网 址：http://www.cip.com.cn
凡购买本书，如有缺损质量问题，本社销售中心负责调换。

定 价：168.00 元

“固体废物处理与资源化技术进展丛书”
编委会

《无机化工废渣污染特征与污染风险控制》
编著人员名单

编著者（按照姓氏笔画排序）：

王兴润　王海燕　王锐浩　史开宇　冉丽君　贠强栋

刘　雪　闫立宁　孙　敏　孙亚平　任艳玲　苏　闯

余惠琳　张　波　张羽嘉　张莹莹　范　琴　赵　园

胡小英　栗　欣　董　芬　曾亚嫔　靳留洋　颜湘华

潘　虹

前言

无机化工产品众多，应用范围广泛，是现代工业文明的基石。近些年，我国无机化工行业获得长足的发展，多个无机化工产品产量居于世界前列，在全球工业体系中占据重要地位。无机化工行业发展的同时，其废渣产生量大、污染风险大、处理处置率低、管理滞后等环境问题越来越受到关注。特别是近年来环保督察发现了多起废渣非法处置的案例，无机化工行业和相关企业面临的生态环境保护压力不断加大。

无机化工行业涉及产品众多，每个产品的生产工艺、原料和反应条件各不相同，使得产生的废渣种类繁多，废渣的产生量、污染因子、化学成分和矿物质组成等都有较大差异，情况十分复杂。本书针对无机化工废渣产生工艺环节不明、产废系数不清、处理处置过程污染风险不明确等问题展开讨论分析，基于废渣产生量大、环境污染关注度高等因素筛选了十大典型无机化工行业（硫酸、烧碱、纯碱、铬盐、碳酸钡、钛白、黄磷、硼砂、氧化镁和硫酸锰），选取了43个典型企业开展实地调研和采样分析，剖析典型无机化工废渣的产生特性和污染特性，总结废渣的处理处置方式和环境风险，并提出相应的污染控制技术推广应用政策建议，可为无机化工、固体废物处理处置等相关行业的从业人员提供技术参考和案例借鉴，为生态环境监督管理提供管理建议，为建立我国无机化工废渣无害化管理体系提供技术支撑和理论依据。

本书由颜湘华、王兴润等编著，具体编著分工如下：第1章由颜湘华、孙敏编著；第2章由胡小英、苏闯、任艳玲编著；第3章由冉丽君、王锐浩编著；第4章由冉丽君、张波编著；第5章由王兴润、潘虹编著；第6章由曾亚嫔、史开宇编著；第7章由问立宁、张羽嘉编著；第8章由董芬、余惠琳编著；第9章由栗欣、王海燕编著；第10章由范琴、靳留洋、贠强栋编著；第11章由颜湘华、刘雪编著；第12章由张莹莹、孙亚平、赵园编著。全书最后由颜湘华、王兴润统稿并定稿。

本书获得环保公益性行业科研专项项目《无机化工废渣污染特征与污染风险控制研究》（201309020）的支持，在此表示感谢。本书引用了中国环境科学研究院、生态环境部环境工程评估中心、生态环境部华南环境科学研究所、中国无机盐工业协会、四川省生态环境科学研究院、三门峡市生态环境局义马分局、内蒙古自治区固体废物与土壤生态环境技术中心等单位的部分研究内容，在此表示感谢。

本书对无机化工行业废渣的污染特性和污染风险分析是首次尝试，尚有不足之处，虽已进行多次修改和完善，限于编著者水平及编著时间，不当和疏漏之处在所难免，望读者不吝指正。

编著者

2023 年 1 月

目录

第 1 章 绪论 1

第 2 章 硫酸行业废渣污染特征与污染风险控制 9

第 5 章 铬盐行业废渣污染特征与污染风险控制 125

第 6 章 碳酸钡行业废渣污染特征与污染风险控制 157

第 9 章 硼砂行业废渣污染特征与污染风险控制 248

第 10 章 氧化镁行业废渣污染特征与污染风险控制 271

第1章 绪论

- 无机化工行业的发展与特点
- 无机化工废渣的基本情况
- 无机化工废渣存在的环境问题
- 本书内容涉及调研的十大无机化工行业

1.1 无机化工行业的发展与特点

1.1.1 无机化工行业的分类

无机化工是无机化学工业的简称，是以天然资源和可再生资源为主要原料进行加工、合成的基本原材料工业，是应用范围最广的工业，是现代工业文明的基石。无机化工作为与有机化工相对应的一个范畴，实际并没有一个完全清晰、统一的标准和范围，因为二者往往交叉在一起不能截然分开。通常来讲，无机化工主要包括无机酸、无机碱、无机盐、化肥类等类别[1-3]。

1.1.1.1 无机酸

无机酸包括盐酸、硝酸、硫酸等。化工行业有“三酸两碱”之称，其中的“三酸”即上述三大无机酸类。

（1）盐酸

盐酸是氯化氢（HCl）的水溶液，属于一元无机强酸，工业用途广泛。盐酸为无色透明的液体，有强烈的刺鼻气味，具有较高的腐蚀性，浓盐酸（质量分数约为 37%）具有极强的挥发性。盐酸主要用于制造氯化物，如氯化铵、氯化锌等；可用于有机合成，例如可用于制造聚氯乙烯、氯丁橡胶和氯乙烷等；还可用于稀有金属的湿法冶金和金属表面处理、漂染工业、医药生产；另外，其在石油工业、食品工业、制革等行业中也有大量应用。我国盐酸产量近些年呈下滑趋势，2020 年中国盐酸产量为 733.4 万吨。

（2）硝酸

硝酸是一种具有强氧化性、强腐蚀性的强酸，属于一元无机强酸，是一种重要的化工原料，其水溶液俗称硝镪水。在工业上可用于制化肥、农药、炸药、染料、照相材料、颜料和盐类等；在有机化学中，浓硝酸与浓硫酸的混合液是重要的硝化试剂。由于国家环保政策的日益严格，以及“去产能”政策的持续推进，我国硝酸产量近些年呈下滑趋势，2020 年中国硝酸产量为 205 万吨。

（3）硫酸

硫酸是一种无机化合物，纯净的硫酸为无色油状液体，通常使用的是它的各种不同浓度的水溶液。硫酸是重要的基本化工原料。硫酸素有“化学工业之母”之称，在国民经济各部门都有着广泛用途，例如石油精制，金属材料的酸洗，铜、铝、锌等有色金属的提炼，纺织品的漂白、印染，除草剂、炸药等的制造，都需要大量的硫酸。尤其是现代尖端科学技术领域，作为火箭高能燃料的氧化剂、耐高温轻质钛合金和高温涂料的制造等都离不开硫酸或发烟硫酸。近些年，我国硫酸产量保持缓慢增长的态势，2020 年中国硫酸产量为 9869 万吨。

1.1.1.2 无机碱

无机碱主要是纯碱（碳酸钠）和烧碱（氢氧化钠）[4]。

（1）纯碱

化学名称碳酸钠，又名苏打或碱灰。纯碱是玻璃生产、肥皂生产、纺织、冶金等工业的重要原材料，主要用于平板玻璃、玻璃制品和陶瓷釉的生产，此外还常用作制造其他化学品的原料，作为一种重要的无机化工原料能够广泛应用于轻工日化、建材、化工、食品工业等领域。近些年，我国纯碱产量保持缓慢增长趋势，2020 年纯碱产量为 2812.4 万吨。

（2）烧碱

烧碱一般指氢氧化钠，具有强碱性，腐蚀性极强。烧碱在化学工业上用于生产硼砂、氰化钠、甲酸、草酸和苯酚等，还用于造纸、纤维素浆粕、肥皂、合成洗涤剂、合成脂肪酸的生产，也用于玻璃、搪瓷、制革、医药、染料和农药等行业，用途非常广泛。近些年，我国烧碱产量保持缓慢增长趋势，2020 年烧碱产量为 3643.2 万吨。

1.1.1.3 无机盐

无机盐工业除了盐类产品通常还包括“三酸”之外的各类无机酸、“两碱”之外各类金属的氢氧化物等无机碱，以及氮化物、氟化物、氯化物、溴化物、碘化物、氢化物、氰化物、碳化物、氧化物、过氧化物、硫化物等元素化合物和钾、钠、磷、氟、溴、碘等单质。但一般不包括化肥、原盐及部分无机颜料。无机盐工业是我国化学工业的重要组成部分，无机盐产品用途既涉及造纸、橡胶、塑料等有关的工业，又涉及与农药、饲料添加剂、化肥有关的行业；既涉及太空的空间技术，又涉及入地的采矿、采油和航海；既在高新技术领域中的信息产业、电子工业以及各种材料工业中有应用，又与日常生活中的轻工、建材、交通息息相关。

1.1.1.4 化肥类

化肥类等无机盐产品主要是氮肥、磷肥和复合肥。化肥是人造肥料，绝大多数是无机化合物，故化肥生产属无机化工。化肥工业的发展带动了化学矿开采工业、硫酸工业、合成氨工业等的发展，化肥工业是化学工业中一个非常重要的部门。化肥工业生产氮肥、磷肥、钾肥、复合肥料、中量元素肥料、微量元素肥料和掺混肥料等。

1.1.2 无机化工行业的特点

与其他化工部门相比，无机化工行业主要有以下特点[5-7]。

① 无机化工在化学工业中是发展较早的部门，为单元操作的形成和发展奠定了基础。例如：合成氨生产过程需在高压、高温以及有催化剂存在的条件下进行，它不仅促进了这些领域的技术发展，也推动了原料气制造、气体净化、催化剂研制等方面的技术进步，而且对于催化技术在其他领域的发展也起了推动作用。

② 主要产品多为用途广泛的基本化工原料。除无机盐品种繁多外，其他无机化工产品品种不多。例如：硫酸工业仅有工业硫酸、蓄电池用硫酸、试剂用硫酸、发烟硫酸、液体二氧化硫、液体三氧化硫等产品；氯碱工业只有烧碱、氯气、盐酸等产品；合成氨工业只有合成氨、尿素、硝酸、硝酸铵等产品。但硫酸、烧碱、合成氨等主要产品都和国民经济各部门有密切关系，其中硫酸的产量在一定程度上标志着一个国家工业的发达程度。

③ 与其他化工产品比较，无机化工产品的产量较大。例如，“三酸两碱”中我国硫酸年产量近 1 亿吨，烧碱和纯碱年产量都在千万吨级别，而盐酸、硝酸年产量也在数百万吨。

1.1.3 无机化工行业的现状问题

受益于供给侧改革、需求增长及安全环保督察常态化，国内无机化工行业供需格局持续改善，产品产量稳步增长，价格同比提升，但原材料价格上涨造成企业成本端承压，国内无机化工行业现状存在以下问题[8-10]。

（1）结构性矛盾较为突出

我国无机化工传统产品普遍存在产能过剩问题，电石、烧碱、磷肥、氮肥等重点行业产能过剩尤为明显。目前国内高技术、高附加值的精细无机化工产品少，高物耗、高能耗、高污染、低附加值的基础产品多，无机化工行业产品仍以原料、通用型为主，品种规格相对较少，精细专用产品在数量和质量方面与国外比差距明显，行业精细化率仅35%左右，远低于发达国家水平。无机化工通用与精细产品之间未能在数量、规格、品种上形成完整的梯度体系。

（2）行业创新能力不足

科技投入整体偏低，前瞻性原始创新能力不强，缺乏前瞻性技术创新储备，达到国际领先水平的核心技术较少。无机化工行业布局分析、核心工艺包开发、关键工程问题解决能力不强，新一代信息技术的应用尚处于起步阶段，科技成果转化率较低，科技创新对产业发展的支撑较弱。

（3）安全环保压力较大

随着城市化快速发展，“化工围城”“城围化工”问题日益显现，加之部分企业安全意识薄弱，安全事故时有发生，行业发展与城市发展的矛盾凸显，“谈化色变”和“邻避效应”对行业发展制约较大。随着环保排放标准不断提高，行业面临的环境生态保护压力不断加大。

（4）产业布局不尽合理

无机化工行业企业数量多、规模小、产能分布分散，部分危险化学品生产企业尚未进入化工园区。同时，化工园区“数量多、分布散”的问题较为突出，部分园区规划、建设和管理水平较低，配套基础设施不健全，存在安全环境隐患。

1.2 无机化工废渣的基本情况

无机化工废渣是指无机化学工业生产过程中排出的各种工业废渣。由于化工生产过程中所用的原料种类、反应条件和工艺路线不同，使得产生废渣的渣量、污染因子、化学成分和矿物质组成等有较大差异，情况十分复杂[11]。国家经贸委发布的《资源综合利用目录》（2003 年修订）介绍的无机化工废渣包括硫黄渣、硫铁矿煅烧渣、硫酸泥渣、碱渣、盐泥、铬渣、含钡废渣、含氰废渣、电石渣、磷石膏、氟石膏等[12,13]。

目前我国还没有无机化工废渣年产生量的官方统计。根据相关行业协会的统计数据，无机化工废渣年产生量在 100 万吨以上的有硫酸产品废渣（1700 万吨/年）、钛白粉产品废渣（1600 万吨/年）、黄磷产品废渣（800 万吨/年）、纯碱产品废渣（400 万吨/年）、氧化镁产品废渣（400 万吨/年）、烧碱产品废渣（170 万吨/年）、硼砂产品废渣（140 万吨/年）、硫酸锰产品废渣（320 万吨/年）。此外，环境关注度高的废渣有重铬酸钠产品废渣（60 万吨/年）、碳酸钡产品废渣（50 万吨/年），共 5640 万吨/年。年产量 100 万吨以下的无机化工废渣总量按照 1000 万吨/年估算，我国无机化工废渣年总产生量约 6640 万吨。

1.3 无机化工废渣存在的环境问题

（1）废渣产量大、分布广、底数不清

初步统计，无机化工废渣占据了大量的厂房或农田，历年堆存的废渣量高达亿吨，且每年新产生约 6640 万吨废渣，数千个堆存点遍布全国。但目前尚缺乏我国无机化工废渣的产生工艺环节、产生量等基础数据。

（2）污染严重，环境风险隐患高

无机化工废渣含有 Cr、As、Ba、Pb、Zn、Cu 等重金属（或类金属），石棉、酸、碱等危险污染物，以及氮、磷、氯等有害元素，易造成地表水、地下水和土壤的污染，严重危及我国饮用水和食品安全。但目前对我国无机化工废渣的污染物种类、含量、结构形态和污染风险不清楚。

（3）监管手段有待完善，缺乏经济有效的处置手段和约束力

对无机化工废渣的污染特征、污染风险环节和控制技术方法未开展全面深入的研究，基础数据缺乏，难以实施针对性更强的科学管理。废渣偷排、漏排现象严重，导致污染事件频发，引起了严重的社会不良影响。例如：2009 年河南商丘某硫酸厂使用高砷硫铁矿烧制硫酸，废渣的简单堆放造成大沙河砷污染事件；2011 年云南曲靖铬渣随意倾倒导致水库污染事件；在 2005 年 12 月到 2006 年 1 月两个月内，国家环保总局（现生态环境部）通报的 6 起突发环境事件中，有 2 起事件是由无机化工废渣的无控制迁移扩散引起的。

1.4 本书内容涉及调研的十大无机化工行业

本书针对无机化工废渣产生工艺环节不明、产生量大、污染风险大、处理处置率低、管理滞后等问题开展基础性调查研究，以全面了解无机化工废渣的产生量、产生环节、污染特性，确定废渣综合利用和处理处置过程的关键污染风险节点，提出推荐的控制技术路线，并提出相应的污染控制技术推广应用政策建议，为建立我国无机化工废渣无害化管理体系提供支撑。

本书选取废渣产生量大和环境污染严重的十大无机化工行业作为研究对象，其基本情况见表 1-1。初步统计本书所研究废渣总产生量为 5640 万吨/年，约占无机化工行业废渣总产生量的 85%，涉及的环境关注度高的特征污染物有重金属铬、铅、锌、钡、锰、铜，类金属砷，及其他类污染物（如酸、碱、氮、磷、石棉等）。

表 1-1　调研的十大无机化工行业废渣产生情况（以 2010 年计）

序号	产品名称	生产工艺	废渣种类
1	硫酸	硫黄两转两吸	尾矿（熔硫滤渣和焚硫渣）
		硫铁矿煅烧	尾矿（焙烧炉的烧渣）
		冶炼烟气两转两吸	酸泥
2	烧碱	离子膜电解法	盐泥
			废硫酸
		隔膜电解法	石棉废物
			盐泥
			废硫酸
3	纯碱	氨碱法	蒸氨废渣及盐泥
		联碱法	氨二泥
		天然碱法	无

续表

序号	产品名称	生产工艺	废渣种类
4	重铬酸钠	有钙焙烧	浸取渣（铬渣）
			含铬铝泥
			含铬芒硝
		少钙焙烧	浸取渣（铬渣）
			含铬铝泥
			含铬芒硝
		无钙焙烧	浸取渣（铬渣）
			含铬铝泥
			含铬芒硝
		液相氧化	含铬铁渣
			含铬钙渣
5	碳酸钡	焙烧碳化法	含钡废渣
6	钛白	传统硫酸法	酸解废渣
			钛石膏
			$FeSO_4 \cdot 7H_2O$
		联产硫酸法	酸解废渣
			钛石膏
			$FeSO_4 \cdot 7H_2O$
		氯化法	氯化废渣
7	黄磷	电炉法	含五氧化二磷渣
8	硼砂	碳碱法	硼泥
9	氧化镁	白云石碳化法	含钙镁废渣
		菱镁矿碳化法	含钙镁废渣
		海水综合利用	无渣
		皮江法	含镁废渣
10	硫酸锰	硫酸法	含锰废渣

参考文献

[1] 陈五平. 无机化工工艺学（上册）：合成氨、尿素、硝酸、硝酸铵[M]. 北京：化学工业出版社, 2019.

[2] 陈五平. 无机化工工艺学（中册）：硫酸、磷肥、钾肥[M]. 北京：化学工业出版社, 2011.

[3] 陈五平. 无机化工工艺学（下册）：纯碱、烧碱[M]. 北京：化学工业出版社, 2010.

[4] 王锐浩. 烧碱行业无机化工废渣污染特征与污染风险控制研究[D]. 北京：北京化工大学, 2015.

[5] 陈秋高. 绿色化学与工艺在无机化工过程中的应用[J]. 化工管理, 2021（10）: 154-155.
[6] 李大伟. 无机化工过程中的绿色化学与工艺[J]. 化工设计通讯, 2018, 44（08）: 213.
[7] 王远. 绿色化学与工艺在无机化工的实践[J]. 化工管理, 2018（19）: 204-205.
[8] 姚立峰. 无机化工产品市场分析[J]. 河南化工, 2010, 27（02）: 37-40.
[9] 佚名. 无机化工领域呈现新的发展机遇[J]. 化学工业与工程技术, 2009, 30（02）: 60.
[10] 佚名. 无机化工: 业内健康发展须“六要”[J]. 化工管理, 2009（04）: 20.
[11] 李颖. 国内无机化工原料市场 2006 年回顾与 2007 年展望[J]. 中国石油和化工经济分析, 2007（01）: 18-21.
[12] 佚名. 无机化工行业发展前景[J]. 中小企业管理与科技, 2006（12）: 9-10.
[13] 李志广, 黄红军, 阎军. 无机化工过程中的绿色化学与工艺[J]. 河北化工, 2002（04）: 8-13.

第2章

硫酸行业废渣污染特征与污染风险控制

▶ 硫酸行业国内外发展概况

▶ 硫铁矿制酸工艺废渣的产生特性与污染特性

▶ 硫黄制酸工艺废渣的产生特性与污染特性

▶ 烟气制酸废渣的产生特性与污染特性

▶ 硫酸行业废渣处理处置方式与环境风险

▶ 硫酸行业发展变化趋势

硫酸（化学式 H_2SO_4），是硫的最重要的含氧酸。无水硫酸为无色油状液体，10.36℃时结晶，通常使用的是它的各种不同浓度的水溶液，用塔式法和接触法制取。前者所得为粗制稀硫酸，质量分数一般在 75%左右；后者可得质量分数为 98.3%的纯浓硫酸，沸点 338℃，相对密度 1.84。

硫酸是十大重要工业化学品之一，广泛应用于各个工业部门。硫酸主要用于化肥工业、冶金工业、石油工业、机械工业、医药工业、洗涤剂工业、军事工业、原子能工业和航天工业等。还用于生产染料、农药、化学纤维、塑料、涂料，以及各种基本有机和无机化工产品。生产硫酸的原料有硫黄、硫铁矿、有色金属冶炼烟气、石膏、硫化氢、二氧化硫和废硫酸等，硫黄、硫铁矿和冶炼烟气是三种主要原料。

2.1 硫酸行业国内外发展概况

2.1.1 硫酸行业国外发展概况

2.1.1.1 硫酸行业国外产量及地区分布

近年来，全球硫酸产量呈缓慢上升的趋势。据统计，2018 年全球硫酸总产量 2.75 亿吨，其中硫黄制酸 1.7 亿吨，冶炼烟气制酸产量 8342 万吨，硫铁矿制酸 2200 万吨。2018 年我国硫酸产量约为 0.91 亿吨，因此国外硫酸产量约为 1.84 亿吨。作为现代工业的基础，硫酸工业在世界大多数国家都有分布。从地区分布来看，美国是除我国之外的硫酸产消大国，占世界总产量约 20%；另外，拉丁美洲的巴西、智利、墨西哥，欧洲的俄罗斯、德国、比利时、西班牙、法国、波兰，非洲的摩洛哥、突尼斯、南非，亚洲的印度、日本、韩国，以及澳大利亚等国家硫酸产消量都比较大。硫酸进出口贸易方面，世界硫酸进口主要来自美国、智利和摩洛哥等国家或地区，前三者合计进口量占到世界进口总量约 38.8%；世界硫酸出口主要来自日本、韩国和卡塔尔等国家或地区，前三者合计出口量占世界贸易总量的 39.6%。

2.1.1.2 硫酸行业国外主要生产工艺

目前，硫酸生产工艺根据原料的不同，主要分为硫黄制酸、硫铁矿制酸和冶炼烟气制酸。全球硫铁矿制酸在 20 世纪 70 年代达到顶峰，其产量（以 S 计）超过 100Mt，占所有形态硫制酸产量的 22%。但随后便开始下滑，目前硫铁矿制酸产量占硫酸总产量不到 7%。美国于 1988 年、巴西和保加利亚于 20 世纪 90 年代、阿尔巴尼亚和日本于 2001

年、俄罗斯于 2008 年基本停止了硫铁矿制酸，印度、委内瑞拉和非洲南部地区（例如津巴布韦）等保留了少量硫铁矿制酸，只有芬兰仍以硫铁矿作为主要硫资源。经过长期的下滑，自 2000 年以来全球硫铁矿制酸处于一个相当稳定的水平，在过去 5 年内其产量（以 S 计）保持在 6Mt/a 左右。国外硫酸生产以硫黄制酸和冶炼烟气制酸为主。

2.1.2　硫酸行业国内发展概况

2.1.2.1　硫酸行业国内产量及主要生产工艺

我国硫酸产量与消耗量均居世界第一。截至 2021 年，我国硫酸总产能达 1.28 亿吨，比上年上升 0.1%；硫酸新建产能总计 403 万吨，上升 98.5%。2021 年，全国硫酸总产量 1.09 亿吨，比上年上升 5.8%，再创历史新高。其中，硫黄制酸产量 4807 万吨，上升 4.9%；冶炼酸产量 4100 万吨，上升 1.7%。

通常，我国采用接触法制硫酸，接触法通过催化剂的催化作用，将二氧化硫和空气中的氧化合成三氧化硫，再将三氧化硫吸收而制成硫酸[1]。接触法生产硫酸具有产品浓度高、含杂质少、生产强度大的特点。接触法包括 3 个基本工序：

① 由含硫原料制备含 SO_2 气体，实现这一过程需要将含硫原料焙烧，故工业上称为“焙烧”；

② 将含 SO_2 和氧的气体催化转化为 SO_3，工业上称之为“转化”；

③ 将 SO_3 与水结合生成硫酸，实现这一过程需要将转化所得 SO_3 气体用硫酸吸收，工业上称之为“吸收”[2]。

接触法制硫酸示意见图 2-1。

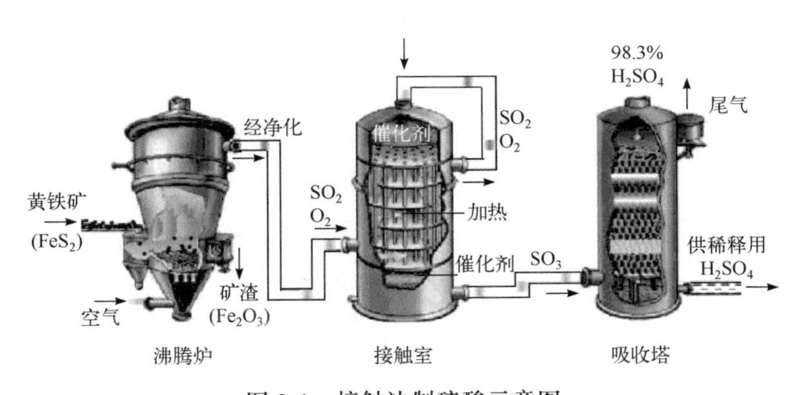

图 2-1　接触法制硫酸示意图

硫酸生产总体工艺流程包括原料预处理、SO_2 炉气制取、炉气净化、SO_2 转化、SO_3 吸收、尾气处理六大工序。不同的生产原料有着不同的预处理方式，而产生的 SO_2 则按相同的反应原理制得硫酸。

硫酸工业企业因采用的原料和生产工艺不同，其排污情况也各不相同。硫酸工业按原料分为硫黄制酸、硫铁矿制酸和烟气制酸[3]。20 世纪 60 年代以前，接触法硫酸装置都采用一次转化及一次吸收（简称“一转一吸”）流程，其缺点是总转化率较低。20 世纪 60 年代初联邦德国拜耳（Bayer）公司开发了两次转化及两次吸收的“两转两吸”流程并首先建成 500t/d 的硫酸装置，此后这一技术即推广至世界各国[4]。

2.1.2.2 硫酸行业国内地区分布

我国硫酸生产主要集中在云南、湖北、贵州、四川和华东工业发达地区[5]。2020 年，云南、湖北、贵州和四川四省硫酸产量占全国总产量的 44.3%；磷复肥加工量较大、工业发达的华东地区硫酸产量占全国总产量的 26.9%；硫铁矿、硫精砂和有色金属冶炼工业较集中的华中、华南及重庆地区硫酸产量占全国总产量的 13.6%；华北、东北、西北合计仅占 15.1%[6]。

据不完全统计，2014 年我国有硫黄制酸企业 140 多家，主要集中在云南、湖北、贵州、四川、江苏、浙江、山东等地，此七省的产量占全国总产量 95%以上。

有色冶炼制酸企业约 123 家，铜陵有色、金川镍业、江西铜业 3 家产量超过 170 万吨，冶炼制酸产业有较高的集中度，前 10 家大型企业总产量占冶炼制酸总量的 48.8%，主要集中在安徽、江西、甘肃、云南等有色金属矿产区，在广西、内蒙古、山东、河南、湖南、四川等有色金属矿产区分布着中小企业。国内主要烟气制酸企业硫酸生产能力现状如表 2-1 所列。

表 2-1　国内主要烟气制酸企业硫酸生产能力

序号	公司名称	烟气性质	硫酸生产能力/（万吨/年）
1	江西铜业集团公司贵溪冶炼厂	铜烟气	90
2	金川集团有限公司化工厂	镍、铜烟气	60
3	大冶有色金属公司冶炼厂	铜烟气	73
4	云南铜业股份有限公司	铜烟气	45
5	铜陵有色金属集团有限公司	铜烟气	73
6	白银有色金属公司	铜、铅、锌烟气	45
7	中条山有色金属集团有限公司	铜烟气	20
8	株洲冶炼集团公司	铅、锌烟气	30
9	葫芦岛锌厂	铜、铅、锌烟气	80
10	中金岭南有色股份有限公司	铅、锌烟气	31
11	水口山有色金属有限责任公司	铜、铅、锌烟气	24
12	柳州锌品股份有限公司	锌烟气	8
13	河南豫光金铅集团有限责任公司	铅、锌烟气	10
14	云南驰宏锌锗股份有限公司	锌烟气	10

硫铁矿制酸企业约 235 家，分布较分散，产业集中度低，小型企业占多数：一是分布在广东、江西、安徽、湖南的硫铁矿、有色金属矿产区；二是分布在湖北、江苏、河北等磷肥产区。铜陵化工、铜陵有色等 16 家企业产量在 20 万吨以上，占矿酸产量的 37%；有 180 家产量在 10 万吨以下，产量之和占矿酸产量的 37%。

2.2　硫铁矿制酸工艺废渣的产生特性与污染特性

2.2.1　硫铁矿制酸工艺流程

硫铁矿制酸按原料物理状态分为硫铁矿石制酸和硫精砂制酸[7]。硫铁矿石制酸时原料要经过破碎工序以利于在焚硫炉内充分焙烧，而硫精砂制酸时则不需要，其主要工序有硫铁矿焙烧、炉气净化、二氧化硫转化及三氧化硫吸收。硫铁矿制酸工艺流程见图 2-2。

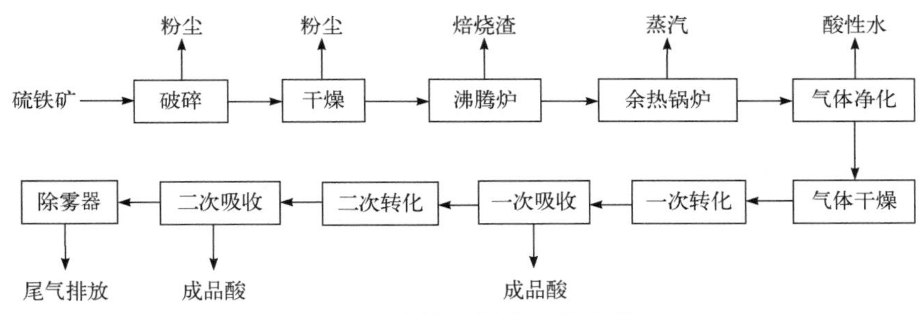

图 2-2　硫铁矿制酸工艺流程

2.2.1.1　原料矿的预处理

不管原料硫铁矿是块状还是粉状的，都需要对其进行预处理，其含硫量、含水率、粒度以及杂质达到一定要求后方可作为沸腾炉焙烧的原料。首先，进厂的块矿一般要求大小在 200mm 以下，再进行破碎和过筛，通常使其粒度<3mm 后才能作为成品硫铁矿进入焙烧工序。对于粉矿进厂，水分宜控制在 10%以下，对于水分 10%以上的，可混配干矿以降低其水分含量或利用场地晾晒，必要时还需要干燥机除去多余的水分。

2.2.1.2　焙烧反应

硫铁矿焙烧过程中的化学反应很多，但主要是二硫化亚铁的燃烧反应。

$$4FeS_2 + 11O_2 \xlongequal{} 2Fe_2O_3 + 8SO_2 + 3413kJ \quad (2\text{-}1)$$

$$3FeS_2 + 8O_2 \xlongequal{} Fe_3O_4 + 6SO_2 + 2437kJ \quad (2\text{-}2)$$

当炉内过剩空气量较多时，FeS_2的燃烧反应主要按式（2-1）进行，所得矿渣主要成分是Fe_2O_3，呈红色；过剩空气量较少时，反应则主要按式（2-2）进行，所得矿渣主要成分是Fe_3O_4，呈黑色；当空气不足时，不但FeS_2燃烧不完全，单质硫也不能全部燃烧，而是到后面设备中冷凝成固体，即产生通常所说的升华硫。所以，硫铁矿焙烧是放热反应，可以靠本身的反应热来维持所需的焙烧温度。

2.2.1.3 炉气净化

（1）净化过程中除去炉气中的杂质

在生产过程中通常首先将炉气中的尘分离掉。这是因为：

① 炉气含尘量很多，不先除去将影响其他杂质的净化；

② 尘的颗粒大较易除去。

（2）酸雾的清除

使用电除雾器除去炉气中的酸雾。

（3）炉气的冷却和除热

炉气带入干燥塔的水分大体等于出电除雾器炉气的饱和水蒸气含量。温度越高含水量越多，温度越低含水量越少。因此，要控制带入干燥塔的水分量，就要控制出电除雾器的炉气温度。此温度由气体冷却塔的冷却水量来控制，要求是气体冷却塔出口炉气温度在42℃以下。温度过高，则带到干吸系统的水分过多，无法维持干吸系统的水平衡，无法生产出合格的98%硫酸。温度过低则对冷却水量、水温的要求高。

（4）炉气的干燥

炉气干燥过程中要考虑的因素有：a. 炉气温度和含水量；b. 干燥塔所用的硫酸浓度和温度；c. 炉气干燥塔的指标。

2.2.1.4 二氧化硫转化

二氧化硫转化为三氧化硫，一般情况下是不能进行的，必须借助于催化剂的催化作用。由于二氧化硫气体转化制酸所用的催化剂和进行转化的方法不同，先后形成了生产硫酸的两大方法，即硝化法和接触法。随着科学技术的发展，硝化法已被淘汰，目前全世界都在用接触法[8,9]。

接触法生产硫酸，简言之，是经过净化的二氧化硫气体，通过催化剂作用，被氧气氧化生成三氧化硫，再用水加以吸收，即得硫酸。二氧化硫转化为三氧化硫的反应是按下面的方程式进行的：

$$SO_2+\frac{1}{2}O_2 \rightleftharpoons SO_3+Q$$

从这个方程式可以看出，在二氧化硫与氧气反应生成三氧化硫（化学上称这个从左向右方向进行的反应为正反应）的同时，三氧化硫也有一部分分解为二氧化硫和氧气（这个从右向左方向进行的反应称为逆反应）。因此，二氧化硫转化反应是一个可逆的反应过程。已反应了的二氧化硫占起始二氧化硫总量的百分比称为转化率。

二氧化硫转化反应的平衡是相对的，不平衡是绝对的。只要条件变化，原来的平衡就会被破坏，重新建立新的平衡。在不同的温度、压力、原始气体浓度条件下，二氧化硫平衡转化率是不同的，如果从转化过程中把生成物 SO_3 除去，逆反应速率必大大减小，平衡状态立即被打破，反应就变得有利于正反应的进行，可进一步提高转化率。

2.2.1.5　三氧化硫吸收

化工生产中的吸收过程，一种是不明显的化学反应，为单纯的物理过程，称为物理吸收，如发烟硫酸吸收三氧化硫的过程；另一种是具有明显的化学反应的吸收过程，被称为化学吸收，如用硫酸水溶液吸收三氧化硫。

在生产硫酸的吸收操作中，这两种吸收过程都存在，习惯上统称为三氧化硫的吸收，按下列反应进行。

$$n\mathrm{SO_3}(\text{气})+\mathrm{H_2O}(\text{液}) = \mathrm{H_2SO_4}+(n-1)\mathrm{SO_3}+Q$$

该吸收过程以化学吸收为例大体按下述 5 个步骤进行：

① 气体中的三氧化硫从气相主体中向界面扩散。

② 穿过界面的三氧化硫在液相中向反应区扩散。

③ 与三氧化硫起反应的水分，在液相主体中向反应区扩散。

④ 三氧化硫和水在反应区进行化学反应。

⑤ 生成的硫酸向液相主体扩散。

事实上，气体中的三氧化硫不可能百分之百被吸收，只有吸收气体中超过硫酸相平衡的那一部分三氧化硫超过的越多，吸收过程的推动力就越大，吸收就越快，吸收率就越高。一般把被吸收的三氧化硫数量和原来气体中三氧化硫的总数量之百分比称为吸收率。

$$n=\frac{a-b}{a}\times 100\%$$

式中　n——吸收率，%；

a——进吸收塔的三氧化硫的物质的量，mol；

b——出吸收塔的三氧化硫的物质的量，mol。

目前，我国车间的三氧化硫吸收率在 99.95%以上。

2.2.2 废渣产生节点及产排污系数

硫铁矿制酸主要有焙烧、净化、转化吸收三个工段。硫铁矿生产硫酸的主要化学反应有：

$$4FeS_2 + 11O_2 = 2Fe_2O_3 + 8SO_2 + 3413kJ$$

$$3FeS_2 + 8O_2 = Fe_3O_4 + 6SO_2 + 2437kJ$$

$$SO_2 + \frac{1}{2}O_2 \rightleftharpoons SO_3 + Q$$

$$nSO_3(气) + H_2O(液) = H_2SO_4 + (n-1)SO_3 + Q$$

我国硫铁矿储量分布于 28 个省、自治区和直辖市。保有储量相对集中于西南、中南和华东三大区，占硫铁矿总储量的 80%[10]。从分布的省区来看，主要集中于四川、安徽、广东、广西、内蒙古、云南、贵州、江西、山西、河南和湖南等省区。含 S>35%的硫铁矿富矿仅占总量 3.3%，绝大多数集中在广东省和安徽省，其中近 66%在广东、30%在安徽。对广东云浮某公司硫精砂成分进行分析见表 2-2。

表 2-2 硫精砂及烧渣成分分析 单位：%

矿类	分析项目											
	S	Fe	Pb	SiO_2	Al_2O_3	F	Zn	Cu	C	As	Ti	H_2O
硫精砂 1	45.54	42.49	0.112	5.12	0.94	0.012	0.220	0.004	0.88	0.004	—	—
硫精砂 2	45.61	42.28	0.104	5.20	0.93	0.011	0.223	0.007	0.81	0.006	—	—
烧渣	0.44	65.30	—	4.38	1.44	—	—	0.005	—	0.013	0.034	13.20

硫酸烧渣是采用硫铁矿或硫精砂作原料生产硫酸过程中所排出的废渣，其主要成分为铁的氧化物、三氧化二铝、二氧化硅、氧化钙、氧化镁、硫、铅、铜、锌、镉、铬、镍、砷等，硫铁矿烧渣一般含铁为 20%～65%。根据调研，S 转化率为 99%以上，假设硫铁矿含硫 45%、含铁 40%，烧渣含铁 60%，S 转化率为 99%，硫铁矿进料为 0.73t/t H_2SO_4，硫铁矿烧渣产生量为 0.65t/t H_2SO_4。

选取了广东云浮某公司、安徽铜陵某公司、湖北荆门某公司 1、湖北荆门某公司 2、贵州黔南某公司、江西上饶某公司、江苏常州某公司 1、江苏常州某公司 2，共 8 家典型的硫铁矿制酸企业开展现场调查取样工作。这 8 家企业分布于 6 个省份，具有一定的代表性。调查废渣的产生量统计见表 2-3。

表 2-3 典型硫铁矿制酸企业调研数据统计

企业名称	焙烧工段	气体净化	废水处理
	硫铁矿渣	酸性废水	中和泥渣
广东云浮/（t/t 产品）	0.67	0.12	0.006
安徽铜陵/（t/t 产品）	2.2	0.13	0.007

续表

企业名称	焙烧工段	气体净化	废水处理
	硫铁矿渣	酸性废水	中和泥渣
湖北荆门 1/（t/t 产品）	0.76	0.12	0.006
湖北荆门 2/（t/t 产品）	0.65	0.12	0.07
贵州黔南/（t/t 产品）	0.2	0.03	0.001
江西上饶/（t/t 产品）	0.63	0.12	0.006
江苏常州 1/（t/t 产品）	1（含水率 20%）	0.12	0.007
江苏常州 2/（t/t 产品）	0.67	0.12	0.012

硫铁矿制酸工艺产生的固体废物主要是硫铁矿烧渣和酸水处理泥渣，硫铁矿烧渣是硫铁矿焙烧过程产生的废渣，酸水处理泥渣是在二氧化硫气体净化产生的稀酸废水处理过程中产生的。综上理论分析和实地调研结果总结，硫铁矿制酸企业的废渣产生情况为：硫铁矿煅烧渣 800kg/t 产品；中和泥渣 12kg/t 产品。

2.2.3　硫铁矿制酸工艺废渣污染特性

2.2.3.1　硫铁矿煅烧渣

对调研企业硫铁矿烧渣采样后进行浸出特性检测，硫铁矿烧渣的浸出浓度见表 2-4 和图 2-3。

表 2-4　硫铁矿煅烧渣浸出毒性鉴别

样品类型	铜	锌	镉	铅	铬	砷	硒	汞	钡	镍	无机氟化物
渣 1/（mg/L）	0.456	25.891	0.105	0.403	0.109	0.0217	0.0476	—	0.0637	0.0934	0.238
渣 2/（mg/L）	2.139	9.982	0.057	0.086	0.111	0.050	0.513	—	0.087	0.0934	0.124
渣 3/（mg/L）	14.64	41.79	0.88	12.85	0.077	0.027	0.082	—	0.064	0.178	0.238
渣 4/（mg/L）	19.5	2.41	0.017	0.251	0.123	0.041	0.105	—	0.092	0.183	0.238
渣 5/（mg/L）	0.402	65.76	0.0087	1.739	0.105	0.023	0.072	—	0.095	0.175	0.238
渣 6/（mg/L）	15.31	6.11	0.101	0.055	0.116	0.018	0.068	—	0.053	0.227	0.238
渣 7/（mg/L）	0.63	1.449	0.020	0.068	0.108	0.026	0.117	0.026	0.209	0.098	0.238
渣 8/（mg/L）	0.58	1.062	0.0331	0.065	0.097	0.018	0.065	0.00039	0.182	0.117	0.238
渣 9/（mg/L）	2.936	4.104	0.035	28.61	0.127	0.045	0.097	—	0.748	0.101	0.002
渣 10/（mg/L）	12.32	37.91	1.59	2.87	0.24	2.12	—	—	—	0.84	—

续表

样品类型	铜	锌	镉	铅	铬	砷	硒	汞	钡	镍	无机氟化物
渣 11/（mg/L）	15.4	43.6	1.43	2.96	0.19	2.78	—	—	—	0.95	—
渣 12/（mg/L）	10.2	21.9	0.74	0.46	0.14	3.76	—	—	—	0.39	—
渣 13/（mg/L）	12.3	25.4	0.72	0.48	0.17	4.12	—	—	—	0.58	—
渣 14/（mg/L）	21.2	6.21	0.29	0.35	0.2	3.19	—	—	—	0.15	—
渣 15/（mg/L）	25.1	7.28	0.21	0.34	0.22	3.12	—	—	—	0.19	—
危险废物鉴别标准/（mg/L）	100	100	1	5	15	5	1	0.1	100	5	100
污水排放标准/（mg/L）	20	5	0.1	1	1.5	0.5	0.5	0.05		1	20
地表水质量标准/（mg/L）	1	1	0.005	0.05	0.05	0.05	0.01	0.0001	0.7	0.02	1
致癌风险	$(0.74\sim9.3)\times10^{-4}$										
非致癌商	7.66～68.55										

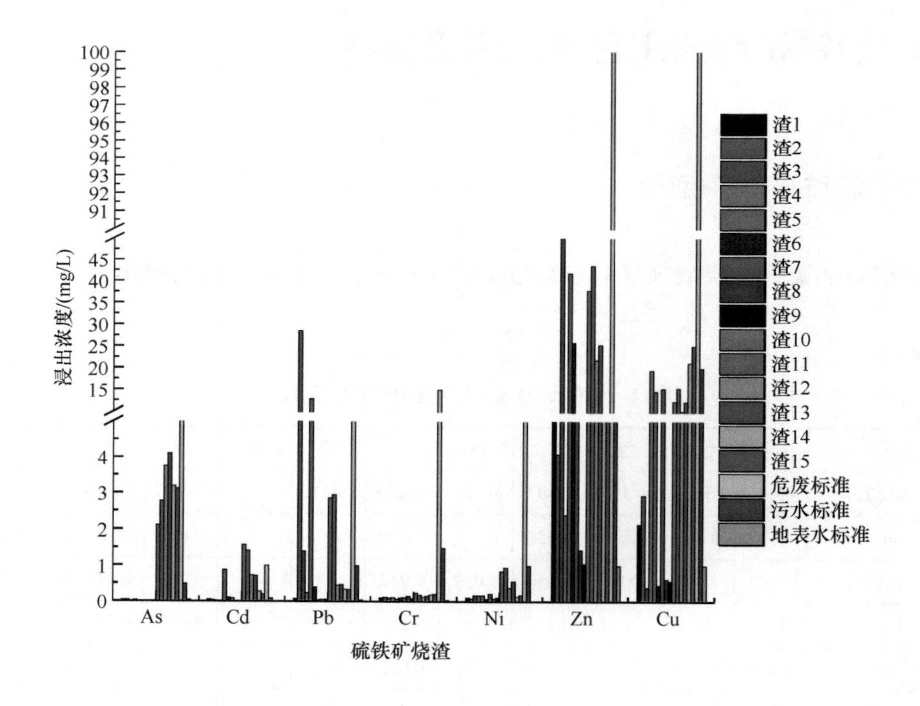

图 2-3　硫铁矿烧渣浸出浓度

根据结果，15 个烧渣样品中有 2 个样品镉和 2 个样品铅的浸出浓度超过了危险废物标准限值；2 个样品铜、11 个样品锌、10 个样品镉、5 个样品铅、6 个样品砷超过了污水排放标准；绝大部分样品重金属超过地表水质量标准。

废渣因为混有多种重金属，导致废渣的综合致癌风险达到$(0.74\sim9.3)\times10^{-4}$，非致癌风险为 7.66～68.55，废渣的风险很高。

2.2.3.2　污酸污泥

另外，对几家企业的废水处理污泥进行浸出毒性检测，检测结果见表 2-5 和图 2-4。

表 2-5　废水处理污泥浸出特性分析

检测项目	污泥 1	污泥 2	污泥 3	污泥 4	污泥 5	污泥 6	危险废物鉴别标准	污水排放标准	地表水质量标准
砷/（mg/L）	7.92	18.6	8.61	3.65	0.06	0.03	5	0.5	0.05
镉/（mg/L）	2.62	0.58	0.61	0.26	0.01	0.04	1	0.1	0.005
铅/（mg/L）	6.24	3.74	3.15	1.03	0.04	0.09	5	1	0.05
铬/（mg/L）	0.30	0.22	0.19	0.30	0.16	0.14	15	1.5	0.05
镍/（mg/L）	1.73	1.3	0.23	1.47	0.16	0.17	5	1	0.02
锌/（mg/L）	162.01	130.38	35.13	56.63	0.64	0.74	100	5	1
铜/（mg/L）	52.85	11.27	6.41	1.47	0.44	0.58	100	20	1
致癌风险	1.0×10^{-3}	1.0×10^{-3}	1.0×10^{-5}	1.0×10^{-5}	1.0×10^{-3}	1.0×10^{-3}	—	—	—
非致癌商	78.46	55.44	8.35	5.37	118.48	95.32	—	—	—

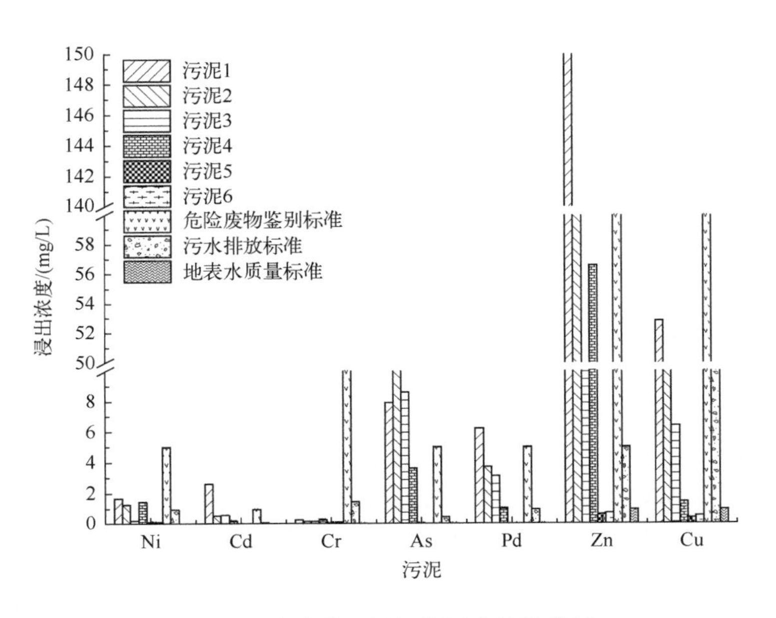

图 2-4　废水处理污泥的浸出特性分析

根据结果，6 个样品中 2 个样品锌、1 个样品铅、3 个样品砷、1 个样品镉超过危险废物鉴别标准；多种重金属多个样品超过污水排放标准；普遍超过地表水质量标准。

废渣的综合致癌风险达到 1×10^{-5}～1×10^{-3}，非致癌风险为 5.37～118.48，废渣的风险很高。

2.3 硫黄制酸工艺废渣的产生特性与污染特性

2.3.1 硫黄制酸工艺流程

硫黄制酸流程短，设备简单，可以固体或液体硫黄为原料。海运方便的地区利用海运用低压蒸汽夹套保温储运的熔融液硫为原料，将其直接喷入焚硫炉燃烧以产生二氧化硫来生产硫酸。海运不便的地区采用固体硫黄生产硫酸[11]。

硫黄生产硫酸工艺流程如图 2-5 所示。

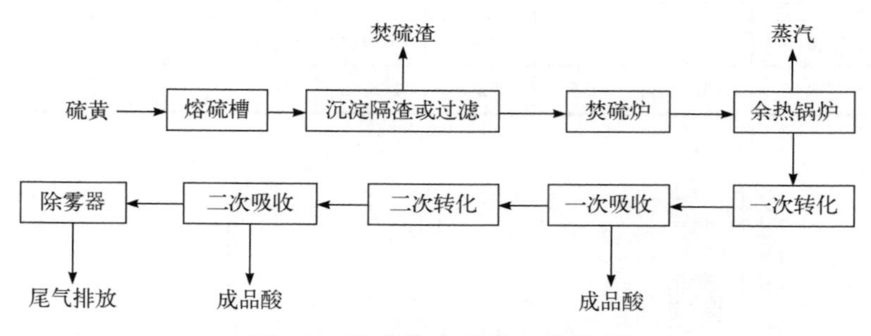

图 2-5　硫黄生产硫酸工艺流程

2.3.1.1 熔硫工段

来自原料工段的固体硫黄由胶带输送机送入快速熔硫槽内熔化，熔融液硫自溢流口自流至过滤槽中，液硫于过滤器内过滤后流入液硫中间槽内，再由液硫输送泵输送到液硫储罐内，液硫由液硫储罐经精硫泵（屏蔽泵）送到焚硫转化工段的焚硫炉内燃烧。快速熔硫槽、助滤槽、液硫储罐、精硫槽等内均设有蒸汽加热管，用 0.5～0.6MPa 蒸汽间接加热，使硫黄保持熔融状态。

2.3.1.2　焚硫及转化工段

液硫由精硫泵加压经磺枪机械雾化而喷入焚硫炉焚烧，硫黄燃烧所需的空气经空气过滤器过滤后，再经空气鼓风机加压、干燥塔干燥后送入焚硫炉。

2.3.1.3　干吸及成品工段

空气鼓风机设在干燥塔上游，即硫黄焚烧及转化所需空气经过滤器过滤、鼓风机加压后进入干燥塔塔底，用 98%硫酸吸收掉空气中的水分使出塔干燥空气中水分（标）达 0.1g/m^3，经塔顶除雾器除去酸雾后干燥空气进入焚硫炉。从干燥塔出来的浓度约 97.8%的硫酸流入干吸塔循环槽中，与来自第一吸收塔的吸收酸混合后，进入干燥塔酸冷却器中，经冷却至约 70℃后被送到塔顶进行喷淋。

由转化器第三段出口的气体经冷热换热器和省煤器Ⅱ回收热量、温度降为 172℃后一部分进入第一吸收塔（一吸塔）塔底，塔顶用温度为 75℃、浓度为 98.0%的硫酸喷淋，吸收气体中 SO_3 后的酸自塔底流出进入干吸塔循环槽中，与来自干燥塔的干燥酸进行混合并用工艺水调节循环酸浓度至 98%，再由一吸塔酸循环泵依次送入一吸塔酸冷却器冷却，然后送至一吸塔塔顶进行喷淋。另一部分一次转化气进入烟酸塔。塔内用 104.5%的发烟硫酸进行喷淋，吸收转化器中的 SO_3 后，由塔底流入发烟硫酸循环槽，通过来自一吸塔酸冷却器出口的 98%硫酸调节浓度为 104.5%，然后经烟酸塔循环泵送入烟酸塔酸冷却器，冷却后的发烟硫酸一部分作为产品送至成品工段，另一部分送入烟酸塔塔顶进行喷淋。

由转化器四段出来的二次转化气经低温过热器/省煤器Ⅰ换热降温后进入第二吸收塔（二吸塔）塔底。该塔用温度为 75℃、浓度为 98%的硫酸喷淋，吸收 SO_3 后的硫酸自塔底流入吸收塔循环槽。而后经二吸塔酸循环泵加压，并经二吸塔酸冷却器冷却后进入第二吸收塔喷淋。

98%成品硫酸由干燥酸循环泵出口引出，再经成品酸冷却器冷却至 40℃后进入成品酸储罐。

2.3.2　废渣产生节点及产排污系数

硫黄生产硫酸的化学反应式为：

$$S + O_2 = SO_2 + Q$$

$$SO_2 + \frac{1}{2}O_2 \rightleftharpoons SO_3 + Q$$

$$nSO_3(\text{气}) + H_2O(\text{液}) = H_2SO_4 + (n-1)SO_3 + Q$$

根据化学反应式，1t硫黄生产3t硫酸。硫黄制酸过程中废渣主要为熔硫和焚硫阶段过滤产生的少量杂质，废渣成分主要为硫黄、Fe、硅藻土及其他杂质。废渣的产生量主要由原料硫黄的品质决定。

选取典型的硫黄制酸企业湖北某公司和江苏某公司开展现场调查取样工作，调查废渣的产生量统计见表2-6。

表2-6　典型硫黄制酸企业调研数据统计

企业名称	焙烧工段
	焚硫渣
湖北某公司/（t/t产品）	0.0074
江苏某公司/（t/t产品）	0.0062

2.3.3　硫黄制酸工艺焚硫渣污染特性

将焚硫渣进行浸出浓度分析，结果见表2-7和图2-6。

表2-7　焚硫渣浸出浓度

检测项目	渣1	渣2	危险废物鉴别标准	污水排放标准	地表水质量标准
砷/（mg/L）	0.015	0.0084	5	0.5	0.05
汞/（mg/L）	0.00004	—	0.1	0.05	0.0001
镉/（mg/L）	0.009	0.032	1	0.1	0.005
铅/（mg/L）	0.032	0.592	5	1	0.05
铬/（mg/L）	0.098	1.208	15	1.5	0.05
硒/（mg/L）	0.103	0.086	1	—	0.01
镍/（mg/L）	1.048	0.71	5	1	0.02
锌/（mg/L）	35.49	6.749	100	5	1
钡/（mg/L）	0.11	0.084	100	—	0.7
铜/（mg/L）	0.446	0.769	100	20	1
无机氟化物/（mg/L）	0.238	0.002	100	20	—
致癌风险	3.14×10^{-5}	5.28×10^{-5}	—	—	—
非致癌商	2.26	3.38	—	—	—

焚硫渣中的成分主要为S、Fe、硅藻土及其他。焚硫渣重金属浸出浓度均低于《危险废物鉴别标准　浸出毒性鉴别》（GB 5085.3—2007）限值，个别样品锌超过污水排放标准，部分样品超过地表水质量标准。废渣的致癌风险为（3.14～5.28）$\times10^{-5}$，非致癌商<10，由此可见焚硫渣的危害性较小。

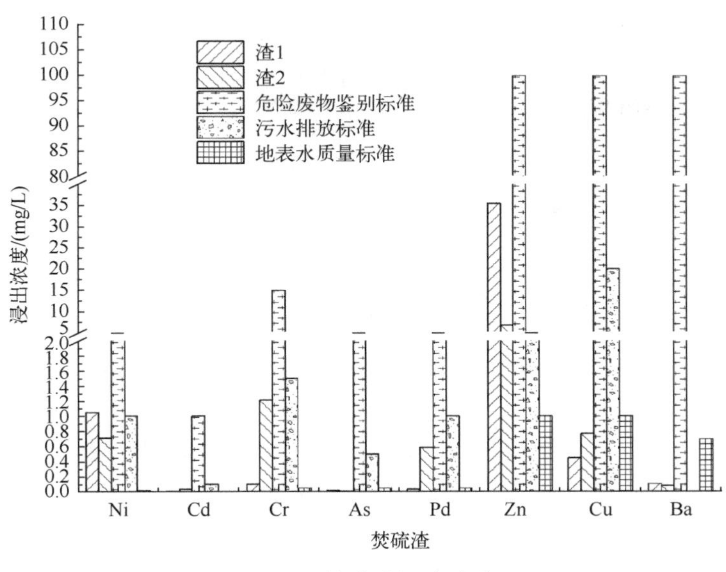

图 2-6　焚硫渣浸出浓度

2.4　烟气制酸废渣的产生特性与污染特性

2.4.1　烟气制酸工艺流程

烟气制酸是利用铅、锌硫化物在烧结机中焙烧烧结时所产生的含 SO_2 烟气，经过电除尘、净化、干燥、转化、吸收、尾气处理等几个主要工艺处理过程，最后制成工业用硫酸的过程（见图 2-7）。烟气制酸系统的使用既可以阻止 SO_2 气体对大气的污染，又可以合理地利用矿产资源，为国民经济建设提供所需的重要生产原料。

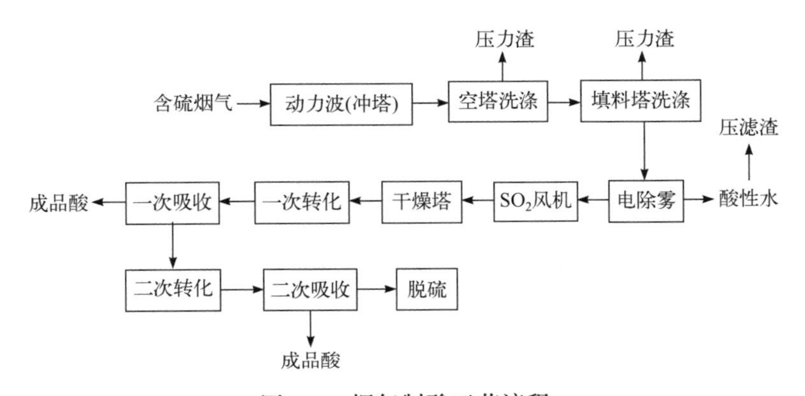

图 2-7　烟气制酸工艺流程

冶炼烟气制酸工艺首先对烧结机所生产的 SO_2 烟气进行预处理。烟气从烧结机烟罩引出，经高温电除尘处理后，进入空塔、动力波洗涤器、填料塔进行半封闭稀酸洗涤，再依次经过两级间接冷却器增湿、降温，经过两级电除雾器除雾，然后经汞吸收塔吸收烟气中的汞，最后通过93%酸塔干燥烟气中的水分。再由SO_2主鼓风机送入转化系统，进行“两转两吸”，即SO_2的两次转化（转化为SO_3）和两次吸收。在转化器内，在一定反应温度下，通过钒催化剂的催化作用，气体中的SO_2和O_2发生可逆化学反应生成SO_3，同时放出热量。

一次吸收反应将一次转化中的生成物基本吸收完，被吸收后气体再次被引入转化器内时，原可逆转化反应再次朝正反应方向进行，即为二次转化，转化后的烟气再经二次吸收进入尾气处理过程。“两转两吸”流程主要是通过采用移走可逆反应的生成物的方法来提高总的转化率。

在转化器内进行完烟气制酸过程后，需要对尾气进行处理。经“两转两吸”处理后尾气中SO_2含量可低至0.05%以下，可采用氨-酸法回收制酸尾气中的SO_2，使废气中SO_2含量达到排放标准后经烟囱排入大气。

与硫黄制酸及硫铁矿制酸不同，冶炼烟气中对制酸不利的杂质成分（如砷、氟、汞等）含量通常都较高。为保证成品酸的质量及装置的稳定运行，制酸装置的烟气净化系统通常还需针对性地提高对某种杂质的脱除率，技术要求较高。与相同产量的硫铁矿制酸及硫黄制酸相比，冶炼烟气制酸具有流程复杂、设备规格较大、建设投资较高的特点。

2.4.2 废渣产生节点及产排污系数

烟气制酸的废渣产生节点主要是烟气净化过程，烟气中砷、铅、锌等重金属及类金属经洗涤产生的废渣为压力渣，电除雾产生的酸性水进行处理产生的废渣为压滤渣。压力渣与压滤渣的成分与产生量主要由烟气中杂质含量决定，即由原矿成分及前段冶炼工艺决定。

烟气制酸的化学反应式为：

$$S + O_2 = SO_2 + Q$$

$$SO_2 + \frac{1}{2}O_2 \rightleftharpoons SO_3 + Q$$

$$nSO_3(\text{气}) + H_2O(\text{液}) = H_2SO_4 + (n-1)SO_3 + Q$$

选取典型的烟气制酸企业甘肃某公司、湖北某公司和安徽某公司3家企业开展现场调查取样工作，调查废渣的产生量统计如表2-8所列。

表 2-8　典型烟气制酸企业调研数据统计

企业名称	烟气净化干燥工段	
甘肃某公司/（t/t产品）	铜渣	0.0021
	镍渣	0.00055
	砷渣	0.00018
湖北某公司/（t/t产品）	电除尘渣	0.0023
	压力渣	0.00035

续表

企业名称	烟气净化干燥工段	
湖北某公司/（t/t 产品）	压滤渣	0.006
	石膏	0.0041
安徽某公司/（t/t 产品）	砷渣	0.0875
	铅渣	0.0001
	压滤渣	0.15
	石膏	0.0413

烟气制酸废渣的产生特性由烟气成分及烟气净化工艺决定，由于砷、铅、锌是铜、镍等有色金属的重要伴生金属，因此，烟气中含有砷、铅、锌等重金属及类金属。烟气净化工艺主要包括电除尘、动力波、洗涤塔、电除雾等，净化产生的废渣主要为压力渣、压滤渣等，压力渣一般含有铅、锌等重金属，压滤渣普遍含有砷，另外废水中和处理产生石膏、中和渣等废渣。

烟气制酸废渣产生量各企业差异较大，仅 3 家企业的调研数据不具有统计意义。

2.4.3　烟气制酸工艺废渣污染特性

对铜陵有色金属有限公司烟气制酸产生的废渣进行取样，依据《危险废物鉴别标准　浸出毒性鉴别》（GB 5085.3—2007）中的要求，按照《固体废物　浸出毒性浸出方法　硫酸硝酸法》（HJ/T 299—2007）进行浸出并检测，废渣的浸出浓度见图 2-8 和表 2-9。

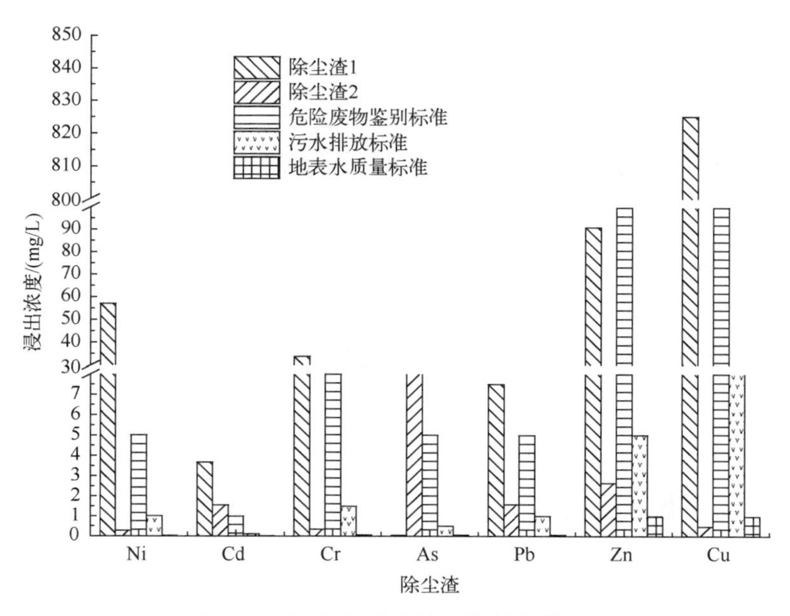

图 2-8　烟气制酸废渣污染特性分析

根据浸出浓度，两种废渣样品中 Ni、Cd、As、Pb、Cu 等浸出浓度普遍高于危险废物鉴别标准限值，两个废渣样品的致癌风险分别为 2.1×10^{-1}、5.5×10^{-2}，非致癌商达到数百甚至数千，废渣的环境风险非常高。

表 2-9　烟气制酸废渣浸出浓度

检测项目	除尘渣 1	除尘渣 2	危险废物鉴别标准	污水排放标准	地表水质量标准
砷/（mg/L）	0.0346	24.46	5	0.5	0.05
汞/（mg/L）	—	0.00023	0.1	0.05	0.0001
镉/（mg/L）	3.675	1.564	1	0.1	0.005
铅/（mg/L）	7.497	1.595	5	1	0.05
铬/（mg/L）	33.78	0.336	15	1.5	0.05
硒/（mg/L）	0.424	0.0969	1	—	0.01
镍/（mg/L）	56.98	0.265	5	1	0.02
锌/（mg/L）	91.1	2.641	100	5	1
钡/（mg/L）	0.0516	0.0581	100	—	0.7
铜/（mg/L）	825.26	0.494	100	20	1
无机氟化物/（mg/L）	0.022	—	100	20	—
致癌风险	2.1×10^{-1}	5.5×10^{-2}	—	—	—
非致癌商	3699	681	—	—	—

2.5 硫酸行业废渣处理处置方式与环境风险

2.5.1 硫铁矿烧渣处置方式与环境风险

2.5.1.1 硫铁矿烧渣处理处置方式

调研了广东某公司、安徽某公司、湖北某公司 1、湖北某公司 2、贵州某磷肥厂、江西某公司、江苏某公司 1、江苏某公司 2 硫铁矿煅烧渣的处理处置方式，汇总如表 2-10 所列。

表 2-10 硫铁矿煅烧渣处理处置方式调查汇总

	炼铁	生产水泥
广东某公司	√	
安徽某公司	√	√
湖北某公司 1	√	√
湖北某公司 2	√	√
贵州某磷肥厂		√
江西某公司	√	
江苏某公司 1	√	
江苏某公司 2	√	

综上，国内硫铁矿烧渣的处置方式主要是炼铁和用作水泥添加剂。

用硫铁矿烧渣制作铁球团矿作为炼铁原料不仅可充分利用资源，而且可节约炼铁成本，但高炉炼铁对铁球团的质量，尤其是铁含量具有一定的要求。目前，钢铁厂对烧渣铁品位的要求一般是铁含量[w(Fe)]60%以上。因此，要回收硫铁矿烧渣中的铁资源就必须提高烧渣的铁品位，一种方法是进行烧渣选铁，直接提高烧渣铁含量；另一种是对低品位硫铁矿进行选矿富集，通过提高入炉矿品位提高烧渣铁含量。安徽铜化集团华兴公司采用磁选焙烧加两级磁选工艺，烧渣 w(Fe)由 48%～49%提高到 63%～64%，精渣产率达到 60%；江铜-瓮福公司半工业化烧渣选铁采用分级→重选→重尾再磨→反浮选工艺，可将烧渣 w(Fe)由 54%提高到 62%，铁回收率达 60%以上。国内现有的选矿富集装置主要分布在两类企业：一类是矿山企业，如广东云浮硫铁矿、安徽新桥硫铁矿、江西德兴铜矿等；另一类是硫铁矿制酸企业，如湖北黄麦岭化工、湖南洪江恒光化工等。

利用硫铁矿烧渣作为水泥助溶剂，不但可以校正波特兰水泥混合物的成分，增加其氧化铁的含量，减少铝氧土的模数值，还可以增加水泥的强度，增加耐矿物水浸蚀性，降低其热折现象。另外，还可以降低焙烧温度，因而对降低热消耗、延长焙烧炉耐火砖的使用寿命有好处。水泥对硫铁矿烧渣质量没有严格要求，含铁 30%即可用。但硫铁矿烧渣作为水泥添加剂用量少，价格较低，会降低硫铁矿制酸企业的盈利。

2.5.1.2 硫铁矿烧渣处置方式环境风险与建议

模拟烧渣进行高温烧结，研究烧渣烧结前后重金属的浸出释放特性，结果如表 2-11 所列。结果显示，烧结后其他重金属的浸出浓度得到显著降低，但砷的浸出浓度反而显著增大，表明烧结后烧渣的风险更高。

硫铁矿烧渣是硫铁矿制酸企业的主要盈利点，因此烧渣均已被综合利用。但由于硫铁矿烧渣中含有一定量的有害元素，特别是砷，在综合利用过程中需对烧渣进行砷的控制，以防止有害物质对环境再次造成污染。目前，全国硫铁矿烧渣均作为炼钢原料或水泥添加剂，在综合利用过程中需谨慎对待，以免造成二次污染[12-14]。

表 2-11 硫铁矿烧渣烧结前后重金属释放特性

重金属	浸出浓度			危险废物鉴别标准	污水排放标准	地表水质量标准
	烧结前	1000℃	1300℃			
砷/（mg/L）	3.23	10.42	5.76	5.0	0.5	0.05
镉/（mg/L）	1.58	0.74	0.35	1.0	0.1	0.005
铅/（mg/L）	12.54	2.32	0.76	5.0	1.0	0.05
锌/（mg/L）	45.12	7.15	6.32	100	5.0	1.0
铜/（mg/L）	16.44	0.86	1.03	100	20	1.0
致癌风险	10×10^{-2}	10×10^{-1}	10×10^{-1}	—	—	—
非致癌商	147.14	213.08	185.22	—	—	—

2.5.2 污酸污泥处置方式与环境风险

2.5.2.1 污酸污泥处理处置方式调研

调研了上述 8 家硫铁矿制酸企业污酸污泥的处理方式，汇总如表 2-12 所列。

表 2-12 污酸污泥处理处置方式调查汇总

项目	生产水泥	制砖	一般工业固体废物填埋	危险废物填埋
广东某公司	√			
安徽某公司			√	
湖北某公司 1				√
湖北某公司 2				√
贵州某磷肥厂			√	
江西某公司				√
江苏某公司 1		√		
江苏某公司 2	√			

硫铁矿制酸中除酸雾工序会产生稀酸水，稀酸水的处理是硫铁矿制酸企业的主要难点。稀酸水处理主要有中和沉淀法、硫化法、转化法、离子交换法、吸附法、浮选法、膜分离法。目前，稀酸水处理产生的泥渣主要处置方式有：

① 泥渣中含有类金属砷，脱水后作为危险废物委托有资质的单位处置；
② 作为一般工业固体废物，脱水后填埋；
③ 生产水泥；
④ 制砖。

2.5.2.2　污酸污泥处置方式环境风险和建议

稀酸水泥渣含有砷等类金属及重金属，但对其管理比较薄弱，目前主要采用填埋进行处置。如填埋场未采取防渗漏措施，泥渣中的类金属及重金属会对周围土壤产生污染。由于稀酸水泥渣产生量不高，且环境风险较大，可作为危险废物进行管理，以免随意堆存造成环境污染[15]。

2.5.3　焚硫渣处置方式与环境风险

2.5.3.1　焚硫渣处理处置方式调研

硫黄制酸产生废渣量非常少，主要是焚硫工序过滤产生的焚硫渣。焚硫渣主要是原料硫黄中的少量杂质。根据湖北某公司 1 和江苏某公司的调研统计，焚硫渣产生量为 3～7kg/t 产品，焚硫渣中的成分主要为 S、Fe、硅藻土及其他，焚硫渣作为一般工业固体废物进行填埋。

2.5.3.2　焚硫渣处理处置方式环境风险

根据 2.3.3 部分，焚硫渣的环境风险很小，且产生量非常小，因此，作为一般工业固体废物堆填污染很小，环境风险小。但是，企业应加强管理，将废渣运往固定堆填处，防止随意倾倒等行为。

2.5.4　烟气制酸渣处置方式与环境风险

2.5.4.1　烟气制酸渣处理处置方式调研

调研的甘肃某公司、湖北某公司 2 和安徽某公司 3 家企业压力渣和压滤渣的处置方式如表 2-13 所列。目前，压力渣、压滤渣主要有两种处置方式：一是回用进入冶炼系统；二是作为危险废物填埋处置。

表 2-13　压力渣和压滤渣处理处置方式调查汇总

项目	进入回收冶炼系统	危险废物填埋
甘肃某公司	√	
湖北某公司 2	√	√
安徽某公司	√	

2.5.4.2　烟气制酸渣处置方式环境风险

根据 2.4 部分的研究分析，烟气制酸渣的环境风险非常大。将废渣返回冶炼系统中，必然会导致重金属在系统中富集，最终总会通过某种形式排入环境系统中，造成的环境危害非常大。

2.5.4.3　烟气制酸渣处置技术方法建议

烟气制酸渣中普遍含有铅、锌、铜等重金属，有一定的冶炼价值，但渣中重金属含量不高，且成分复杂，回用于冶炼系统加重了冶炼工序的废气和废水治理难度。应对回收冶炼系统进行深入研究，分析重金属在系统中的富集和排放形式，研究控制技术方法[16]。

在没有更好的处置方式的前提下建议按照危险废物的管理办法进行管理。

2.6　硫酸行业发展变化趋势

2.6.1　国外硫酸行业发展趋势

硫酸在化肥生产中的用量最大，中国和美国仍然是硫酸生产大国；其次是俄罗斯和乌克兰等；此外，摩洛哥、日本、智利、西班牙等也是硫酸生产大国。

未来，世界硫消费将继续增长，主要是东亚、非洲和大洋洲，而北美、西欧等地区的硫消费则将进一步减少。随着许多地区对作物生产缺硫认识的提高，世界非磷肥肥料工业硫消费量也将因增加生产含硫肥料而增加。

北美洲仍然是世界最大的硫生产地区，其硫产品主要是加拿大天然气和美国石油加工过程中回收的硫黄，根据预测今后副产回收硫黄和硫酸的产量将不断提高，而矿产硫黄和硫铁矿生产量将继续下降。

2.6.2　我国硫酸行业相关政策

（1）《产业结构调整指导目录（2019 年本）》

① 限制：30 万吨/年以下硫黄制酸、20 万吨/年以下硫铁矿制酸。

② 淘汰：10 万吨/年以下的硫铁矿制酸和硫黄制酸（边远地区除外）。

（2）《石油和化工产业结构调整指导意见》（中国石油和化学工业协会）

严格控制产能总量，加快淘汰 10 万吨/年以下的制酸装置。推动企业兼并重组，鼓励企业进入化工园区发展。调整技术结构，加快技术进步，推广硫黄制酸低温位热能回收、硫铁矿制酸稀酸洗净化等先进技术，提高硫铁矿烧渣、高硫煤中硫资源的利用水平，提升国产催化剂的质量，通过技术进步降低 SO_2 排放量。

（3）《硫酸工业污染防治技术政策》（公告 2013 年　第 31 号）

① 鼓励从含二氧化硫的烟气中回收硫资源生产硫酸，优先利用有色金属冶炼烟气生产硫酸；鼓励采用低含砷量的高品位硫铁矿（硫精砂）作为硫铁矿制酸的原料。

② 硫酸生产装置宜采用热能回收利用技术，鼓励低温位热能回收技术，提高行业整体余热回收利用率。

③ 硫铁矿制酸在原料运输、筛选、粉碎、干燥、矿渣运输等过程中，应采取密闭或其他防漏散措施，鼓励使用增湿输送的干法排渣及气流输送工艺装置或管式皮带输送工艺装置，减少粉尘排放。

④ 鼓励采用“两转两吸”硫酸生产工艺，鼓励采用高效催化剂。

⑤ 硫铁矿制酸和冶炼烟气制酸应采用酸洗净化工艺。

⑥ 酸性废水和冷却水应分别处理，提高水循环利用效率，水循环利用率不宜低于 90%。

（4）《硫酸行业清洁生产评价指标体系（试行）》（国家发展和改革委员会发布）

本指标体系适用于以硫黄、硫铁矿及石膏（磷石膏）为原料生产硫酸的企业，以有色金属冶炼副产烟气、炼油、天然气净化回收的硫化氢为原料生产硫酸的企业。

本评价指标体系分为定量评价和定性要求两大部分，分别如图 2-9、图 2-10 所示。

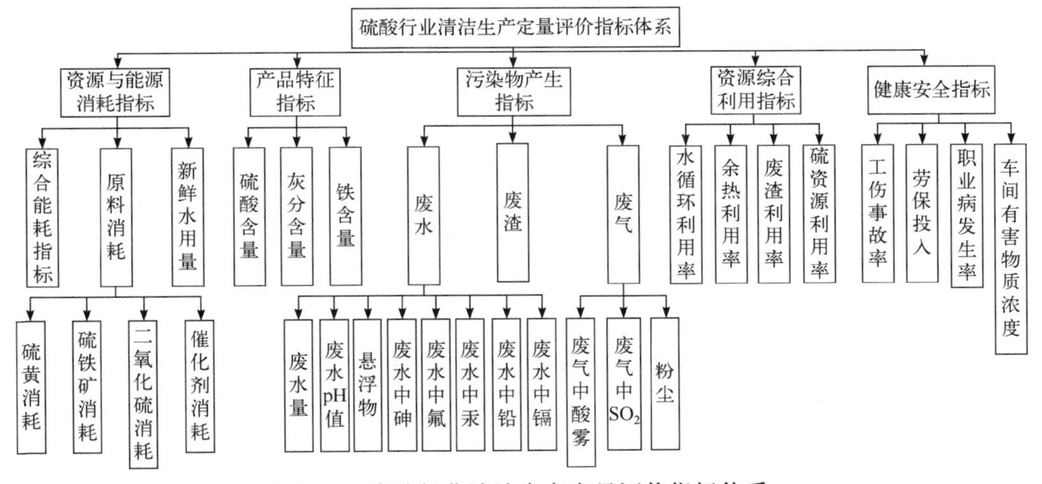

图 2-9　硫酸行业清洁生产定量评价指标体系

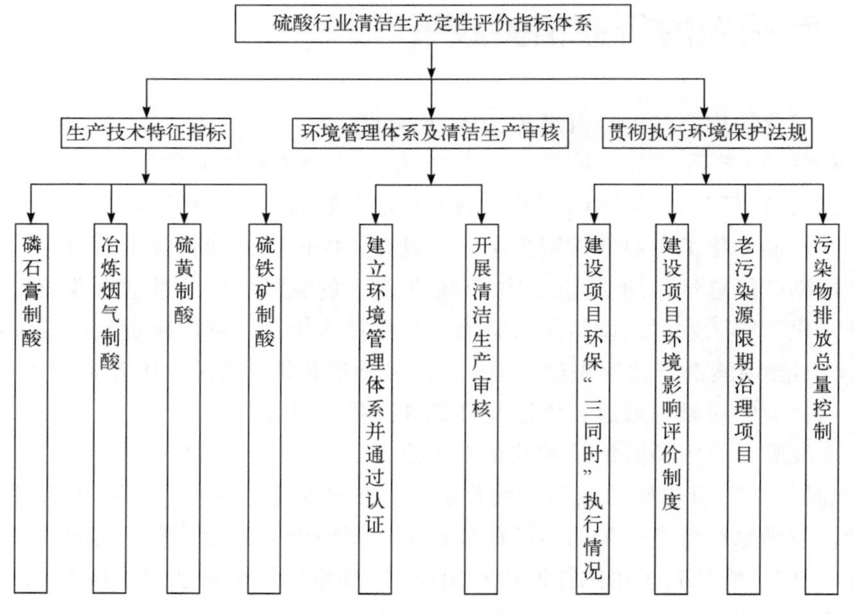

图 2-10　硫酸行业清洁生产定性评价指标体系

2.6.3　我国硫酸行业发展趋势

截至 2019 年年底，我国硫酸产能已达到 1.24 亿吨/年，较“十二五”期末增长 0.6%。“十三五”期间，我国硫酸产能和产量增速明显放缓，但原料结构出现了较大变化。2019 年，冶炼烟气制酸产量占硫酸总产量的 38.4%；硫黄制酸产量占硫酸总产量的 42.8%；硫铁矿制酸产量占硫酸总产量的 17.3%。“十三五”期间，我国新建硫酸装置产能 2570 万吨/年，占产能的比例约为 21%，其中新建冶炼烟气制酸装置产能达到 1660 万吨/年，约占新建硫酸装置产能的 65%，累计退出产能约 2500 万吨/年。新旧产能的高效置换，让一些工艺落后、污染严重的装置加速淘汰，同时也促进了硫酸原料结构的多元化发展，支撑了国内硫酸设计、设备制造、催化剂制造等企业的不断进步，推动了硫酸行业装置的迭代升级[17-19]。

根据国家发改委发布的《产业结构调整指导目录（2019 年本）》限制 30 万吨/年以下硫黄制酸、20 万吨/年以下硫铁矿制酸，淘汰 10 万吨/年以下硫铁矿制酸和硫黄制酸（边远地区除外），加之市场调节作用，对现有污染严重、技术落后硫酸装置的淘汰，我国硫酸工业将继续沿着大型化、高度集约化的方向发展。

近年来，云南、贵州、湖北、四川等磷资源丰富地区与磷复肥项目配套的大型硫酸装置，以及沿海地区以获取能源为目的的大型硫酸装置均采用硫黄为原料。“十三五”期间，我国硫资源对外依存度维持在 50%以上，其中 2019 年硫黄对外依存度为 60.5%。原料过度依赖进口给行业健康、稳定发展带来很大风险。20 世纪 70 年代，国际市场的硫黄价格较低，我国建设了 8 套 8 万吨/年硫黄制酸装置。20 世纪 80 年代中期，国际市场硫黄价格暴涨，除北京染料厂和天津硫酸厂出于环保考虑保留硫黄制酸装置外，其余

6 套硫黄制酸装置被迫停产。20 世纪 90 年代后期，国际市场硫黄价格低廉，我国大兴硫黄制酸装置建设。近年来，我国硫黄进口价格一直处于上升趋势，致使我国大部分硫黄制酸装置处于低负荷运行。过度依赖进口硫黄对我国硫酸行业的伤害再度显现[20]。

今后我国硫黄制酸的比例不会明显降低，同时，以硫黄、硫铁矿、冶炼烟气为主要原料制酸的格局短期内基本不会改变。冶炼烟气是“非自愿性”硫资源，在目前条件下是硫酸生产原料中没有选择余地的必要原料，它随着我国铜、锌、铅、镍有色金属冶炼的快速发展而保持稳定的增长速度，并可在一定程度下有效地平抑硫酸市场的价格。硫铁矿制酸虽然因原料的种种不足致使份额持续下降，但硫铁矿毕竟是我国主要的硫资源，随着技术装备水平的提高、环保性能的改善，在经济运程范围内产量还是会缓慢提升。更值得一提的是硫铁矿渣的综合利用目前已成为企业的盈利点，这在一定程度上将促进大型装置的建设。

2.6.4　我国硫酸废渣的发展趋势

硫铁矿制酸产生硫铁矿烧渣和稀酸水处理泥渣。硫铁矿烧渣是目前硫铁矿制酸企业的主要盈利点，企业通过改变焙烧空气量和烧渣磁选，提高烧渣中的铁含量，用于炼钢企业炼钢。但根据硫铁矿的品位和杂质含量，在综合利用烧渣前，需进一步检测，防止烧渣中含有重金属而二次污染环境。稀酸水处理泥渣是硫铁矿烧渣企业的难点，泥渣中一般含有砷，需按照危险废物进行管理。

硫黄制酸产生废渣危害小，且产生量小，可作为一般工业固体废物进行管理。

烟气制酸产生的废渣危害较大，且产生量大。因烟气中含有铅、锌、砷、汞等重金属及类金属，废渣中重金属及类金属含量较高。目前，废渣主要回用于冶炼环节，但这种处理方式对环境污染风险很大。烟气制酸渣应作为危险废物管理交由有资质的企业处理。

参 考 文 献

[1] 刘少武，齐焉，赵树起. 硫酸生产技术[M]. 南京：东南大学出版社, 1993: 457.
[2] 林毅. 浅析硫酸生产工艺及通用机械设备情况[J]. 云南化工, 2017, 44（6）: 114-116.
[3] 沙业汪. 硫磺与我国硫酸工业[J]. 硫酸工业, 2005（2）: 7-10.
[4] 项荣海. 硫酸的生产工艺[J]. 化学工程与装备, 2020（5）: 29-30.
[5] 魏而宏. 我国硫酸原料路线状况和展望[J]. 硫酸工业, 2005（1）: 1-4.
[6] 廖康程，杨曼. 2020 年我国硫酸行业运行情况及 2021 年发展趋势[J]. 磷肥与复肥, 2021, 36（6）: 1-5.
[7] 丁勇，吕利平. 硫酸生产工艺对比分析[J]. 广州化工, 2017, 45（5）: 102-104.
[8] 赵传锋. 硫酸工业污染物控制标准研究[D]. 青岛：青岛科技大学, 2010.
[9] 黄碧怀. 硫酸生产工艺分析[J]. 生物化工, 2018, 4（4）: 152-254.
[10] 王庚亮. 硫铁矿在中国硫资源中的地位分析[J]. 化工矿产地质, 2018, 40（1）: 53-59.
[11] 张振全，张曼曼. 硫酸生产工艺的发展状况[J]. 广东化工, 2012, 39（16）: 97-98, 103.
[12] 张仲伟，陈吉春，李旭. 硫铁矿烧渣制备铁系化工产品研究方法综述[J]. 化工矿产地质, 2004, 26: 82-185.
[13] 郑雅杰，龚竹表，陈白珍. 硫铁矿烧渣湿法制备铁系产品的原理和途径分析[J]. 环境污染治理技术与设备, 2001

（1）: 548-549.

[14] 罗道成，易平贵，刘俊峰. 硫铁矿烧渣综合利用研究进展[J]. 工业安全与环保, 2003（4）: 10-12.

[15] 刘全军，周兴龙，李华伟，等. 硫酸渣综合利用的研究现状与进展[J]. 云南冶金, 2003（2）: 27-29, 19.

[16] 李方鸿. 硫酸废渣中有害重金属的浸出毒性研究及综合利用建议[D]. 长沙：湖南农业大学, 2014.

[17] 王亚成. 硫酸工业污染物排放标准实施评估及行业环境风险分析[D]. 青岛：青岛科技大学, 2019.

[18] 李崇. 从第二次全国污染源普查数据分析硫酸行业 10 年的变化[J]. 硫酸工业, 2021（1）: 1-5.

[19] 李崇. 我国硫酸行业"十四五"发展思路[J]. 磷肥与复肥, 2021, 36（4）: 1-3.

[20] 满瑞林，贺凤，李波，等. 我国硫酸行业现状及新技术的发展[J]. 现代化工, 2015, 35（9）: 6-9.

第3章

烧碱行业废渣污染特征与污染风险控制

- 烧碱行业国内外发展概况
- 隔膜法工艺废渣的产生特性与污染特性
- 离子膜法工艺废渣的产生特性与污染特性
- 烧碱行业废渣处理处置方式与环境风险
- 烧碱行业发展变化趋势

3.1 烧碱行业国内外发展概况

3.1.1 烧碱行业国外发展概况

3.1.1.1 烧碱行业国外产量及地区分布

近年来，世界烧碱行业产能平稳增长。据统计，2020 年全球有超过 500 家以上的氯碱生产商，世界烧碱总产能为 9974 万吨，其中我国烧碱总产能为 4470 万吨[1]，占全球当年总产能的 44.82%。亚洲地区是全球烧碱产能最集中的地区，亚洲产能接近全球的 60%，但亚洲地区烧碱企业数量多，平均规模小；美洲地区烧碱产能占全球的 18.5%左右，企业规模较大，产能相对集中。2018 年世界烧碱产能分布详见表 3-1。

表 3-1 2018 年世界烧碱产能分布

国家和地区	产能/万吨	占比/%
中国	4259	44.27
日本	499	5.19
东北亚（中国、日本除外）	400	4.16
东南亚	283	2.94
印度次大陆	473	4.92
北美	1640	17.05
南美	257	2.67
欧洲	1156	12.02
独联体国家及波罗的海	200	2.08
非洲	114	1.19
中东	339	3.52
合计	9620	100

东北亚地区是全球烧碱产能最为集中的地区，产能超过全球烧碱总产能的 1/2。除去中国大陆，中国台湾地区以及日本、韩国是烧碱产能较大的地区。从需求方面看，东北亚地区是烧碱消费的主要地区，烧碱的需求占全球需求的 40%以上。因此东北亚不仅为世界最大烧碱生产基地，同时也是最大消耗基地。东北亚烧碱主要产能分布见表 3-2。

表 3-2　东北亚地区部分主要生产企业及其产能

所属国家	企业名称	产能/万吨
日本	东曹	129
	旭硝子	52
	鹿岛化学	40
	钟渊化学	36
	东亚合成化工	29
韩国	韩华化学	94
	LG 化学	22
	三星精密化学	21

美洲地区是除去东北亚地区以外世界第二大烧碱产能集聚区，主要的烧碱企业有陶氏、台塑美国公司、奥林、PPG、信越、索尔维等。随着页岩气产业的迅速发展，美国的氯碱行业将具备更强的竞争力。美国 PVC（聚氯乙烯）市场呈现出增长趋势，出口顺差也将继续保持。而且随着乙烯衍生品的逐步扩张，美国烧碱出口量将持续增加。美洲地区烧碱产能分布如表 3-3 所列。

表 3-3　美洲地区烧碱产能统计

国家	产能/万吨
美国	1470
巴西	165
加拿大	65
墨西哥	48
阿根廷	43
其他	52
合计	1843

印度烧碱产能在 314 万吨/年的水平，年产量约为 257 万吨，产能利用率在 82%左右。印度共有氯碱企业 33 家，产能从 1.5 万吨到 30 万吨不等，27%的装置是产能一体化装置、73%是独立装置，氯的综合利用较差，大部分企业为工贸一体化企业。近年来，随着印度经济的发展，作为国民经济基础化工原料的烧碱需求增长迅速，印度国内生产企业产量无法满足当地需求，需要依靠一定数量的进口维持供需平衡，因此印度地区是新兴的氯碱热点区域，值得关注。

东南亚地区分布着多家中小型氯碱企业，与其他地区相比，东南亚地区多数工厂历史较短，且新近有产能扩张计划的企业相对较少。当地的产能相对较为集中，Asahimas、Sulfindo、AGC 和 Vinythai 四家企业的基础产能占当地的总产能超过 50%。当地烧碱下游需求分布较为广泛，其中纸浆行业需求主要集中在印度尼西亚；人造纤维行业需求主要集中在泰国和马来西亚；油脂化学品需求主要集中在马来西亚和印度尼西亚。东南亚地区无大型的氧化铝企业，最近几年印度和越南地区氧化铝行业开始逐渐发展，存在一定的潜力。从整个区域情况来看，东南亚地区的泰国、越南和印度尼西亚均属于人口众多、经济发展较快的地区，烧碱的需求有较强的发展潜力。东南亚地区烧碱产需情况具体如表 3-4 所列。

表 3-4　东南亚地区主要国家烧碱供需情况统计

国家	产能 /万吨	进口量 /万吨	总供应量 /万吨	国内需求 /万吨	出口量 /万吨	总需求量 /万吨
印度尼西亚	109.3	4.6	113.9	85	5.2	90.2
泰国	81.3	12.6	93.9	72.3	3	75.2
马来西亚	16.6	9.4	26	18.9	0.5	19.4
新加坡	8.8	14.7	23.5	21.9	0.7	22.6
越南	7.3	10.5	17.8	17.4	—	17.4
菲律宾	3.5	9.6	13.1	12.9	—	12.9
合计	226.8	61.4	288.2	228.4	9.4	237.7

3.1.1.2　烧碱行业国外主要生产工艺

烧碱生产的主要过程为将盐厂运来的原盐经过溶解精制等工序，送入电解槽发生电解反应生成氢氧化钠等物质，然后进行蒸发浓缩等操作得到烧碱产品。目前世界上烧碱生产方法有隔膜电解法、离子交换膜法和水银电解法[2]。

（1）隔膜电解法

隔膜电解法是目前电解生产烧碱的主要方法之一。其中电解过程在立式隔膜电解槽中进行，电解槽的阳极用涂有 TiO_2-RuO_2 涂层的钛或石墨制成，阴极由铁丝网制成，网上附着一层石棉绒作隔膜，这层隔膜把电解槽分隔成阳极室和阴极室[3]。在阳极室放出 Cl_2，阴极室放出 H_2。由于阴极上作隔膜，而且阳极室的液位比阴极室高，所以可以阻止 H_2 与 Cl_2 混合，以免引起爆炸。由于 H^+不断放电，破坏了水的电离平衡，促使水不断电离，造成溶液中 OH^-的富集。这样在阴极室就形成了 NaOH 溶液，它从阴极室底部流出。用这种方法生产的碱液比较稀，NaOH 浓度为 10%～12%，其中含有大量未电解的 NaCl，需要经过分离、浓缩才能得到固态 NaOH[4]。

（2）离子交换膜法

离子交换膜法是目前世界上最先进的电解制碱技术[5]。这一技术在 20 世纪 50 年代开始研究，80 年代开始工业化生产。离子交换膜电解槽主要由阳极、阴极、离子交换膜、

电解槽框和导电铜棒等组成，每台电解槽由若干个单元槽串联或并联组成。电解槽的阳极用金属钛网制成，为了延长电极使用寿命和提高电解效率，钛阳极网上涂有钛、钌等氧化物涂层；阴极由碳钢网制成，上面涂有镍涂层；阳离子交换膜把电解槽隔成阴极室和阳极室。阳离子交换膜有一种特殊的性质，即它只允许阳离子通过，而阻止阴离子和气体通过，也就是说只允许 Na^+通过，而 Cl^-、OH^-和气体则不能通过。这样既能防止阴极产生的 H_2 和阳极产生的 Cl_2 相混合而引起爆炸，又能避免 Cl_2 和 NaOH 溶液作用生成 NaClO 而影响烧碱的质量。精制的饱和食盐水进入阳极室，纯水（加入一定量的 NaOH 溶液）进入阴极室。通电时，H_2O 在阴极表面放电生成 H_2，Na^+穿过离子膜由阳极室进入阴极室，导出的阴极液中含有 NaOH，Cl^-则在阳极表面放电生成 Cl_2。电解后的淡盐水从阳极导出，可重新用于配制食盐水。

（3）水银电解法

水银电解法是利用流动的水银层作为阴极，在直流电的作用下使电解质溶液中的阳离子成为金属析出，并与水银形成汞齐，而与阳极的产物分开。在氯碱工业中，利用水银电解槽电解食盐水溶液，生成高纯度烧碱、氢气和氯气。水银法氯碱厂多数以精制盐作为原料，而且由于存在重金属汞污染，所以采用这种工艺进行生产的企业很少[6]。

3.1.1.3　国外烧碱行业废渣的产生量及主要处置去向

国外制取烧碱过程中原料原盐主要为精制盐，其 NaCl 的质量分数在 99.5%以上，Ca^{2+}、Mg^{2+}、SO_4^{2-}等杂质含量极少，满足电解要求，因此制碱中基本没有盐泥排放。

浓硫酸在化工及其他行业中的应用十分广泛，而对使用后的废酸的处理是国内外化工企业的主要问题，在先进国家相关企业起步较早，已经逐步形成规模化、产业化的生产链，其一般采用处理回用或处理后到其他工序使用的方法。

3.1.2　烧碱行业国内发展概况

3.1.2.1　烧碱行业国内产量及地区分布

氯碱工业在我国国民经济中占有重要的地位。近年来，由于市场竞争日益激烈，我国各氯碱企业为了提高自身的竞争力，纷纷扩大烧碱装置规模，从 1999 年开始掀起了一轮烧碱装置扩建高潮，我国烧碱行业取得了飞速的发展，产能产量均呈明显的增长趋势。2012 年，我国烧碱产能进入稳步增长期，2021 年烧碱产能增至 4563.4 万吨，详见表 3-5。

表 3-5 近年我国烧碱行业产能产量的变化情况

项目	2016 年	2017 年	2018 年	2019 年	2020 年	2021 年
产能/万吨	3945	4120	4259	4310.4	4470	4563.4
产量/万吨	3283.9	3365.2	3420.2	3464.4	3643.2	3891

我国烧碱工业发展迅速，目前已经成为世界第一大烧碱生产国和消费国。据统计，截至 2021 年底，我国烧碱总产能达到 4563.4 万吨，产量 3891 万吨，位列世界第一位。我国烧碱产能以离子膜烧碱为主，离子膜烧碱的比例接近 95%；从分布情况来看，烧碱产能主要集中在山东、江苏、内蒙古、新疆等省区。下游消费以氧化铝、化工、造纸印染等行业为主。由于我国烧碱行业处于供大于求的态势，因此需要通过一定数量的出口外销来解决供需矛盾，近年来，我国烧碱每年出口数量在 200 万吨左右，进口数量极少，我国是烧碱的净出口国。

3.1.2.2 烧碱行业国内主要生产工艺

我国烧碱生产工艺主要有离子交换膜法和隔膜电解法两种，由于离子交换膜法能耗较低，生产工艺先进、清洁，而且不存在石棉危险废物污染问题，近几年发展较快。据统计，2011 年国内离子交换膜法烧碱产能为 3035 万吨，占烧碱总产能的 89%；隔膜电解法烧碱产能为 377 万吨，占烧碱总产能的 11%。随着国内新扩建离子膜生产装置的投产运行，离子交换膜法烧碱产能所占比例将继续提高。我国烧碱两大生产工艺在 2012 年的产能分布统计具体见表 3-6。

表 3-6 2012 年我国各地区烧碱两大生产工艺的产能分布

省、自治区、直辖市	离子交换膜法/万吨	隔膜电解法/万吨	合计/万吨
安徽	40	6	46
福建	17	13.5	30.5
甘肃	35.5	5.5	41
广东	25	6.5	31.5
广西	67.5	—	67.5
贵州	20	6	26
海南	3.3	—	3.3
河北	121	5	126
河南	207.5	5	212.5

续表

省、自治区、直辖市	离子交换膜法/万吨	隔膜电解法/万吨	合计/万吨
黑龙江	30	3.5	33.5
湖北	90.3	13	103.3
湖南	70.8	13.5	84.3
吉林	25	—	25
江苏	401	56	457
江西	40.5	23	63.5
辽宁	54	15	69
内蒙古	279	—	279
宁夏	31	13.5	44.5
青海	35	—	35
山东	852	72	924
山西	114	7	121
陕西	94.2	8	102.2
上海	87	—	87
四川	88	30	118
天津	113	12.5	125.5
新疆	245	—	245
云南	33	—	33
浙江	162	6.5	168.5
重庆	25.5	7.5	33
总计	3407.1	328.5	3735.6

隔膜电解法烧碱技术由于存在石棉污染、能耗大等问题，其所占的比例将逐步减少甚至淘汰。根据我国能源结构调整计划，我国于2015年全部淘汰了隔膜电解法制碱。

数据显示，由于市场方面的影响，绝大部分的烧碱生产企业在平衡电解装置开工时往往优先保证离子膜烧碱运作，而对于能耗较大的隔膜电解法烧碱装置则采取了加速淘汰和暂停生产的措施，在产能增长的同时，落后装置产能退出的速度也正在加快。随着国内新扩建离子膜生产装置的投产运行，离子交换膜法烧碱产能所占比例将继续提高。

从2007年开始，中国烧碱行业生产工艺变化明显，离子交换膜法烧碱比例快速增加，截至2013年底，中国离子交换膜法烧碱产能为3640万吨，所占的比例已经接近

95%。按国家产业政策要求，隔膜电解法烧碱属于淘汰类产业。2007～2013 年我国烧碱工艺变化如图 3-1 所示（图中，隔膜为隔膜电解法简称，离子膜为离子交换膜法简称，下同）。

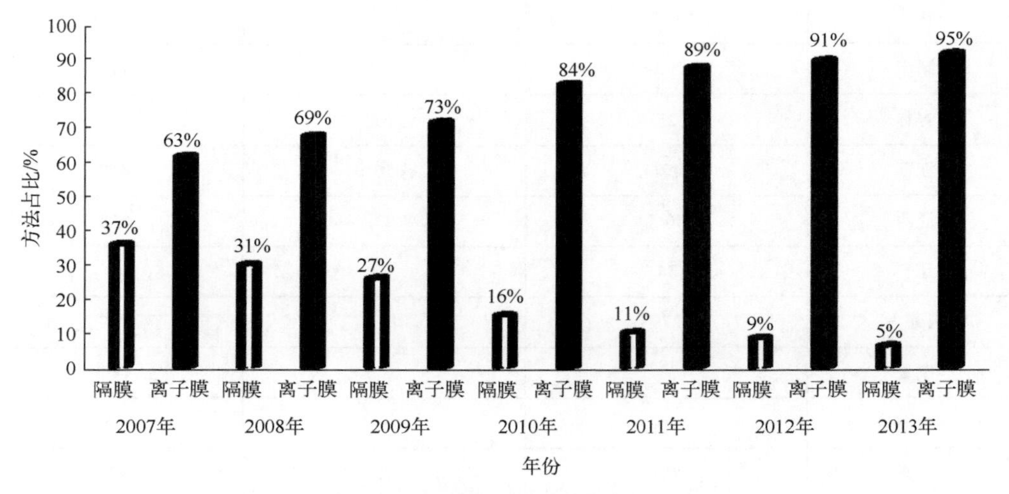

图 3-1 中国烧碱生产工艺路线变化

3.2 隔膜法工艺废渣的产生特性与污染特性

3.2.1 隔膜法工艺流程

隔膜法电解技术是以石墨为阳极（或金属阳极），铁为阴极，采用石棉为隔膜的电解方法。工业原盐作为生产原料，经盐水精制成为饱和的精制盐水（一次精制盐水），调节 pH 为酸性后送入隔膜电解槽，饱和盐水中的 NaCl 在直流电作用下生成电解液（以 NaOH、NaCl、H_2O 为主的混合物）和湿氯气、湿氢气。

隔膜法工艺原理：在隔膜电解槽中，以石棉纤维为主要材质的改性石棉隔膜将阳极区与阴极区分隔开，原料——酸性饱和食盐水溶液加入阳极区，阳极上析出氯气，阴极上析出氢气，电解产生的 NaOH 与未完全电解的过量 NaCl 形成 NaCl、NaOH、H_2O 的混合物，以电解液的形式作为电解产物离开电解槽，这种电解液必须经过特殊的蒸发除盐之后才能形成一定浓度的烧碱成品。在阳极上，氧的电位数值比氯小，但其钛金属阳极涂层对 Cl^-的放电过程有着电催化作用，降低了 Cl^-在阳极放电生成 Cl_2 过程中的活化能，在同样条件下氯在阳极上的过电压比氧小，因此在阳极上析出的是氯气而不是氧气。其具体生产工艺流程如图 3-2 所示。

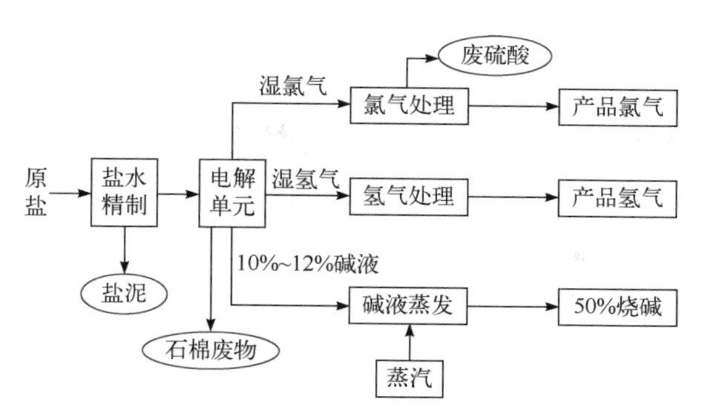

图 3-2　隔膜法工艺流程

3.2.2　废渣产生环节及产排污系数

隔膜法烧碱生产过程，阳极上进行的主要电化学反应如下：

$$2Cl^- - 2e \longrightarrow Cl_2\uparrow$$

在阴极上，进行电化学反应的是水分子，它在阴极获得电子而发生以下电化学反应：

$$2H_2O + 2e \longrightarrow H_2\uparrow + 2OH^-$$

所以，氯化钠饱和溶液电解生成 NaOH、Cl_2、H_2 的电化学反应式为：

$$2NaCl + 2H_2O \longrightarrow H_2\uparrow + Cl_2\uparrow + 2NaOH$$

3.2.2.1　盐水精制单元

（1）原盐溶解

原盐用皮带输送机加入盐溶解槽中，用作原盐溶解的水由以下几部分组成：

① 来自盐水加热器的蒸汽冷凝液；

② 烧碱蒸发工序回收的蒸汽冷凝液；

③ 烧碱蒸发工序的清洗水与冷却塔的回流水；

④ 电解工序回收的冲洗水；

⑤ 来自氢气处理工序的冷凝液。

以上几股水量不足时，再添加一部分工艺水。采用这些回收水化盐，一是为了充分回收散落的盐碱，减少盐碱损失以及由此引起的环境污染；二是为了充分回收生产余热，减少热损失。

从盐溶解槽溢流出来的粗饱和盐水含 NaCl 约 312.5g/L，由泵送至预混合槽中。

（2）粗盐水精制与澄清

在预混合槽中，粗盐水与电解液进行充分混合，这时 NaOH、Na_2CO_3 与粗盐水中所含的 Ca^{2+}、Mg^{2+}初步反应生成 $Mg(OH)_2$ 与 $CaCO_3$ 沉淀物；预混合槽中的粗盐水由混合槽加料泵打入混合槽中，加入絮凝剂聚丙烯酸钠，使混合槽中的$Mg(OH)_2$、$CaCO_3$发生凝聚，并逐步形成较大的沉淀物颗粒；粗盐水从混合槽进入澄清桶，在回流泥浆的进一步作用下，$Mg(OH)_2$、$CaCO_3$沉淀物形成更大的沉淀颗粒，在静置过程中逐步与粗盐水分层沉降，澄清的粗盐水溢流进入盐水过滤器中进行过滤处理。

（3）盐水过滤

砂滤器在滤层压力降增大时通过虹吸管自动进行反洗，以保持砂滤层的良好过滤作用，如果在24h内没有形成自动反洗，则必须人工反洗。从砂滤器出来的纯净盐水即为一次精制盐水，用于隔膜电解。

（4）加热和pH值调节

砂滤后的精制盐水温度有所下降，由盐水预热器加热到大约65℃，然后用盐水过热器加热到70℃左右，以防止高浓度的NaCl结晶析出堵塞管线。精制盐水经pH值调节槽用20%HCl溶液将其pH值调整到3～6后，进入加料盐水槽中，再由加料盐水泵送至各台电解槽中进行电解[7]。

（5）脱硫酸盐

脱硫酸盐的作用是在精制盐水经电解、蒸发处理后，对蒸发系统产生的高芒盐水进行脱芒处理，消除盐水系统中过量的Na_2SO_4，以提高电解效率。高芒盐水进入pH值调节槽，用盐酸将其pH值调整到7后，用脱硫酸盐反应槽加料泵将高芒盐水输进脱硫酸盐反应槽中，并加入27%的$CaCl_2$溶液，使$CaCl_2$与Na_2SO_4反应生成脱水$CaSO_4$沉淀物，清液进入脱硫酸盐澄清桶澄清处理后，进入反洗盐水槽，再经反洗盐水泵送去化盐。

盐水系统中硫酸根的存在对电解槽正常运行产生很大的影响，因此必须对淡盐水进行脱硝处理。我国采用的主要脱硝技术方法有钙法、钡法和膜法[8]。传统的氯化钡脱硝法是将盐水系统中的硫酸根转化为硫酸钡沉淀，一定程度上增加了盐泥的产生量。而且氯化钡属于剧毒化学品，随着国家对危险化学品管理力度的加大，氯化钡在运输、贮存、配制方面都有很多困难。而膜法脱硝技术将硫酸根以硫酸钠的形式从淡盐水中脱除出来，并得到一种副产品芒硝，有很好的再利用价值。芒硝是重要的化工原料，主要用来制取硫化碱和无水硫酸钠等产品，此外还广泛用于纸浆、人造纤维、玻璃工业等行业。目前膜法脱硝技术的普及率约为40%。

3.2.2.2 电解工序

（1）电解

电解系统主要由盐水供给、电解槽、氯系统、氢系统和电解液系统5部分构成。从盐水精制工序来的盐水调整到一定压力后分别经过各槽流量计送到各台电解槽中。每台电解槽串联排放，全部经导电铜排串联连接，整流变压器来的直流电通过第一列电解槽的母线导入最前面电解槽的阳极。经过电解槽内阳极-隔膜-阴极后，再经导电铜排与下一台电解槽的阳极相连通，最后一台电解槽的阴极再用导电铜排与整流变压器相连通，

构成一个完整的电流回路。

送入电解槽中的饱和食盐水经直流电作用，在阳极上放出氯气，阴极上放出氢气。从电解槽出来的湿氯气经各槽氯气支管汇集到氯气总管中，湿氯气经洗涤、冷却、干燥与压缩成为干燥氯气，大部分送入氯乙烯单体（VCM）装置生产 VCM，少部分干燥氯气经液化精制后供给环氧氯丙烷（ECH）装置生产氯丙烯与环氧氯丙烷。从电解槽出来的湿氢气经各槽氢气支管汇集到氢气总管中，氢气经处理后成为精制氢气，外送到炼油厂作加氢原料。电解液经各槽断电器汇集到电解液总管中，经泵送入电解液贮槽，供作蒸发系统生产 50%隔膜烧碱的原料。

（2）隔膜更新

电解槽中的石棉纤维改性隔膜，其正常运行周期为 1 年左右，最长也仅 18 个月。电解槽经过一定周期的运行，其隔膜电化性能将变差（渗透率变大，电解液浓度过低，氯中含氢含氧量升高；或隔膜微孔被堵，槽电压升高，电解液浓度过高等）并需及时更新，以维持电解槽较好的电化性能。

隔膜更新可分为 5 个步骤：a. 将需更新隔膜的电解槽断电使其脱离系统；b. 电解槽解体；c. 阴极箱上旧膜剥除，更新吸附隔膜，并将吸附隔膜进行热处理；d. 吸附好新隔膜后将电解槽再组装；e. 将组装好的电解槽投入运行系列，并送电运行。

这 5 个步骤中，决定隔膜吸附质量的关键步骤是旧膜剥除、新膜吸附及隔膜热处理。只有彻底剥除阴极箱上的旧膜，才能确保新吸附隔膜的均匀性与必要的黏着力，而搞好隔膜吸附与热处理，则是保障隔膜所需电化性能的前提。而且，隔膜吸附过程为人工操作，影响吸附隔膜质量的制约因素很多，只有严格操作，认真检查修整，才能保障所吸附隔膜必要的均一性。此外，电解槽运行状况（盐水质量、停车保护状况等）也直接影响着隔膜电化性能的好坏与运行周期的长短，因此还必须搞好电解槽的运行管理。

（3）氯气冷却、干燥与压缩

工序氯气总管来的湿氯气（氯气约占 36%、水分约占 63%）首先进入氯气洗涤塔，湿氯气在此塔中被循环氯水除去其中夹带的盐水雾沫并冷却到 50℃左右。氯气鼓风机将氯气洗涤塔中的氯气抽至氯气冷却塔中。出口氯气的温度为 20℃，这时湿氯气中原含的大量水分被冷凝后与氯气分离，从而大大节约了氯气干燥的 H_2SO_4 用量。氯气冷却塔出来的氯气进入氯气除雾器中，除去出口气中夹带的 99%以上的氯水水雾，进一步减少后续各氯气干燥塔的除水量。随后氯气进入干燥系统进行脱水处理，2 个氯气干燥系列各由 4 个干燥塔构成，依次为一段氯气干燥塔（用 65%H_2SO_4 作干燥剂）、二段氯气干燥塔（用 93%H_2SO_4 作干燥剂）、三段氯气干燥塔（用 97%H_2SO_4 作干燥剂）和四段氯气干燥塔（用 98%H_2SO_4 作干燥剂）。每台氯气干燥塔都是气-液逆流接触的填料塔，一段至四段氯气干燥塔在用 H_2SO_4 吸除氯气中水分的同时均放热使 H_2SO_4 升温，所以各塔又配有 1 台冷却器来冷却循环硫酸，使酸温保持在 20℃左右，以维持较高的脱水效率。

排出的氯气中夹带有微量硫酸酸雾，需进入雾沫分离器中进行除雾处理，使干燥氯气中夹带的 99%以上的酸雾分离出去。

氯气压缩机抽取氯气使其加压到 0.4MPa（表压）。被压缩的氯气冷却到 50℃左右后大部分送 VCM 与 ECH 两装置作生产原料，少量干燥氯气在 0.4MPa 压力下送氯气液化工序进行精制处理。

（4）氢气冷却、干燥与精制

本工序由氢气一次洗涤、鼓风机加压输送、冷却、二次洗涤、压缩与脱氧脱湿等过程组成。氢气一次洗涤至二次洗涤的工艺处理均由两套相同设备构成，压缩、脱氧脱湿则为单系列。

电解工序氢气总管中的湿氢气进入一段氢气洗涤塔，高温湿氢气在塔内被循环水洗涤、冷却。循环水经一段洗涤塔冷却器冷却后再由一段洗涤塔泵循环使用。经过冷却后的氢气温度为20℃，并含有少量的NH_4Cl、Cl_2、CO_2、SO_2等杂质，为了除去这些杂质，需依次经过二、三、四和五段氢气洗涤塔的四次洗涤。再经过除雾器除去部分水雾。经过这些过程，氢气中的杂质已基本除去，可大大延长氢压机的运行周期和氧催化剂的使用寿命。

氢气处理过程中应严格限制氢气中残氯与水分含量，以保证外送氢气的质量。

3.2.2.3 碱蒸发系统

（1）碱液蒸发

来自隔膜的电解液在本工段浓缩至NaOH含量为49.4%，同时将NaCl及Na_2SO_4以盐结晶的形式析出，并利用旋液分离器将2种盐以盐浆的形式从蒸发系统分离出来。整个蒸发过程在1套四效逆流强制内循环蒸发设备中完成。来自电解槽的电解液直接加入四效蒸发器内，在此电解液被浓缩至NaOH含量为14.64%。浓缩了的碱液和析出的盐（固体NaCl含量为6.6%）一起用泵送到离心机加料受槽，在此与系统中其他部分收集的盐浆混合，固体盐沉降到离心机加料受槽底部，NaOH含量约18%的顶部澄清液用泵经三效预热器预热后送入三效蒸发器进行浓缩，浓缩后NaOH含量为22.2%的碱液与浓缩过程中析出的结晶盐一同被泵经二效预热器预热后送入二效蒸发器，进一步浓缩至NaOH含量为27.8%（固体NaCl含量为7.8%），然后用泵送到二效旋液分离器采盐，浓缩的盐浆（固体NaCl含量为45.1%）流入离心机加料受槽，清液从顶部溢流到二效旋液分离器高位槽，部分碱液经一效预热器预热后送入一效蒸发器，多余的碱液由泵送回二效蒸发器。为严格控制最终产品规格，由一效沸点升高控制系统调节一效蒸发器的进料量，以维持一效蒸发器NaOH含量达到43.5%。

经一效浓缩后的碱液（包括析出的固体盐）从一效蒸发器靠压差流入一次闪蒸槽，在0.074MPa真空度下闪蒸到NaOH含量为45.8%；闪蒸后的碱液连同固体盐一起由泵送入二次闪蒸槽（简称“二闪”），在0.03MPa压力下再次闪蒸使NaOH浓度提高到49.4%；二闪的碱液连同10.7%的结晶盐用泵送到二闪旋液分离器分盐。盐浆从分离器底部（固体NaCl含量为42.7%）流入离心机加料受槽，清液从顶部溢流到闪蒸旋液分离器，出来的碱液在此进行沉降分离，固体盐沉降到底部，顶部清液由泵在液位控制下送到碱冷却和完成工段，部分返回二闪控制二闪液位。

（2）碱冷却和完成

从蒸发工段来的约93.2℃和NaOH含量为49.4%的碱液在本工序冷却至23.9℃，使溶解在碱液中的NaCl结晶析出并用碱过滤器除去，从而获得合格的液碱产品。

（3）盐回收

碱液在蒸发、冷却过程中结晶出来的盐都送到了离心机加料受槽中。这里的条件（76.5℃，NaOH含量18.0%，NaCl含量12.6%）使得NaCl、NaOH、Na_2SO_4三盐结晶分解。含有固盐约20%的盐浆离开离心机加料受槽底部，由一次盐离心机加料泵送到一次盐离心机旋液分离器。分离后盐浆固体约占60%，从底部流入一次盐离心机，结晶盐和液体分离并被洗净。液体返回离心机加料受槽，结晶盐流入硫酸盐浸出槽中。固体盐在此被循环液溶解，重新制成盐浆，使盐中的硫酸盐被浸出。盐浆由二次盐离心机加料泵经二次盐离心机旋液分离器加到二次离心机中。二次盐离心机的母液返回硫酸盐浸出槽。固体盐流入盐浆槽，用热水槽中的热水溶解形成约20%的盐浆。由盐浆输送泵送回重饱和槽供盐水重饱和用。二次盐离心机旋液分离器分离出来的高芒盐水溢流入硫酸盐浸出槽中。一部分高芒液返回硫酸盐浸出槽作输送液用；另一部分送往脱硫酸盐系统。

隔膜法电解槽生产的碱液含有10%～12% NaOH，碱液需要经过蒸发结晶得到固碱产品，能耗高。另外，隔膜法生产过程中会产生危险废物石棉绒，国内隔膜生产装置逐年减少甚至被淘汰。

综上，可得到隔膜法工艺的废渣产污系数，如表3-7所列。

表3-7　隔膜法工艺废渣的理论产排污系数

废渣种类	废渣产生节点	理论产生量/（t/t产品）
盐泥	盐水精制单元	0.05000
废石棉	电解单元	0.00013
废硫酸	氯气干燥单元	0.02700

从地区分布、企业规模等角度选取了天津某公司和陕西某公司两家隔膜法工艺企业开展调查和取样工作。

天津调研企业采用的是海盐，其原料原盐的分析结果具体见表3-8和表3-9。实验结果表明，该原盐纯度很高，几乎高达100%，据悉该企业采用的原盐为澳大利亚进口精盐与海盐的混合原盐，所以纯度很高。该原盐样品重金属及氮、磷、氯含量都非常低，结合X射线分析的结果，说明该原盐纯度很高。

表3-8　天津某公司原料原盐的分析结果

项目	分析结果
IR（红外线）分析	样品中含结晶水、硫酸盐
X射线分析岩盐/%	100

表 3-9　天津某公司原盐重金属及氮、磷、氯含量分析

检测项目	检测结果	土壤环境质量标准（一级）
砷/（mg/kg）	0.27	15
汞/（mg/kg）	0.025	0.15
镉/（mg/kg）	0.051	0.2
铅/（mg/kg）	17.3	35
铬/（mg/kg）	未检出(<5)	90
锌/（mg/kg）	未检出(<0.5)	100
钡/（mg/kg）	未检出(<1)	—
铜/（mg/kg）	未检出(<1)	35
全氮/（g/kg）	未检出(<0.005)	—
全磷/（g/kg）	未检出(<0.03)	—
氯离子/（mg/kg）	5.48×10^5	—
硝酸盐（以 N 计）/（mg/kg）	未检出(<0.25)	—
亚硝酸盐（以 N 计）/（mg/kg）	未检出(<0.15)	—
磷酸盐（以 PO_4^{3-} 计）/（mg/kg）	1.45	—

陕西调研企业采用的是卤水，原料不同导致废渣的产生量差别很大，其元素组成分析结果见表 3-10。分析结果表明卤水浓度很高，满足电解要求，杂质含量少，卤水品质较好。

表 3-10　陕西某公司原料原盐元素分析

项目	控制指标	检测值	备注
NaCl	300～315g/L	312g/L	地下盐矿含盐 98%
Na_2CO_3	≤0.5g/L	0.02g/L	
Ca^{2+}	≤600mg/L	800mg/L	
Mg^{2+}	≤40mg/L	16mg/L	
SO_4^{2-}	≤7g/L	4.3g/L	
Fe^{3+}	≤0.2mg/L	0.05mg/L	
SiO_2	≤5mg/L	0.8mg/L	
Ba^{2+}	≤0.5mg/L	0	
Hg	≤0.1mg/L	0	
SS	≤1mg/L	0.4mg/L	
pH 值	8～11	8.2	
无机氨	≤1mg/L	0.6mg/L	

两家企业废渣的产生情况统计见表 3-11。结合理论分析结果，得到盐泥产量为 50kg/t

产品，废石棉为 0.13kg/t 产品，硫酸为 27kg/t 产品，芒硝为 42kg/t 产品。

表 3-11　隔膜法工艺废渣产生情况调研统计

废渣类型	产生环节	天津某公司	陕西某公司
盐泥	盐水精制	2 万吨/年	0.06 万吨/年
芒硝	盐水精制	—	1.2 万吨/年
废隔膜	电解	12t/a	10t/a
废硫酸	氯气干燥	0.45 万吨/年	0.6 万吨/年

3.2.3　隔膜法工艺废渣污染特性

3.2.3.1　盐泥

对上述两家企业典型隔膜法工艺产生的盐泥进行样品分析，部分结果汇总如表 3-12 所列。不同来源的原料所产生盐泥性质差别非常大，结果显示：

① 盐泥以 NaCl、$CaCO_3$、$Mg(OH)_2$ 为主；

② 采用 $BaCl_2$ 脱硝增大盐泥 $BaSO_4$ 含量。

表 3-12　盐泥成分分析结果　　单位：%

盐泥	NaCl	$CaCO_3$	$Mg(OH)_2$	$BaSO_4$	SiO_2	Al_2O_3
海盐盐泥 1	13	42	3	33	7	2
海盐盐泥 2	5.32	32	7.5	22.8	4.81	1.31
湖盐盐泥 1	7.04	42.47	9.92	30.17	6.36	1.73
湖盐盐泥 2	16	67	2	—	10	1.26
卤水盐泥 1	3	97	—	—	—	—
卤水盐泥 2	11.3	78.45	8.7	—	—	—

对三种盐泥的重金属浸出浓度分析结果见表 3-13，结果显示，与浸出毒性鉴别标准对比发现不存在超标现象。个别样品 Pb 和 Zn 超过污水排放标准。大部分指标满足地表水质量标准。样品致癌风险和非致癌风险较低。

表 3-13　盐泥重金属浸出特性分析结果

检测项目	天津	陕西 1	陕西 2	危险废物鉴别标准	污水排放标准	地表水质量标准
砷/（mg/L）	0.0017	0.0008	0.0008	5	0.5	0.05
汞/（mg/L）	未检出	未检出	未检出	0.1	0.04	0.0001
镉/（mg/L）	0.0008	0.007	0.0005	1	0.1	0.005
铅/（mg/L）	0.0020	0.005	0.0043	5	1	0.05
铬/（mg/L）	未检出	未检出	未检出	15	1.5	0.05
锌/（mg/L）	未检出	0.87	未检出	100	5	1
钡/（mg/L）	0.087	0.014	未检出	100	—	0.7
铜/（mg/L）	0.023	未检出	未检出	100	20	1
致癌风险	8.56×10^{-6}	3.17×10^{-6}	1.35×10^{-6}	—	—	—
非致癌商	0.75	0.36	0.19	—	—	—

盐泥的氮、磷、氯分析结果见表 3-14。通过对盐泥样品中氮、磷、氯的含量进行分析发现，盐泥中除氯离子含量较高外，其他的杂质含量都很低。氯离子的腐蚀性会影响盐泥的综合利用。

表 3-14　盐泥的氮、磷、氯分析结果

检测项目	天津某公司	陕西某公司
全氮/（g/kg）	1.12	0.079
全磷/（g/kg）	2.56	未检出（<0.03）
氯离子/（mg/kg）	1.56×10^4	2.01×10^4
硝酸盐（以 N 计）/（mg/kg）	未检出（<0.25）	3.21
亚硝酸盐（以 N 计）/（mg/kg）	11.4	未检出（<0.15）
磷酸盐（以 PO_4^{3-} 计）/（mg/kg）	1.33	4.83

3.2.3.2　废隔膜

根据 ISO 22262-1:2012 和 NIOSH 9000:1994 中规定的检测方法，利用 X 射线衍射仪和偏光显微镜对废隔膜样品进行分析，具体结果见表 3-15 和图 3-3。

表 3-15　废隔膜检测结果

检测项目	结果	检出限（结果以质量分数表示）/%
温石棉	阳性	0.1
铁石棉	阴性	0.1

续表

检测项目	结果	检出限（结果以质量分数表示）/%
青石棉	阴性	0.1
直闪石	阴性	0.1
透闪石	阴性	0.1
阳起石	阴性	0.1

注：阴性<0.1%，阳性≥0.1%。

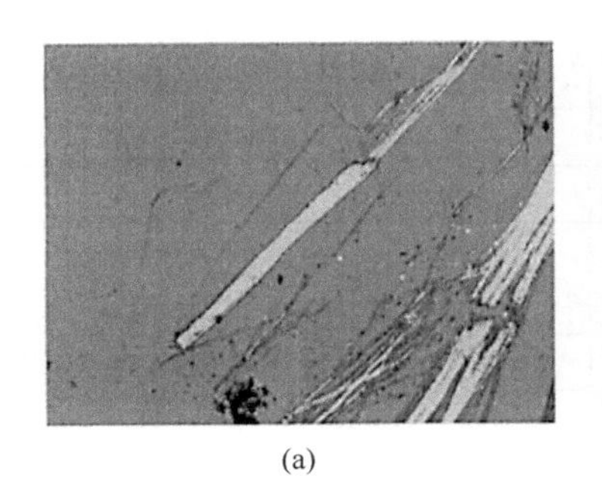

(a)

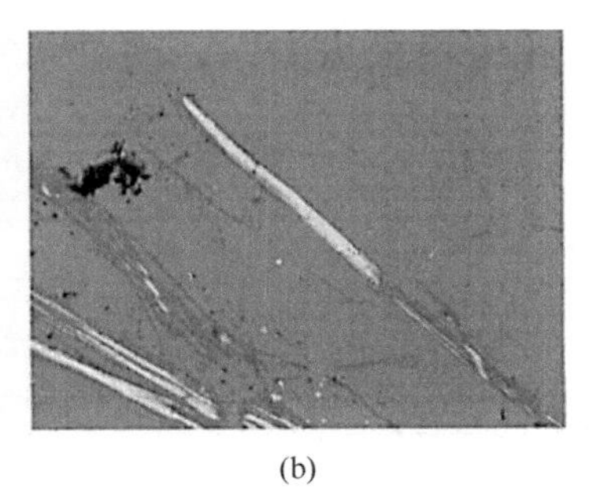

(b)

图 3-3　废隔膜 PLM 图谱（200 倍）

从实验结果可以看出，该样品中存在石棉废物，主要的石棉成分为温石棉。石棉有致癌性早已为相关行业周知[9]，但石棉细分为温石棉和闪石棉。经中外多位矿物学、病理学、毒性学专家学者长达 2 年多的比较试验证明，在温石棉、闪石棉及其他多种“温石棉替代纤维”中，温石棉是相对最安全的无机纤维材料。然而，2001 年 3 月 WTO 做出具有里程碑意义的裁定，认为温石棉既然已被认定是致癌物质，那么石棉生产商坚持的安全使用极限就不存在。使得 WTO 的各个成员国禁止使用或进口如石棉等含致癌物质的权利合法化，也进一步确认 WTO 各成员国有权认为保护生命和健康比履行贸易义务更为重要。

根据我国产业结构调整计划，隔膜法制碱将按照市场规律逐步退出烧碱行业，废旧隔膜中石棉的危害也随之减少。

3.2.3.3　芒硝

对采集的芒硝样品进行结构分析发现，该样品中芒硝含量高达 97%，其余成分为 NaCl，其纯度很高基本不含其他杂质。对样品进行重金属及氮、磷、氯含量分析发现，样品中除氯离子含量相对较高外，其他离子含量都很低，氯离子含量超地表水排放标准。芒硝致癌风险和非致癌商风险均很低。芒硝具体检测结果如表 3-16 和表 3-17 所列。

表 3-16　芒硝的检测结果

检测项目	检测结果
无水芒硝/%	97
岩盐/%	3
砷/（mg/kg）	0.095
汞/（mg/kg）	0.0064
镉/（mg/kg）	0.17
铅/（mg/kg）	3.81
铬/（mg/kg）	未检出（<5）
锌/（mg/kg）	未检出（<0.5）
钡/（mg/kg）	未检出（<1）
铜/（mg/kg）	未检出（<1）
全氮（以干基计）/（g/kg）	未检出（<0.005）
全磷（以干基计）/（g/kg）	未检出（<0.03）
氯离子（以干基计）/（mg/kg）	7.25×10^3
硝酸盐（以 N 计）/（mg/kg）	未检出（<0.5）
亚硝酸盐（以 N 计）/（mg/kg）	未检出（<0.15）
磷酸盐（以 PO_4^{3-}计）/（mg/kg）	4.05

表 3-17　芒硝的浸出浓度

检测项目	测试结果	危险废物鉴别标准	污水排放标准	地表水质量标准	致癌风险	非致癌商
砷/（mg/L）	0.0004	5	0.5	0.05	1.6×10^{-6}	0.12
汞/（mg/L）	未检出	0.1	0.05	0.0001		
镉/（mg/L）	0.0016	1	0.1	0.01		
铅/（mg/L）	0.013	5	1	0.05		
铬/（mg/L）	未检出	15	1.5	0.05		
锌/（mg/L）	未检出	100	5	1		
铜/（mg/L）	未检出	100	20	1		
氯/（mg/L）	3156	—	—	250		

3.3　离子膜法工艺废渣的产生特性与污染特性

3.3.1　离子膜法工艺流程

离子膜电解工艺以一次精制盐水为原料，进行二次精制，使盐水中 Ca^{2+}、Mg^{2+}的含

量在 20×10^{-9} 以下，调节 pH 为酸性后送入离子膜电解槽，二次精制盐水中的 NaCl 在直流电作用下生成电解液和湿氯气、湿氢气。

离子膜法产生的碱液纯度高，质量分数在 30%～35%，可直接作为商品使用，也可以再经蒸发器浓缩为 50%的液体烧碱。

离子膜法工艺相对于隔膜法主要区别在于盐水精制单元，即在原来的盐水精制基础上增加了盐水二次精制单元。因为离子膜法对入槽盐水的要求较高，Ca^{2+}、Mg^{2+}的含量必须降到 20×10^{-9}，否则会增加能耗及损坏离子膜[10]。其他流程基本相同（见图 3-4）。

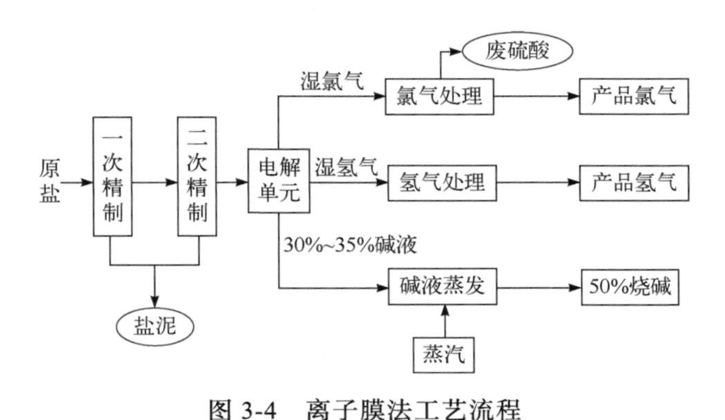

图 3-4　离子膜法工艺流程

3.3.2　废渣产生环节及产排污系数

3.3.2.1　离子膜电解原理

电解食盐水溶液所使用的阳离子交换膜的膜体中有活性基因，它是由带负电荷的固定基团—SO_3^-、—COO^-与一个带正电荷的对离子 Na^+形成静电键。磺酸型阳离子交换膜的化学结构简式为：

$$\underbrace{\underset{\text{固定基团}}{R—SO_3}—\underset{\text{对离子}}{H^+(Na^+)}}_{\text{活性基团}}$$

磺酸基团具有亲水性，而使膜在溶液中溶胀，膜体结构变松，从而造成许多微细弯曲的通道，使其活性基团中的对离子 Na^+可以与水溶液中同电荷的 Na^+交换，与此同时，膜中的活性基团中的固定离子具有排斥 Cl^-和 OH^-的能力，从而可获得高纯度的氢氧化钠溶液。

水合钠离子从阳极室透过离子膜迁移到阴极室，水分子也伴随迁移。少数 Cl^-通过扩散迁移到阴极室，少量的 OH^-则由于受阳极的吸引而迁移到阳极。作为电解质的盐水和碱液分别在阳极室、阴极室循环，当电解槽通直流电时，食盐水溶液发生电解，在阳极上产生 Cl_2，在阴极产生 H_2 和 NaOH，电极反应如下。

阳极反应： $2Cl^- - 2e \longrightarrow Cl_2\uparrow$

阴极反应： $2H_2O + 2e \longrightarrow H_2\uparrow + 2OH^-$

总反应： $2NaCl + 2H_2O \longrightarrow 2NaOH + Cl_2\uparrow + H_2\uparrow$

在阳极上析氧的电位能要比析氯的小，但由于钛阳极上有活性涂层，降低了 Cl^-在阳极放电生成 Cl_2 的过电压，在同样条件下氯在阳极上的过电压比氧小，使氯中含氧量降低。

离子膜法能耗较低，投资省，出槽碱液浓度高、质量好，比隔膜法先进、清洁，近年来发展很快，是目前最先进的氯碱生产方法，全球新建氯碱装置基本上都是采用离子膜法技术，而隔膜法装置和水银法装置逐渐被淘汰[11]，国内目前水银法已被完全淘汰。

3.3.2.2 盐水二次精制的原理

一次精制盐水中含有较多的固体悬浮物及 Ca^{2+}、Mg^{2+}、Sr^{2+}等金属阳离子，固体悬浮物进入电解槽后会堵塞膜孔，而金属阳离子会和电解槽阴极室反渗来的 OH^-形成不溶性的氢氧化物，附着在离子膜上，从而导致离子膜电压升高，电流效率下降，电耗升高，离子膜性能恶化，膜的寿命缩短，因此必须对一次盐水进行二次精制，以得到高纯盐水[12]。

盐水二次精制的工艺过程主要有盐水精密过滤和螯合吸附。盐水精密过滤的主要目的是除去盐水中的悬浮物使其含量小于 1mg/L；螯合吸附的主要目的是除去盐水中的 Ca^{2+}、Mg^{2+}等金属阳离子，使 Ca^{2+}+ Mg^{2+}含量小于 20μg/L。

一次盐水在压力及流量控制下从底部进入用 α-纤维素预涂好的立式烛型碳素烧结管过滤器，在过滤器的进口加入助滤剂 α-纤维素，过滤后盐水从过滤器顶部流出，固体悬浮物留在碳素烧结管外壁上。

树脂塔螯合吸附原理及过程如下：

螯合树脂不溶于酸和碱，它的组成是具有活性基团的有机聚合物，并有固定的负电荷。在给定条件下，这些固定的负电荷与具有正电荷的易游离的离子有相对亲和力，当螯合树脂与含有 Ca^{2+}、Mg^{2+}的盐水接触时，其中的 Ca^{2+}、Mg^{2+}取代树脂中不稳定的 Na^+而起精制盐水的作用[13]。反应式如下：

$$2R\cdot Na + Ca^{2+} \longrightarrow R_2\cdot Ca + 2Na^+$$

这种离子取代过程不断进行，直至平衡，取代的速率取决于进塔盐水中的 Ca^{2+}与 Mg^{2+}含量、pH 值及温度。

当树脂交换能力明显下降时必须再生，再生先用强的无机酸将树脂转化成氢型树脂，再用碱转化成钠型树脂，反应式如下：

$$R_2\cdot Ca + 2HCl \longrightarrow 2R\cdot H + CaCl_2\text{（氢型树脂）}$$

$$R \cdot H+NaOH \longrightarrow R \cdot Na+H_2O \text{（钠型树脂）}$$

离子膜法废渣产生节点及理论产生量如表 3-18 所列。

表 3-18　离子膜法废渣产生节点与理论产生量

废渣种类	废渣产生节点	理论产生量/（t/t 产品）
盐泥	盐水精制单元	0.05600
废硫酸	氯气干燥单元	0.02558

从地区分布、企业规模等角度选取了山东某公司和新疆某公司两家离子膜法工艺企业开展调查和取样工作。

山东调研企业采用的原料为海盐，新疆调研企业采用的是湖盐。依照国标规定的重金属含量测定方法对两种原盐样品中砷、汞、镉、铅、铬、锌、钡、铜八种重金属（及类金属）及氮、磷、氯的含量进行了全分析，所得实验数据如表 3-19 所列。将实验结果与土壤环境质量三级标准对比发现，山东企业采用的原盐镉的含量存在超标现象，其他几种重金属元素没有超标现象。说明该原盐中镉的含量相对较高，可能导致最终盐泥的镉含量超标。

表 3-19　离子膜法原盐特性分析

检测项目	山东海盐	和丰原盐	托克逊原盐	土壤环境质量三级标准
砷/（mg/kg）	0.14	0.20	0.017	40
汞/（mg/kg）	0.18	0.013	未检出	1.5
镉/（mg/kg）	1.27	0.027	0.030	1.0
铅/（mg/kg）	6.77	9.70	9.90	500
铬/（mg/kg）	未检出	未检出	未检出	300
锌/（mg/kg）	15.5	未检出	未检出	500
钡/（mg/kg）	3.78	未检出	未检出	—
铜/（mg/kg）	5.65	未检出	未检出	400
氮/（g/kg）	未检出	0.46	0.35	—
全磷/（g/kg）	未检出	未检出	未检出	—
氯离子/（g/kg）	542	605	606	—
亚硝酸根/（mg/kg）	未检出	9.83	5.83	—
硝酸根（以 N 计）/（mg/kg）	未检出	未检出	未检出	—
磷酸根/（mg/kg）	未检出	未检出	未检出	—

样品中的主要组成成分为氯化钠，所以含有大量的氯离子，实验结果表明原料原盐中基本不存在氮、磷等物质，该原料原盐的纯度相对较高。

两家企业废渣的产生情况统计如表 3-20 所列。结合理论分析结果，得到盐泥产量为 56kg/t 产品，硫酸产量为 26kg/t 产品。

表 3-20　离子膜法工艺废渣产生情况调研统计

废渣类型	产生环节	山东产生量	新疆产生量
盐泥	盐水精制	4.2 万吨/年	3 万吨/年
芒硝	盐水精制		4.4 万吨/年
废硫酸	氯气干燥	0.8 万吨/年	0.85 万吨/年

3.3.3　离子膜法工艺废渣污染特性

3.3.3.1　盐泥

对上述典型两家企业离子膜法工艺产生的盐泥进行了样品分析，部分结果汇总如表 3-21 所列。

表 3-21　盐泥中重金属及氮、磷、氯含量分析

测试项目	山东	新疆	土壤环境质量三级标准
砷/（mg/kg）	1.64	5.02	40
汞/（mg/kg）	0.030	0.043	1.5
镉/（mg/kg）	0.17	1.55	1.0
铅/（mg/kg）	14.0	59.5	500
铬/（mg/kg）	未检出	9.21	300
锌/（mg/kg）	未检出	8.29	500
钡/（mg/kg）	2.41×10^{3}	28.9	—
铜/（mg/kg）	未检出	12.4	400
氮/（g/kg）	0.27	0.43	—
全磷/（g/kg）	0.12	0.26	—
氯离子/（mg/kg）	55.8	5.75×10^{4}	—
亚硝酸盐（以 N 计）/（mg/kg）	未检出	10.8	—
硝酸盐（以 N 计）/（mg/kg）	139	15.0	—
磷酸盐（以 PO_4^{3-} 计）/（mg/kg）	未检出	10.5	—

山东某公司除钡的含量相对较高（0.241%）外，其他几种重金属的含量都很低，几乎可以忽略不计，满足土壤环境质量三级标准。该企业离子膜法工艺在烧碱生产过程中产生的盐泥不存在重金属超标现象，而钡的含量相对较高的原因为该企业采用钡法脱硝工艺，导致最终盐泥中含有大量的硫酸钡沉淀，因此采用该方法进行脱硝会增加一定量的盐泥产生。

实验结果表明，两种盐泥中主要存在一定量的氯离子，氮、磷等离子含量很少。这部分氯离子会影响盐泥的综合利用。

盐泥一直作为一般工业固体废物进行管理，但是有人提出盐泥应该归为危险固体废物。本实验对盐泥样品进行了砷、汞、镉、铅、铬、锌、钡、铜八种重金属（或类金属）的浸出毒性分析（见表 3-22），以鉴别盐泥的危害特性。根据《危险废物鉴别标准 浸出毒性鉴别》（GB 5085.3—2007），八种重金属（或类金属）的浸出毒性全部低于危险废物鉴别标准，样品致癌风险和非致癌风险较低。

表 3-22 盐泥的浸出毒性分析

检测项目	山东	新疆	危险废物鉴别标准	污水排放标准	地表水质量标准
砷/（mg/L）	0.0002	0.0008	5	0.5	0.05
汞/（mg/L）	未检出	未检出	0.1	0.05	0.0001
镉/（mg/L）	0.0070	0.0008	1	0.1	0.01
铅/（mg/L）	0.098	0.005	5	1	0.05
铬/（mg/L）	未检出	未检出	5	1.5	0.05
锌/（mg/L）	未检出	1.37	100	5	1
钡/（mg/L）	0.43	0.082	100	—	0.7
铜/（mg/L）	未检出	未检出	100	20	1
致癌风险	2.35×10^{-6}	1.78×10^{-6}	—	—	—
非致癌商	0.44	0.26	—	—	—

3.3.3.2 废硫酸

对从山东调研企业采集的废硫酸样品（硫酸含量在 70%左右）进行了重金属含量分析及氮、磷、氯含量分析，具体见表 3-23。实验结果表明干燥氯气后的稀硫酸中基本不存在其他杂质，里面的氯离子含量非常低，废硫酸主要是因为强酸性、强腐蚀性而被列为危险废物。但是这种废硫酸在企业中一般都作为副产品卖给综合利用企业使其制取其他化工产品。有废硫酸回收资质的企业很少，据悉山东调研企业所在地淄博市只有一家企业有回收废硫酸的资质，如果这家企业出现什么问题就会造成废硫酸没有出路的现象。

表 3-23　废硫酸中重金属及氮、磷、氯含量分析

检测项目	检测结果
铬/%	0.000024
砷/%	0.000001
汞/%	0.000028
镉/%	<0.0000003
铅/%	0.0000064
锌/%	0.0000052
钡/%	0.0000041
铜/%	0.0000032
总氮（以 N 计）/%	0.00089
总磷（以 P 计）/%	0.0000095
氨氮（以 N 计）/%	0.000035
氯离子/%	0.04
亚硝酸盐/%	0.001
硝酸盐（以 N 计）/%	0.01
磷酸根/%	0.00003

3.3.3.3　芒硝

芒硝主要来自膜法脱硝工艺，膜法脱硝技术将硫酸根以硫酸钠的形式从淡盐水中脱除出来，并得到一种副产品芒硝[14]。通过 IR 分析及 X 射线衍射分析发现芒硝样品中含有无水芒硝 71%，另外还含有氯化钠 29%，具体如表 3-24 所列。

表 3-24　芒硝组分的 IR 和 X 射线衍射分析

分析项目		分析结果
IR 分析		样品中含有硫酸盐
X 射线衍射分析	无水芒硝/%	71
	岩盐/%	29

本实验对芒硝样品进行了重金属含量及氮、磷、氯含量分析（表 3-25），对其中砷、汞、镉、铅、铬、锌、钡、铜八种重金属的浸出毒性进行了分析，以鉴别盐泥的危害特性，具体见表 3-26。根据《危险废物鉴别标准　浸出毒性鉴别》（GB 5085.3—2007），八种重金属的浸出毒性全部低于危险废物鉴别标准。实验结果表明，该芒硝样品满足土壤环境质量一级标准。芒硝中除了含有一定量的氯化钠外，基本没有别的杂质。芒硝作为一种重要的化工原料，有一定的综合利用价值。

表 3-25　芒硝重金属及氮、磷、氯全含量分析

测试项目	测试结果	土壤环境质量三级标准
砷/（mg/kg）	0.28	40
汞/（mg/kg）	0.039	1.5
镉/（mg/kg）	0.024	1.0
铅/（mg/kg）	0.51	500
铬/（mg/kg）	3.15	300
锌/（mg/kg）	未检出（<0.5）	500
钡/（mg/kg）	未检出（<1）	—
铜/（mg/kg）	未检出（<1）	400
氮/（g/kg）	0.34	—
全磷/（g/kg）	未检出（<0.03）	—
氯离子/（mg/kg）	5.39×10^4	—
亚硝酸盐（以 N 计）/（mg/kg）	8.33	—
硝酸盐（以 N 计）/（mg/kg）	未检出（<0.25）	—
磷酸盐（以 PO_4^{3-}计）/（mg/kg）	未检出（<0.4）	—

表 3-26　芒硝重金属浸出毒性分析

监测项目	测试结果	危险废物鉴别标准
砷/（mg/L）	0.0004	5
汞/（mg/L）	未检出（<0.0001）	0.1
镉/（mg/L）	0.0016	1
铅/（mg/L）	0.013	5
铬/（mg/L）	未检出（<0.01）	5
锌/（mg/L）	未检出（<0.006）	100
钡/（mg/L）	未检出（<0.003）	100
铜/（mg/L）	未检出（<0.01）	100

3.4　烧碱行业废渣处理处置方式与环境风险

3.4.1　盐泥处理处置方式与环境风险

3.4.1.1　盐泥处理处置方式调研

调研了天津某公司、陕西某公司、山东某公司、新疆某公司 4 家单位盐泥的处理处置方式，汇总如表3-27所列。

表3-27　盐泥处理处置方式调查汇总

公司	海边堆存填埋	盐矿堆存填埋	空地堆存填埋
天津某公司	√		
陕西某公司			√
山东某公司	√		
新疆某公司		√	

3.4.1.2　盐泥海边堆存填埋

生产烧碱的原料原盐主要有海盐、湖盐、卤水和井矿盐。根据地域位置以及资源分布情况，沿海一带主要以海盐为主。以海盐为原料原盐进行电解生产烧碱的企业，最终得到的盐泥废渣基本都运到海边无用的空地进行堆存填埋，如山东调研企业和天津调研企业。

几个企业盐泥的IR和X射线衍射分析结果见表3-28和表3-29。结果显示，盐泥中的$CaCO_3$和$Mg(OH)_2$沉淀主要来自一次盐水精制过程，为了除去粗盐水中的Ca^{2+}、Mg^{2+}杂质，加入精制剂Na_2CO_3和NaOH与之发生化学反应产生沉淀，最终通过过滤使沉淀进入盐泥中。泥浆在压滤机中难以完全除掉所有的水分，没有压滤完全的盐泥中会含有一部分NaCl溶液。

表3-28　盐泥的IR分析

公司	IR分析
天津某公司	样品中含结晶水、碳酸盐、羟基化合物

表3-29　盐泥的X射线分析

公司	分析项目	分析结果
天津某公司	石英/%	10
	$Ca_4Al_2O_6(CO_3)_{0.67}(SO_3)_{0.33}\cdot 11H_2O$/%	50
	钙铝矾/%	13
	方解石/%	12
	铁白云石/%	15
山东某公司	NaCl/%	13
	$BaSO_4$/%	33
	$CaCO_3$/%	42

续表

公司	分析项目	分析结果
山东某公司	$Mg(OH)_2$/%	3
	SiO_2/%	7
	铝硅酸盐/%	2

山东某公司盐泥中的$BaSO_4$主要来自淡盐水脱硝过程，对于离子膜法制碱工艺来说，在电解过程中由于离子膜的选择透过性，硫酸根无法进入烧碱产品中，会一直积累在盐水系统中。同时，在生产过程中往往会向系统中加入亚硫酸钠与盐水系统中的杂质游离氯反应，此时亚硫酸根会被氧化成硫酸根而积累在盐水中。当系统中的硫酸根积累到一定浓度后，在电解过程中会在阳极放电，发生氧化反应产生游离氧，严重破坏阳极材料，消耗大量电能。一般要控制盐水系统中 SO_4^{2-}的含量在 5g/L 以下，目前国内主要的脱硝技术有氯化钡法、钙法、膜法和冷冻法。调研企业采用的是钡法脱硝工艺，即向淡盐水中加入 $BaCl_2$ 与系统中的 SO_4^{2-}反应生成 $BaSO_4$ 沉淀并使其进入盐泥中，从而导致其盐泥中含有大量 $BaSO_4$ 组分。另外 IR 分析表明样品中含有碳酸盐、硫酸盐、羟基化合物。实验结果表明，除钡的含量相对较高（0.241%）外，其他几种重金属的含量都很低，几乎可以忽略不计。

沿海地区产生的盐泥废渣主要以堆存在海边无用的空地上为主要处置方式，所以将测得的数据与土壤环境质量标准对比，发现盐泥样品的各项检测指标均低于土壤环境质量三级标准。该类土壤主要适用于国家规定的自然保护区、集中式生活饮用水源地、茶园、牧场和其他保护地区，土壤质量基本上保持自然背景水平。因此，盐泥堆放对土壤重金属污染的影响很小。

实验结果表明，盐泥中主要存在一定量的氯离子，氮、磷等离子含量很少。氯离子的含量较高主要是因为盐泥样品中富含氯化钠，会影响盐泥的综合利用。

3.4.1.3　盐矿堆存填埋

目前国内新建的烧碱产能呈西移趋势，集中在资源和能源丰富的新疆地区。新疆地区主要以湖盐为原料原盐进行烧碱生产，最终得到的盐泥废渣则运输到盐矿中堆存。而其他内陆地区得到的盐泥样品也主要是运输到盐矿或者是没有利用价值的空地进行堆存处置。调研企业中以湖盐为原料的企业是新疆某公司，该企业产生的盐泥废渣通过汽车运回盐矿进行堆存。

表 3-30 和表 3-31 所列是新疆某公司盐泥的组分分析。结果发现，该盐泥中不存在硫酸钡沉淀，主要是因为该企业采用先进的膜法脱硝技术脱除盐水中的硫酸根杂质。采用钡法脱硝工艺，导致样品中含有大量的 $BaSO_4$ 组分，而采用膜法脱硝技术则不会存在这一问题。

表 3-30 盐泥的 IR 分析

公司	IR 分析
新疆某公司	样品中含硅酸盐、碳酸盐、羟基化合物

表 3-31 盐泥的 X 射线分析

公司	分析项目	分析结果
新疆某公司	石英/%	10
	斜长石/%	3
	岩盐/%	16
	氢氧化镁/%	2
	方解石/%	66
	云母/%	1
	绿泥石/%	1

3.4.1.4 盐泥处理处置技术方法建议

从原料和工艺上分析，盐泥是盐水精制过程中产生的废渣，除了一些无机盐杂质外，基本不存在其他的杂质。从盐泥样品的浸出毒性分析结果可以看出，盐泥环境风险很小。不管以何种原盐为原料进行烧碱生产，最终得到的盐泥废渣都是运回原盐的来源地进行堆存或者填埋。这种利用盐矿的有效成分，而其他的无害杂质在没有利用价值的情况下再运回其来源地也是一种无害合理的处置方式。

盐泥无危险废物特性，但是产生量较大，年产量在 150 万吨左右，目前国内盐泥的处置主要以填埋和堆存为主，基本不存在其他的综合利用方式[15]。盐泥的控制主要以减量化为主。根据行业统计结果，2014 年我国国内烧碱生产企业多达 176 家，但是生产规模普遍比较小，生产能力集中度不高。尤其在沿海一带，多是小型的氯碱厂，生产烧碱等产品只是为了满足企业内部的下游产业使用，大部分厂家年产能不足万吨。但是无论产能大小，每家烧碱生产企业都必须配有盐水精制装置，额外增加了能耗和投资，而且有些小型企业对盐泥的管理不够规范。建议在一定的区域内对原盐在盐矿进行统一精制，然后将精制盐出售到各个氯碱企业。这样能够集中节约能耗及成本投资，同时在精制过程中产生的盐泥也可以得到统一规范的管理处置，从源头进行控制，从而可避免部分小型企业乱排偷排。

盐水系统中硫酸根的存在对离子膜电解槽正常运行有很大影响，因此必须对淡盐水进行脱硝处理。我国采用的主要脱硝技术方法有钙法、钡法和膜法，传统的氯化钡脱硝法一定程度上增加了盐泥的产生量。

膜法脱硝技术可以实现盐泥的减排，采用该技术生产每吨烧碱产品可使盐泥减排20kg，目前我国离子膜法制碱年产量在 2300 万吨左右，若全部推广膜法脱硝技术，则可实现盐泥每年减排 43 万吨。膜法脱硝技术是业内鼓励的清洁工艺，工艺控制简便，成本低，无污染，替代钡法脱硝能减少盐泥的产生量，减少氯化钡的毒性危险，同时也能减少成本投资，因为氯化钡的价格比较昂贵。目前国内膜法脱硝技术的普及率并不高，建议推广膜法脱硝技术。

离子膜法制碱产生的盐泥不存在水银法制碱中的汞污染问题，而其钙镁的含量较高，有很高的回收利用价值。但是盐泥的综合利用目前都未形成规模，其中利用余渣制造建筑材料，回收盐泥中的镁用来制轻质碳酸镁或氧化镁都是比较好的方法。关于盐泥综合利用的很多方法都处于实验研究阶段，推广到实际应用中尚存在一定的难度。

盐泥的很多综合利用都因其富含氯离子而被限制。另外，很多综合利用和回收工艺投资高，没有盈利空间，导致很多企业不愿意综合利用，因此需要一些政策来扶持这些没有盈利空间但是对环境保护有益的行业。

3.4.2　废隔膜处理处置方式与环境风险

3.4.2.1　废隔膜处理处置方式调研

随着产业技术的发展和行业政策的要求，隔膜法制碱工艺在国内所占比例越来越小。根据行业统计结果，2013 年我国隔膜法制碱工艺产能约占 5%，调研企业中只有天津某公司和陕西某公司有隔膜法装置运行，其他烧碱企业的隔膜法装置基本停产或已经拆除。根据我国产业结构调整计划，要求在 2015 年前全面淘汰隔膜法制碱产能，目前国内隔膜法制碱工艺基本被取代，废旧隔膜中石棉的危害也会随之减少。废隔膜中含有废石棉，是一种危险废物，目前处置主要是交由危险废物处理中心进行深度填埋。

3.4.2.2　废隔膜处理处置技术方法建议

隔膜法制碱目前在世界上仍然是一种重要的烧碱制造技术，美国等发达国家仍有30%左右的隔膜法烧碱产能。隔膜法制碱技术一直使用石棉作为隔膜材料，因为石棉具有较强的化学稳定性，耐酸碱腐蚀，机械强度高，具有良好的渗透性。但是同时石棉也是一种危险废物。世界上所用的石棉 95%左右为温石棉，石棉在大气和水中能悬浮数周、数月之久，持续地造成污染。研究表明，与石棉相关的疾病在多种工业职业中是普遍存在的。石棉本身并无毒害，它的最大危害来自它的粉尘，当这些细小的粉尘被吸入人体内时，就会附着并沉积在肺部，造成肺部疾病，石棉已被国际癌症研究中心列为致癌物。此外，极其微小的石棉粉尘飞散到空中，被吸入到人体的肺后，经过 20～40 年的潜伏期，很容易诱发肺癌等肺部疾病。这就是在世界各国受到不同程度关注的石棉公害问题[16]。

隔膜法制碱技术具有生产强度小、产品纯度低、环境污染大等缺点，且由于国内的产业政策要求，目前在国内已基本被取代。据调研，烧碱企业产生的隔膜废渣主要是交由当地有资质的危险废物处理中心，通过水泥固化进行填埋处置。隔膜废渣中含有石棉纤维，石棉纤维能引起石棉肺、胸膜间皮瘤等疾病，许多国家选择了全面禁止使用这种危险性物质。生态环境主管部门应加强对烧碱企业隔膜废渣的监管，督促相关企业安全处置。

3.4.3 废硫酸处理处置方式与环境风险

3.4.3.1 废硫酸处理处置方式调研

在烧碱生产的过程中，废硫酸产生于氯气干燥工段。89%的浓硫酸吸收氯气中的水分之后变成70%左右的稀硫酸，这种物质中除了可能含有极其微量的氯离子外不会再含有其他杂质。废硫酸有强烈的腐蚀性和强酸性，目前以危险废物进行管理。据悉国内有废硫酸回收资质的企业很少，如齐鲁石化氯碱厂所在的淄博只有一家有硫酸回收资质的企业，而渤天化工所在地天津则没有这样的企业，这种情况下废硫酸的处理就成为企业的一个难题。很多企业都把这种只是浓度变稀了而没有掺入其他杂质的硫酸作为一种副产品出售，如出售给化肥生产企业用于生产化肥[17]。由于此废酸中溶解有0.2%左右的氯气，比成品硫酸具有更强的腐蚀性，在运输、使用过程中挥发的氯气严重污染环境。若这些废酸中和处理后排放，则对企业经济不利。所以将废酸浓缩后循环利用是最有效的解决办法。

另外，随着国家对环保要求的不断提高，稀硫酸提浓再利用是大势所趋。近年来大型的新建装置多建设在西部地区，规模大都在40万吨/年以上，100万吨/年的企业也越来越多，生产能力有从东部向西部转移的趋势。当前国内烧碱企业处理氯干燥副产稀硫酸的途径主要是外售给制造化肥的企业，西部地区有副产稀硫酸量大和化肥制造企业少的矛盾。

3.4.3.2 废硫酸处理处置方法建议

实验结果表明干燥氯气后的稀硫酸中基本不存在其他杂质，里面的氯离子含量非常低，废硫酸主要是因为强酸性、强腐蚀性而被列为危险废物。

考虑到这种废硫酸基本不含其他杂质，而且又有很好的再利用价值，建议将其归为烧碱生产过程中的一个副产品进行管理。这样企业能够很方便地处理这种物质，而且也

能减少环保部门在管理上的困难。

烧碱工业中产生的稀硫酸中含有微量的氯离子，在其综合利用的过程中需要注意氯离子的影响。

3.4.4　芒硝处理处置方式与环境风险

3.4.4.1　芒硝处理处置方式调研

调研了天津某公司、陕西某公司、山东某公司、新疆某公司 4 家单位芒硝的处理处置方式，汇总如表 3-32 所列。

表 3-32　芒硝处理处置方式调查汇总

调研企业	生产硫化碱	盐矿堆存填埋
天津某公司	√	
陕西某公司	√	
山东某公司	√	
新疆某公司		√

3.4.4.2　芒硝盐矿堆存填埋

目前烧碱生产企业在推广膜法脱硝技术，采用先进的膜法脱硝工艺取代钡法、钙法脱硝，能够避免盐泥中含有硫酸钡、硫酸钙沉淀，同时也能够一定程度地减少盐泥的产量。粗盐水中的硫酸根最终以硫酸钠的形式被脱除出来，含有一定量的结晶水，即芒硝，里面还含有一定量的氯化钠杂质。

表 3-33　芒硝的组分 IR 分析和 X 射线衍射分析

分析项目		分析结果
IR 分析		样品中含有硫酸盐
X 射线衍射分析	无水芒硝/%	71
	岩盐/%	29

表 3-33 是新疆某公司芒硝的分析结果。芒硝来自膜法脱硝工艺，膜法脱硝技术是将硫酸根以硫酸钠的形式从淡盐水中脱除出来，得到一种副产品芒硝。通过 IR 分析及 X 射线衍射分析发现芒硝样品中含有无水芒硝 71%，另外还含有氯化钠 29%。芒硝是一种

很好的副产品，但是调研企业因为地处新疆，没有芒硝的综合利用途径，以芒硝为基本原料的化学工业基本都在内地，用火车或者汽车运回内地综合利用没有利润空间，所以该企业把芒硝当作一种废渣直接与盐泥一起堆存在盐矿。

实验结果表明，该芒硝样品满足土壤环境质量三级标准。芒硝中除了含有一定量的氯化钠外，基本没有别的杂质。芒硝作为一种重要的化工原料，有一定的综合利用价值。本实验对芒硝样品进行了砷、汞、镉、铅、铬、锌、钡、铜八种重金属的浸出毒性分析，以鉴别盐泥的危害特性。根据《危险废物鉴别标准　浸出毒性鉴别》(GB 5085.3—2007)，八种重金属的浸出毒性全部低于危险废物鉴别标准。

综上，芒硝盐矿堆存处置环境风险可接受。

3.4.4.3　芒硝生产硫化碱

对陕西某公司采集的芒硝样品进行 X 射线分析发现，样品中芒硝含量高达 97%，只含有 3%的氯化钠杂质，纯度很高（表 3-34）。芒硝废渣的销路很差，企业以非常低廉的价格处理甚至是免费送给其他企业进行利用。芒硝主要的综合利用方式是生产硫化碱。

表 3-34　芒硝样品 X 射线分析

无水芒硝/%	97
岩盐/%	3

对样品进行重金属及氮、磷、氯含量分析发现，样品中除氯离子含量相对较高外，其他离子含量都很低。

综上，芒硝生产硫化碱环境风险可接受。

3.4.4.4　芒硝处理处置技术方法建议

芒硝废渣在内地主要的处置方式是卖给能够综合利用的企业用于生产硫化碱等产品。而如今烧碱很大一部分产能集中在新疆地区，该地区没有综合利用芒硝废渣的企业，运输到内地进行利用会大大增加成本投资。因此新疆地区的芒硝主要以堆存为主，不存在综合利用。

芒硝废渣有一定的综合利用价值，但是销路少，在新疆地区甚至没有企业收购，暂时只能堆存在盐矿，但是如果长期堆存而不加以利用的话，日积月累会成为一种数量巨大的工业垃圾。

在堆存的过程中需要做好防渗措施，防止对地下水产生污染。在综合利用的过程中需要考虑其中的氯化钠对产品质量的影响。

3.5 烧碱行业发展变化趋势

3.5.1 国外烧碱行业发展趋势

（1）生产以离子膜法工艺为主

离子膜法是目前最先进的氯碱生产方法，全球新建氯碱装置基本上是采用离子膜法技术，而隔膜法装置和水银法装置逐渐被淘汰。

（2）各地氯碱产业发展程度不同，发展趋势也不同

① 北美：有可能进一步关闭盈利不佳的氯碱厂，并进一步向资源条件好的地方进行规模化扩张。

② 中南美：没有新的大规模的发展计划，造纸和氧化铝领域对碱需求增加的趋势将导致大量进口烧碱。

③ 欧盟：低利润阻碍了从水银法向离子膜法的工艺转变进程；可能出现更多的合并方案，尤其是在还存在大量小型水银法装置的法国、意大利和西班牙。

④ 中东：大型氯碱和乙烯基链产品相结合的规划较多，但是金融危机、市场变化、配套工程等因素导致规划项目不断被推迟。

⑤ 亚洲：日本可能有更多的合并事件发生；中国在 PVC、TDI/MDI 等氯产品需求增长的推动下，产能扩充仍然会进行下去，不过相对于 21 世纪初期，增长势头逐渐减缓；印度高昂的能源价格限制了氯碱产业的发展，相对于氯，烧碱的地位更重要，很可能在国外建设世界级的氯碱/乙烯基产品工厂。

⑥ 大洋洲：需要大量进口烧碱，但是受到氯气消费的限制，今后仍然没有可能发展新氯碱装置，依然需要大量进口烧碱。

3.5.2 我国烧碱行业相关政策

（1）《产业结构调整指导目录（2019 年本）》

根据《产业结构调整指导目录（2019 年本）》，该行业发展相关的政策包括以下三个：鼓励“零极距、氧阴极等离子膜烧碱电解槽节能技术”，限制“新建烧碱（废盐综合利用的离子膜烧碱装置除外）”，淘汰“隔膜法烧碱生产装置（作为废盐综合利用的可以保留）”。

（2）氯碱（烧碱、聚氯乙烯）行业准入条件

在国务院、国家有关部门和省（自治区、直辖市）人民政府规定的风景名胜区、自然保护区、饮用水源保护区和其他需要特别保护的区域内，城市规划区边界外 2km 以内，主要河流两岸、公路、铁路、水路干线两侧，及居民聚集区和其他严防污染的食品、药品、卫生产品、精密制造产品等企业周边 1km 以内，国家及地方所规定的环保、安全防

护距离内，禁止新建烧碱生产装置。

为满足国家节能、环保和资源综合利用要求，实现合理规模经济，新建烧碱装置起始规模必须达到 30 万吨/年及以上（老企业搬迁项目除外）。

新建、改扩建烧碱生产装置禁止采用普通金属阳极、石墨阳极和水银法电解槽，鼓励采用 $30m^2$ 以上节能型金属阳极隔膜电解槽（扩张阳极、改性隔膜、活性阴极、小极距等技术）及离子膜电解槽。

新建、改扩建烧碱装置单位产品能耗限额准入值指标包括综合能耗和电解单元交流电耗，其准入值具体如表 3-35 所列。

表 3-35　新建、改扩建烧碱装置单位产品能耗限额准入值

<table>
<tr><th rowspan="2">产品规格质量分数/%</th><th colspan="3">综合能耗准入值/（kg 标煤/t）</th><th colspan="3">电解单元交流电耗准入值/（kW · h/t）</th></tr>
<tr><th>≤12 个月</th><th>≤24 个月</th><th>≤36 个月</th><th>≤12 个月</th><th>≤24 个月</th><th>≤36 个月</th></tr>
<tr><td>离子膜法液碱≥30.0</td><td>≤350</td><td>≤360</td><td>≤370</td><td rowspan="3">≤2340</td><td rowspan="3">≤2390</td><td rowspan="3">≤2450</td></tr>
<tr><td>离子膜法液碱≥45.0</td><td>≤490</td><td>≤510</td><td>≤530</td></tr>
<tr><td>离子膜法固碱≥98.0</td><td>≤750</td><td>≤780</td><td>≤810</td></tr>
<tr><td>隔膜法液碱≥30.0</td><td colspan="3">≤800</td><td colspan="3" rowspan="3">≤2450</td></tr>
<tr><td>隔膜法液碱≥42.0</td><td colspan="3">≤950</td></tr>
<tr><td>隔膜法固碱≥95.0</td><td colspan="3">≤1100</td></tr>
</table>

注：1. 表中离子膜法烧碱综合能耗和电解单元交流电耗准入值按表中数值分阶段考核，新装置投产超过 36 个月后，继续执行 36 个月的准入值。

2. 表中隔膜法烧碱电解单元交流电耗准入值，指金属阳极隔膜电解槽电流密度为 $1700A/m^2$ 的执行标准。并规定电流密度每增减 $100A/m^2$，烧碱电解单元单位产品交流电耗减增 44kW · h/t。

现有烧碱生产装置单位产品能耗限额指标包括综合能耗和电解单元交流电耗，其限额值具体如表 3-36 所列。

表 3-36　现有烧碱装置单位产品能耗限额

<table>
<tr><th>产品规格质量分数/%</th><th>综合能耗限额/（kg 标煤/t）</th><th>电解单元交流电耗限额/（kW · h/t）</th></tr>
<tr><td>离子膜法液碱≥30.0</td><td>≤500</td><td rowspan="3">≤2490</td></tr>
<tr><td>离子膜法液碱≥45.0</td><td>≤600</td></tr>
<tr><td>离子膜法固碱≥98.0</td><td>≤900</td></tr>
<tr><td>隔膜法液碱≥30.0</td><td>≤980</td><td rowspan="3">≤2570</td></tr>
<tr><td>隔膜法液碱≥42.0</td><td>≤1200</td></tr>
<tr><td>隔膜法固碱≥95.0</td><td>≤1350</td></tr>
</table>

注：表中隔膜法烧碱电解单元交流电耗限额值，是指金属阳极隔膜电解槽电流密度为 $1700A/m^2$ 的执行标准。并规定电流密度每增减 $100A/m^2$，烧碱电解单元单位产品交流电耗减增 44kW · h/t。

新建、改扩建烧碱装置必须由国家认可的有资质的设计单位进行设计，由有资质的单位组织环境、健康、安全评价，严格执行国家、行业、地方各项管理规范和标准，并健全自身的管理制度。

新建、改扩建烧碱生产企业必须达到国家发展改革委发布的《烧碱/聚氯乙烯清洁生产评价指标体系》所规定的各项指标要求。

按照国家投资管理有关规定，严格新建、改扩建烧碱项目的审批、核准或备案程序管理，新建、改扩建烧碱项目必须严格按照国家有关规定实行安全许可、环境影响评价、土地使用、项目备案或核准管理。

新建、改扩建烧碱生产装置建成投产前，要经省级及以上投资、土地、环保、安全、质检等管理部门及有关专家组成的联合检查组，按照本准入条件要求进行检查，在达到准入条件之前，不得进行试生产。经检查未达到准入条件的，应责令限期整改。

对不符合本准入条件的新建、改扩建烧碱生产项目，国土资源管理部门不得提供土地，安全监管部门不得办理安全许可，环境保护管理部门不得办理环保审批手续，金融机构不得提供信贷支持，电力供应单位依法停止供电。地方人民政府或相关主管部门依法决定撤销或责令暂停项目的建设。

3.5.3　我国烧碱行业发展趋势

（1）中国烧碱产能保持持续增长，产能过剩矛盾依然突出

进入 21 世纪以后，中国烧碱产能呈现快速增长的态势，其中产能增长的高峰期在 2005～2007 年，年均增长率超过 20%；2008 年以后，随着经济危机的到来，产能增长速度放缓，但也均保持 10%左右的增长速度，且增长率均高于当年 GDP 的增长率。进入 2013 年以后，由于产能供大于求的问题日益突出，企业亏损加重，加之有部分落后产能以及长期停产装置退出，产能增长率大幅度放缓。截至 2021 年年底，中国烧碱产能为 4563.4 万吨，近年来，我国烧碱产能增长率基本都在 5%的范围之内。

我国烧碱行业长期的“野蛮”扩张使得烧碱行业产能严重过剩。近些年，由于环保政策的不断趋严管理，以及国家产业政策的调控管理，我国烧碱行业产能增速明显放缓，但产能过剩和环境污染问题依旧存在。在行业的后续发展中，控制新增产能和化解过剩产能的任务依然较为严峻。

（2）生产工艺变化明显

近年来，中国烧碱行业生产工艺变化明显，离子膜烧碱比例快速增加，目前离子膜烧碱所占的比例已经接近 95%。按照《产业结构调整指导目录（2019 年本）》的要求，隔膜烧碱属于淘汰类产业，仅有作为废盐综合利用的隔膜法烧碱生产装置可以保留。

（3）区域分布特征鲜明

中国烧碱产能分布较为广泛，但主要产能集中在山东、江苏、内蒙古、新疆等东部以及西部地区。山东是我国烧碱产能最大的区域，截至 2021 年山东地区的产能达到 1044.44 万吨，占全国产能的 22.9%。从大的区域分布来看，华东地区是烧碱产能最为集

中的区域，其中华东地区 2162.5 万吨的产能占全国产能的 44.39%。

（4）平均产能偏小，产业集中度快速提升

据统计，截至 2021 年底中国共有烧碱生产企业 158 家，总产能为 4563.4 万吨，企业的平均产能为 28.9 万吨左右，产业集中度有所提升。虽然国内烧碱产业集中度有较大的提升，但与氯碱强国相比仍有一定的差距。目前中国烧碱产能超过 100 万吨的企业仅 4 家，即新疆中泰（135 万吨）、聊城信源集团（113 万吨）、新疆天业（110 万吨）和昊邦化学（105 万吨）；年产能高于 60 万吨的企业共 10 家。从产能分布来看，产能在 10 万～30 万吨之间的企业数量最多，该部分企业的平均产能为 17 万吨，因此总体来看，中国烧碱企业的平均产能仍旧偏小。从区域分布的情况来看，西部地区新扩建大项目较多，因此企业平均规模较大；而部分沿海地区烧碱企业发展较早，依靠便利的港口条件出口外销，也有一部分企业规模较大。

（5）产能退出逐渐增加

据统计，2020 年国内烧碱生产企业总共 158 家，较 2019 年新增 5 家，退出 8 家；总产能 4470 万吨，较 2019 年新增 205 万吨，退出 115 万吨，产能净增长 90 万吨。其中产能主要集中在华北、西北和华东三个地区，合计占全国总产能的 81%。

（6）总量供大于求

由于中国烧碱市场整体呈现供大于求的局面，因此局部地区、特定时间的供需关系变化是影响价格走势的关键所在。在供应方面，装置的集中检修、新扩建装置的投产、碱氯平衡原因制约开工均是影响供应量变化的重要因素；需求方面，氧化铝、化纤、造纸等主要耗碱行业的开工和采购情况决定需求的数量，此外，出口外销的数量作为需求的一部分，也在一定程度上影响国内市场的行情。从 2014 年的供需情况分析，总量供大于求的情况将依旧存在，如何有效合理利用产能，合理安排产量将是维持市场供需关系动态平衡的关键。

（7）出口数量下降

近年来，我国烧碱每年出口数量逐年下降，目前在 150 万吨/年左右，约占国内产量的 4%，出口外销市场的形势对国内市场的走势变化有一定的影响，尤其是在出口外销企业较为集中的东部沿海地区，出口数量以及价格的变化对国内市场有较为明显的影响，且影响要大于内陆省份。国内的氯碱企业应更加重视国际市场，通过增加出口外销来缓解国内市场压力。

3.5.4 我国烧碱行业废渣的发展趋势

（1）盐泥产生量进一步减少

随着膜法脱硝技术的推广以及原盐品质的优化，盐泥的产生量将会得到一定程度的减少，其中膜法脱硝技术能实现单位烧碱产品减排盐泥 20kg 左右，同时会产生副产品芒硝，可用于制硫化碱等。今后烧碱生产的原料原盐主要以湖盐为主，湖盐的质量相对海盐较好，纯度高、杂质少，生产单位烧碱盐泥的产生量也会随之减少。

（2）开展更多盐泥综合利用的科研课题

应开展更多关于使用盐泥作烟气脱硫剂、回收盐泥中的镁等课题。

（3）废隔膜产生量进一步减少

根据国内产业结构调整指导政策，隔膜法生产装置只能用于废盐综合利用，废隔膜产生量将进一步减少。

参 考 文 献

[1] 郭靖. 烧碱行业现状分析及前景预测[J]. 氯碱工业, 2018, 54（10）: 1-4.

[2] 刘岭梅, 沈文玲. 国内烧碱生产技术简介[J]. 氯碱工业, 2001（5）: 1-5.

[3] Raucq D, Pourcelly G, Gavach, C. Production of sulphuric acid and caustic soda from sodium sulphate by electromembrane processes. Comparison between electro-electrodialysis and electrodialysis on bipolar membrane[J]. Desalination, 1993, 91（2）: 163-175.

[4] 王文武, 刘自珍. 我国隔膜法烧碱的生产状况与发展动向[J]. 氯碱工业, 2009, 45（02）: 3-9.

[5] 马宇春, 彭大菊. 中国离子膜法氯碱工艺发展概况及展望[J]. 硅谷, 2013, 6（07）: 17-19.

[6] Reis A T, Rodrigues S M, Araujo C, et al. Mercury contamination in the vicinity of a chlor-alkali plant and potential risks to local population[J]. Science of the Total Environment , 2007, 381（1）: 1-16.

[7] 孙勤, 曾少行. 精盐水质量对氯碱生产的影响及对策[J]. 氯碱工业, 2000（12）: 7-10.

[8] 刘立初. 膜法除硝技术在氯碱盐水生产中的应用[J]. 中国氯碱, 2008（10）: 10-12.

[9] 徐春生, 曹卫华. 间皮瘤的流行病学及临床特征[J]. 职业与健康, 2008, 24（23）: 2588-2590.

[10] 乔玉元. 隔膜法与离子膜法生产烧碱工艺对比分析[J]. 齐鲁石油化工, 2010, 38（02）: 108-110.

[11] 胡蓝瑛. 离子膜法替代石墨阳极隔膜法生产烧碱的经济效益分析[J]. 氯碱工业, 2009, 45（03）: 15-17.

[12] Lim S, Galland D, Pinei M, et al. Microstructure studies of perfluorocarboxylated ionomer membranes[J]. Journal of Membrane Science, 1987, 30（2）: 171-189.

[13] 张军, 吴学娟, 张强. 一次盐水工艺改造是实现离子膜电解经济运行的必由之路[J]. 中国氯碱, 2010（05）: 6-10.

[14] 陈敏. 青海省芒硝资源开发利用现状及前景[J]. 无机盐工业, 2010, 9: 4-5.

[15] 王锐浩. 烧碱行业无机化工废渣污染特征与污染风险控制研究[D]. 北京: 北京化工大学, 2015.

[16] 韦正峥, 黄炳昭, 张淑杰, 等. 高度关注石棉污染逐步推进石棉禁用政策[J]. 环境与可持续发展, 2015, 40（05）: 20-22.

[17] Agrawal A, Sahu K. An overview of the recovery of acid from spent acidic solutions from steel and electroplating industries[J]. Journal of Hazardous Materials, 2009, 171（1）: 61-65.

第4章

纯碱行业废渣污染特征与污染风险控制

- 纯碱行业国内外发展概况
- 氨碱法工艺废渣产生特性与污染特性
- 联碱法工艺废渣产生特性与污染特性
- 纯碱行业废渣处理处置方式与环境风险
- 纯碱行业及废渣特性发展变化趋势

纯碱学名碳酸钠（Na_2CO_3），是重要的基础化学原料，常温下为白色粉末或颗粒，无气味，有吸水性，是强碱弱酸盐，具有盐的通性和热稳定性，易溶于水，其水溶液呈碱性。

纯碱工业在促进国民经济发展、提高人民生活水平方面发挥了重要作用，被广泛应用于玻璃工业、化工制品、洗涤剂、氧化铝等行业[1]。近年来，房地产业、平板玻璃等相关行业的快速发展，极大地拉动了纯碱需求，推动了国内纯碱产能、产量迅速增长。全球纯碱产能 7000 万吨/年，截至 2021 年年底我国纯碱总产能 3293 万吨/年。2021 年，全球纯碱产量约为 5900 万吨，其中我国产量约为 2913 万吨，占比约 50%。全球天然纯碱的产能为 1800 万吨/年，占纯碱总产能的 25.7%。新兴经济体特别是中国和东南亚，还有南亚、中东和南美，对纯碱的需求量将持续增长。发达国家则因以纯碱为原料的工业产品已相对成熟和稳定，再加上纯碱代用品和商业竞争的压力，纯碱的消费量不会有明显增长。自 2003 年起，我国纯碱产能和产量便稳居世界首位，出口量仅次于美国，位居第二。2012 年，国内纯碱产能约占世界总产能的 45%，产量约占世界总产量的 42%。2021 年年底，国内纯碱产能在 3339 万吨，有效产能 3144 万吨[2]。

纯碱下游产业中轻工、建材、化学工业约占 2/3；其次是冶金、纺织、石油、国防、医药及其他工业。纯碱最大的用户是玻璃制品，每吨玻璃消耗纯碱 0.2t。冶金工业用作冶炼助熔剂、选矿用浮选剂，炼钢和炼锑用作脱硫剂。印染工业用作软水剂。制革工业用于原料皮的脱脂、中和铬鞣革和提高铬鞣液碱度。纯碱下游去向分布大致如图 4-1 所示。

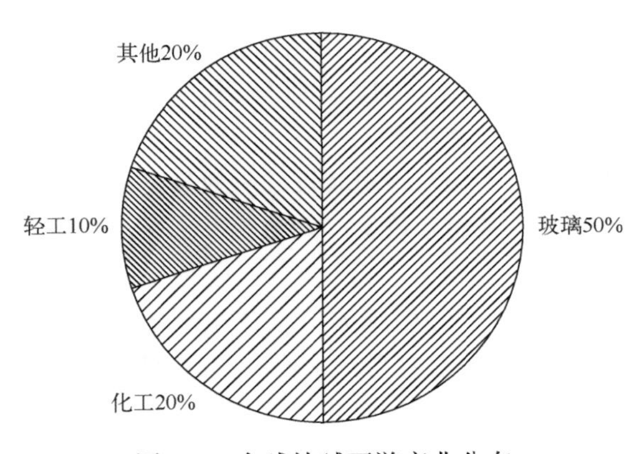

图 4-1　全球纯碱下游产业分布

工业上生产纯碱的方法主要有物理法和化学法，物理法指天然碱法，化学法制取纯碱有氨碱法、联碱法两种。化学法制取纯碱的过程中会产生盐泥、氨二泥、蒸氨废渣等固体废物，本章对固体废物产生环节、产生量、污染特性及变化趋势展开研究。

4.1 纯碱行业国内外发展概况

4.1.1 纯碱行业国外发展概况

4.1.1.1 国外产量及地区分布

（1）美国

美国纯碱全部来自天然碱加工，总装置名义生产能力为 1440 万吨/年，其中一水碱工艺占 82.7%、倍半碱工艺占 8.3%、碳化工艺占 9.0%。共有 5 家生产纯碱的公司，其中 4 家位于怀俄明州绿河地区，即 FMC 怀俄明公司（440 万吨/年）、OCI 化学公司（280 万吨/年）、索尔维化学品公司（250 万吨/年）和通用化学公司（250 万吨/年）；还有一家为位于加利福尼亚州西尔斯湖的西尔斯谷矿物公司（130 万吨/年）。在这 5 家公司的资本中，美国占 38 %，外国占 62 %（包括印度 21.2%、比利时 19.2 %、日本 11.2 %、韩国 10.4 %）。

美国纯碱产量为 1120 万吨/年，产能利用率 78 %。其产能利用率低是由 3 种情况造成的：

① 科罗拉多州 Parachute 的原美国苏打公司在 2004 年并入索尔维化学品公司后，其 90 万吨/年的纯碱装置一直在封存；

② OCI 化学公司有 82 万吨/年的能力没利用；

③ 原 Tg 纯碱公司在 1999 年并入 FMC 怀俄明公司后，其生产能力只利用了 45 万吨/年，还有 73 万吨/年的产能没利用。

美国产业界提出以扣除闲置和未利用装置的有效生产能力来计算开工率，以与名义生产能力相区别。这样美国纯碱的有效生产能力为 1195 万吨/年，开工率为 93.7 %。

（2）欧洲

欧洲（未计入俄罗斯和乌克兰）各纯碱厂家总生产能力为 930 万吨/年，其中 Solvay 为 500 万吨/年（包括德国、法国、意大利、西班牙、葡萄牙和保加利亚共 8 个厂）；Ciech 190 万吨/年（包括波兰、德国和罗马尼亚共 4 个厂）；Brunner Mond（卜内门）130 万吨/年（包括英国、荷兰共 2 个厂）；Novacarb（法国）50 万吨/年；GHCL（罗马尼亚）30 万吨/年；Sisecam（保加利亚）30 万吨/年。2007 年实际产量为 890 万吨，其中 750 万吨在欧洲市场销售，140 万吨销往拉丁美洲、非洲和中东。2007 年欧洲市场对纯碱的需求量为 870 万吨，除欧洲厂家提供 750 万吨外，还从美国、俄罗斯、乌克兰和土耳其进口 140 万吨，从美国进口的有 57.3 万吨。

（3）印度

印度本土各纯碱厂家总生产能力为 290 万吨/年。纯碱的消费量中洗涤剂占 42 %，玻璃占 23%，化学品占 17 %，其他为纸浆和造纸及水处理等。GHCL（古吉拉特重化学

公司）在古吉拉特邦 Satrapada 的纯碱厂生产能力 85 万吨/年，采用干石灰蒸馏法（源自荷兰 AKZO）。Bega Upson 碱厂的生产能力为 30 万吨/年。Nirma Ltd.（尼尔玛公司）在古吉拉特邦 Bhavnagar 的纯碱厂生产能力为 65 万吨/年，采用 AKZO 干灰蒸馏法。Saurashtra Chemicals 碱厂生产能力为 35 万吨/年，采用氨碱法。美国西尔斯谷矿物公司 Argus 碱厂的生产能力为 130 万吨/年。TCL（塔塔化学品公司）在古吉拉特邦 Mitha-pur 的碱厂生产能力已达 100 万吨/年；2006 年取得英国卜内门的大部分股权，其在英国、荷兰和肯尼亚各碱厂的生产能力共 200 万吨/年；2008 年 1 月与美国通用化学工业公司签署协议，买下占通用化学公司 75%的股权，对具有 250 万吨/年纯碱生产能力的美国通用化学公司实行控股经营。三者生产能力共 550 万吨/年，仅次于索尔维集团，排名世界第二。

4.1.1.2　国外主要生产工艺

纯碱生产主要有物理法和化学法，物理法指天然碱法，美国因地下有巨型天然碱矿而采用天然碱法。化学制取纯碱有氨碱法、联碱法两种，日本的 AC 法、NA 法（新旭法）均属于联碱法。

氨碱法和联碱法这两种方法的根本不同在于氨碱原盐利用率低，蒸氨废液难以处理，联碱产品质量相对较低，工艺同时可生产氯化铵等。

4.1.1.3　国外废渣处理处置现状

联碱法废渣产生量很少。氨碱法每生产 1t 纯碱，就会产生约 10m^3 废液（含 300kg 废渣，以氯化钙、氯化钠为主）[3]。目前，对蒸氨废液、废渣治理和利用是一项世界性技术难题，通常采取因地制宜的处置方法，如法国、德国、比利时和保加利亚等国采用筑坝存渣、清液排海或排河措施；波兰用作酸性土壤改良剂；俄罗斯用来填充废矿井；意大利、印度等国则直接排海，具体见表 4-1。

表 4-1　国外纯碱行业白泥污染控制情况

公司名称		生产能力/（万吨/年）	白泥污染控制情况	备注
Solvay 公司在欧洲的 8 家氨碱生产企业	Devnya	120	蒸氨废液经澄清受控入海； 废渣堆存	保加利亚 濒临黑海
	Bernburg	54	废液经澄清受控排河； 废渣堆存	德国 地处内陆
	Rheinberg	60	废液经澄清受控排河； 废渣堆存	德国 地处内陆
	Ebensee	16	废液经澄清受控排河； 废渣堆存	奥地利 地处内陆

续表

公司名称		生产能力/（万吨/年）	白泥污染控制情况	备注
Solvay 公司在欧洲的 8 家氨碱生产企业	Dombasle	70	废渣筑坝堆存并绿化；废液稀释后入河	法国 地处内陆
	Rosignano	97	蒸氨废液经海水稀释排海	意大利 濒临地中海
	Torrelavega	90	蒸氨废液经澄清受控入海；废渣堆存	西班牙 濒临大西洋
	Povoa	18	蒸氨废液经澄清受控入海；废渣堆存	葡萄牙 濒临大西洋
罗马尼亚 Govcrest		35	蒸氨废液经澄清沉淀后清液受控排河	
澳大利亚 Penrice		30	蒸氨废液经澄清沉淀后清液受控排河（海）；废渣堆存	

4.1.2 纯碱行业国内发展概况

4.1.2.1 纯碱行业国内产量及地区分布

我国是全球最大的纯碱生产国和消费国。根据中国纯碱工业协会数据，截至 2021 年年底，国内纯碱企业有效产能为 2988 万吨，其中联碱企业总产能为 1445 万吨，占比 48.4%；氨碱企业总产能为 1363 万吨，占比 45.6%；天然碱企业总产能为 180 万吨，占比 6.0%。我国纯碱产量近些年的变化具体如图 4-2 所示。

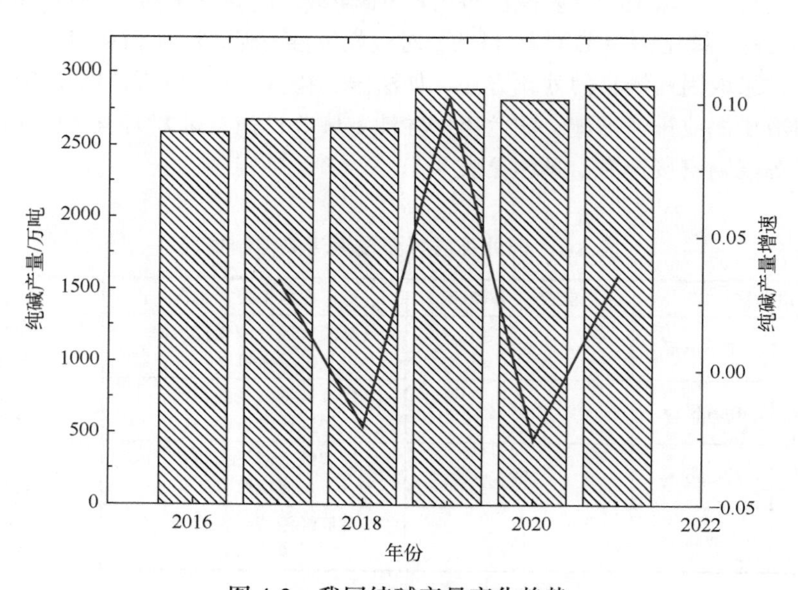

图 4-2 我国纯碱产量变化趋势

目前我国纯碱生产企业 45 家，其中氨碱企业 12 家、联碱企业 32 家、天然碱企业 1 家，平均规模 57 万吨。百万吨以上企业 10 家，占全行业总产能的 57%，其中产能最大的为山东海化，达到 300 万吨，其次为唐山三友，产能为 200 万吨。规模在 60 万～100 万吨之间的有 9 家，30 万～60 万吨之间的有 8 家，小于 30 万吨的有 18 家。按生产布局分类，氨碱法产能主要集中在渤海湾周边靠近大型盐场及青海地区，联碱法产能主要集中在西南、华南等地区，天然碱主要集中在河南等天然碱资源区。

根据行业统计数据，我国纯碱生产企业遍及全国 21 个省（区、直辖市），主要生产区域集中在山东、河南、青海、江苏、河北等海盐、井矿盐、湖盐产量丰富的 5 个省，这五大地区产量合计占 63.5%。2011 年我国纯碱产能的分布情况具体见表 4-2～表 4-4。

表 4-2　2011 年我国纯碱产能统计（分地区）

序号	地区	企业数量/家	氨碱产能/万吨	联碱产能/万吨	天然碱产能/万吨	合计产能/万吨	占全国产能比重/%
1	山东省	4	490	3		493	17.61
2	江苏省	7	160	255		415	14.83
3	河南省	7		220	150	370	13.22
4	河北省	2	230	40		270	9.65
5	青海省	2	230			230	8.22
6	四川省	5		202		202	7.22
7	湖北省	2		155		155	5.54
8	重庆市	2		100		100	3.57
9	内蒙古	3	53		30	83	2.97
10	天津市	1		80		80	2.86
11	湖南省	3		70		70	2.50
12	辽宁省	1		60		60	2.14
13	广东省	1	60			60	2.14
14	安徽省	2		55		55	1.96
15	陕西省	2		55		55	1.96
16	甘肃省	1		20		20	0.71
17	浙江省	1		20		20	0.71
18	云南省	1		20		20	0.71
19	新疆	1	20			20	0.71
20	山西省	1		15		15	0.54
21	广西	1		6		6	0.21
总计		50	1243	1376	180	2799	100.00

表 4-3 2011 年我国纯碱产量统计（前 20 个省份）

序号	地区	产量/t	占比/%	序号	地区	产量/t	占比/%
1	山东省	4353149	17.31	11	广东省	601703	2.39
2	青海省	3265813.7	12.99	12	内蒙古	600271	2.39
3	江苏省	3186136.4	12.67	13	辽宁省	562061	2.24
4	河南省	3331998.7	13.25	14	湖南省	618351	2.46
5	河北省	2459857	9.78	15	陕西省	284644.72	1.13
6	湖北省	1409466.6	5.60	16	浙江省	269736	1.07
7	四川省	1296014	5.15	17	云南省	130980.75	0.52
8	重庆市	1183815	4.71	18	甘肃省	160947	0.64
9	安徽省	664817	2.64	19	广西	60162.29	0.24
10	天津市	584704	2.33	20	福建省	8878	0.04
全国累计		25146822	100				

表 4-4 2011 年我国纯碱产量统计（分企业）

排名	企业名称	产量/万吨	排名	企业名称	产量/万吨	排名	企业名称	产量/万吨
1	山东海化	246.1	15	广东南方	48.8	29	重庆碱胺	19.8
2	唐山三友	185.9	16	石家庄双联	40.7	30	甘肃金昌	18.9
3	河南金山	127.5	17	应城新都	40.3	31	四川广宇	18.8
4	青海碱业	121.8	18	中盐昆山	36.3	32	山西丰喜	18.6
5	安棚碱矿	116.6	19	大化集团	33.8	33	湖南智成	17.6
6	连云港碱厂	113.7	20	吉兰泰碱厂	32.5	34	中平能化	17.5
7	湖北双环	110.5	21	昊华鸿鹤	32.3	35	河南骏化	17.0
8	山东海天	105.4	22	江苏井神	28.1	36	云南云维	15.2
9	重庆宜化	93.8	23	湘潭碱业	27.7	37	哈密碱业	15.2
10	四川和邦	78.7	24	天津碱厂	26.2	38	冷水江碱业	13.1
11	青岛碱业	72.1	25	苏尼特碱业	25.7	39	昆仑碱业	11.3
12	江苏华昌	63.1	26	杭州龙山	24.4	40	乐山科尔	10.6
13	江苏德邦	61.2	27	海晶碱业	22.1	41	安徽红四方	9.7
14	淮安华尔润	49.2	28	陕西汉中	21.7	42	其他 8 家	46.8

4.1.2.2　纯碱行业国内主要生产工艺

国内纯碱生产工艺有氨碱法、联碱法和天然碱法，3 种工艺的对比具体见表 4-5。其中，氨碱法是传统生产工艺，产品质量好，单位产能投资少，但是废渣产生量大且难以处理，只能长期堆存[4]；联碱法是我国独有的生产工艺，具有废渣产生量少、资源利用效率高等优势，但是需要配套建设合成氨装置，投资大，联产氯化铵又易受农业生产和复合肥行业发展的制约，且联碱企业大部分由小化肥厂改造而来，存在着技术和管理薄弱、消耗高等问题[5]；天然碱法具有成本低、无污染等优势，但是生产受到资源分布的制约，国内仅有 1 家企业采用该工艺[6]。

表 4-5　三种工艺优缺点对比

工艺类型	优点	缺点
天然碱法	成本低，产品质量好	受限于天然碱资源
氨碱法	规模大，投资额相对较小，产品质量高，氨、CO_2 可循环利用	盐利用率低（70%～75%），需要大量的石灰石、焦炭等资源，产生大量的废渣、废液
联碱法	盐利用率高（95%～98%），能耗低，产污少	需要配套的合成氨装置，一次性投资大，在一定程度上受氯化铵市场影响

产能扩张主要集中在老厂扩能改造和搬迁，新建装置主要集中在西南地区。近年联碱产能比例有所增长。氨碱装置建设规模大，产品质量高，但需要丰富的原盐、石灰石、焦炭、水等资源供应，且要排放大量废渣、废液，因此扩能和新建装置主要集中在西北等相关资源丰富且具有荒滩或排污条件的地方。天然碱装置集中在河南等地的天然碱资源区，具有高质量、低成本优势，具备规模化生产条件，近年来保持着较快的发展势头，但受资源限制，进一步大规模扩产的可能性不大。

4.2　氨碱法工艺废渣产生特性与污染特性

4.2.1　氨碱法工艺流程

原料主要是原盐、石灰石、焦炭或白煤、氨。

总反应式：　$$CaCO_3 + 2NaCl = Na_2CO_3 + CaCl_2$$

主要有 8 个生产环节：a. 盐水制备和精制；b. 石灰石煅烧及灰乳制备；c. 精盐水吸氨；d. 氨盐水碳酸化；e. 重碱过滤；f. 重碱煅烧；g. 重碱生产；h. 回收氨[7-10]。

氨碱法工艺流程具体如图 4-3 所示。

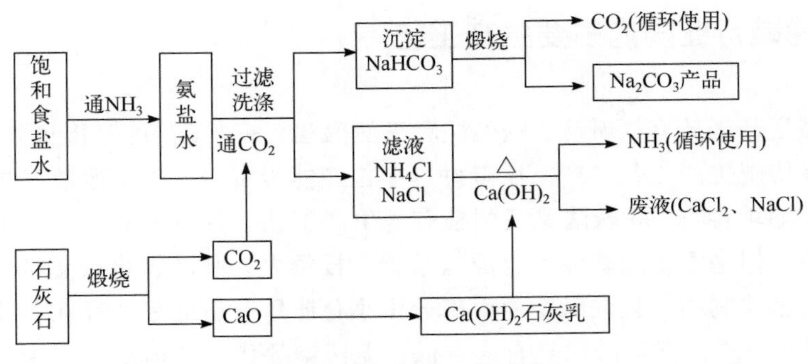

图 4-3　氨碱法工艺流程

4.2.1.1　盐水制备和精制

① 任务：按照工艺要求，按规定浓度溶解原盐，制取溶液；去除原盐中存在的钙镁离子及杂质。

② 目的：减轻生产过程中的管道及设备结渣堵塞现象，降低物料消耗。

③ 方法：碳酸铵法、石灰芒硝法、石灰碳酸铵法、石灰纯碱法，一般主要采用后两种。

④ 原理反应式：

$$Mg^{2+} + Ca(OH)_2 \longrightarrow Mg(OH)_2\downarrow + Ca^{2+}$$

$$Ca^{2+} + CO_3^{2-} \longrightarrow CaCO_3\downarrow$$

⑤ 主要设备：澄清桶、洗泥桶、化盐桶及钙镁反应器等。

4.2.1.2　石灰石煅烧及灰乳制备

① 任务：制备二氧化碳气体及石灰乳。

② 目的：石灰乳用来沉淀盐水中的镁离子，二氧化碳气体用来供碳化工序使用。

③ 方法：利用石灰窑高温灼烧石灰石，利用化灰机进行反应制取石灰乳。石灰乳即为氢氧化钙悬浊液。

④ 原理反应式：

$$CaCO_3 \longrightarrow CaO + CO_2$$

$$C + O_2 \longrightarrow CO_2$$

$$CaO + H_2O \longrightarrow Ca(OH)_2$$

⑤ 主要设备：石灰窑及化灰机等。

4.2.1.3　精盐水吸氨

① 任务：用已经制备完成的精盐水吸收氨制备氨盐水。

② 目的：满足碳化工序需求。

③ 方法：利用淡氨盐水吸收由蒸馏工序送来的氨气及氨库送来的液氨。

④ 原理反应式：

$$CO_2 + H_2O \longrightarrow H_2CO_3$$

$$NH_3 + H_2O \longrightarrow NH_4OH$$

$$2NH_4OH + H_2CO_3 \longrightarrow (NH_4)_2CO_3 + 2H_2O$$

⑤ 主要设备：吸收塔，分泡罩外冷式及多功能内冷式。使用泡罩内冷式吸收塔。

4.2.1.4　氨盐水碳酸化

① 任务：将氨盐水与 CO_2 气体在碳化塔内进行反应，生成 $NaHCO_3$ 结晶悬浮液。

② 原理反应式：

$$2NH_3 + CO_2 \longrightarrow NH_2COONH_4$$

$$NH_2COONH_4 + H_2O \longrightarrow NH_4HCO_3 + NH_3$$

$$NaCl + NH_4HCO_3 \longrightarrow NaHCO_3 + NH_4Cl$$

③ 主要设备：碳化塔。

4.2.1.5　重碱过滤

① 任务：从碳化塔取出的悬浮液进行液固分离，分离出重碱结晶及母液，抽干和洗去滤饼中的母液，使产品 NaCl 含量符合标准。

② 主要设备：真空过滤机。

4.2.1.6　重碱煅烧

① 任务：将过滤分离出来的重碱加热分解以制得纯碱及 CO_2 气体，产品为轻灰。

② 原理反应式：

$$2NaHCO_3 \longrightarrow Na_2CO_3 + H_2O + CO_2\uparrow$$

③ 主要设备：内热式回转蒸汽煅烧炉，以蒸汽为热源。

4.2.1.7 重碱生产

① 任务：利用轻灰生产重质纯碱。

② 方法：主要有挤压法、固相水合法、液相水合法和水溶法等。

③ 原理反应式（采用液相水合法）：

$$Na_2CO_3 + H_2O \longrightarrow Na_2CO_3 \cdot H_2O$$

$$Na_2CO_3 \cdot H_2O \longrightarrow Na_2CO_3 + H_2O$$

④ 主要设备：重灰煅烧炉，液相结晶器及水合机、挤压机等。

4.2.1.8 回收氨

① 任务：利用蒸馏过程及设备回收母液及其他含氨杂水中所含以各种形式存在的氨及 CO_2。

② 目的：实现氨循环。

③ 原理反应式：

$$NH_4HCO_3 \longrightarrow NH_3 + CO_2 + H_2O$$

$$(NH_4)_2CO_3 \longrightarrow 2NH_3 + CO_2 + H_2O$$

$$2NH_4Cl + Ca(OH)_2 \longrightarrow 2NH_3 + CaCl_2 + 2H_2O$$

$$(NH_4)_2SO_4 + Ca(OH)_2 \longrightarrow 2NH_3 + CaSO_4 + 2H_2O$$

$$(NH_4)_2CO_3 + Ca(OH)_2 \longrightarrow CaCO_3 + 2NH_3 + 2H_2O$$

④ 主要设备：蒸馏塔。

4.2.1.9 案例分析

以某氨碱法生产纯碱企业为例，其主要工艺路线介绍如下。

（1）盐水工段

堆盐场的原盐经推土机送到化盐桶，与杂水混合溶解成饱和粗盐水。从化盐桶出来的粗盐水进入粗盐水集中槽，由粗盐水泵送至反应罐。

从重灰工段来的纯碱溶液与石灰工段来的石灰乳在苛化罐内进行苛化反应，苛化液温度为80℃；苛化罐出来的苛化液与粗盐水集中槽出来的粗盐水同时进入反应罐进行反应，生成 $Mg(OH)_2$ 和 $CaCO_3$ 沉淀，为使反应完全，反应罐停留时间为30min；Na_2CO_3 过量0.25t/t，过量灰0.05t/t，由反应罐上部溢流的悬浮液自流进入曲径槽，同时加入来自

助沉剂高位槽的助沉剂（聚丙烯酰胺）溶液；混合液自流进入澄清桶的中心管内，在澄清桶内进行澄清，其溢流清液即为精盐水。澄清桶底部排出的盐泥进入盐泥槽，由盐泥泵送到三层洗泥桶顶部的中心管，来自蒸吸工段的温水进入三层洗泥桶顶部的分配槽内，然后进入三层洗泥桶底层中心管，盐泥与洗水在桶内进行三次逆流洗涤，以回收 NaCl。三层洗泥桶上部出来的淡盐水，进入杂水桶与蒸吸工段来的温水混合后，由杂水泵送到化盐桶做化盐用。三层洗泥桶底部出来的废泥进入废泥槽，由废泥泵打入板框压滤机，压滤后的清夜返回化盐桶化盐，废渣由汽车运至废渣堆场。

澄清桶上部溢流出来的精制盐水，进入精盐水罐，由精盐水泵送至碳化及轻灰煅烧工段。

在助沉剂（聚丙烯酰胺）配制罐中加入助沉剂并以澄清桶来的精盐水为溶剂配制助沉剂溶液，经助沉剂泵打到助沉剂高位槽。

（2）石灰工段

本工段将石灰石加热分解以生产石灰和窑气，窑气供碳化工段使用，石灰消化制成石灰乳供蒸馏工段和盐水工段使用。其反应式如下：

$$CaCO_3 \xrightarrow{\triangle} CaO + CO_2$$

$$CaO + H_2O \longrightarrow Ca(OH)_2$$

其流程简述如下：

原料石灰石和焦炭由贮运工段经皮带机分别送到石灰窑前的石灰石仓和焦炭仓内，再分别经石灰石给料器、焦炭给料器进入计量槽。由 PLC 控制按比例计量的混合料倒入吊石斗，经卷扬机提升倒入石灰窑内。空气经鼓风机鼓入石灰窑底。石灰石在窑内经过煅烧，生成石灰和窑气，石灰从窑底部出灰螺旋锥经星形出灰机卸出石灰窑，溜入运灰皮带机上，再经石灰斗提机送到石灰仓；窑气从石灰窑顶部排出并送去窑气净化系统。

石灰经石灰仓下部的石灰给料器，调节给料量后进入石灰粗粉碎机，粉碎后的碎石灰进入粗粉料仓，经料仓下星形给料器进入石灰磨粉机，合格的石灰粉经吹风机吹至旋风分离器，分离下的石灰粉经刮板输送机送至皮带输送机，由此送入蒸吸工段。旋风分离器排出的尾气进入布袋除尘器，除尘后的粉尘继续作为石灰粉进入灰粉系统，布袋除尘的排气返回吹风机再循环吹风。

从窑顶出来的含 CO_2 40%～43%、温度为 80～140℃、压力为 150～300Pa 的窑气先经过旋风除尘器除去部分粉尘后进入窑气洗涤塔，用循环水的排放水洗涤，进一步除去粉尘并冷却到 40℃以下。

从洗涤塔出来的窑气进入电除尘器，最终使窑气含尘量低于 $20mg/m^3$，送压缩工段。

出石灰窑的石灰在运输过程中产生的石灰粉尘气体，经布袋除尘器收集净化，净化后的气体达标排空，粉尘经地下杂水罐回收进化灰机。

（3）蒸吸工段

1）蒸吸的任务

一是回收过滤母液中的氨及二氧化碳；二是用精制盐水吸收氨气从而制得生产纯碱的中间产品——氨盐水，并送至碳化工段[11]。其反应如下：

$$(NH_4)_2CO_3 \xrightarrow{\triangle} 2NH_3\uparrow + CO_2\uparrow + H_2O$$

$$NH_4HCO_3 \xrightarrow{\triangle} NH_3\uparrow + CO_2\uparrow + H_2O$$

$$2NH_4Cl + Ca(OH)_2 \longrightarrow 2NH_3\uparrow + CaCl_2 + 2H_2O$$

2）蒸氨流程

由碳化工段来的冷母液经母液泵进入氨气冷却器，与蒸氨塔的排气换热后温度升高，然后进入蒸氨塔游离氨蒸馏段，被加灰蒸馏段上来的汽气混合气加热，母液中约90%以上的CO_2及约10%的游离氨被蒸出，成为预热母液，预热母液进入预灰桶。石灰车间送来的石灰粉由螺旋输送机送入预灰桶，在预灰桶内，一方面石灰消化放出大量的反应热，使调和液温度升高；另一方面预热母液中的NH_4Cl与消化的$Ca(OH)_2$反应，经加灰段加热蒸馏，溶液中的氨及CO_2几乎全部被蒸出。

加热蒸汽（绝压）约0.2MPa由蒸氨塔底圈进入，随同蒸出的氨、二氧化碳汽气混合气一起经加灰段进预灰桶再进加热段，温度85～88℃进蒸氨塔冷凝冷却器。气体和冷凝液为逆流。经冷凝冷却后出气温度61℃左右进内冷吸收塔。

由蒸氨塔底圈出来的废液经一级闪发器降温，闪出的蒸汽与加灰蒸馏段出来的汽气混合气一起进入加热分解段。从一级闪发器出来的废液经二级闪发器降温，闪发汽进淡液蒸馏塔作为淡液蒸馏的热源。从二级闪发器出来的废液经废液泵送至渣场。

蒸氨冷凝液汇同煅烧炉气冷凝液进淡液储桶，经淡液泵送入淡液塔塔顶，通过填料自上而下在真空条件下进行蒸馏。二闪蒸汽温度约84℃，由淡液塔塔底进入，随同蒸出的氨、二氧化碳汽气混合气进入冷却器冷却，降温后进入真空吸氨塔。

废淡液从塔底流出，一部分经泵进入废淡液钛板换热器冷却降温，另一部分送去碳化工段作为洗碱车用水。降温后的废淡液作为洗水流入淡液塔底部的洗水储桶，该洗水经洗水泵后分成三部分：一部分作为高、低真空吸氨净氨器洗水；一部分作为高、低真空泵冷却水；一部分送去碳化工段作为碳化碱车尾气净氨塔洗水。

3）吸氨流程

由碳化工段送来的淡氨盐水经钛板冷却到温度40℃左右，一部分直接进入内冷式吸氨塔；另一部分进入真空吸氨塔塔顶，在高真空条件下自上而下吸收来自淡液塔气体中的NH_3及CO_2成为淡氨盐水。淡氨盐水从塔底流出，经淡氨盐水泵进入内冷式吸氨塔吸氨段，洗涤吸收尾气中的NH_3和CO_2并经塔内水箱冷却成为氨盐水，氨盐水出塔温度为70℃左右，经澄清后用泵送至钛板冷却，冷却至温度为40℃左右送去碳化工段制碱。

高、低真空吸氨塔塔顶尾气分别进入各自的净氨器进一步回收氨，其中低真空净氨器的排气进入炉气总管。

（4）碳化工段

本工序的主要任务是使氨盐水碳酸化，产生碳酸氢钠结晶。主要化学反应为：

$$NH_4OH + CO_2 \longrightarrow NH_4HCO_3$$

$$NaCl + NH_4HCO_3 \longrightarrow NaHCO_3 + NH_4Cl$$

由吸氨工段来的氨盐水进入碳化塔的顶部，在塔内与碳化塔底圈来自压缩工段含 40%左右 CO_2 的清洗气逆流接触，一边吸收 CO_2，一边将塔壁和冷却水管上的 $NaHCO_3$ 垢溶解。氨盐水中的 CO_2 含量因而逐渐增加，从底圈出来的溶液称为中和水，温度在 45℃左右。

由碳化塔底部出来的中和水进入中和水槽，再由中和水泵送入碳化塔。碳化塔顶部出来的尾气，进入尾气净氨塔净氨，尾气净氨后排空。

由中和水泵送来的中和水，分别进入各个碳化塔（此时为制碱塔）顶部。来自压缩工段含 CO_2 40%左右的中段气和含 CO_2 80%左右的下段气分别进入碳化塔的中部和下部。中和水在碳化塔中自上而下流动过程中，与上升的气体逆流接触，逐渐吸收气体中的 CO_2，达到过饱和后析出 $NaHCO_3$ 结晶，同时，温度逐渐升高到 60～68℃。在塔下部设有列管式冷却水箱，用循环冷却水移走反应热。塔内液体下流过程中继续吸收 CO_2，同时使 $NaHCO_3$ 结晶长大。当塔内悬浮液到达塔底时，被冷却到 30℃左右。

出碳化塔的悬浮液进入出碱槽。碳化塔顶出来的制碱尾气进入尾气净氨塔碳化尾气洗涤段，净氨后排空。

碳化塔制碱 64h 倒塔清洗，清洗 16h。

为回收碳化塔顶出来的清洗尾气和制碱尾气（混合后称碳化尾气）中的 NH_3 和 CO_2，设置尾气净氨塔碳化尾气洗涤段。

来自碳化塔的碳化尾气进入尾气净氨塔碳化尾气洗涤段底部，来自盐水工段的精盐水进入尾气净氨塔碳化尾气洗涤段顶部，在塔内向下流动，与由塔底上升的碳化尾气逆流接触，吸收碳化尾气中的 NH_3 和 CO_2。尾气净氨塔底部出来的淡氨盐水，经淡氨盐水泵送往吸氨工序。尾气净氨塔碳化尾气洗涤段顶部出来的洗涤尾气排入大气中。

（5）过滤工段

为使碳化塔出来的出碱液中的 $NaHCO_3$ 结晶与液体分离，本工序设置过滤机、分离器等设备，完成 $NaHCO_3$ 结晶与母液的分离任务。

来自碱液缓冲槽的悬浮液进入滤碱机的碱液槽，槽内转鼓部分浸没在碱液槽内的悬浮液中，通过真空系统抽吸，悬浮液中的液体通过滤网进入转鼓内，悬浮的 $NaHCO_3$ 结晶被隔离在滤网上。

转鼓内的液体（母液）被抽到分离器内，进行气液分离，底部出来的冷母液进入冷母液桶，再经母液泵送往轻灰工段。分离器顶部出来的含有微量 NH_3 和 CO_2 的过滤尾气送入尾气净氨塔过滤尾气净氨段底部，与塔顶加入的冷废淡液逆流接触，以洗去气体中的 NH_3 和 CO_2。塔底出来的含有 NH_3 与 CO_2 的净氨洗水送往煅烧工段。塔顶出来的净氨尾气由压缩工段真空泵抽出后排入大气中。

被吸附在滤碱机转鼓滤网上的碳酸氢钠滤饼，也称为重碱，用来自洗水高位槽的洗水洗涤，以洗除碳酸氢钠滤饼中的 NaCl。在脱水干燥区进一步脱除滤饼中的水分后，用刮刀刮下含水分 18%左右的滤饼，经重碱皮带送至重碱离心机，进一步脱水使重碱的含水量降至 13%～14%，分离后的重碱送往轻灰工段。

当滤碱机检修时，机内的碱液排入碱液槽中，再用碱液泵送往出碱槽。

（6）轻灰工段

轻灰工段的任务是将湿重碱加热分解，制成轻质纯碱。其主要反应如下：

$$2NaHCO_3(s) \xrightarrow{\triangle} Na_2CO_3(s) + CO_2(g) + H_2O(g)$$

$$NH_4HCO_3(s) \xrightarrow{\triangle} NH_3(g) + CO_2(g) + H_2O(g)$$

由碳化工段送来的重碱经重碱皮带运输机、重碱螺旋输送机、重碱星形给料器送进自身返碱蒸汽煅烧炉，用 3.2MPa 过热蒸汽间接加热，重碱被分解成轻质纯碱。煅烧好的高温轻质纯碱经自身返碱螺旋带返至炉头，其中一部分作为返碱进入煅烧炉，其余部分经轻灰埋刮板运输机送至重灰工段。

加热蒸汽由炉尾汽轴加入，经配汽室送入翅片管，蒸汽在管内被冷凝成水，然后由汽轴的凝水通道排至冷凝水储槽，再由冷凝水储槽通过液位调节阀减压送入一次闪蒸罐，在闪蒸罐中产生的 1.5MPa 蒸汽与用 3.2MPa 蒸汽减压的 1.4MPa 蒸汽汇合计量后送去重灰煅烧工段，一次闪蒸后的冷凝水通过液位调节阀减压送入二次闪蒸罐。在闪蒸罐中产生的 0.5MPa 蒸汽送入低压蒸汽管网，二次闪蒸后的冷凝水与重灰煅烧工段来的冷凝水合并返回锅炉房。

重碱分解产生的炉气带有大量碱尘，首先经旋风除尘器将炉气中大部分碱尘分离下来，再经分离器下螺旋输送机返至自身返碱煅烧炉的预混段中。炉气从旋风除尘器顶部出来，经热碱液塔除去碱尘后，进入炉气总管。洗涤液（亦称热碱液）来自热碱液槽，通过热碱液泵打至热碱液塔塔顶，在塔内与炉气逆流接触对炉气进行洗涤。热碱液的大部分进行循环，少部分送去重灰煅烧工段化碱。用软水补充热碱液的消耗量。炉气总管的炉气须经热碱液喷淋，以防碱尘结垢。

炉气经热碱液喷淋洗涤后进入炉气冷凝塔，炉气由塔顶进入塔内走管内，冷却水走管间进行间接换热，炉气被冷凝冷却至 45℃后由塔下部出塔，被冷凝下来的炉气冷凝液，由冷凝液泵送至蒸吸工段。炉气进入炉气洗涤塔，由塔下部入塔，来自碳化工段的净氨洗水由塔上部进入塔内，与炉气在塔内逆流接触以洗去炉气中的氨并使其进一步冷却，降温及净氨后的炉气送至压缩工段。洗涤液由塔底出塔，经洗涤液泵送去过滤工段用作过滤洗水。

（7）重灰工段

1）普通重灰水合部分

① 水合反应

$$Na_2CO_3(s) + H_2O(l) \longrightarrow Na_2CO_3 \cdot H_2O(s)$$

② 一水碱脱水反应

$$Na_2CO_3 \cdot H_2O(s) \longrightarrow Na_2CO_3(s) + H_2O(g)$$

来自轻灰分配埋刮板的高温轻质纯碱经螺旋输送机送入水合机，与脱盐水及冷凝水泵送来的一定量的水进行水合反应并生成一水碱结晶，由进料螺旋输送机进入重灰煅烧炉进行干燥，所得的产品为普通重质纯碱。

2）重灰干燥部分

生成的一水碱进入重灰煅烧炉，干燥出游离水和结合水后，出来的重质碱由重灰埋

刮板输送机送至重灰斗提机，由重灰斗提机提升至上部重灰分配刮板输送机，由分配刮板分配进入重质碱筛，筛分后的重灰进入凉碱床，冷却后的合格物料送至包装工段；筛上大块物料和中等块状物料经对辊式破碎机破碎后返回重质碱埋刮板，再进入冷却筛分系统进行二次分离。

重灰煅烧炉头部出气箱出来的气体为含有大量碱尘的水蒸气，其进入炉气冷凝器与循环水进行换热，其中绝大部分水蒸气被冷凝下来，冷凝液流入冷凝水储槽，由冷凝液泵送至水合机作为水合水，少量蒸汽和不凝气由炉气引风机抽出排空。

重灰干燥炉使用 1.5MPa 的蒸汽间接加热，加热蒸汽由炉尾汽轴加入，经配气室送入翅片管，蒸汽在管内被冷凝成水，然后由汽轴的凝水通道排至疏水槽，再通过疏水槽液位调节阀减压送入闪发罐，在闪发罐中产生的 0.4MPa 蒸汽并入低压蒸汽管网，闪发后的冷凝水送至热电站。

（8）压缩工段

本工段将轻灰工段来的炉气、石灰工段来的窑气压缩到一定压力，分别经炉气冷却器和窑气冷却器冷却后送往碳化工段。

流程叙述如下：

① 轻灰工段来的炉气和石灰工段来的窑气被压缩机抽吸并压缩到 0.30～0.38MPa。

② 压缩后的炉气或窑气进入冷却器的管内，与进入管间的循环水间接换热，炉气或窑气被冷却到约 40℃后被送往碳化工段，冷凝下来的水排入下水道。

③ 冷却器管间出来的循环水返回循环水管网。

④ 来自碳化工段滤碱机的过滤尾气经真空机抽出后放空。

氨碱法现场如图 4-4 所示。

(a) 原料原盐

(b) 原料石灰石

(c) 石灰石煅烧炉

(d) 盐水精制车间

图 4-4

(e) 碳化塔装置

(f) 盐泥废渣

(g) 蒸氨废液

(h) 蒸氨废渣(白海)

图 4-4　氨碱法现场

4.2.2　废渣产生环节及理论产排污系数

氨碱法制纯碱工艺过程主要包括粗盐水精制、精盐水吸氨、氨盐水碳酸化、重碱过滤、重碱煅烧工段，反应过程的主要原理如表 4-6 所列。

表 4-6　氨碱法工艺过程原理

工艺路线	氨碱法
产品	Na_2CO_3
原材料	原盐，精制剂（烧碱、纯碱），石灰石等
反应原理	主反应为：$NaCl + NH_3 + H_2O + CO_2 \longrightarrow NaHCO_3 + NH_4Cl$ $2NaHCO_3 \longrightarrow Na_2CO_3 + H_2O + CO_2\uparrow$ （1）化盐 （2）加入过量氢氧化钠，去除 Ca^{2+}、Mg^{2+}，过滤 $Ca^{2+} + 2OH^- \longrightarrow Ca(OH)_2$ $Mg^{2+} + 2OH^- \longrightarrow Mg(OH)_2\downarrow$ （3）利用石灰石制取石灰乳 $CaCO_3 \longrightarrow CaO + CO_2$ $CaO + H_2O \longrightarrow Ca(OH)_2$ （4）通入 NH_3，精盐水吸氨 $NH_3 + H_2O \longrightarrow NH_4OH$ （5）氨盐水碳酸化，将氨盐水与 CO_2 气体在碳化塔内进行反应，生成 $NaHCO_3$ 结晶悬浮液 $CO_2 + H_2O \longrightarrow H_2CO_3$

续表

反应原理	$NH_4OH + H_2CO_3 \longrightarrow NH_4HCO_3 + H_2O$ $NaCl + NH_4HCO_3 \longrightarrow NaHCO_3 + NH_4Cl$ （6）重碱过滤煅烧 $2NaHCO_3 \longrightarrow Na_2CO_3 + H_2O + CO_2\uparrow$ （7）氨回收 $2NH_4Cl + Ca(OH)_2 \longrightarrow 2NH_3 + CaCl_2 + 2H_2O$

氨碱法制取纯碱采用的主要原料为原盐，原盐主要分为海盐、湖盐、井矿盐和卤水，部分企业采用进口盐。过程中发生的主反应为：

$$NaCl + NH_3 + H_2O + CO_2 \longrightarrow NaHCO_3 + NH_4Cl$$

$$2NaHCO_3 \longrightarrow Na_2CO_3 + H_2O + CO_2\uparrow$$

4.2.2.1　原料原盐的消耗量

根据反应方程式，每生产 1t 100%的 Na_2CO_3 需要消耗原料原盐的量为：

$$1000\times58.5\times2/94=1245(kg)$$

即原料原盐的消耗量为 1245kg/t 产品。

4.2.2.2　盐泥的产生量

盐的平均质量为：NaCl 96%，Ca^{2+} 3%，Mg^{2+}2%，SO_4^{2-}0.5%，SS 1%。盐水精制后，含盐量基本达到 100%，原盐中的杂质基本进入盐泥中，依次估算生产每吨产品盐泥的产生量为：

$$(1245/96\%)\times4\%=51.8(kg)$$

考虑到原盐中的杂质并非全部进入盐泥，因此盐泥的产生量应小于 51.8kg/t 产品。

4.2.2.3　蒸氨废渣的产生量

$$2NH_4Cl + Ca(OH)_2 \longrightarrow 2NH_3 + CaCl_2 + 2H_2O$$

根据反应方程式，每生产 1t 100%的 Na_2CO_3 产生 $CaCl_2$ 的量为：

$$1000 \times 111/94 = 1250(\mathrm{kg})$$

综上，氨碱法制纯碱中部分原料和废渣的产污系数如表 4-7 所列。

表 4-7　氨碱法废渣的理论产生量

项目	类型	理论产生量/（t/t 产品）
物耗	原盐	1.245
固体废物	盐泥	0.052
	蒸氨废渣	1.250

4.2.3　典型企业废渣产生状况调研

4.2.3.1　青海某公司

青海某公司成立于 2008 年，主要经营工业纯碱的生产、销售，工业盐的开采、销售，以及进出口贸易等。2014 年公司工业纯碱的生产能力为 100 万吨。公司采用氨碱法纯碱生产工艺，工艺先进，技术成熟，产品质量优良，产品主要销往青海、甘肃、山东、河北、辽宁等省份。青海典型调研企业的概况具体见表 4-8。

表 4-8　青海某公司

企业名称	青海某公司
企业地址	青海省德令哈市
建厂时间	2008 年
产品名称	纯碱
生产工艺	氨碱法
生产规模/（万吨/年）	100

原盐的化学组分见表 4-9。

表 4-9　原盐的化学组分

原盐质量		
岩盐	石英	石膏
96%	1%	3%

生产每吨纯碱产品原料消耗及废渣产生情况如表 4-10 所列。

表 4-10　原料消耗及废渣产生情况

项目		指标
原料消耗（以吨产品纯碱计）	原盐/kg	1700
废渣排放（以吨产品纯碱计）	盐泥/kg	50
	蒸氨废液/m^3	10

废渣处理处置现状情况如表 4-11 所列。

表 4-11　废渣处理处置现状

废渣类型	处置方式	
盐泥	贮存方式	防雨防渗堆存库 
	处理处置方式	排渣场堆存
蒸氨废液	贮存方式	防雨防渗堆存库
	处理处置方式	经废液排放管道排往废液排放场 

4.2.3.2 山东某公司

山东某公司成立于1995年，主要产品40多种，其中合成纯碱、两钠（亚硝酸钠和硝酸钠）产品产量居世界首位，原盐、溴素、溴化物、白炭黑等七种产品产量居全国首位。山东典型调研企业的概况如表4-12所列。

表 4-12 山东某公司概况

企业名称	山东某公司
企业地址	山东省某市
建厂时间	1995年
产品名称	纯碱
生产工艺	氨碱法
生产规模/（万吨/年）	200

原盐的化学组分见表4-13。

表 4-13 原料原盐质量分数 单位：%

原盐质量分数			
岩盐	石英	石膏	方解石
92	2	5	1

生产每吨纯碱产品原料消耗及废渣产生情况如表4-14所列。

表 4-14 原料消耗及废渣产生情况

项目		指标
原料消耗（以吨产品纯碱计）	原盐/kg	1400
废渣排放（以吨产品纯碱计）	盐泥/kg	40
	蒸氨废液/m^3	10

废渣处理处置现状情况如表4-15所列。

表 4-15　废渣处理处置现状

废渣类型	处置方式	
盐泥	贮存方式	排渣池
	处理处置方式	排渣场
蒸氨废渣	贮存方式	排渣场
	处理处置方式	生产氯化钙

4.2.4　氨碱法工艺废渣产生特性

氨碱法工艺产生盐泥、蒸氨废液。盐泥的产生环节是在盐水精制工段；蒸氨废液产生于氨回收过程。

氨碱法工艺废渣产排污系数的理论数据和调研统计数据如表 4-16 所列。

表 4-16　废渣产排污系数的理论数据和调研统计数据

指标		氨碱法工艺	
		调研数据	理论分析数据
物耗	原盐/（kg/t 产品）	1400～1700	1245
固体废物产量	盐泥/（kg/t 产品）	40～50	52
	蒸氨废液/（m^3/t 产品）	10	10

由此可见，氨碱法工艺主要产生盐泥和蒸氨废渣两种废渣。两种废渣的产排污系数分别为盐泥 52kg/t 产品、蒸氨废液 10m^3/t 产品。

4.2.5 氨碱法工艺废渣污染特征

4.2.5.1 原料原盐

对采集自两家氨碱法制碱企业的固体原盐样品进行了 IR 分析和 X 射线分析，以及砷、汞、镉、铅、铬、锌、钡、铜八种重金属和氮、磷、氯三种元素含量全分析，分析结果见表 4-17 和表 4-18。

表 4-17 青海某公司原盐分析结果

项目		指标
样品名称		原料原盐
样品来源		湖盐
IR 分析		样品中含碳酸盐、硫酸盐
X 射线分析		岩盐 96%
		石英 1%
		石膏 3%
重金属及氮、磷、氯含量分析	砷（As）/（mg/kg）	2.56
	汞（Hg）/（mg/kg）	0.11
	镉（Cd）/（mg/kg）	0.054
	铅（Pb）/（mg/kg）	1.78
	铬（Cr）/（mg/kg）	未检出（<5）
	锌（Zn）/（mg/kg）	12.7
	钡（Ba）/（mg/kg）	98.6
	铜（Cu）/（mg/kg）	4.31
	全氮/（g/kg）	1.40
	全磷/（g/kg）	0.16
	氯离子/（mg/kg）	5.83×10^5
	硝酸盐（以 N 计）/（mg/kg）	未检出（<0.25）
	亚硝酸盐（以 N 计）/（mg/kg）	未检出（<0.15）
	磷酸盐（以 PO_4^{3-} 计）/（mg/kg）	3.98

表 4-18　山东某公司原盐分析结果

项目		指标
样品名称		原料原盐
样品来源		海盐
IR 分析		样品中含硫酸盐
X 射线分析		岩盐 92%
		石英 2%
		方解石 1%
		石膏 5%
重金属及氮、磷、氯含量分析	砷（As）/（mg/kg）	0.57
	汞（Hg）/（mg/kg）	0.025
	镉（Cd）/（mg/kg）	0.044
	铅（Pb）/（mg/kg）	0.73
	铬（Cr）/（mg/kg）	未检出（<5）
	锌（Zn）/（mg/kg）	未检出（<0.5）
	钡（Ba）/（mg/kg）	3.10
	铜（Cu）/（mg/kg）	未检出（<1）
	全氮/（g/kg）	未检出（<0.4）
	全磷/（g/kg）	未检出（<0.03）
	氯离子/（mg/kg）	5.76×10^5
	硝酸盐（以 N 计）/（mg/kg）	未检出（<0.25）
	亚硝酸盐（以 N 计）/（mg/kg）	未检出（<0.15）
	磷酸盐（以 PO_4^{3-} 计）/（mg/kg）	未检出（<0.8）

分析结果表明该原盐含盐量较高，含杂质较少。

4.2.5.2　盐泥

对两家氨碱法制碱的企业采集的盐泥样品进行了 IR 分析和 X 射线分析，砷、汞、镉、铅、铬、锌、钡、铜八种重金属的含量分析和浸出毒性分析，以及氮、磷、氯三种元素含量全分析。分析结果见表 4-19 和表 4-20。

表 4-19 青海某公司盐泥分析结果

样品名称	盐泥	
腐蚀性	pH=10.03	
X 射线分析	石英/%	21
	岩盐/%	9
	绿泥石/%	9
	云母/%	5
	方解石（$CaCO_3$）/%	53
	白云石/%	3
IR 分析	样品中含碳酸盐、硫酸盐	

重金属含量及浸出毒性分析

检测项目	含量/（mg/kg）	浸出浓度/（mg/L）	危险废物鉴别标准/（mg/kg）	污水排放标准/（mg/kg）	地表水质量标准/（mg/kg）
砷（As）	9.16	0.0006	5	0.5	0.05
汞（Hg）	0.24	未检出	0.1	0.05	0.0001
镉（Cd）	0.62	0.0003	1	0.1	0.005
铅（Pb）	11.0	未检出	5	1	0.05
铬（Cr）	14.3	未检出	15	1.5	0.05
锌（Zn）	47.6	未检出	100	5	1
铜（Cu）	18.0	未检出	100	20	1
致癌风险	2.28×10^{-7}		—	—	—
非致癌商	0.17		—	—	—

氮、磷、氯含量分析

项目	结果
全氮/（g/kg）	0.68
全磷/（g/kg）	0.38
氯离子/（mg/kg）	4.04×10^{4}
硝酸盐（以 N 计）/（mg/kg）	未检出（<0.25）
亚硝酸盐（以 N 计）/（mg/kg）	1.06
磷酸盐（以 PO_4^{3-} 计）/（mg/kg）	17.7

表 4-20 山东某公司盐泥分析结果

样品名称	盐泥	
腐蚀性	pH=12.30	
X 射线分析	石英/%	19
	石膏/%	19

续表

X 射线分析			方解石/%	28	
			斜长石/%	25	
			微斜长石/%	4	
			岩盐/%	2	
			水镁石/%	3	
IR 分析			样品中含有碳酸盐、硫酸盐、氢氧化物		
重金属含量及浸出毒性分析					
检测项目	含量/（mg/kg）	浸出浓度/（mg/L）	危险废物鉴别标准/（mg/kg）	污水排放标准/（mg/kg）	地表水质量标准/（mg/kg）
砷（As）	4.36	0.0009	5	0.5	0.05
汞（Hg）	0.029	0.0002	0.1	0.05	0.0001
镉（Cd）	0.033	0.0003	1	0.1	0.005
铅（Pb）	21.8	未检出	5	1	0.05
铬（Cr）	9.88	未检出	15	1.5	0.05
锌（Zn）	18.8	未检出	100	5	1
铜（Cu）	4.45	未检出	100	20	1
致癌风险	1.59×10^{-7}		—	—	—
非致癌商	0.15		—	—	—
氮、磷、氯含量分析					
全氮/（g/kg）			0.14		
全磷/（g/kg）			0.38		
氯离子/（mg/kg）			9.11×10^{3}		
硝酸盐（以 N 计）/（mg/kg）			未检出（<0.25）		
亚硝酸盐（以 N 计）/（mg/kg）			未检出（<0.15）		
磷酸盐（以 PO_4^{3-}计）/（mg/kg）			5.63		

盐泥呈弱碱性，以 NaCl、$CaCO_3$ 为主；检测样品基本满足地表水质量标准。样品综合致癌和非致癌风险较低。盐泥中氯离子含量高，影响其综合利用。

4.2.5.3　蒸氨废渣（废液）

对山东某公司采集的蒸氨废渣样品进行了 IR 分析和 X 射线分析，砷、汞、镉、铅、铬、锌、钡、铜八种重金属的含量分析和浸出毒性分析，以及氮、磷、氯三种元素含量全分析，所得数据见表4-21。

表4-21　山东某公司蒸氨废渣样品分析

<table>
<tr><td colspan="3">样品名称</td><td colspan="3">蒸氨废渣</td></tr>
<tr><td colspan="3">腐蚀性</td><td colspan="3">pH=12.13</td></tr>
<tr><td colspan="3" rowspan="5">X射线分析</td><td colspan="2">石英/%</td><td>5</td></tr>
<tr><td colspan="2">石膏/%</td><td>11</td></tr>
<tr><td colspan="2">方解石/%</td><td>68</td></tr>
<tr><td colspan="2">斜长石/%</td><td>12</td></tr>
<tr><td colspan="2">水镁石/%</td><td>4</td></tr>
<tr><td colspan="3">IR分析</td><td colspan="3">样品中含有碳酸盐、硫酸盐、氢氧化物</td></tr>
<tr><td colspan="6">重金属含量及浸出毒性分析</td></tr>
<tr><td>检测项目</td><td>含量/（mg/kg）</td><td>浸出浓度/（mg/L）</td><td>危险废物鉴别标准/（mg/kg）</td><td>污水排放标准/（mg/kg）</td><td>地表水质量标准/（mg/kg）</td></tr>
<tr><td>砷（As）</td><td>5.98</td><td>0.0021</td><td>5</td><td>0.5</td><td>0.05</td></tr>
<tr><td>汞（Hg）</td><td>0.022</td><td>0.0003</td><td>0.1</td><td>0.05</td><td>0.0001</td></tr>
<tr><td>镉（Cd）</td><td>0.20</td><td>未检出</td><td>1</td><td>0.1</td><td>0.005</td></tr>
<tr><td>铅（Pb）</td><td>未检出</td><td>未检出</td><td>5</td><td>1</td><td>0.05</td></tr>
<tr><td>铬（Cr）</td><td>6.88</td><td>未检出</td><td>15</td><td>1.5</td><td>0.05</td></tr>
<tr><td>锌（Zn）</td><td>38.7</td><td>未检出</td><td>100</td><td>5</td><td>1</td></tr>
<tr><td>铜（Cu）</td><td>13.8</td><td>未检出</td><td>100</td><td>20</td><td>1</td></tr>
<tr><td>致癌风险</td><td colspan="2">1.23×10^{-7}</td><td>—</td><td>—</td><td>—</td></tr>
<tr><td>非致癌商</td><td colspan="2">0.11</td><td>—</td><td>—</td><td>—</td></tr>
<tr><td colspan="6">氮、磷、氯含量分析</td></tr>
<tr><td colspan="3">全氮/（g/kg）</td><td colspan="3">0.065</td></tr>
<tr><td colspan="3">全磷/（g/kg）</td><td colspan="3">0.23</td></tr>
<tr><td colspan="3">氯离子/（mg/kg）</td><td colspan="3">8.50×10^{3}</td></tr>
<tr><td colspan="3">硝酸盐（以N计）/（mg/kg）</td><td colspan="3">未检出（<0.25）</td></tr>
<tr><td colspan="3">亚硝酸盐（以N计）/（mg/kg）</td><td colspan="3">未检出（<0.15）</td></tr>
<tr><td colspan="3">磷酸盐（以PO_4^{3-}计）/（mg/kg）</td><td colspan="3">12.1</td></tr>
</table>

蒸氨废渣偏碱性，接近危险废物鉴别标准。检测样品基本能够满足地表水排放标准。

样品综合致癌和非致癌风险较低。盐泥中氯离子含量高，影响其综合利用。

4.2.5.4　小结

综上研究，可得到如下结论：

① 氨碱法制碱工艺盐水精制工段产生盐泥，产生量为 52kg/t 产品，实验分析发现，盐泥重金属浸出毒性不存在超标现象，危险风险较小，pH 值为 10～12。

② 氨碱法制碱工艺氨回收过程中产生蒸氨废渣，产生量为 1250kg/t 产品，实验分析发现，蒸氨废渣重金属浸出毒性不存在超标现象，危险性较小，但废渣 pH 值为 12 左右，存在腐蚀性污染。

4.3　联碱法工艺废渣产生特性与污染特性

4.3.1　联碱法工艺流程

联合制碱法又称侯氏制碱法，它是我国化学工程专家侯德榜于 1943 年创立的，是将氨碱法和合成氨法两种工艺联合起来，同时生产纯碱和氯化铵两种产品的方法。原料是食盐、氨和二氧化碳（其中二氧化碳来自合成氨厂用水煤气制取氢气时的废气）。

联合制碱法包括两个过程：第一个过程与氨碱法相同，将氨通入饱和食盐水而成氨盐水，再通入二氧化碳生成碳酸氢钠沉淀，经过滤、洗涤得 $NaHCO_3$ 微小晶体，再煅烧制得纯碱产品，其滤液是含有氯化铵和氯化钠的溶液。第二个过程是从含有氯化铵和氯化钠的滤液中结晶沉淀出氯化铵晶体。由于氯化铵在常温下的溶解度比氯化钠要大，在低温时的溶解度则比氯化钠小，而且氯化铵在氯化钠的浓溶液里的溶解度要比在水里的溶解度小得多。所以在低温条件下，向滤液中加入细粉状的氯化钠，并通入氨气，可以使氯化铵单独结晶沉淀析出，经过滤、洗涤和干燥即得氯化铵产品。此时滤出氯化铵沉淀后所得的滤液，已基本上被氯化钠饱和，可回收循环使用。

联合制碱法与氨碱法比较，其最大的优点是使食盐的利用率提高到 96%以上，应用同量的食盐可比氨碱法生产更多的纯碱。另外它综合利用了氨厂的二氧化碳和碱厂的氯离子，同时生产出两种产品——纯碱和氯化铵。将氨厂的废气二氧化碳转变为碱厂的主要原料来制取纯碱，这样就可省去碱厂里用于制取二氧化碳的庞大石灰窑；将碱厂的无用成分氯离子（Cl^-）代替价格较高的硫酸固定氨厂里的氨，制取氮肥氯化铵，从而不再生成没有多大用处又难以处理的氯化钙，减少了对环境的污染，并且大大降低了纯碱和氮肥的生产成本，充分体现了大规模联合生产的优越性。

联碱法制纯碱工艺流程具体如图 4-5 所示。

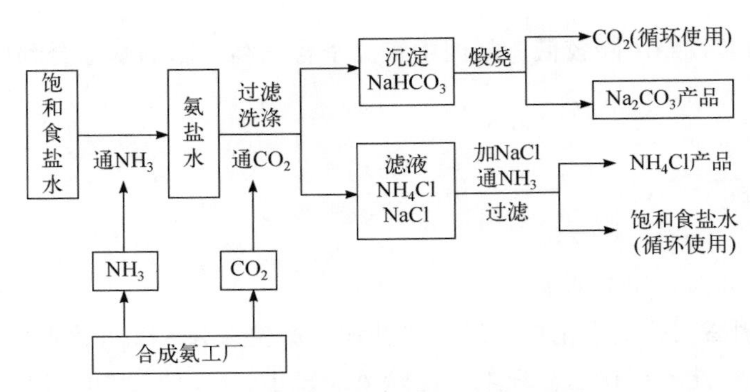

图 4-5 联碱法制纯碱工艺流程

4.3.2 废渣产生环节及理论产排污系数

联碱法制纯碱工艺过程主要包括粗盐水精制、合成氨、精盐水吸氨、氨盐水碳酸化、重碱过滤、重碱煅烧工段，反应过程的主要原理如表 4-22 所列。

表 4-22 联碱法工艺过程原理

工艺路线	联碱法
产品	Na_2CO_3
原材料	原盐，精制剂（烧碱、纯碱），石灰石等
反应原理	主反应为： $NaCl + NH_3 + H_2O + CO_2 \longrightarrow NaHCO_3 + NH_4Cl$ $2NaHCO_3 \longrightarrow Na_2CO_3 + H_2O + CO_2\uparrow$ （1）化盐 （2）加入过量氢氧化钠，去除 Ca^{2+}、Mg^{2+}，过滤 $Ca^{2+} + 2OH^{-}=Ca(OH)_2$ $Mg^{2+} + 2OH^{-}=Mg(OH)_2\downarrow$ （3）合成氨 $N_2 + 3H_2 \longrightarrow 2NH_3$ （4）通入 NH_3，精盐水吸氨 $NH_3 + H_2O \longrightarrow NH_4OH$ （5）氨盐水碳酸化，将氨盐水与 CO_2 气体在碳化塔内进行反应，生成 $NaHCO_3$ 结晶悬浮液 $CO_2 + H_2O \longrightarrow H_2CO_3$ $NH_4OH + H_2CO_3 \longrightarrow NH_4HCO_3 + H_2O$ $NaCl + NH_4HCO_3 \longrightarrow NaHCO_3 + NH_4Cl$ （6）重碱过滤煅烧 $2NaHCO_3 \longrightarrow Na_2CO_3 + H_2O + CO_2\uparrow$

联碱法制取纯碱采用的主要原料为原盐，原盐主要分为海盐、湖盐、井矿盐和卤水，部分企业采用进口盐。过程中发生的主反应为：

$$NaCl + NH_3 + H_2O + CO_2 \longrightarrow NaHCO_3 + NH_4Cl$$

$$2NaHCO_3 \longrightarrow Na_2CO_3 + H_2O + CO_2\uparrow$$

4.3.2.1　原料原盐的消耗量

根据反应方程式，每生产 1t 100%的 Na_2CO_3 需要消耗原料原盐的量为：

$$1000\times58.5\times2/94=1245(kg)$$

即原料原盐的消耗量为 1245kg/t 产品。

4.3.2.2　盐泥的产生量

盐的平均质量为：NaCl 96%，Ca^{2+} 3%，Mg^{2+}2%，SO_4^{2-}0.5%，SS 1%。盐水精制后，含盐量基本达到 100%，原盐中的杂质基本进入盐泥中，依次估算生产每吨产品盐泥的产生量为：

$$(1245/96\%)\times4\%=51.8(kg)$$

考虑到原盐中的杂质并非全部进入盐泥，因此盐泥的产生量应小于 51.8kg/t 产品。

4.3.2.3　氨二泥的产生量

氨二泥的产生量无法理论计算。

综上，联碱法制纯碱中部分原料和废渣的产污系数如表 4-23 所列。

表 4-23　联碱法废渣的理论产生量

项目	类型	理论产生量/（t/t 产品）
物耗	原盐	1.245
固体废物	盐泥	0.052
	氨二泥	—

4.3.3　典型企业废渣产生现状调研

4.3.3.1　天津某公司

天津某公司是中国创建最早的制碱厂之一，前身筹建于 1916 年，为中国早期的著名实业家范旭东所创建。企业概况见表 4-24。

表 4-24　天津某公司概况

企业名称	天津某公司
企业地址	天津市滨海新区
建厂时间	1916 年
产品名称	纯碱
生产工艺	联碱法
生产规模/（万吨/年）	80

原盐的化学组分如表 4-25 所列。

表 4-25　原盐的化学组分

原盐质量/%		
海盐	岩盐	95
	方解石	2
	石膏	3
进口盐	岩盐	98
	石膏	2

生产每吨纯碱产品原料消耗及废渣产生情况如表 4-26 所列。

表 4-26　原料消耗及废渣产生情况

项目		指标
原料消耗（以吨产品纯碱计）	原盐/kg	1250
废渣排放（以吨产品纯碱计）	盐泥/kg	37.5
	氨二泥/kg	16.25

废渣处理处置现状如表 4-27 所列。

表 4-27　废渣处理处置现状

废渣类型	处置方式	
盐泥	贮存方式	防雨防渗堆存库
	处理处置方式	海边排渣场填埋

续表

废渣类型	处置方式	
氨二泥	贮存方式	防雨防渗堆存库 
	处理处置方式	海边排渣场填埋

4.3.3.2　四川某公司

四川某公司企业概况见表 4-28。

表 4-28　四川某公司概况

企业名称	四川某公司
企业地址	四川省乐山市
建厂时间	2002 年
产品名称	纯碱
生产工艺	联碱法
生产规模/（万吨/年）	90

原盐的化学组分见表 4-29。

表 4-29　原盐的化学组分

原盐成分组成	
岩盐	100%

生产每吨纯碱产品原料消耗及废渣产生情况如表 4-30 所列。

表 4-30　原料消耗及废渣产生情况

项目		指标
原料消耗（以吨产品纯碱计）	原盐/kg	1200
废渣排放（以吨产品纯碱计）	盐泥/kg	7.2
	氨二泥/kg	2.4

废渣处理处置现状如表 4-31 所列。

表 4-31　废渣处理处置现状

废渣类型	处置方式	
盐泥	贮存方式	防雨防渗堆存库
	处理处置方式	废矿填埋
氨二泥	贮存方式	防雨防渗堆存库
	处理处置方式	废矿填埋

4.3.4　联碱法工艺废渣产生特性

联碱法工艺主要产生盐泥和氨二泥两种废渣。盐泥的产生环节是在盐水精制工段；氨二泥产生于氨盐水精制工段。

联碱法工艺废渣产排污系数的理论数据和调研统计数据如表 4-32 所列。

表 4-32　废渣产排污系数的理论数据和调研统计数据

指标		联碱法工艺	
		调研数据	理论分析数据
物耗	原盐/（kg/t 产品）	1200～1250	1245
固体废物产量	盐泥/（kg/t 产品）	7.2～37.5	52
	氨二泥/（kg/t 产品）	2.4～16.25	—

由此可见，联碱法工艺主要产生盐泥、氨二泥两种废渣。两种废渣的产排污系数分别为盐泥 52kg/t 产品、氨二泥 16kg/t 产品。

4.3.5　联碱法工艺废渣污染特征

4.3.5.1　原料原盐

对天津某公司和四川某公司采集的固体原盐样品进行了 IR 分析和 X 射线分析，以及砷、汞、镉、铅、铬、锌、钡、铜八种重金属和氮、磷、氯三种元素含量全分析，分析结果见表 4-33～表 4-35。

表 4-33　天津某公司海盐分析结果

项目		指标	
样品名称		原料原盐	
样品来源		海盐	
X 射线分析		岩盐	95%
		方解石	2%
		石膏	3%
IR 分析		样品中含有结晶水、硫酸盐	
重金属及氮、磷、氯含量分析	砷（As）/（mg/kg）	1.02	
	汞（Hg）/（mg/kg）	0.038	
	镉（Cd）/（mg/kg）	0.20	
	铅（Pb）/（mg/kg）	1.87	
	铬（Cr）/（mg/kg）	未检出（<5）	
	锌（Zn）/（mg/kg）	2.07	
	钡（Ba）/（mg/kg）	未检出（<1）	
	铜（Cu）/（mg/kg）	未检出（<1）	
	全氮/（g/kg）	未检出（<0.04）	
	全磷/（g/kg）	未检出（<0.03）	
	氯离子/（mg/kg）	5.82×10^5	
	硝酸盐（以 N 计）/（mg/kg）	未检出（<0.25）	
	亚硝酸盐（以 N 计）/（mg/kg）	4.80	
	磷酸盐（以 PO_4^{3-} 计）/（mg/kg）	1.75	

表 4-34　天津某公司进口盐分析结果

项目		指标	
样品名称		原料原盐	
样品来源		进口盐	
X 射线分析		岩盐	98%
		石膏	2%
IR 分析		样品中含有碳酸盐、硫酸盐	
重金属及氮、磷、氯含量分析	砷（As）/（mg/kg）	0.51	
	汞（Hg）/（mg/kg）	0.061	
	镉（Cd）/（mg/kg）	0.25	
	铅（Pb）/（mg/kg）	0.33	
	铬（Cr）/（mg/kg）	未检出（<5）	
	锌（Zn）/（mg/kg）	未检出（<0.5）	
	钡（Ba）/（mg/kg）	未检出（<1）	
	铜（Cu）/（mg/kg）	未检出（<1）	
	全氮/（g/kg）	未检出（<0.04）	
	全磷/（g/kg）	未检出（<0.03）	
	氯离子/（mg/kg）	5.81×10^5	
	硝酸盐（以 N 计）/（mg/kg）	未检出（<0.25）	
	亚硝酸盐（以 N 计）/（mg/kg）	5.50	
	磷酸盐（以 PO_4^{3-}计）/（mg/kg）	4.67	

表 4-35　四川某公司原盐分析结果

项目		指标	
样品名称		原料原盐	
样品来源		井矿盐	
X 射线分析		岩盐	100%
IR 分析		样品中含有碳酸盐、硫酸盐	
重金属及氮、磷、氯含量分析	砷（As）/（mg/kg）	0.089	
	汞（Hg）/（mg/kg）	0.037	
	镉（Cd）/（mg/kg）	0.021	
	铅（Pb）/（mg/kg）	10.7	
	铬（Cr）/（mg/kg）	未检出（<5）	
	锌（Zn）/（mg/kg）	2.56	
	钡（Ba）/（mg/kg）	16.6	

续表

项目		指标
重金属及氮、磷、氯含量分析	铜（Cu）/（mg/kg）	未检出（<1）
	全氮/（g/kg）	未检出（<0.04）
	全磷/（g/kg）	未检出（<0.03）
	氯离子/（mg/kg）	6.05×10^5
	硝酸盐（以 N 计）/（mg/kg）	未检出（<0.25）
	亚硝酸盐（以 N 计）/（mg/kg）	未检出（<0.15）
	磷酸盐（以 PO_4^{3-} 计）/（mg/kg）	7.42

4.3.5.2　盐泥

对自两家联碱法制碱的企业采集的盐泥样品进行了 IR 分析和 X 射线分析，砷、汞、镉、铅、铬、锌、钡、铜八种重金属的含量分析和浸出毒性分析，以及氮、磷、氯三种元素含量全分析，分析结果见表 4-36 和表 4-37。

表 4-36　天津某公司盐泥分析结果

<table>
<tr><td colspan="3">样品名称</td><td colspan="3">盐泥</td></tr>
<tr><td colspan="3">腐蚀性</td><td colspan="3">pH=10.35</td></tr>
<tr><td colspan="3" rowspan="5">X 射线分析</td><td colspan="2">石英/%</td><td>1</td></tr>
<tr><td colspan="2">文石/%</td><td>11</td></tr>
<tr><td colspan="2">水镁石/%</td><td>3</td></tr>
<tr><td colspan="2">岩盐/%</td><td>77</td></tr>
<tr><td colspan="2">方解石/%</td><td>8</td></tr>
<tr><td colspan="3">IR 分析</td><td colspan="3">样品中含有碳酸盐、氢氧化物</td></tr>
<tr><td colspan="6">盐泥重金属含量和浸出特性</td></tr>
<tr><td>检测项目</td><td>含量/（mg/kg）</td><td>浸出浓度/（mg/L）</td><td>危险废物鉴别标准/（mg/kg）</td><td>污水排放标准/（mg/kg）</td><td>地表水质量标准/（mg/kg）</td></tr>
<tr><td>砷（As）</td><td>1.15</td><td>未检出</td><td>5</td><td>0.5</td><td>0.05</td></tr>
<tr><td>汞（Hg）</td><td>0.079</td><td>未检出</td><td>0.1</td><td>0.05</td><td>0.0001</td></tr>
<tr><td>镉（Cd）</td><td>0.28</td><td>0.0028</td><td>1</td><td>0.1</td><td>0.005</td></tr>
<tr><td>铅（Pb）</td><td>1.26</td><td>0.002</td><td>5</td><td>1</td><td>0.05</td></tr>
<tr><td>铬（Cr）</td><td>40.2</td><td>未检出</td><td>15</td><td>1.5</td><td>0.05</td></tr>
<tr><td>锌（Zn）</td><td>39.1</td><td>未检出</td><td>100</td><td>5</td><td>1</td></tr>
<tr><td>铜（Cu）</td><td>5.65</td><td>0.032</td><td>100</td><td>20</td><td>1</td></tr>
<tr><td>致癌风险</td><td colspan="2">3.85×10^{-6}</td><td>—</td><td>—</td><td>—</td></tr>
<tr><td>非致癌商</td><td colspan="2">0.47</td><td>—</td><td>—</td><td>—</td></tr>
</table>

续表

氮、磷、氯含量分析	
全氮/（g/kg）	0.28
全磷/（g/kg）	0.057
氯离子/（mg/kg）	2.98×10^4
硝酸盐（以 N 计）/（mg/kg）	未检出（<0.25）
亚硝酸盐（以 N 计）/（mg/kg）	9.83
磷酸盐（以 PO_4^{3-}计）/（mg/kg）	13.7

表 4-37　四川某公司盐泥分析结果

样品名称		盐泥			
腐蚀性		pH=8.78			
X 射线分析		石膏/%		69	
		硬石膏/%		27	
		岩盐/%		2	
		氢氧镁石/%		2	
IR 分析		样品中含硫酸盐			
盐泥重金属含量及浸出特性					
检测项目	含量/（mg/kg）	浸出浓度/（mg/L）	危险废物鉴别标准/（mg/kg）	污水排放标准/（mg/kg）	地表水质量标准/（mg/kg）
砷（As）	0.34	0.0003	5	0.5	0.05
汞（Hg）	0.059	未检出	0.1	0.05	0.0001
镉（Cd）	0.020	未检出	1	0.1	0.005
铅（Pb）	12.2	未检出	5	1	0.05
铬（Cr）	4.27	未检出	15	1.5	0.05
锌（Zn）	3.84	未检出	100	5	1
铜（Cu）	4.82	0.0057	100	20	1
致癌风险	1.17×10^{-6}		—	—	—
非致癌商	0.28		—	—	—
氮、磷、氯含量分析					
全氮/（g/kg）		未检出（<0.04）			
全磷/（g/kg）		未检出（<0.03）			
氯离子/（mg/kg）		8.58×10^3			
硝酸盐（以 N 计）/（mg/kg）		未检出（<0.25）			
亚硝酸盐（以 N 计）/（mg/kg）		未检出（<0.15）			
磷酸盐（以 PO_4^{3-}计）/（mg/kg）		3.59			

盐泥呈弱碱性，以 NaCl、Mg（OH）$_2$、$CaCO_3$ 为主；检测样品基本满足地表水质量标准。样品综合致癌和非致癌风险较低。盐泥中氯离子含量高，影响其综合利用。

4.3.5.3　氨二泥

对自两家联碱法制碱的企业采集的氨二泥样品进行了 IR 分析和 X 射线分析，砷、汞、镉、铅、铬、锌、钡、铜八种重金属的含量分析和浸出毒性分析，以及氮、磷、氯三种元素含量全分析，分析结果见表 4-38 和表 4-39。

表 4-38　天津某公司氨二泥样品分析

样品名称			氨二泥		
腐蚀性			pH=9.17		
X 射线分析			岩盐	23%	
			方解石	16%	
			石英	12%	
			文石	30%	
			白云石	3%	
			卤沙	7%	
			斜长石	9%	
IR 分析			样品中含有碳酸盐		
氨二泥重金属含量及浸出特性					
检测项目	含量/（mg/kg）	浸出浓度/（mg/L）	危险废物鉴别标准/（mg/kg）	污水排放标准/（mg/kg）	地表水质量标准/（mg/kg）
砷（As）	1.02	未检出	5	0.5	0.05
汞（Hg）	0.054	未检出	0.1	0.05	0.0001
镉（Cd）	0.12	0.0002	1	0.1	0.005
铅（Pb）	78.5	0.003	5	1	0.05
铬（Cr）	190	未检出	15	1.5	0.05
锌（Zn）	54.8	未检出	100	5	1
铜（Cu）	51.2	0.031	100	20	1
致癌风险	6.33×10^{-7}		—	—	—
非致癌商	0.19		—	—	—
氮、磷、氯含量分析					
全氮/（g/kg）			63.3		
全磷/（g/kg）			0.087		

续表

氯离子/（mg/kg）	1.61×10^{5}
硝酸盐（以N计）/（mg/kg）	未检出（<0.25）
亚硝酸盐（以N计）/（mg/kg）	15.9
磷酸盐（以PO_4^{3-}计）/（mg/kg）	2.95

表 4-39　四川某公司氨二泥样品分析

<table>
<tr><td colspan="3">样品名称</td><td colspan="3">氨二泥</td></tr>
<tr><td colspan="3">腐蚀性</td><td colspan="3">pH=9.99</td></tr>
<tr><td colspan="3" rowspan="3">X射线分析</td><td colspan="2">岩盐</td><td>6%</td></tr>
<tr><td colspan="2">方解石</td><td>15%</td></tr>
<tr><td colspan="2">针碳钠钙石</td><td>79%</td></tr>
<tr><td colspan="3">IR分析</td><td colspan="3">样品中含有碳酸盐、铵盐</td></tr>
<tr><td colspan="6">重金属含量及浸出毒性分析</td></tr>
<tr><td>检测项目</td><td>含量/（mg/kg）</td><td>浸出浓度/（mg/L）</td><td>危险废物鉴别标准/（mg/kg）</td><td>污水排放标准/（mg/kg）</td><td>地表水质量标准/（mg/kg）</td></tr>
<tr><td>砷（As）</td><td>0.36</td><td>0.0034</td><td>5</td><td>0.5</td><td>0.05</td></tr>
<tr><td>汞（Hg）</td><td>0.069</td><td>未检出</td><td>0.1</td><td>0.05</td><td>0.0001</td></tr>
<tr><td>镉（Cd）</td><td>0.025</td><td>未检出</td><td>1</td><td>0.1</td><td>0.005</td></tr>
<tr><td>铅（Pb）</td><td>13.1</td><td>0.009</td><td>5</td><td>1</td><td>0.05</td></tr>
<tr><td>铬（Cr）</td><td>4.72</td><td>未检出</td><td>15</td><td>1.5</td><td>0.05</td></tr>
<tr><td>锌（Zn）</td><td>7.38</td><td>未检出</td><td>100</td><td>5</td><td>1</td></tr>
<tr><td>铜（Cu）</td><td>4.95</td><td>0.024</td><td>100</td><td>20</td><td>1</td></tr>
<tr><td>致癌风险</td><td colspan="2">5.24×10^{-7}</td><td>—</td><td>—</td><td>—</td></tr>
<tr><td>非致癌商</td><td colspan="2">0.16</td><td>—</td><td>—</td><td>—</td></tr>
<tr><td colspan="6">氮、磷、氯含量分析</td></tr>
<tr><td colspan="3">全氮/（g/kg）</td><td colspan="3">18.7</td></tr>
<tr><td colspan="3">全磷/（g/kg）</td><td colspan="3">未检出（<0.03）</td></tr>
<tr><td colspan="3">氯离子/（mg/kg）</td><td colspan="3">1.34×10^{5}</td></tr>
<tr><td colspan="3">硝酸盐（以N计）/（mg/kg）</td><td colspan="3">未检出（<0.25）</td></tr>
<tr><td colspan="3">亚硝酸盐（以N计）/（mg/kg）</td><td colspan="3">未检出（<0.15）</td></tr>
<tr><td colspan="3">磷酸盐（以PO_4^{3-}计）/（mg/kg）</td><td colspan="3">13.7</td></tr>
</table>

氨二泥呈弱碱性。检测样品基本能够满足地表水质量标准，远低于危险废物鉴别标准和污水排放标准。样品综合致癌和非致癌风险较低。氨二泥中氨氮浓度和氯离子浓度

非常高，影响废渣的综合利用去向。

4.3.5.4　小结

综上研究，可得到如下结论：

① 联碱法制碱工艺盐水精制工段产生盐泥，产生量为 52kg/t 产品，实验分析发现盐泥重金属浸出毒性的危害风险很小。

② 联碱法制碱工艺氨盐水精制工段产生氨二泥，产生量为 16kg/t 产品，实验分析发现氨二泥重金属的危害风险很小。

4.4　纯碱行业废渣处理处置方式与环境风险

4.4.1　盐泥处理处置方式与环境风险

4.4.1.1　盐泥处理处置方式调研

生产纯碱采用的原料原盐主要有海盐、湖盐、卤水和井矿盐。根据地域位置以及资源分布情况，沿海一带主要以海盐为主，新疆、青海等地区以湖盐为主，重庆、四川、陕西等地主要以井矿盐和卤水为主。

纯碱生产过程中，需要对原盐进行精制，该过程产生盐泥。盐泥的处置首先需要通过压滤机进行压滤，回收其中的盐水，降低盐泥的含水率。经过压滤处理的盐泥主要的处置方式以堆存或填埋为主。

沿海地区以海盐为原料原盐生产纯碱的企业，最终得到的盐泥废渣基本都运到海边无用的空地进行堆存填埋，或者送往一般工业固体废物填埋场进行填埋处理。而内陆地区产生的盐泥主要的处置方式是运送到一般工业固体废物填埋场进行填埋处理。目前盐泥基本不存在综合利用途径。

4.4.1.2　废渣海边堆存填海处置

调研企业中以海盐为原料的企业为天津某公司和山东某公司。两家企业因地理位置均在海边，产生的盐泥废渣处理方式为运送到海边进行堆存填海。

对两家企业的盐泥的检测结果见表 4-40 和表 4-41。

表 4-40　天津某公司盐泥样品的检测分析　　单位：%

NaCl	$CaCO_3$	$Mg(OH)_2$	SiO_2
77	19	3	1

表 4-41　山东某公司盐泥样品的检测分析　　单位：%

NaCl	$CaCO_3$	$Mg(OH)_2$	$CaSO_4$	斜长石	SiO_2
2	28	3	19	29	19

盐泥中的 $CaCO_3$ 和 $Mg(OH)_2$ 沉淀主要来自盐水精制过程，为了除去粗盐水中的 Ca^{2+}、Mg^{2+}杂质，加入精制剂 Na_2CO_3 和 NaOH 与之发生化学反应产生沉淀，最终通过过滤使其进入盐泥中。泥浆在压滤机中难以完全除掉所有的水分，没有压滤完全的盐泥中会含有一部分 NaCl 溶液。海边纯碱企业盐泥中重金属的种类及含量分析结果见表 4-42。

表 4-42　盐泥中重金属的种类及含量分析

检测项目	天津某公司盐泥	山东某公司盐泥	土壤环境质量一级标准
砷/（mg/kg）	1.15	4.36	15
汞/（mg/kg）	0.079	0.029	0.15
镉/（mg/kg）	0.18	0.033	0.20
铅/（mg/kg）	1.26	21.8	35
铬/（mg/kg）	40.2	9.88	90
锌/（mg/kg）	39.1	18.8	100
钡/（mg/kg）	30.3	234	—
铜/（mg/kg）	5.65	4.45	35

实验结果表明，八种重金属的含量都很低，均低于土壤环境质量一级标准限值。

沿海地区产生的盐泥废渣以堆存在海边无用的空地上为主要的处置方式，所以将测得的数据与土壤环境质量一级标准对比，发现盐泥样品的各项检测指标均低于土壤环境质量一级标准限值。该类土壤主要适用于国家规定的自然保护区、集中式生活饮用水源地、茶园、牧场和其他保护地区，土壤质量基本上保持自然背景水平。

海边纯碱企业盐泥中氮、磷、氯含量分析结果见表 4-43。

表 4-43　盐泥中氮、磷、氯含量分析

检测项目	天津某公司盐泥	山东某公司盐泥
氮/（g/kg）	0.28	0.14
全磷/（g/kg）	0.057	0.38
氯离子/（mg/kg）	2.98×10^4	9.11×10^3
亚硝酸根/（mg/kg）	未检出（<0.25）	未检出（<0.25）
硝酸根（以 N 计）/（mg/kg）	9.83	未检出（<0.15）
磷酸根/（mg/kg）	13.7	5.63

实验结果表明，盐泥中主要存在一定量的氯离子，氮、磷等元素含量很少。氯离子的含量较高主要是因为盐泥样品中富含氯化钠。氯含量高影响了废渣的综合利用途径。

4.4.1.3　废渣一般工业固体废物填埋处置

内陆地区调研企业中以湖盐为原料的企业为青海某公司，以井矿盐为原料的是四川某公司。内陆地区产生的盐泥废渣主要处置方式是运送到一般工业固体废物填埋场进行填埋。盐泥基本不存在综合利用途径。典型内陆企业盐泥组分分析结果具体见表 4-44 和表 4-45。

表 4-44　青海某公司盐泥组分分析　　单位：%

NaCl	$CaCO_3$	绿泥石	云母	SiO_2	白云石
9	53	9	5	21	3

表 4-45　四川某公司盐泥组分分析　　单位：%

NaCl	$CaSO_4$	$Mg(OH)_2$
2	96	2

从实验结果看出，湖盐及井矿盐精制过程产生的盐泥成分较为复杂，主要以含钙化合物为主，还含有二氧化硅、氯化钠等物质。

典型调研企业青海某公司及四川某公司盐泥的重金属含量分析结果如表 4-46 所列。

表 4-46　青海某公司及四川某公司盐泥的重金属含量分析

检测项目	青海某公司	四川某公司	土壤环境质量三级标准
砷/（mg/kg）	9.16	0.34	40
汞/（mg/kg）	0.24	0.059	1.5

续表

检测项目	青海某公司	四川某公司	土壤环境质量三级标准
镉/（mg/kg）	0.62	0.020	1.0
铅/（mg/kg）	11.0	12.2	500
铬/（mg/kg）	14.3	4.27	300
锌/（mg/kg）	47.6	3.84	500
钡/（mg/kg）	270	20.5	—
铜/（mg/kg）	18.0	4.82	400

对该样品中八种重金属含量进行分析，并与土壤环境质量三级标准进行对比，发现盐泥样品的各项检测指标均低于土壤环境质量三级标准。该类土壤主要适用于国家规定的自然保护区、集中式生活饮用水源地、茶园、牧场和其他保护地区，土壤质量基本上保持自然背景水平。

典型内陆纯碱企业盐泥氮、磷、氯分析结果如表 4-47 所列。

表 4-47　盐泥氮、磷、氯分析

检测项目	青海某公司盐泥	四川某公司盐泥
氮/（g/kg）	0.68	未检出（<0.04）
全磷/（g/kg）	0.38	未检出（<0.03）
氯离子/（mg/kg）	4.04×10^4	8.58×10^3
硝酸根（以 N 计）/（mg/kg）	未检出（<0.25）	未检出（<0.25）
亚硝酸根（以 N 计）/（mg/kg）	1.06	未检出（<0.15）
磷酸根/（mg/kg）	17.7	3.59

4.4.1.4　盐泥处理处置对策

从原料和工艺上分析，盐泥是盐水精制过程中产生的废渣，除了一些无机盐杂质外，基本不存在其他的杂质。从盐泥样品的浸出毒性分析结果可以看出，盐泥的确不存在危险废物特性。不管以何种原盐为原料进行纯碱生产，最终得到的盐泥废渣都是运回原盐的来源地进行堆存或者填埋。这种将盐矿的有效成分进行利用，而其他的无害杂质在没有利用价值的情况下再运回其来源地的处置方式是一种相对合理的处置方式。

盐泥无危险废物特性，但是产生量较大，目前国内盐泥的处置主要以填埋和堆存为主，基本不存在其他的综合利用方式。盐泥的控制主要以减量化为主。

我国国内纯碱生产企业规模普遍比较小，生产能力集中度不高。但是无论产能大小，每家纯碱生产企业都必须配有盐水精制装置，额外增加了能耗和投资，而且有些小型企

业对盐泥的管理不够规范。建议在一定的区域内对原盐在盐矿进行统一精制，然后将精制盐出售到各个生产企业。这样能够集中节约能耗及成本投资，同时在精制过程中产生的盐泥也可以得到统一的管理处置，从源头进行控制，从而可避免乱排偷排现象，统一规范化管理盐泥。

盐泥的很多综合利用都因为里面富含氯离子而被限制。另外，很多综合利用和回收工艺投资高，没有盈利空间，导致很多企业不愿意综合利用，需要一些政策来扶持这些没有盈利空间但是对环境保护有益的行业。

4.4.2　氨二泥处理处置方式与环境风险

4.4.2.1　氨二泥处理处置方式调研

目前，氨二泥的处理仍以合理排放、堆存填埋为主。国内外氨二泥废渣堆存在固定的区域内，采用筑坝拦渣、填海造田、建沉淀池等方法处理。国外开展废渣综合利用的实验工作包括：制造建筑材料，制造土壤改良剂或肥料，制造饲料添加剂等。在我国废渣综合利用的途径主要有废渣制工程土、废渣制水泥、废渣制低温水泥及黏合剂、废渣制碳化砖、废渣制钙镁肥等。

据调研，我国纯碱行业产生的氨二泥首先通过压滤机进行压滤回收其中的盐水，剩下的废渣主要是运送到一般工业固体废物填埋场进行填埋处理。

4.4.2.2　氨二泥一般工业固体废物填埋处置

氨二泥的分析结果见 4.3 部分相关内容，氨二泥各重金属元素浸出毒性基本能够满足地表水的水质标准，污染风险很小，从环境安全的角度，采用一般工业固体废物填埋场填埋的方式处置氨二泥，环境风险可接受。

4.4.2.3　氨二泥处理处置对策

目前，对氨二泥的处理处置并未解决资源浪费和流失的问题，而且不同程度地增加了产品成本，降低了企业的经济效益。废渣处理的治本之道在于开发废弃物的综合利用技术，变废为宝。碱渣的排放，一方面占用大量的土地，另一方面对区域环境造成很大的危害。加入 WTO 之后，我国纯碱工业面临世界各国纯碱工业的巨大竞争和挑战，这里除了价格因素外，能否有效利用这些碱渣，变废为宝，化害为利，已成为这场竞争中能否取胜的重要砝码，也是影响我国纯碱工业发展的重要因素之一。碱厂废渣综合利用的一种经济可行的方法是制复合肥。

在国外，俄罗斯在磷酸铵镁的制造工艺方面做了大量研究，美国曾报道了生产粒状磷酸铵镁的专利。国内在磷酸铵镁的研究和生产方面起步较晚，针对我国长江以南酸性土地的特点，南方碱厂开展了碱渣研制硅钙镁肥和土壤改良复合肥的工作，并取得了初步的成效。

氨二泥来自蒸馏废液中不溶性物料以及盐水精制过程中产生的一次、二次盐泥固体废料的混合物，经堆存后上部液体流失，成为白色膏状固体，有刺激性氨味。氨二泥无危险废物特性，目前国内氨二泥的处置主要以填埋和堆存为主，基本不存在其他的综合利用方式。

固体废物处理的最终出路在于废弃物资源化利用，发达国家已经将其列为经济建设的重点，将再生资源的开发利用视为第二产业，形成了一个新兴的工业体系。在我国，固体废物资源化利用研究也日益受到重视。

有研究表明，利用碱厂固体废物氨二泥生产六水合磷酸铵镁，工艺上可行，为氨二泥的综合利用开辟了新的途径[12]。不仅可减少固体废物的排放，还可减少其对环境的危害，还能变废为宝，带来一定的经济效益。

4.4.3 蒸氨废液处理处置方式与环境风险

4.4.3.1 蒸氨废液处理处置方式调研

氨碱法制造纯碱技术成熟、碱厂投资省、原料易得、产品质量高，但是氨碱法存在一些难以克服的缺点[13]，其中之一就是产生大量蒸氨废液废渣，污染环境，浪费资源。氨碱厂特别是内地的氨碱厂，如不实现蒸氨废液合理排放和综合利用，将难以生存、难以发展。氨碱法生产每吨纯碱约产生 $10m^3$ 蒸氨废液，其中含有固体碱渣 0.2～0.3t。蒸氨废液的主要成分是 $CaCl_2$、$NaCl$，废渣的主要成分是 $CaCO_3$ 和 $Mg(OH)_2$ 等[14]。这些成分来源于制碱原料盐和石灰石，均无毒，但数量大，排放会占用大量的土地[15]。

目前，大部分氨碱厂对蒸氨废液所采取的对策是建立排放场，将蒸氨废液直接排放，依靠自然沉降和风干进行固液分离[16]。

蒸氨废液中的氯化钙和氯化钠可以回收利用。回收的氯化钠可以返回制碱，降低纯碱的盐耗，也可以精制成食用盐。氯化钙广泛地应用于化工、石油、矿山、建筑、冶金、医药、轻工、食品等行业。综合利用蒸氨废液生产氯化钙，前景十分可观。蒸氨废液回收工艺流程如图 4-6 所示。

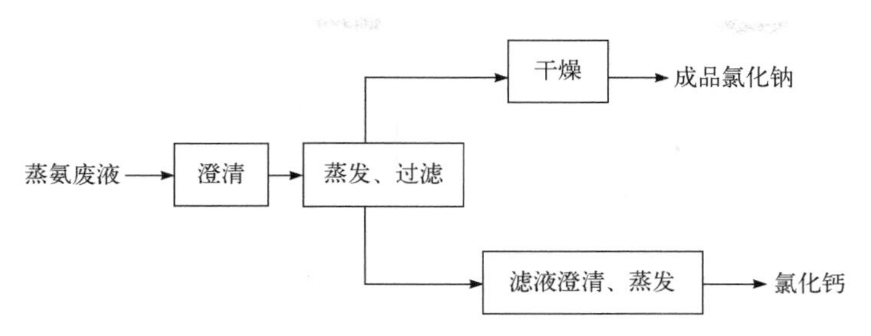

图 4-6　蒸氨废液回收工艺流程

蒸氨废液在澄清池中澄清后，清液在一次、二次澄清桶进一步澄清，然后自流到预热桶用二次冷凝水预热，预热后的原液用泵送入一效、二效蒸发器，蒸发浓缩后放出，通过旋液分离器分离出盐浆和钙液。盐浆通过离心机甩干后送进纯碱车间制碱，或经干燥器干燥后得到食品盐。钙液用泵输入制钙锅浓缩，冷却凝固后得到二水氯化钙，再经烘干炉烘干得到无水氯化钙。

在综合利用澄清废液生产氯化钙、氯化钠的同时，碱渣也需要提出综合利用措施，目前碱渣主要以妥善堆存为主。碱渣堆存只是权宜之计，综合利用才能从根本上解决问题。脱盐碱渣综合利用的方向主要有碱渣制钙镁肥、制钙砖、制水泥等[17]。

4.4.3.2　氨二泥一般工业固体废物填埋处置

对山东某公司采集的蒸氨废渣样品进行了 IR 分析和 X 射线分析，砷、汞、镉、铅、铬、锌、钡、铜八种重金属的含量分析和浸出毒性分析，以及氮、磷、氯三种元素含量全分析，所得数据见表 4-48。依据《危险废物鉴别标准　浸出毒性鉴别》（GB 5085.3—2007），各重金属元素不存在超标现象，蒸氨废渣不属于危险废物。同时，蒸氨废液中重金属浸出浓度普遍满足污水排放标准，可以直接进入一般工业固体废物填埋场进行填埋处置。蒸氨废液的 pH>10，碱性较强。

表 4-48　山东某公司蒸氨废渣样品分析

样品名称	蒸氨废渣	
腐蚀性	pH=12.13	
X 射线分析	石英/%	5
	石膏/%	11
	方解石/%	68
	斜长石/%	12
	水镁石/%	4
IR 分析	样品中含有碳酸盐、硫酸盐、氢氧化物	

续表

重金属含量及浸出毒性分析			
检测项目	含量/（mg/kg）	浸出毒性/（mg/L）	危险废物鉴别标准/（mg/kg）
砷（As）	5.98	0.0021	5
汞（Hg）	0.022	0.0003	0.1
镉（Cd）	0.20	未检出（<0.0002）	1
铅（Pb）	未检出（<0.1）	未检出（<0.001）	5
铬（Cr）	6.88	未检出（<0.01）	5
锌（Zn）	38.7	未检出（<0.006）	100
钡（Ba）	105	0.047	100
铜（Cu）	13.8	未检出（<0.01）	100
氮、磷、氯含量分析			
全氮/（g/kg）	0.065		
全磷/（g/kg）	0.23		
氯离子/（mg/kg）	8.50×10^3		
硝酸盐（以N计）/（mg/kg）	未检出（<0.25）		
亚硝酸盐（以N计）/（mg/kg）	未检出（<0.15）		
磷酸盐（以PO_4^{3-}计）/（mg/kg）	12.1		

4.4.3.3 蒸氨废液处理处置对策

据调研，蒸氨废液的主要处理途径为：在海边的碱厂，蒸馏塔排出的废液废渣直接排入海洋，废渣作为填海用，废液由海水稀释；内陆碱厂通常将废液废渣排放至湖泊或者沼泽地，或贮存库及其他空地，使废渣沉淀下来，澄清液排入河流[18]。这种排放方法对于沿海厂问题较小，但对于内陆碱厂则存在很大的问题。氨碱厂废渣产生量大，运行时间较长的碱厂产生的废渣堆放需要几十到几百公顷的土地，形成所谓的“白海”。尤其一些工厂的排放地受到限制时还需要作堤，使费用增加。另外，当氯化钙和氯化钠废液排入江河时，由于pH值和氯离子含量较高，将给河流或其他天然水域带来危害[19]。随着对环保控制的日益重视，氨碱厂的废液废渣排放问题也越来越成为氨碱法制碱的难题。这使得现在氨碱厂选址的时候，除了考虑原料、能源及其他资源外，不得不首先考虑废液废渣的排放可能性。

氨碱厂废液废渣的排放问题，尤其是内陆碱厂的排放问题，随着环保控制的日益严格越来越成为一个难题。近年，虽然做了大量的工作，企图尽可能回收废液中的有用成分，扩大氨碱厂副产物的使用途径或者寻求新的排放场所，但效果不大。目前世界各地的纯碱产能还在不断增大，但无论如何，今后要在内陆发展新的氨碱厂越来越困难，因

为很多地区对氯化钙废液排入河流的做法已进行了限制。

蒸氨废液废渣的大量产生和排放一直影响氨碱法制碱的发展，多年来人们一直在寻求无大量废液废渣的制碱路线。

早期的纯碱企业都是将生产废液废渣直接排入大海。直到 20 世纪初期，随着人类环保意识的增强，碱厂才将碱渣直排改为在滩涂上围堤筑坝、自然澄清、清液排海，固形物多用来增高渣场堤坝。而随着时间的延续和生产规模的不断扩张，久而久之，在每个碱厂背后的海滩上都有一个个巨型渣场高高耸立。

当前，我国纯碱总产能已经超过 3000 万吨，成为世界第一纯碱生产大国，相伴随的是碱渣排放量第一。据了解，虽然我国氨碱法纯碱的比重已逐渐下降，但产量占比仍近五成。每生产 1t 纯碱要排放 $10m^3$ 废液，其中固体含量（干基）约 3%。如此，即便按我国氨碱法纯碱产能为 1500 万吨测算，全国每年也要产生 15000 万立方米废液，其中固体废物近 500 万吨。

处置碱渣也并非易事，即使不做任何治理，只是为贮存源源不断的废液，纯碱企业也需经常扩大渣场容量，这动辄要花费数以千万元计的建设资金；如果要回收处理废液和碱渣，则需购置价格不菲的专业设备，并投入高昂的运行维护费用，每立方米碱液的治理费用约为 50 元。

起初，为就近取得海盐资源和便于排放废液，我国不少氨碱厂依海而建，多座大型纯碱企业自北向南布局在东部沿海地区。天长日久，这种布局的风险开始慢慢显现。潜在的垮坝风险是可怕的。采用筑坝方式围起的体积庞大的渣场，坝基大多建立在松软的滩涂淤泥上，且越筑越高，普遍都超过十余米，而巨量废液产生的压强作用于坝体上，风险不言自明。特别是每当汛期来临时，溃坝风险成倍增加。这种处理方式，与其说是囤积废液，不如说是豢养囚兽，时刻都有“破笼而出”危害海洋环境的风险。

其实，因碱渣堆存造成的污染事故并不鲜见。即使在非汛期，碱渣、碱液入海污染事件也时有发生。而除了对海洋环境产生威胁外，碱渣的资源浪费也是惊人的。

首先，滩涂资源不断被蚕食侵占。由于碱渣得不到及时处理，不少渣场被迫不断扩容。如一个 100 万吨级的氨碱企业，为便于自然晾晒废液，要轮流使用渣场，为此一般至少要配套建设 4～6 个渣场，总面积近 $200hm^2$。而 300 万吨级的企业，对滩涂的需求更大。须知，滩涂作为宝贵的自然资源，对沿海开发利用、生态环境保护有着越来越重要的作用，而一旦被渣场征用，将失去使用价值。

其次，碱渣中的大量宝贵资源被浪费了。目前，多数氨碱企业采用废液自然晾晒方式，虽通过处理澄清液可回收一部分氯化钠和氯化钙[20,21]，但仍有相当多的资源沉积于固体废物中。纯碱生产具有高消耗、高排放的特点，除消耗海盐之外，还要消耗大量的碳酸钙、煤炭、焦炭等，这些均属于不可再生资源。另外，澄清液中氯化钠含量不仅比海水高，还含有 10%左右的氯化钙，如果丢弃不仅造成很大的资源浪费，而且对环境也有危害。例如，年产能 120 万吨的连云港碱厂，除自己每年回收 5 万吨氯化钙之外，其协作单位连云港台北盐场每年还可从废液中回收 10 万～15 万吨氯化钙，而回收的原盐数量更为可观。如果废液能全面回收，经济效益和环境保护意义非常重大。

目前，国内纯碱行业的低迷程度有目共睹，许多企业连续亏损运行已多年，生存压力巨大。理论上，在这种困境下，应当重视废碱液和碱渣的回收利用，降低产品成本。但现实情况是，由于种种原因不少企业还没有对碱渣中的资源进行充分回收。

对于处理废液和碱渣，纯碱生产企业有如下几种选择：一是画地为牢，继续在海边滩涂囤积碱渣，可谓继续“造山”；二是增添设备，对废液进行主动处理，尽量减少渣场规模，可谓“削山”；三是加大投入力度，及时彻底处理废液，在不再增加碱渣量的同时，尽快处理历史遗留碱渣，可谓“平山”。

因经营困难而被迫继续“造山”的企业，一定要有所担当和行动。一是在新渣场建设中，应当选择抛石施工，强化坝基、筑牢大坝，减少对海洋的威胁；二是对老渣场进行加固，采用真空预压技术，增大滩泥强度，还需加宽加厚坝基，增加承重力度，同时积极引入碱渣固化技术，如加入固化剂等，加强碱渣堆的牢固度。

更多的企业应该展开“削山”行动。企业应量力而行，购置相关装置，对所产废碱液进行处理，旨在不增加或少增加碱渣数量，使渣山长势趋缓，尽可能多地节约土地资源。

而对于有一定优势且社会责任大的企业来说，应当鼓励他们争当“平山”行动的模范，继续加大投入治理资金，结合发展循环经济，全面回收治理废液。这不仅可杜绝新的固体废物产生，而且能处置历史遗留包袱。

采用板框压滤机对部分废液实行压滤处理。通过这种方法处理的废液实现了固液分离，所得到的清液可回收氯化钠并作为氯化钙的生产原料，而固体滤饼不仅更便于筑坝和存放，且有多种潜在用途。

积极开展碱渣项目试验，用碱渣与煤灰混合，再加入添加剂作为工程土用于公路建设，不日将实现工程利用。同时，还可研发湿法脱硫工艺，将碱渣应用于烟气脱硫。另外，利用碱渣 pH 值高的特点，将其作为土壤改良剂使用，用于在南方酸壤地区进行油菜、花生种植，目前在部分地区的试验已获得成功。

将蒸氨废渣列入国家重大环保治理项目。我国氨碱法制纯碱有近 80 年的生产历史，生产每吨纯碱约产生 $10m^3$ 废液。希望国家有关部门将氨碱废渣的综合治理列入国家重大环保治理项目，预先搞样板工程，成功后再推广，以全面彻底解决碱渣问题。

4.5 纯碱行业及废渣特性发展变化趋势

4.5.1 国外纯碱行业发展趋势

当前，国际纯碱市场逐渐形成了美国、欧洲、中国三分天下的格局。从需求上来看，目前世界发达地区包括美国、西欧和日本的纯碱消费市场已经成熟或饱和，潜在需求巨大的地区是亚洲发展中国家、拉丁美洲、欧洲中部地区、俄罗斯、中东和非洲地区，非洲地区将是需求增长较快的地区。

4.5.2　我国纯碱行业相关政策

目前，对纯碱行业发展有重大影响的经济政策和产业政策介绍如下。

（1）《产业结构调整指导目录（2019 年本）》

根据发改委颁布的《产业结构调整指导目录（2019 年本）》规定，限制“新建纯碱（井下循环制碱、天然碱除外）”。

（2）《关于加强纯碱工业建设管理促进行业健康发展的通知》

发改委办公厅发布的《关于加强纯碱工业建设管理促进行业健康发展的通知》（发改办工业〔2006〕391 号）规定：a. 对没有自备盐场（矿）、不能实现原盐自给的扩建及新建纯碱项目停止核准和备案；b. 对中部和东部地区采用氨碱法工艺、未全面实现碱渣综合利用的扩建、新建纯碱项目停止核准和备案；c. 对现有装置没有全面达到国家相关标准和设计指标的企业扩建、新建纯碱项目不予核准和备案。

（3）《纯碱行业清洁生产评价指标体系》

2007 年，国家发展和改革委员会发布了《纯碱行业清洁生产评价指标体系》（2007 年第 41 号），用于评价纯碱企业的清洁生产水平，指导和推动纯碱企业依法实施清洁生产，提高资源利用率，减少和避免污染物的产生，保护和改善环境。

（4）《纯碱行业准入条件》

2011 年 5 月 10 日，工信部发布了《纯碱行业准入条件》（工产业〔2010〕99 号），从生产企业布局、规模与技术装备、节能降耗、环境保护、产品质量以及监督与管理等方面对纯碱行业的进入标准进行了规定。

① 新建和扩建纯碱生产企业，厂址应靠近工业盐、石灰石、能源、天然碱资源所在地，中、东部地区和西南地区不再审批新建、扩建氨碱项目，西北地区不再审批新建、扩建联碱项目。

② 新建、扩建纯碱项目应符合下列规模要求：氨碱厂设计能力不得小于 120 万吨/年，其中重质纯碱设计能力不得小于 80%；联碱厂设计能力不得小于 60 万吨/年，其中重质纯碱设计能力不得小于 60%，必须全部生产干氯化铵；天然碱厂设计能力不得小于 40 万吨/年，其中重质纯碱设计能力不得小于 80%。

③ 新建、扩建纯碱项目，应达到以下能耗、消耗要求：联碱法中，双吨综合能耗≤245kg 标准煤，氨耗≤340kg/t 碱，盐耗≤1150kg/t 碱。

（5）《纯碱行业“十二五”发展规划》

2011 年 7 月 15 日，中国纯碱工业协会发布《纯碱行业“十二五”发展规划》，我国将控制纯碱产品总量（到 2015 年控制纯碱产能在 3000 万吨）；增加纯碱出口，以满足市场平衡（到 2015 年，力争纯碱出口达到 250 万吨）；支持技术水平高、市场前景好、对产业升级有重大作用的大型企业，通过技改项目、重组等方式做大做强。

4.5.3 我国纯碱行业的发展趋势

（1）纯碱产量继续增加

产能进一步过剩。纯碱的下游产品平板玻璃和日用玻璃持续高速增长，这将继续拉动纯碱的市场需求，纯碱产量也会随之增加。

（2）氯化铵将制约联碱企业的生存和发展

随着新建联碱企业和搬迁及改扩建联碱企业的陆续投产，氯化铵的生产能力也将迅速增加。与此同时，尿素、磷铵等氮肥的产能过剩情况不断加剧，挤压氯化铵市场，且氯化铵主要下游产品复混肥不断向高浓度复混肥方向发展，减少了氯化铵的使用量，这使得氯化铵的销路越来越窄。因此，氯化铵问题将严重制约联碱企业的生存和发展。

（3）行业并购重组步伐加快

在国内产能进一步增长、国家产业政策更加严格的情况下，纯碱行业的重新“洗牌”将难以避免。部分规模较小、缺乏比较优势的企业将被市场淘汰，优势企业也将在此过程中不断发展壮大，进一步提高竞争优势和综合实力，使整个行业向集约化、规模化发展。纯碱企业按照生产能力和技术水平可以分为 4 种类型：

第 1 类是产能规模居于国内前列，并且在生产、经营、管理以及营销网络等方面具有独特优势的“优势企业”；

第 2 类是在某些方面（如资源、物流或者地域等）具有一定优势，但其同类型企业在行业内数量较多的“局部优势企业”；

第 3 类是规模较小、技术水平不高，与前两类企业的差距较大的“小型企业”；

第 4 类是企业规模很小,技术和环保等各项指标可能与国家标准存在一定差距的“淘汰类企业”。

其中，后两类企业由于其在行业内的竞争力较弱，随着市场竞争日益激烈，加之国家对环保、技术等要求的不断提高，部分企业有可能在市场的优胜劣汰中逐步被淘汰。相对的，第 1 类和第 2 类企业基于企业发展的需要，参与并购交易的可能性较大。“优势企业”出于企业自身战略升级的需求，很可能通过并购的方式实现企业的规模化经营，并将具有一定地域或资源优势的“局部优势企业”作为首选并购目标。而这些“局部优势企业”虽本身具有一定的比较优势，但随着竞争的日益加剧，仅仅依靠原有的优势将无法促成企业的发展，这样也从客观上促使其寻求行业内其他大型企业以谋求更长远的发展。

（4）节能环保要求更高

2006 年国家发改委发布《关于加强纯碱工业建设管理促进行业健康发展的通知》；2008 年 11 月，国家环保部公布纯碱工业《清洁生产标准》（征求意见稿）；2009 年工业信息化部发布《纯碱准入条件》（征求意见稿）。一系列政策的出台表明，未来纯碱行业的准入门槛以及各种环保技术指标将不断调高。

2008 年始，一些针对清洁生产和环保的新举措陆续进入实施阶段。例如，在天津滨海新区、太湖流域实施的污染物排放权交易试点，使化工企业告别了“环境资源无偿使

用”的时代，给污染物排放量较大的盐化工行业带来了更大的挑战。又例如，目前全国已经有近 20 个省市根据国家《关于落实环境保护政策法规防范信贷风险的意见》，建立了“绿色信贷”机制工作，环保不合格的企业将会面临减少甚至停止贷款的压力。因此，清洁生产将是未来纯碱企业能否继续发展的一个最重要的通行证。

废液、废渣的处理严重制约氨碱企业的发展。氨碱法每生产 1t 纯碱，就会产生约 $10m^3$ 的废液和 300kg 的废渣。目前，国际上大多数纯碱企业处理氨碱废液主要依靠排海，处理氨碱废渣主要依靠堆存。“十二五”期间，国家环保政策频繁出台，如《国家环境保护“十二五”规划》《2013 年工业节能与绿色发展专项行动实施方案》《大气污染防治行动计划》《城镇排水与污水处理条例》《企业环境信用评价办法（试行）》等。作为高污染、高耗能的纯碱产业环保压力升高，尤其是东部地区氨碱法生产企业，碱渣排放问题将严重制约企业发展。若不能转变发展方式，减少污染物排放和堆存，氨碱企业的生存必将面临环境保护的严重制约。

（5）园区协作发展

园区协作发展作为产业综合开发的一种模式，成为化工行业发展的趋势。园区协作符合化工行业相关产业多、危险产品多的特点。在园区内，可以实现能源和资源的内部闭路循环，实现初级纯碱产品的就地消化，延伸开发高附加值产品链，最大限度地提高资源利用效率，实现纯碱企业与园区整体效益的提高。

4.5.4 我国纯碱行业废渣的总结与发展趋势

我国大部分纯碱企业规模偏小，技术水平落后，产品品质不高，废液废渣排放量大，对环境产生一定污染。对于氨碱法，生产中排放废液废渣，目前主要是修建渣场，即用土石筑坝围堤，将废液送到坝内，自然澄清蒸发，清液中各项指标合格后排放，固渣沉积在坝内。目前废液的综合利用途径主要是回收其中氯化钙并副产氯化钠，再制氯化钠可返回制碱系统再用，或进一步加工精制，氯化钙产品普遍用于生产干燥剂、冷冻剂等。用氨碱废液制氯化钙是诸多方法中成本最低的一种，是环境容量相对较小的内陆地区氨碱法废液综合处理的发展方向[22]。

参 考 文 献

[1] 王楚. 纯碱生产工艺与设备计算[M]. 北京：化学工业出版社, 2005.

[2] 何立柱，贾丽丽. 纯碱行业发展新格局探析[J]. 柴达木开发研究, 2022（01）: 42-48.

[3] 王晓娜，张云净，王亚飞，等. 氨碱法纯碱厂废渣综合利用[J]. 化学工程师, 2014（2）: 32-34.

[4] 叶有林. 氨碱法纯碱生产工艺与设备的发展特征[J]. 化工设计通讯, 2019, 45（12）: 121-122.

[5] 周光耀. 联合制碱法技术进展[J]. 纯碱工业, 2006（01）: 3-5.

[6] 王胜利. 坚持科学发展观 走循环经济之路 做强中国天然碱——河南桐柏天然碱发展综述[J]. 纯碱工业, 2008（02）: 9-11.

[7] 朱莎. 中国纯碱工业的历史形成[D]. 沈阳：东北大学, 2010.

[8] 刘冉. 碱厂碱渣（白泥）资源化利用可行性研究[D]. 青岛：青岛理工大学, 2011.

[9] 徐志明. 联碱工程盐水车间生产工艺研究及生产应用[D]. 北京：北京化工大学, 2003.

[10] 张明义. 碱渣治理与碱渣土的应用研究[D]. 青岛: 青岛理工大学, 2007.
[11] 张可为, 赵玉萍. 氨碱法生产工艺和优化[J]. 内蒙古石油化工, 2019, 45（04）: 53-54.
[12] 侯翠红, 张宝林, 丁建平, 等. 利用碱厂废渣氨二泥生产磷酸铵镁的实验研究[J]. 无机盐工业, 2007（08）: 39-41, 49.
[13] 茅爱新. 氨碱法纯碱生产中废液及碱渣的综合利用[J]. 化学工业与工程技术, 2001（02）: 31-32.
[14] 朱春来, 刘素芹. 基于氨碱法纯碱生产中废液及碱渣的综合利用研究[J]. 化工管理, 2018（14）: 144-145.
[15] 赵启文, 屠兰英, 郭祖鹏, 等. 蒸氨废液蒸发过程物性参数变化规律研究[J]. 无机盐工业, 2014, 46（09）: 66-67, 78.
[16] 李其富. 基于氨碱法纯碱生产中废液及碱渣的综合利用研究[J]. 化工管理, 2019（03）: 129-130.
[17] 邵勇, 刘小丽, 朱进军. 碱渣在工程建设中的应用现状分析[J]. 化工矿物与加工, 2019, 48（06）: 52-56.
[18] 李红卫. 氨碱厂蒸氨废液综合利用方案的探讨[C]. 呼和浩特: 内蒙古自治区第六届自然科学学术年会, 2011.
[19] 李志伟, 付振海, 刘国建, 等. 蒸氨废液和钡法两级去除盐湖老卤中的硫酸根[J]. 水处理技术, 2021, 47（10）: 58-61.
[20] 曹鹤, 李索海, 孙长江, 等. 有机硅行业副产盐酸与纯碱行业蒸氨废液联产氯化钙工艺研究[J]. 纯碱工业, 2016（06）: 13-16.
[21] 王树轩, 邓良明. 高海拔地区纯碱蒸氨废液综合利用技术研究[J]. 盐业与化工, 2007（06）: 12-13.
[22] 关云山. 氨碱法纯碱生产中废液废渣的治理和综合利用[J]. 青海大学学报（自然科学版）, 2003（04）: 34-39.

第5章 铬盐行业废渣污染特征与污染风险控制

- 铬盐行业国内外发展概况
- 有钙/少钙焙烧工艺废渣的产生特性与污染特性
- 无钙焙烧工艺废渣的产生特性与污染特性
- 铬盐行业废渣处理处置方式与环境风险
- 铬盐行业发展变化趋势

铬是重要的战略金属资源，铬盐作为重要的化工原料，在电镀、鞣革、印染、医药、颜料、催化剂、氧化剂、金属缓蚀剂、合成橡胶、合成香料、油脂精制等工业部门具有广泛的应用，涉及国民经济约15%的商品品种，具有不可替代性。铬酸钠（或重铬酸钠）是铬盐基础产品，其他铬化物是由此而衍生的。目前世界上已经工业化或将可能实现大规模工业化生产的重铬酸钠的工艺按其采用原料和工艺的不同可分为焙烧法、液相氧化法和铬铁氧化法。其中，目前大量采用的主要生产工艺是焙烧法。世界铬铁矿储量如表5-1所列。我国每年所需铬铁矿85%以上依赖进口。

表5-1　世界铬铁矿储量（商品级矿石）　　单位：万吨

国家	储量	国家	储量
南非	300000	土耳其	800
哈萨克斯坦	32000	阿尔巴尼亚	610
津巴布韦	14000	俄罗斯	400
芬兰	3800	伊朗	240
印度	2700	中国	1314
巴西	1000	其他	14000

国内外铬盐工业常用铬铁矿组成成分分析结果如表5-2所列。铬铁矿中 Cr_2O_3 含量仅为30%左右，其余均为低附加值组分（包括15%左右含量的FeO、10%左右的 SiO_2、10%左右的 Al_2O_3）。

表5-2　国内外铬盐工业常用铬铁矿组分（参考数据）

矿种	Cr_2O_3/%	TFe(FeO)/%	Al_2O_3/%	MgO/%	SiO_2/%	CaO/%	$\frac{Cr_2O_3}{FeO}$
青海原矿	33.30	11.59	8.82	21.80	13.35	1.76	2.87
青海选矿	36.69	9.28	6.71	18.39	9.87	2.76	3.95
内蒙古	28.30	11.09	19.00	21.20	11.60	1.90	2.55
越南	46.15	19.35	12.70	9.30	3.22	2.21	2.39
印度	55.19	13.64	10.58	13.60	3.87	0.52	4.05
菲律宾	52.61	11.79	7.53	16.12	7.40	0.91	4.46

世界范围内，铬铁矿还原生产铬铁大致占80%，铬铁部分冶炼生产铬合金，部分经氧化焙烧等工艺生产铬酸钠；铬铁矿直接生产铬酸钠占10%左右。铬铁矿去向分析如图5-1所示。

其中，环境影响最大的是直接氧化焙烧等工艺生产铬酸钠（铬盐生产企业），本章重点关注此部分内容。

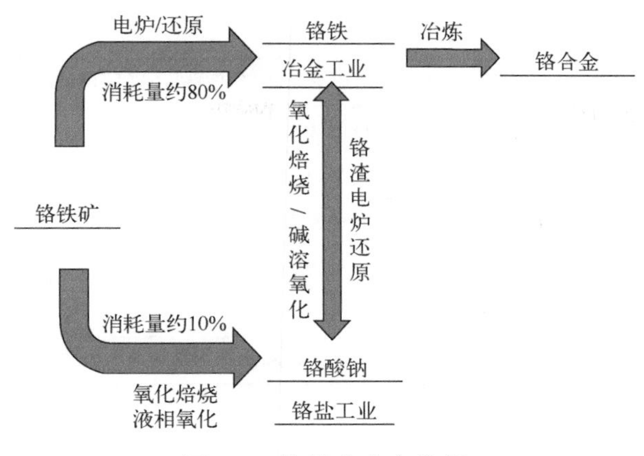

图 5-1 铬铁矿去向分析

5.1 铬盐行业国内外发展概况

5.1.1 铬盐行业国外发展概况

5.1.1.1 国外产量与地区分布

近 20 年来，由于俄罗斯铬盐产量大幅下降，美国阿莱德公司、意大利斯托帕尼公司铬盐老装置关停以及产业升级改造等原因，国外铬盐生产企业数量及产量已大幅降低。近年来世界铬盐产量约 80 万吨/年（以 $Na_2Cr_2O_7{\cdot}2H_2O$ 计），国外铬盐主要生产国包括美国、俄罗斯、哈萨克斯坦、印度、土耳其、罗马尼亚、南非及波兰等。

5.1.1.2 主要生产工艺与废渣处理处置现状

国外铬渣的处理处置方式见表 5-3。国外铬渣主要处理处置方式调研结果显示：铬渣首先进行解毒，往往采用湿法解毒后堆存处置。

表 5-3 国外铬盐生产企业现状

序号	企业名称	所在地	生产工艺	生产规模①/（万吨/年）	铬渣处理处置
1	海明斯美厂	美国	无钙焙烧	11	铬渣湿法解毒后堆存
2	阿克纠宾斯克	哈萨克斯坦	无钙焙烧	13	铬渣湿法解毒后堆存
3	国际铬有限公司	南非	无钙氧气焙烧	7	未报道铬渣处置方式

续表

序号	企业名称	所在地	生产工艺	生产规模①/（万吨/年）	铬渣处理处置
4	Sanayii 纯碱公司	土耳其	无钙焙烧	5	未报道铬渣处置方式
5	Vishnu 公司	印度	无钙焙烧	9	铬渣湿法解毒后堆存
6	Alwernia 公司	波兰	原为有钙焙烧	2	近期技术不详
7	Bicapa 公司	罗马尼亚	原为有钙焙烧	2	近期技术不详
8	第一乌拉尔	俄罗斯	有钙焙烧	10	铬渣解毒后堆存
9	印度另有三家小铬盐厂，有钙焙烧，总规模约 2 万吨/年，铬渣处置技术不详				

① 以重铬酸钠计。

由表 5-3 可知，目前国外铬盐生产企业主要以无钙焙烧生产工艺为主[1]，欠发达国家仍有采用有钙焙烧工艺的。国外铬盐年平均生产规模为 5.5 万吨/年。

5.1.2 铬盐行业国内发展概况

5.1.2.1 国内产量及主要生产工艺

中国是全球最大的铬盐生产国，产量约占世界总产量的 40%。近些年，我国铬盐行业生产规模逐渐扩大，生产厂点集中，厂家数量减少。根据中国无机盐工业协会的调查统计，我国自 1958 年起先后有 63 家铬盐生产企业，20 世纪 80 年代中国还没有生产能力达 1 万吨/年的铬盐厂，期间有 45 家规模小、工艺技术落后、缺乏市场竞争力和缺乏污染控制手段的小企业先后关闭、破产、转产。2013 年年底仍在生产的有 13 家企业（其中 1 家停产，但保有产能），规模小于 2 万吨/年的小厂有 3 家，生产规模大于等于 5 万吨/年的企业 4 家，总生产能力 37.2 万吨/年。详见表 5-4。

表 5-4　我国铬盐生产企业概况（2013 年年底统计数据）

序号	企业名称	地区	生产规模/（万吨/年）	生产工艺
1	河北铬盐化工有限公司	河北	5.0	少钙焙烧
2	中信锦州金属股份有限公司	辽宁	1.0	少钙焙烧
3	内蒙古黄河铬盐股份有限公司	内蒙古	3.0	无钙焙烧
4	湖北振华化学股份有限公司	湖北	5.0	无钙焙烧
5	重庆民丰化工有限责任公司	重庆	5.0	无钙焙烧
6	四川省银河化学股份有限公司	四川	6.7	5.8 万吨无钙； 0.9 万吨少钙
7	云南省陆良化工实业有限公司	云南	2.0	少钙焙烧

续表

序号	企业名称	地区	生产规模/（万吨/年）	生产工艺
8	陕西省商南县东正化工有限责任公司	陕西	2.3	少钙焙烧
9	甘肃民丰化工有限责任公司	甘肃	2.0	少钙焙烧
10	原白银甘藏银晨铬盐化工有限责任公司	甘肃	1.0	无钙焙烧
11	新疆沈宏集团股份有限公司铬盐一厂	新疆	2.0	无钙焙烧
12	新疆沈宏集团股份有限公司铬盐二厂	新疆	2.0	无钙焙烧
13	中蓝义马铬化学有限公司	河南	0.2	液相氧化（停产）
合计			37.2	

13 家企业中，采用无钙焙烧工艺的有 7 家，生产规模 23.8 万吨/年，占总量的 63.9%；少钙焙烧工艺的有 6 家（其中 1 家企业同时有有钙焙烧和无钙焙烧两种工艺），生产规模为 13.2 万吨/年，占总量的 35.4%；此外，还有 1 家采用的是液相氧化工艺。

5.1.2.2　国内铬盐工艺发展

由于环保和产业政策趋严，国内铬盐生产工艺进一步向生态环境友好、清洁生产转型，铬盐企业产能供给进一步集中。2021 年，湖北振华化学股份有限公司完成对重庆民丰化工有限责任公司的收购，其名义产能总和（以重铬酸钠计）为 20 万吨，约占国内铬盐产能的 36.4%，占全球产能比重约 15%。产能达 10 万吨的铬盐生产企业还有四川省银河化学股份有限公司，其余企业产能情况详见表 5-5。

表 5-5　2021 年国内铬化工生产企业概况（产能以重铬酸钠计）

序号	企业名称	生产工艺	名义产能/万吨	占比/%
1	湖北振华化学股份有限公司	无钙焙烧	10	18.2
2	重庆民丰化工有限公司	无钙焙烧	10	18.2
3	四川省银河化学股份有限公司	无钙焙烧、铬铁碱溶	5 + 5	18.2
4	甘肃锦世化工有限公司	无钙焙烧	3	5.5
5	甘肃白银昌元化工有限公司	气动流化塔液相氧化	3	5.5
6	云南陆良化工有限公司	少钙焙烧	3	5.5
7	新疆沈宏化工有限公司	无钙焙烧	3	5.5
8	陕西商南东正化工有限公司	少钙焙烧	2	3.6
9	中信锦州金属股份有限公司	无钙焙烧	5	9.1
10	青海博鸿化工有限公司	铬铁碱溶氧化	5	9.1
11	中蓝义马铬化学有限公司	钾系液相氧化	1	1.6
合计			55	100

5.1.2.3 国内地区分布

铬盐生产重心逐渐向中西部地区转移。东部地区多数铬盐厂由于环境保护或经济效益等因素而停转产，其中包括技术经济一度处于前列的上海浦江、天津同生等铬盐厂。我国现在还在生产的铬盐企业分布于四川、重庆和湖北等地，其中生产规模≥10 万吨/年的企业 3 家（湖北振华、重庆民丰、四川安县银河），占国内总产量的 54.5%；3 家铬盐厂均在中西部。

5.2 有钙/少钙焙烧工艺废渣的产生特性与污染特性

5.2.1 有钙/少钙焙烧工艺流程

有钙焙烧工艺是我国铬盐工业传统生产工艺，20 世纪 90 年代之前我国铬盐企业全部采用有钙焙烧工艺。少钙工艺是针对传统有钙工艺的改进[2]，通过返烧铬渣，减少白云石、石灰石等钙基辅料用量。少钙工艺减少了铬渣产量，但铬渣性质与有钙铬渣比较相似。

典型有钙/少钙焙烧铬盐生产工艺流程如图 5-2 所示。

铬盐有钙/少钙焙烧工艺可分为三部分。

（1）铬酸钠碱性液工段

① 配料工序。将原辅料铬铁矿、纯碱、白云石、菱镁石、返回的铬渣等按照一定的比例进行破碎、计量和混合配料；无组织排放各类含铬粉尘。

② 煅烧工序。采用回转窑进行高温焙烧，将铬铁矿中的三价铬氧化成六价铬，生成水溶性的铬酸钠；产生煅烧废气和含铬窑灰。

③ 浸出工序。将焙烧后的熟料进行冷却和破碎，后经逆流浸取，将六价铬溶出，得到铬酸钠碱性液产品；水不溶物即为铬渣，经过多级洗涤后得到铬渣[3]。铬渣运至按照《危险废物贮存污染控制标准》（GB 18597—2001）建设的贮存场所[3]。

（2）重铬酸钠生产工段

① 中和除铝工序。铬酸钠碱性液 pH 值一般大于 12，首先用来自铬酸酐工序的硫酸氢钠溶液中和至中性，将碱性液中的 $NaAlO_2$ 中和生成 $Al(OH)_3$，俗称含铬铝泥[2]。

② 酸化工序。将滤液和铝泥洗水合并（称为中性液）打至酸化釜，用硫酸酸化，使铬酸钠生成重铬酸钠；第一次酸化过滤后会产生铬酸铬废渣，二次酸化后同时得到 Na_2SO_4 副产物，俗称含铬芒硝。

③ 蒸发结晶工序。酸化液进入列文蒸发器进行一次酸蒸分离，边蒸发边除硝。蒸发完成液进入二次蒸发器继续蒸发，蒸至 70℃左右，澄清除去微量硫酸钠返回列文蒸发器，一部分澄清液与返回的结晶母液一起经真空冷却结晶、离心分离得到红矾钠（重铬酸钠）产品。

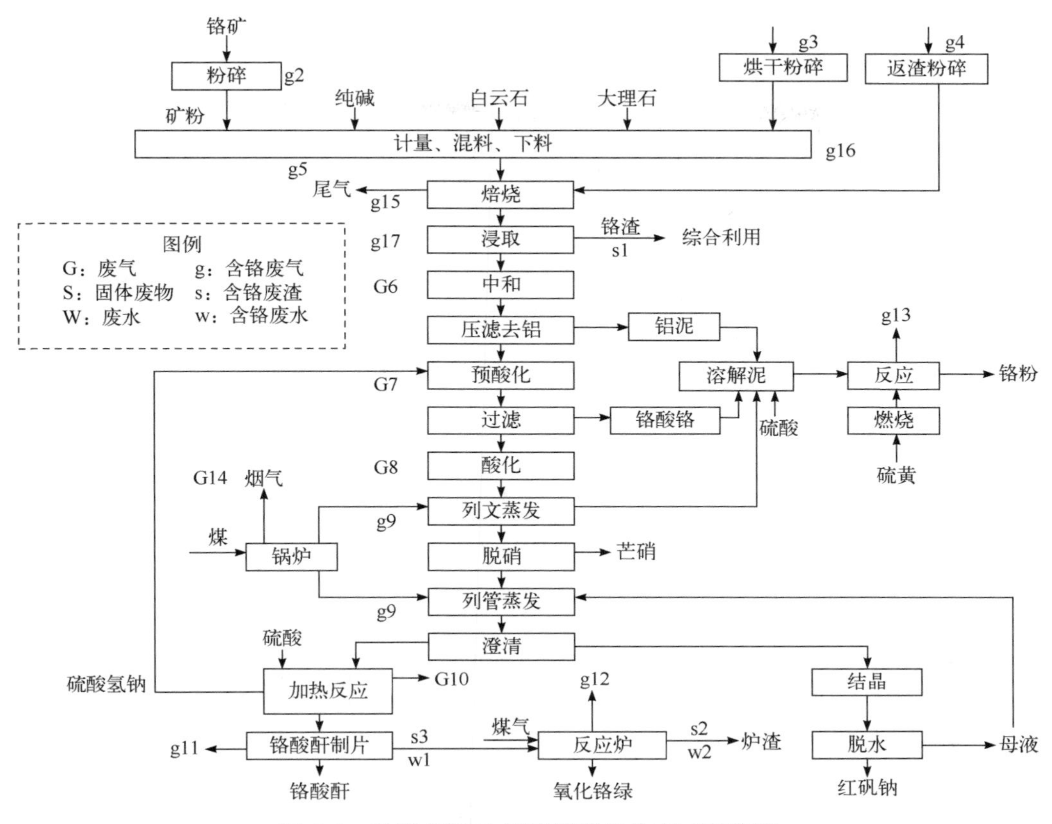

图 5-2　典型有钙/少钙焙烧铬盐生产工艺流程

（3）铬酸酐和氧化铬绿工段

① 铬酸酐生产。红矾钠蒸发母液加入硫酸酸化后，分离出含铬硫酸氢钠，得到熔融态铬酸酐；冷却后压片，制成铬酸酐成品。工艺过程中产生含铬废液、废气。

② 铬绿生产。将铬酸酐加热高温分解，析出氧和氧化铬，氧化铬晶体在铬酸酐熔融液中逐渐形成和长大，得到铬绿产品。工艺过程中产生炉渣、废气和含铬废液。

5.2.2 废渣产生节点及产排污系数

有钙/少钙焙烧工艺过程的技术原理如表 5-6 所列。

表 5-6　有钙/少钙焙烧工艺过程发生的反应原理

项目	前工段	后工段
工艺路线	有钙焙烧	硫酸低温酸化
产品	铬酸钠碱性液	重铬酸钠

续表

项目	前工段	后工段
原材料	（1）铬铁矿：含铬、铁、钙、镁、硅、铝等 （2）碳酸钠：含碳、钠 （3）白云石：含钙、镁、硅、铝、铁等	（1）铬酸钠：含铬、钠、氧（和微量钙、镁、硅、铝、铁） （2）硫酸：含氢、氧、硫
原理	（1）主反应： $Cr_2O_3 + 2Na_2CO_3 + 1.5O_2 \longrightarrow 2Na_2CrO_4 + 2CO_2$ $Fe(CrO_2)_2 + 2Na_2CO_3 + 1.75O_2 \longrightarrow$ $2Na_2CrO_4 + 0.5Fe_2O_3 + 2CO_2$ $Mg(CrO_2)_2 + 2Na_2CO_3 + 1.5O_2 \longrightarrow 2Na_2CrO_4 + MgO + 2CO_2$ （2）副反应： $2CaO + Cr_2O_3 + 1.5O_2 \longrightarrow 2CaCrO_4$ $CaO + Al_2O_3 \longrightarrow CaO \cdot 6Al_2O_3(3CaO \cdot 5Al_2O_3$、 $3CaO \cdot 2Al_2O_3$、$CaO \cdot Al_2O_3$、$5CaO \cdot 3Al_2O_3$、 $3CaO \cdot Al_2O_3)$ $CaO + Fe_2O_3 \longrightarrow 2CaO \cdot Fe_2O_3(CaO \cdot Fe_2O_3$、 $CaO \cdot 2Fe_2O_3)$ $CaO + SiO_2 \longrightarrow CaO \cdot SiO_2(2CaO \cdot SiO_2$、$3CaO \cdot SiO_2)$ $Al_2O_3 + Na_2CO_3 \longrightarrow 2NaAlO_2 + CO_2$ $Fe_2O_3 + Na_2CO_3 \longrightarrow 2NaFeO_2 + CO_2$ $SiO_2 + Na_2CO_3 \longrightarrow 2Na_2O \cdot SiO_2(3Na_2O \cdot 2SiO_2$、 $Na_2O \cdot SiO_2$、$Na_2O \cdot 2SiO_2)$	（1）主反应： $2Na_2CrO_4 + H_2SO_4 \longrightarrow Na_2Cr_2O_7 +$ $Na_2SO_4 + H_2O$ （2）副反应： $2NaOH + H_2SO_4 \longrightarrow Na_2SO_4 + 2H_2O$ $2NaOH + Na_2Cr_2O_7 \longrightarrow$ $2Na_2CrO_4 + H_2O$ $Na_2CO_3 + H_2SO_4 \longrightarrow$ $Na_2SO_4 + CO_2 + H_2O$ $Na_2CO_3 + Na_2Cr_2O_7 \longrightarrow$ $2Na_2CrO_4 + CO_2$ $2NaAlO_2 + Na_2Cr_2O_7 + 3H_2O \longrightarrow$ $2Na_2CrO_4 + 2Al(OH)_3$ $2NaAlO_2 + H_2SO_4 + 2H_2O \longrightarrow$ $Na_2SO_4 + 2Al(OH)_3$

我国国内的铬铁矿主要来源于进口，根据表 5-2 的数据，假定 1t 铬铁矿中含 Cr_2O_3 为 50%、Al_2O_3 为 15%、Fe_2O_3 为 25%、SiO_2 为 5%，其他为 5%。根据技术原理可知铬铁矿消耗量、纯碱消耗量、铬渣产量、芒硝产量、铝泥产量等。

5.2.2.1 铬铁矿消耗量

铬铁矿中的铬理论上完全转化为 $Na_2Cr_2O_7$，1t 铬铁矿中含 Cr_2O_3 为 50%，即为 500kg，则产生的 $Na_2Cr_2O_7$ 为：

$$\frac{500}{152} \times 262 = 862(kg)$$

每吨铬盐产品所需的铬铁矿量为：

$$\frac{1000}{862} \times 1000 = 1160(kg)$$

则，铬铁矿消耗为 1160kg/t 产品。

5.2.2.2　纯碱消耗量

纯碱的消耗目的是将 Cr_2O_3 转化为 $Na_2Cr_2O_7$，根据反应的方程式可知，2mol 的 Na_2CO_3 转化为 1mol 的 $Na_2Cr_2O_7$。由此可计算得到，每吨铬盐产品所需的纯碱量为：

$$\frac{106\times2}{262}\times1000=809(\mathrm{kg})$$

则纯碱消耗量为 809kg/t 产品。

5.2.2.3　铬渣产量

添加白云石的目的是与杂质组分固定，将 Si、Al、Fe 形成相应的杂质。根据理论计算，产生的铬盐为：

$$\frac{1000\times0.5}{152}\times262=862(\mathrm{kg})$$

若按产生 1t 铬盐估算，则产生的铬渣为：

$$\frac{1000}{862}\times0.3\times2+\frac{1000}{862}\times0.2\times2=1.2(\mathrm{t})$$

则铬渣产量为 1.2t/t 产品。

5.2.2.4　芒硝产量

芒硝的来源有 2 个：

① Na_2CrO_4 酸化过程生成 $Na_2Cr_2O_7$ 时必然生成等单位摩尔的 Na_2SO_4，由此估算出，每生产 1t 铬盐产品产生的芒硝约为 542kg；

② 过量 NaOH 在硫酸酸化过程中生成 Na_2SO_4，此部分的量较少。

综上，芒硝的产量应在 542kg/t 产品以上。

5.2.2.5　铝泥产量

有钙焙烧过程中生成的少量 $NaAlO_2$ 溶于产品中，在 $NaAlO_2$ 酸化过程中，生成 $Al(OH)_3$ 沉淀，俗称铝泥。铬铁矿中 Al_2O_3 的含量为 15%，后经中和酸化进入铝泥，吨产品需要铬铁矿 1160kg，则产生的铝泥量为 174kg。

综上，可得到有钙/少钙焙烧工艺的部分原料和废渣产污系数，如表 5-7 所列。

表 5-7 有钙/少钙焙烧工艺废渣的理论产排污系数

指标		有钙/少钙焙烧工艺理论分析数据
物耗	铬矿消耗/（kg/t）	1160
	碳酸钠消耗/（kg/t）	809
	白云石消耗/（kg/t）	—
	菱镁石消耗/（kg/t）	—
固体废物产量	含 Cr^{6+}废渣/（kg/t）	1200
	含 Cr^{6+}铝泥/（kg/t）	174
	芒硝/（kg/t）	542

从地区分布、企业规模等角度选取了陕西某公司、云南某公司和河北某公司 3 家典型的有钙/少钙焙烧工艺企业，开展了企业调查工作，调查废渣的原辅料消耗和废渣的产生量，汇总见表 5-8。

表 5-8 少钙焙烧工艺原料、能源消耗及废渣产生情况统计

项目指标		陕西某公司 23000t/a	云南某公司 20000t/a	河北某公司 20000t/a
原料消耗（以吨产品重铬酸钠计）	铬矿消耗/kg	1180	1250	1180
	纯碱消耗/kg	900	980	900
	白云石消耗/kg	400	360	200
	菱镁矿消耗/kg	350	440	300
	浓硫酸/kg	210	320	300
能源消耗（以吨产品重铬酸钠计）	燃煤（折标煤）/kg	746	929	1100
	电力（折标煤）/kg	42	62	75
	蒸汽（折标煤）/kg	543	643	550
	总计（折标煤）/kg	1331	1634	2760
废渣排放（以吨产品重铬酸钠计）	浸取铬渣/kg	1100	1170	1150
	含铬铝泥/kg	260	350	950
	含铬芒硝/kg	625	1060	1030

对比理论产排污系数和实地调研数据可知，有钙/少钙焙烧工艺废渣和产排污系数为：铬渣 1200kg/t 产品；铝泥 350kg/t 产品；芒硝 625kg/t 产品。

5.2.3 有钙/少钙焙烧工艺废渣污染特性

5.2.3.1 铬渣

对上述典型 3 家企业有钙/少钙焙烧工艺产生的铬渣进行了样品分析，部分结果汇总如表 5-9 所列。

表 5-9　典型企业铬渣浸出毒性分析结果

检测项目	陕西某公司	云南某公司	河北某公司	危险废物鉴别标准	污水排放标准	地表水质量标准
铍（Be）/（mg/L）	ND	0.002	ND	0.02	0.005	0.002
铬（Cr）/（mg/L）	97.05	81.215	74.35	15	1.5	0.05
镍（Ni）/（mg/L）	ND	ND	ND	5.0	1.0	0.02
铜（Cu）/（mg/L）	0.155	0.205	0.186	100	20	1.0
锌（Zn）/（mg/L）	ND	ND	ND	100	5.0	1.0
砷（As）/（mg/L）	0.009	0.028	0.002	5.0	0.5	0.05
硒（Se）/（mg/L）	ND	ND	ND	1.0	0.5	0.01
镉（Cd）/（mg/L）	0.026	0.184	0.012	1.0	0.1	0.005
钡（Ba）/（mg/L）	ND	ND	ND	100	—	0.7
汞（Hg）/（mg/L）	ND	0.094	ND	0.1	0.05	0.0001
铅（Pb）/（mg/L）	0.042	0.129	0.084	5.0	1.0	0.05
致癌风险	6.1×10^{-1}	2.4×10^{-1}	1.7×10^{-1}	—	—	—
非致癌商	1992	1553	1377	—	—	—

注：ND 表示未检出。

对上述调研的几家企业的少钙焙烧工艺铬渣进行了钙、总铬、六价铬元素含量，以及水溶性六价铬和酸溶性六价铬含量的测定，结果见表 5-10。

表 5-10　典型企业铬渣的物性分析

样品名称	陕西铬渣	云南铬渣	河北铬渣
总铬含量（以 Cr_2O_3 计）/%	7.16	6.77	7.74
水溶性 Cr^{6+}含量/%	0.31	0.25	0.33
酸溶性 Cr^{6+}含量/%	0.20	0.17	0.36
CaO 含量/%	8.83	11.21	11.27
pH 值	12.16	11.80	11.56

根据分析结果，可得到如下结论：

① 与《危险废物鉴别标准　浸出毒性鉴别》（GB 5085.3—2007）比较，铬渣中重金属铬的浓度超过标准限值数十倍，属于危险废物。其他重金属均未超过标准限值。此外，铬渣的 pH>11，碱性很强。

② 铬渣致癌风险高达 10^{-1}，非致癌商达到数千，因此其环境风险非常大。

③ 铬渣中总铬（以 Cr_2O_3 计）的含量约为 7%，则可计算出铬盐行业有钙/少钙焙烧工艺废渣中铬的收率约为 86%。

$$1-\frac{铬渣产量\times铬渣中铬含量}{铬铁矿消耗量\times铬铁矿中铬含量}=1-\frac{1200\times0.07\times\dfrac{52\times2}{52\times2+16\times3}}{1160\times0.5\times\dfrac{52\times2}{52\times2+16\times3}}\times100\%=85.5\%$$

④ 铬渣中残留 CaO 的含量约 10%，铬渣中有少量的六价铬以 $CaCrO_4$ 形态存在，$CaCrO_4$ 只能溶于酸，导致铬渣中有约 0.2%的酸溶态六价铬，该形态增加了铬渣治理的难度。

⑤ 铬渣中因 CaO 存在，导致铬渣胶凝性好，只能采用大槽浸取的方式处理，洗涤效果较差，铬渣中仍有约 0.3%的水溶态六价铬存在。

5.2.3.2　铝泥

对典型 3 家企业有钙/少钙焙烧工艺产生的铝泥进行了样品分析，部分结果汇总见表 5-11。

表 5-11　典型企业铝泥浸出毒性分析结果

检测项目	陕西某公司	云南某公司	河北某公司	危险废物鉴别标准	污水排放标准	地表水质量标准
铍（Be）/（mg/L）	ND	ND	ND	0.02	0.005	0.002
铬（Cr）/（mg/L）	16510	2870	4889	15	1.5	0.05
镍（Ni）/（mg/L）	ND	0.023	ND	5.0	1.0	0.02
铜（Cu）/（mg/L）	0.541	0.128	0.317	100	20	1.0
锌（Zn）/（mg/L）	ND	3.438	ND	100	5.0	1.0
砷（As）/（mg/L）	0.084	ND	0.007	5.0	0.5	0.05
硒（Se）/（mg/L）	ND	ND	ND	1.0	0.5	0.01
镉（Cd）/（mg/L）	0.033	ND	0.043	1.0	0.1	0.005
钡（Ba）/（mg/L）	0.152	0.137	2.411	100	—	0.7
汞（Hg）/（mg/L）	0.081	0.08	0.098	0.1	0.05	0.0001
铅（Pb）/（mg/L）	0.059	ND	0.16	5.0	1.0	0.05

续表

检测项目	陕西某公司	云南某公司	河北某公司	危险废物鉴别标准	污水排放标准	地表水质量标准
致癌风险	117.44	65.81	103.76	—	—	—
非致癌商	372663	256777	332989	—	—	—

注：表中“ND”表示未检出。

① 与《危险废物鉴别标准　浸出毒性鉴别》（GB 5085.3—2007）比较，铝泥中重金属铬的浓度超过标准限值数百倍，属于危险废物。其他重金属均未超过标准限值。

② 铝泥的致癌风险和非致癌危害商均非常高。

③ 结果显示，铝泥的浸出浓度比铬渣的浸出浓度高数十倍，浸出毒性更大，铝泥的致癌风险和非致癌危害商比铬渣高。

5.2.3.3　芒硝

对典型 3 家企业有钙/少钙焙烧工艺产生的芒硝进行了样品分析，部分结果汇总见表 5-12。与《危险废物鉴别标准　浸出毒性鉴别》（GB 5085.3—2007）比较，芒硝重金属铬浓度接近或略微超过危险废物鉴别标准限值，应属于危险废物。其他重金属均未超过标准限值。

表 5-12　典型企业芒硝浸出毒性鉴别结果

检测项目	陕西某公司	云南某公司	河北某公司	危险废物鉴别标准	污水排放标准	地表水质量标准
铍（Be）/（mg/L）	ND	ND	ND	0.02	0.005	0.002
铬（Cr）/（mg/L）	19.19	12.25	19.7	15	1.5	0.05
镍（Ni）/（mg/L）	ND	ND	ND	5.0	1.0	0.02
铜（Cu）/（mg/L）	1.008	0.419	0.871	100	20	1.0
锌（Zn）/（mg/L）	0.648	0.745	0.717	100	5.0	1.0
砷（As）/（mg/L）	0.017	ND	0.001	5.0	0.5	0.05
硒（Se）/（mg/L）	ND	ND	ND	1.0	0.5	0.01
镉（Cd）/（mg/L）	0.118	ND	0.031	1.0	0.1	0.005
钡（Ba）/（mg/L）	0.092	ND	0.254	100	—	0.7
汞（Hg）/（mg/L）	0.062	0.075	0.06	0.1	0.05	0.0001
铅（Pb）/（mg/L）	0.054	ND	0.132	5.0	1.0	0.05
致癌风险	1.59×10^{-1}	1.23×10^{-1}	3.78×10^{-1}	—	—	—
非致癌商	522	348	154	—	—	—

注：表中“ND”表示未检出。

芒硝的致癌风险和非致癌商均非常高。

综上，铝泥的致癌风险和非致癌商最高，铬渣次之，芒硝最小，但均存在环境风险。

5.3 无钙焙烧工艺废渣的产生特性与污染特性

5.3.1 无钙焙烧工艺流程

无钙焙烧工艺是目前我国铬盐企业的主流生产工艺。与有钙/少钙焙烧不同，无钙焙烧不使用含 CaO 的钙基填料，以返渣作填料。其与有钙/少钙焙烧工艺的主要区别在于铬酸钠碱性液的生产过程，其余工段基本相同。

无钙焙烧工艺不添加白云石、石灰石等钙质材料进行焙烧，进一步减少了铬渣产量和铬渣中酸溶性六价铬的含量，改善了铬盐生产的环境友好度。但同时导致了回转窑结圈、能耗升高、反应速率降低、收率影响等问题。无钙焙烧铬酸钠碱性液生产的工艺流程如图 5-3 所示。

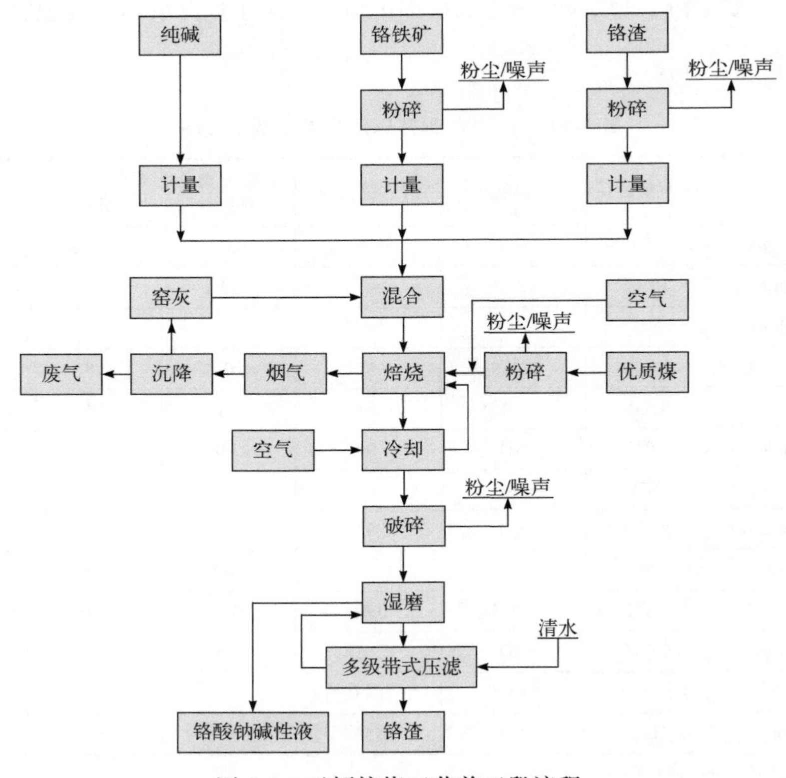

图 5-3 无钙焙烧工艺前工段流程

无钙焙烧工艺相对于现行少钙焙烧工艺，有如下几个特点：

① 在配料中取消了白云石，导致回转窑结圈的问题，采用返渣稀释的方式和增大回转窑的直径和窑长的方式解决了该问题；

② 在配料中取消了白云石，从而减少了含铬废渣的排放量；

③ 有钙铬渣中含有大量水泥化物质，约占铬渣质量的60%，这些物质属胶凝活性物质，与水泥熟料的基本化学成分相同，不利于 Cr^{6+} 的溶出。钙、镁元素在熟料中减少，改善了熟料水浸时的水溶性，从而减少了铬渣中酸溶性 Cr^{6+} 的含量。

5.3.2 废渣产生节点及产排污系数

无钙焙烧工艺过程的技术原理如表5-13所列。

表5-13 无钙焙烧工艺过程发生的反应原理

工艺路线	无钙焙烧
产品	前工段（制铬酸钠）
原材料	铬铁矿：含铬、铁、钙、镁、硅、铝等；碳酸钠等
原理	主反应： $Cr_2O_3+2Na_2CO_3+1.5O_2 \longrightarrow 2Na_2CrO_4+2CO_2$ $Fe(CrO_2)_2+2Na_2CO_3+1.75O_2 \longrightarrow 2Na_2CrO_4+0.5Fe_2O_3+2CO_2$ $Mg(CrO_2)_2+2Na_2CO_3+1.5O_2 \longrightarrow 2Na_2CrO_4+MgO+2CO_2$ 副反应： $Al_2O_3+Na_2CO_3 \longrightarrow 2NaAlO_2+CO_2$ $Fe_2O_3+Na_2CO_3 \longrightarrow 2NaFeO_2+CO_2$ $SiO_2+Na_2CO_3 \longrightarrow Na_2SiO_3+CO_2$ $2NaCrO_2+Na_2CO_3+1.5O_2 \longrightarrow 2Na_2CrO_4+CO_2$ $2NaCrO_2+2NaAlO_2+1.5O_2 \longrightarrow 2Na_2CrO_4+Al_2O_3$ $2NaCrO_2+2NaFeO_2+1.5O_2 \longrightarrow 2Na_2CrO_4+Fe_2O_3$ $2NaCrO_2+Na_2SiO_3+1.5O_2 \longrightarrow 2Na_2CrO_4+SiO_2$ $Na_2SiO_3+2NaAlO_2+MgO+2SiO_2 \longrightarrow Na_4MgAl_2Si_3O_{12}$ $Na_2SiO_3+2NaAlO_2+2SiO_2 \longrightarrow Na_4Al_2Si_3O_{11}$ $2CaO+Cr_2O_3+1.5O_2 \longrightarrow 2CaCrO_4$(痕量)

根据表5-13的数据，假定1t铬铁矿中含 Cr_2O_3 为50%、Al_2O_3 为15%、Fe_2O_3 为25%、SiO_2 为5%，其他为5%。根据技术原理可知：

（1）铬铁矿消耗量

铬铁矿中的铬理论上完全转化为 $Na_2Cr_2O_7$，1t铬铁矿中含 Cr_2O_3 为50%，即为500kg，则产生的 $Na_2Cr_2O_7$ 为：

$$\frac{500}{152} \times 262 = 862(\text{kg})$$

则每吨铬盐产品所需的铬铁矿量为：

$$\frac{1000}{862} \times 1000 = 1160(\text{kg})$$

（2）纯碱消耗量

纯碱的消耗目的是将 Cr_2O_3 转化为 $Na_2Cr_2O_7$，根据反应的方程式可知，2mol 的 Na_2CO_3 转化为 1mol 的 $Na_2Cr_2O_7$。由此可计算得到，每吨铬盐产品所需的纯碱量为：

$$\frac{106 \times 2}{262} \times 1000 = 809(\text{kg})$$

此外，需要使用额外的纯碱将 Si、Al、Fe 转化为相应的 Na_2SiO_3、$NaFeO_2$、$NaAlO_2$ 等钠盐，此部分需要的纯碱量为：

$$\left(\frac{1160 \times 0.1}{60} + \frac{1160 \times 0.1}{102} + \frac{1160 \times 0.1}{160}\right) \times 106 = 403(\text{kg})$$

由此，无钙焙烧工艺需要的纯碱量为：

$$809+403=1212(\text{kg})$$

（3）铬渣产量

Si、Al、Fe 随着钠盐进入产品中，导致铬渣的产量显著降低。铬铁矿中只有 20%的杂质转化为铬渣，产生的铬渣为：

$$1160 \times 0.2=232(\text{kg})$$

此外，Si、Al、Fe 按照 50%进入铬渣中，此部分的渣量为：

$$1160 \times 0.3=343(\text{kg})$$

则，铬渣的总量为：

$$232+343=575(\text{kg})$$

（4）芒硝产量

芒硝的来源有两个：一是 Na_2CrO_4 酸化过程生成 $Na_2Cr_2O_7$ 时必然生成等单位摩尔的 Na_2SO_4，由此估算出，生产 1t 铬盐产品产生的芒硝约为 542kg；二是过量的 Na_2SiO_3、$NaFeO_2$、$NaAlO_2$ 在酸化过程中同样生成芒硝，导致芒硝的量增加，这部分的芒硝量为：

$$\left(\frac{1160 \times 0.1}{60} + \frac{1160 \times 0.1}{102} + \frac{1160 \times 0.1}{160}\right) \times 142 = 539(\text{kg})$$

综上，芒硝的理论产量为 1081kg。

（5）铝泥产量

根据表 5-2 数据，铬铁矿中的 Al_2O_3 的含量为 15%，吨产品需要铬铁矿 1160kg，则产生的铝泥量为 174kg。

此外，还有少量的 Na_2SiO_3、$NaFeO_2$ 在中和阶段形成沉淀，混入到铝泥中，此部分的质量按 50%的增量，为：

$$116\times0.5=87(\mathrm{kg})$$

则铝泥的产量为：

$$174+87=261(\mathrm{kg})$$

综上，可得到无钙焙烧工艺的部分原料和废渣产污系数，如表 5-14 所列。

表 5-14　无钙焙烧工艺废渣的理论产排污系数

物耗	铬矿消耗/（kg/t）	1160
	碳酸钠消耗/（kg/t）	1212
固体废物产量	含 Cr^{6+}废渣/（kg/t）	575
	含 Cr^{6+}铝泥/（kg/t）	261
	芒硝/（kg/t）	1081

从地区分布、企业规模等角度选取了重庆某公司、四川某公司和湖北某公司三家典型的无钙焙烧工艺企业，开展调查工作，调查废渣的原辅料消耗和废渣的产生量，汇总如表 5-15 所列。

表 5-15　无钙焙烧工艺原料、能源消耗及废渣产生情况统计

项目指标		重庆 50000t/a	四川 58000t/a	湖北 50000t/a
原料消耗 （以吨产品重铬酸钠计）	铬矿消耗/kg	1142	1195	1200
能源消耗 （以吨产品重铬酸钠计）	总计（折标煤）/kg	1450	1372	1405
废渣排放 （以吨产品重铬酸钠计）	浸取铬渣/kg	800	780	770
	含铬铝泥/kg	193	143	214
	含铬芒硝/kg	1160	1042	1180

对比理论产排污系数和实地调研数据可知，无钙焙烧工艺废渣和产排污系数为：铬渣 800kg/t 产品；铝泥 261kg/t 产品；芒硝 1160kg/t 产品。

5.3.3　无钙焙烧工艺废渣污染特性

5.3.3.1　铬渣

对 3 家调研企业无钙焙烧铬渣进行采样分析，部分结果汇总如表 5-16 所列。

表 5-16 典型企业铬渣浸出毒性鉴别结果

检测项目	重庆某公司	四川某公司	湖北某公司	危险废物鉴别标准	污水综排标准	地表水Ⅲ类标准
铍（Be）/（mg/L）	0.001	0	0.00001	0.02	0.005	0.002
铬（Cr）/（mg/L）	41.15	54.350	57.1	15	1.5	0.05（Cr^{6+}）
镍（Ni）/（mg/L）	—	—	0	5.0	1.0	0.02
铜（Cu）/（mg/L）	0.191	0.151	0.03027	100	20	1.0
锌（Zn）/（mg/L）	0.038	—	0	100	5.0	1.0
砷（As）/（mg/L）	0.022	0.007	0.01257	5.0	0.5	0.05
硒（Se）/（mg/L）	—	—	0.02462	1.0	0.5	0.01
镉（Cd）/（mg/L）	0.157	0.089	0	1.0	0.1	0.005
钡（Ba）/（mg/L）	0.029	0	0.00313	100	—	0.7
铅（Pb）/（mg/L）	0.112	0.07	0	5.0	1.0	0.05
致癌风险	3.6×10^{-1}	4.7×10^{-1}	4.9×10^{-1}	—	—	—
非致癌商	1165	1489	1511	—	—	—

① 与《危险废物鉴别标准　浸出毒性鉴别》（GB 5085.3—2007）比较，铬渣中重金属铬的浓度超过标准限值数倍，属于危险废物。其他重金属均未超过标准限值。此外，铬渣的 pH>11，碱性很强。

② 铬渣浸出液中其他重金属 Cd、Pb 的浓度超过地表水Ⅲ类标准限值。

③ 铬渣综合致癌和非致癌风险非常高。

无钙焙烧工艺未添加 CaO，渣中酸溶性六价铬含量很低，渣中六价铬残留量为 2000mg/kg，相比少钙焙烧工艺废渣 Cr^{6+}残量 4000mg/kg 来说，无钙焙烧工艺铬渣六价铬含量达到显著降低。

渣中 Cr^{6+}残量大不仅增大了渣的无害化处理成本，而且未经处理的铬渣增大了对环境污染的程度。对铬渣治理而言，无钙焙烧属于源头治污工艺，与少钙焙烧相比具有明显的技术优势。无钙排渣与有钙排渣的简单对比见表 5-17。

表 5-17 无钙排渣与有钙排渣的简单对比

项目	无钙焙烧	有钙焙烧
排渣量/（t/t）	0.8	1.2
排渣水溶性铬（以 Cr_2O_3 计）质量分数（Cr^{6+}）/%	0.1	1.0～2.0
排渣酸溶性铬（以 Cr_2O_3 计）质量分数（Cr^{6+}）/%	—	1.0～2.0
排渣总铬（以 Cr_2O_3 计）质量分数（Cr^{6+}）/%	6～8	4～6
排渣解毒成本	低	高

续表

项目	无钙焙烧	有钙焙烧
致癌物铬酸钙	不含	含
Cr_2O_3 /%	9.5	5.82
Fe_2O_3 /%	36.5	12.64
Al_2O_3 /%	17.5	8.16
CaO /%	2.5	36.93
MgO /%	18.5	17.74
SiO_2 /%	8.5	7.00
水溶铬/%	0.1	1.09
酸溶铬/%	—	1.01
碱度	3.5	1.83

由于没有含钙填料白云石和石灰石，使得无钙铬渣物相与有钙铬渣不同[4-6]。

根据铬渣的对比物相分析（见表 5-18），无钙铬渣中铬铁矿、镁铁矿、方镁石、铝硅酸镁钠均为晶相，无定形物为过冷状态的溶液（即玻璃）。这些成分既不水溶也不水化，呈沙性，对 Cr^{6+}的吸附明显小于少钙铬渣，易于高效浸洗；渣中不含致癌物铬酸钙，降低了铬渣对环境和人体的危害。渣中没有含 Cr^{6+}的固溶体，易于进行工艺简单、成本较低的湿法解毒，然后无害化填埋或堆存，从而有效地解决了铬盐清洁生产问题[7,8]。

表 5-18 无钙铬渣与少钙铬渣的物相对比

名称	化学式	无钙熟料	有钙熟料
铬铁矿	（Mg，Fe）（Cr，Al，Fe）$_2O_4$	有	有
镁铁矿	（Mg）（Al，Fe）$_2O_4$	有	无
方镁石	MgO	有	有
铝硅酸镁钠	$Na_4MgAl_2Si_3O_{12}$	有	无
无定形物	含 Na，Si，Al，Mg，Fe	有	无
铬酸钙	$CaCrO_4$	无	有
亚铬酸钙	$CaO\cdot Cr_2O_3$	无	有
β-硅酸二钙	β-$2CaO\cdot SiO_2$	无	有
硅酸三钙	$3CaO\cdot SiO_2$	无	有
二硅酸三钙	$3CaO\cdot 2SiO_2$	无	有
非结晶铁铝酸四钙	$4CaO\cdot Al_2O_3\cdot Fe_2O_3$	无	有
结晶铁铝酸四钙	$4CaO\cdot Al_2O_3\cdot Fe_2O_3$	无	有
铁酸二钙	$2CaO\cdot Fe_2O_3$	无	有
游离氧化钙	CaO	无	有

5.3.3.2 铝泥

对湖北某公司无钙焙烧工艺产生的铝泥进行了采样分析，部分结果汇总见表5-19。与《危险废物鉴别标准 浸出毒性鉴别》（GB 5085.3—2007）相比，铝泥中重金属铬浸出浓度超标数倍，属于危险废物。此外，无钙工艺铝泥中残留的铬含量比少钙工艺铝泥少，六价铬的浸出浓度从数万毫克/升降至小于100mg/L。

铝泥的致癌风险和非致癌危害商仍然很高。

表5-19 湖北调研企业铝泥重金属含量与浸出毒性结果

检测项目	湖北铝泥	危险废物鉴别标准	污水排放标准	地表水质量标准
铍（Be）/（mg/L）	0.00001	0.02	0.005	0.002
铬（Cr）/（mg/L）	50.6	15	1.5	0.05
镍（Ni）/（mg/L）	45.52988	5.0	1.0	0.02
铜（Cu）/（mg/L）	0	100	20	1.0
锌（Zn）/（mg/L）	0.00236	100	5.0	1.0
砷（As）/（mg/L）	0	5.0	0.5	0.05
硒（Se）/（mg/L）	0.00208	1.0	0.5	0.01
镉（Cd）/（mg/L）	0.00013	1.0	0.1	0.005
钡（Ba）/（mg/L）	0	100	—	0.7
铅（Pb）/（mg/L）	0	5.0	1.0	0.05
致癌风险	3.9×10^{-1}	—	—	—
非致癌商	1366	—	—	—

5.3.3.3 芒硝

对湖北和新疆某公司无钙焙烧工艺产生的芒硝进行了样品分析，结果见表5-20。与《危险废物鉴别标准 浸出毒性鉴别》（GB 5085.3—2007）相比，芒硝中重金属铬的浓度超过标准限值数倍，属于危险废物。其他重金属均未超过标准限值。芒硝的环境风险仍然很大。

表5-20 湖北和新疆某公司芒硝重金属含量与浸出毒性结果

检测项目	湖北	新疆	危险废物鉴别标准	污水排放标准	地表水质量标准
铍（Be）/（mg/L）	0.00012	0.00022	0.02	0.005	0.002
铬（Cr）/（mg/L）	36.14	53.28	15	1.5	0.05
镍（Ni）/（mg/L）	0.00264	0.00756	5.0	1.0	0.02

续表

检测项目	湖北	新疆	危险废物鉴别标准	污水排放标准	地表水质量标准
铜（Cu）/（mg/L）	1.872	3.012	100	20	1.0
锌（Zn）/（mg/L）	0.01923	0.1076	100	5.0	1.0
砷（As）/（mg/L）	0.00722	0.0098	5.0	0.5	0.05
硒（Se）/（mg/L）	0.1005	0.2667	1.0	0.5	0.01
镉（Cd）/（mg/L）	0.00002	0.00002	1.0	0.1	0.005
钡（Ba）/（mg/L）	0.01667	0.03902	100	—	0.7
铅（Pb）/（mg/L）	0.00168	0.00841	5.0	1.0	0.05
致癌风险	2.7×10^{-1}	4.8×10^{-1}	—	—	—
非致癌商	976	1508	—	—	—

5.4　铬盐行业废渣处理处置方式与环境风险

5.4.1　铬渣处理处置方式与环境风险

5.4.1.1　铬渣处理处置方式调研

调研了陕西、云南、河北、重庆、四川、湖北、新疆省区 7 家单位铬渣的处理处置方式，汇总如表 5-21 所列。

表 5-21　铬渣处理处置方式调查汇总

调研企业	湿法解毒填埋	干法解毒水泥混合材	干法解毒制页岩砖	炼铁	立窑生产水泥
陕西某公司			√		
云南某公司				√	√
河北某公司				√	
重庆某公司	√				
四川某公司		√			
湖北某公司		√			
新疆某公司				√	

5.4.1.2 铬渣处置环境风险

（1）铬渣湿法解毒后填埋

参照《铬渣污染治理环境保护技术规范（暂行）》（HJ/T 301—2007）的要求，采用《固体废物　浸出毒性浸出方法　硫酸硝酸法》（HJ/T 299—2007）对湿法解毒后的铬渣进行检测。取不同解毒时期后的铬渣样品 5 份进行检测，结果如表 5-22 所列。结果显示，湿法解毒后的铬渣能满足进入一般工业固体废物填埋场的要求。但废渣湿法解毒后的致癌风险和非致癌商仍然很高[9]，因此，解毒后的铬渣必须进入一般工业固体废物填埋场进行填埋处置[10]。

表 5-22　铬渣湿法解毒后检测结果

湿法解毒渣	浸出浓度/（mg/L）		含量/（mg/kg）		致癌风险	非致癌商
	总铬	Cr^{6+}	总铬	Cr^{6+}		
样品 1	7.477	1.831	13475	114.7	3.3×10^{-3}	58.56
样品 2	8.756	2.317	11078	213.24	4.7×10^{-3}	79.64
样品 3	8.204	2.881	14353	224.56	5.1×10^{-3}	90.88
样品 4	7.346	2.664	12123	189.33	4.9×10^{-3}	82.51
样品 5	8.147	2.805	13248	194.59	5.0×10^{-3}	84.16
HJ/T 301—2007	9	3	—	—	—	—

（2）铬渣干法解毒后建材利用

参照《铬渣污染治理环境保护技术规范（暂行）》（HJ/T 301—2007）的要求，采用《固体废物　浸出毒性浸出方法　硫酸硝酸法》（HJ/T 299—2007）对干法解毒后的铬渣进行检测。取不同解毒时期的铬渣样品 5 份进行检测，结果如表 5-23 所列。

表 5-23　铬渣干法解毒后检测结果

干法解毒渣	浸出浓度/（mg/L）		含量/（mg/kg）		致癌风险	非致癌商
	总铬	Cr^{6+}	总铬	Cr^{6+}		
样品 1	1.21	0.201	14753	11.3	4.8×10^{-5}	6.42
样品 2	1.38	0.354	8975	21.5	6.2×10^{-5}	8.26
样品 3	1.49	0.417	11453	23.7	9.7×10^{-5}	10.35
样品 4	1.45	0.289	12589	30.4	5.5×10^{-5}	7.88
样品 5	1.37	0.342	11652	15.7	5.9×10^{-5}	8.32
《水泥混合材和制砖标准》（HJ/T 301—2007）	1.5	0.5	—	—	—	—

结果显示，铬渣干法解毒后的致癌风险和非致癌商均得到显著降低。

铬渣干法解毒后的渣能满足作为水泥混合材和制砖的标准要求[11]。但环保部于 2011 年 6 月发布了《关于实施〈铬渣污染治理环境保护技术规范〉有关问题的复函》，复函中要求“不应将铬渣（无论解毒与否）用作水泥混合材料”，根据最新的环保要求，铬渣干法解毒后不能作为水泥混合材[12]。

关于铬渣干法解毒后生产页岩砖技术，现场调研时未取到页岩砖的样品，所以对页岩砖的环境风险未能开展研究。但从技术原理角度分析，铬渣生产页岩砖过程处于一个高温、氧化环境，会促进解毒后的三价铬再次氧化，增加毒性，所以不建议铬渣干法解毒后生产页岩砖。

（3）铬渣炼铁

铬渣炼铁工艺流程如图 5-4 所示。铬渣在煤和还原气氛下，铬还原成元素铬与铁形成铬铁合金，残留部分为水淬渣。

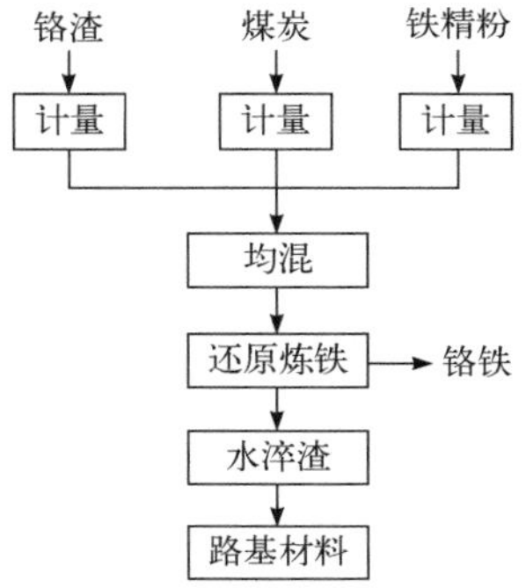

铬渣　煤炭　铁精粉
计量　计量　计量
均混
还原炼铁 → 铬铁
水淬渣
路基材料

图 5-4　铬渣生产碳素铬铁的工艺流程

参照《铬渣污染治理环境保护技术规范（暂行）》（HJ/T 301—2007）的要求，采用《固体废物　浸出毒性浸出方法　硫酸硝酸法》（HJ/T 299—2007）对水淬渣进行检测，结果如表 5-24 所列。

结果显示，铬渣炼铁后的水淬渣能满足作为路基材料利用的要求[13,14]。

水淬渣的致癌风险和非致癌商均得到显著降低，环境风险较小。

表 5-24　水淬渣的检测结果

检测项目	新疆某公司水淬渣		
	污染物总含量/（mg/kg）	浸出毒性/（mg/L）	HJ/T 301—2007 路基材料标准/（mg/L）
铍（Be）	5.852682	0.00001	
铬（Cr）	5066.453	0.02004	1.5
六价铬（Cr^{6+}）	1.3401	—	0.5
砷（As）	975.1801	0.00202	—
硒（Se）	3.122498	0.00017	—
钡（Ba）	4409.928	0.00701	—
铅（Pb）	37.502	—	—
致癌风险	10×10^{-7}		—
非致癌商	0.03		—

（4）铬渣立窑生产水泥

《铬渣污染治理环境保护技术规范（暂行）》（HJ/T 301—2007）中要求，利用铬渣生产的水泥产品按照 HJ/T 301—2007 附录 A 中的方法进行检测，其浸出液中的任何一种危害成分的浓度都应低于表 5-25 中的要求。

表 5-25　铬渣生产的水泥检测结果

立窑水泥	浸出浓度/（mg/L）		含量/（mg/kg）		致癌风险	非致癌商
样品	总铬	Cr^{6+}	总铬	Cr^{6+}		
样品 1	6.1	5.56	2859	468	6.8×10^{-2}	85.77
样品 2	9.3	8.1	3324	513	9.6×10^{-2}	121.55
样品 3	6.8	4.73	2746	412	5.7×10^{-2}	74.36
样品 4	9.7	7.58	4109	509	8.5×10^{-2}	110.31
HJ/T 301—2007 水泥产品标准	0.15	0.05	—	—	—	—

取不同时期的水泥样品进行检测，结果如表 5-25 所列。结果显示，铬渣采用立窑生产的水泥样品总铬和六价铬的浸出浓度比 HJ/T 301—2007 标准的要求值高数十倍；对铬渣水泥进行风险评估，发现致癌风险高达 10^{-2}，非致癌商约 100。因此铬渣采用立窑生产水泥的环境风险很大，技术不可行。

5.4.1.3　铬渣处理处置技术方法推荐

根据上述研究结果可知：

① 铬渣采用炼铁的方式处置，解毒彻底，铬得到了综合利用，水淬渣中残留的总铬和六价铬的含量及浸出浓度均很低，是环境风险可行且资源综合利用的一种推荐的处置方式。

② 铬渣采用干法解毒后总铬和六价铬的浸出浓度得到显著降低，总铬和六价铬的浸出浓度比湿法解毒和立窑生产水泥均低，但根据环保部出台的《关于实施〈铬渣污染治理环境保护技术规范〉有关问题的复函》，复函中要求“不应将铬渣（无论解毒与否）用作水泥混合材料”，因此，铬渣干法解毒后不能作为水泥混合材。

③ 铬渣湿法解毒处置后六价铬和总铬的浸出浓度满足进入一般工业固体废物填埋场填埋的要求，是环境风险可接受的处置方式；但湿法解毒处置未能对铬渣中残留的铬进行有效资源回收利用，且难以彻底解毒，解毒后的铬渣通常六价铬含量和浸出浓度都比较高。建议对湿法解毒后的铬渣加强跟踪监测和监管，防止出现二次污染。

④ 铬渣采用干法解毒后生产页岩砖的方式不可取。生产页岩砖要求一个高温、好氧的环境，会把铬渣干法解毒生成的三价铬再次氧化成六价铬，导致毒性增大，因此，不推荐采用铬渣干法解毒后生产页岩砖的处置方式。

⑤ 铬渣采用立窑生产水泥的方式将铬渣进行了综合利用，达到以废治废的目的。立

窑生产水泥处于一个还原性的气氛，可以将六价铬还原成三价铬，但解毒不彻底，立窑生产的水泥样品总铬和六价铬的浸出浓度比 HJ/T 301—2007 的要求值高数十倍，因此铬渣采用立窑生产水泥的环境风险很大，技术不可行。

综上，推荐的铬渣治理方式首选烧结炼铁，其次是湿法解毒后填埋。

5.4.2　铝泥处理处置方式与环境风险

5.4.2.1　铝泥处理处置方式调研

调研了陕西、云南、河北、重庆、四川、湖北省区 6 家单位铝泥的处理处置方式，汇总如表 5-26 所列。

表 5-26　铝泥处理处置方式调查汇总

调研企业	氧化铝	铬铝鞣剂	铬粉	湿法解毒后填埋
陕西某公司			√	
云南某公司		√		
河北某公司		√		
重庆某公司				√
四川某公司			√	
湖北某公司	√			

5.4.2.2　铝泥处置环境风险

（1）铝泥生产氧化铝

铝泥首先进行洗涤，将吸附的六价铬进行分离去除。然后进行脱水，得到氧化铝产品。对采自湖北某公司的氧化铝产品进行样品分析，结果如表 5-27 所列。

表 5-27　铝泥生产的氧化铝检测结果

检测项目	污染物总含量/（mg/kg）	浸出毒性/（mg/L）	地表水质量标准/（mg/L）
铬（Cr）	37.1609	0.1928	—
六价铬（Cr^{6+}）	1.3401	—	0.05
锌（Zn）	1726.729	0.02848	1.0
砷（As）	63.94282	0.00449	0.05

续表

检测项目	污染物总含量/（mg/kg）	浸出毒性/（mg/L）	地表水质量标准/（mg/L）
镉（Cd）	6.382979	—	0.005
铅（Pb）	5.378989	0.00051	0.05
致癌风险	10×10^{-5}		—
非致癌商	0.08		—

结果显示，铝泥经过洗涤和六价铬分离后，残留的总铬和六价铬含量和浸出浓度都很低，浸出浓度能够满足《地表水环境质量标准》（GB 3838—2002）3 类水质标准的要求，氧化铝的致癌风险和非致癌商均非常低[15]。生产的氧化铝环境风险很小。

（2）铝泥生产铬铝鞣剂

铬盐鞣革的方法是皮革工业最重要的应用最广的鞣法。实质是三价碱式铬络合物与皮胶原侧链上的羧基发生多点结合及交联，进入铬络合物内界的羧基离子与中央离子配位，生成牢固的配位键，增加了胶原结构的稳定性，革的收缩温度可达 100℃以上[16]。

采用铝泥生产铬铝鞣剂的工艺如图 5-5 所示。

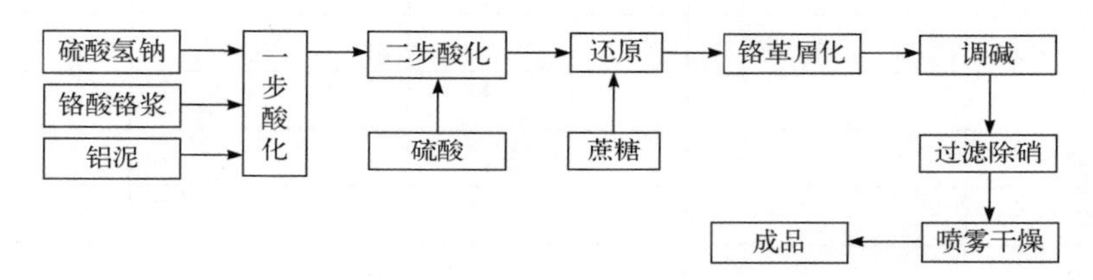

图 5-5　铬铝鞣剂的生产工艺路线

主要有以下步骤：

① 打浆：将含铬铝泥投入盛有热水的搪瓷罐或耐酸罐中打浆，浓度控制在 30°Bé。

② 酸溶：根据投入的铝泥的铝和铬的总量计算硫酸的用量，加入硫酸搅拌，检测应无明显的悬浮物。

③ 调铬铝比：根据品种要求的铬铝含量加入红矾钠或硫酸钠调整铬铝比例，同时按照碱度的要求对酸的总量进行调整，罐内连续搅拌并保温，浓度保持在 40°Bé 左右，保温。

④ 过滤：为了有效去除杂质，避免未完全溶解铝泥进入铬铝鞣剂，采取板框过滤的方式进行除渣。

⑤ 还原：将滤液沉清，抽入搪瓷反应釜中搅拌，缓慢加入蔗糖进行还原反应，检测没有六价铬，反应中止。

⑥ 调碱：保温 4～8h，搅拌。检测无六价铬后测量溶液的碱度，根据产品的要求加酸或加碱进行碱度调整，以期达到产品碱度的要求。

⑦ 熟化：保温熟化 24h，浓度控制在 50°Bé 左右。保温熟化过程中依据产品特性进行蒙囿处理。

⑧ 干燥：选用粉体干燥设备进行干燥，干燥进风温度控制在 200℃左右。出粉要求蓬松无结块，进行防潮包装。

喷雾干燥制得 Cr_2O_3 2%～25%、Al_2O_3 2%～25%、Cr_2O_3/Al_2O_3（质量比）0.7～3、碱度 20%～50%的铬铝鞣剂。铝泥生产的铬铝鞣剂最终得到的是铬铝鞣剂产品，其中的六价铬被还原成三价铬。环境风险较小。

（3）铝泥生产铬粉

铝泥首先进行铬铝分离，后在还原气氛下生产金属铬，以充分利用铝泥中残留的铬。对四川某公司和陕西某公司的铬粉进行样品检测，结果如表 5-28 所列。

表 5-28　铝泥生产的铬粉检测结果

检测项目	四川		陕西		危险废物鉴别标准/（mg/L）	污水排放标准/（mg/L）	地表水质量标准/（mg/L）
	含量/（mg/kg）	浸出浓度/（mg/L）	含量/（mg/kg）	浸出浓度/（mg/L）			
铝（Al）	26960	1880	24802.372	1961			
铬（Cr）	140720	12640	79624.506	6512	15	1.5	0.05
铬（Cr^{6+}）	214.56	—	171.21	—			
铜（Cu）	152	0.488	156.126	0.545	100	20	1.0
锌（Zn）	126	2.626	749.012	5.555	100	5.0	1.0
砷（As）	150	1.965	138.340	0.746	5.0	0.5	0.05
镉（Cd）	22	0.062	27.668	0.023	1.0	0.1	0.005
钡（Ba）	118	0.125	539.526	0.14	100	—	0.7
铅（Pb）	108	0.337	94.862	0.103	5.0	1.0	0.05
致癌风险	6.9×10^{-3}		2.7×10^{-4}		—	—	—
非致癌商	83.56		61.25		—	—	—

结果显示，铬粉中主要是以铝和总铬为主。虽已将铬粉中的铬还原，但仍残留较多的六价铬，存在一定环境风险。

（4）铝泥湿法解毒后填埋

采用该方法的是重庆某公司，该企业将铝泥和铬渣混合一并采用湿法解毒的方法处置后，送一般工业固体废物填埋场处置。根据表 5-22 铬渣湿法解毒的检测结果可知，铝泥混入铬渣后采用湿法解毒的方法能够达到进入一般工业固体废物填埋场的要求。

5.4.2.3　铝泥处理处置技术方法推荐

通过以上研究可知，铝泥生产氧化铝前需要将铝泥中的铬进行分离，使得氧化铝中残留的铬非常少，环境风险很小，从环境风险的角度分析可行[17,18]。

铝泥生产铬铝鞣剂和生产铬粉能够将铝泥进行综合利用，是一种很好的处置方式，但产品中仍残留一定量的六价铬，存在一定的风险，在产品利用过程中需要进行跟踪。

5.4.3 芒硝处理处置方式与环境风险

5.4.3.1 芒硝处理处置方式调研

调研了云南、河北、重庆、四川、湖北、新疆省区 6 家单位芒硝的处理处置方式，汇总如表 5-29 所列，主要是生产硫化碱。

表 5-29 芒硝处理处置方式调查汇总

调研企业	生产硫化碱
云南某公司	√
河北某公司	√
重庆某公司	√
四川某公司	√
湖北某公司	√
新疆某公司	√

5.4.3.2 芒硝生产硫化碱环境风险

煤粉还原法生产硫化钠是将芒硝与煤粉按照 100：（21～22.5）（质量比）的配比混合并于 800～1100℃高温下煅烧还原，生成物冷却后用稀碱液热溶成液体，静置澄清后，把上部浓碱液进行浓缩，即得固体硫化碱，经中转槽，制片（或造粒），制得片（或粒）状硫化碱产品。其反应式如下：

$$Na_2SO_4+2C \longrightarrow Na_2S+2CO_2$$

硫化碱生产过程发生的是碳还原硫酸钠（芒硝），反应条件为还原性气氛，比较适合芒硝中残留的六价铬的还原解毒，可达到生产硫化碱和解毒六价铬的目的。表 5-30 是对湖北某公司和新疆某公司 2 家企业的硫化碱的检测结果，结果显示，芒硝经还原生产的硫化碱中残留的六价铬含量非常低，浸出毒性未检出。芒硝还原生产硫化碱的环境风险很小，是一种环境风险可接受的处置方式[19]。

表 5-30　芒硝生产的硫化碱检测结果

检测项目	湖北硫化碱		新疆硫化碱		危险废物鉴别标准/（mg/L）	污水排放标准/（mg/L）	地表水质量标准/（mg/L）
	含量/（mg/kg）	浸出浓度/（mg/L）	含量/（mg/kg）	浸出浓度/（mg/L）			
铬（Cr）	66.17417	0.07809	48.63517	0.0898	15	1.5	0.05
铬（Cr^{6+}）	2.6892	—	2.4822	—			
镍（Ni）	5.273973	—	6.710411	0.0411	5.0	1.0	0.02
铜（Cu）	8.444227	0.01119	26.47419	2.884	100	20	1.0
锌（Zn）	3019.569	0	1754.156	0.00197	100	5.0	1.0
砷（As）	240.998	0.00345	414.8731	0.1177	5.0	0.5	0.05
硒（Se）	0.225049	0.01072	0.726159	0.04437	1.0	0.5	0.01
镉（Cd）	7.191781	—	6.894138	—	1.0	0.1	0.005
钡（Ba）	923.092	0.00052	943.1321	1.25	100	—	0.7
铅（Pb）	7.798434	—	6.255468	0.00027	5.0	1.0	0.05
致癌风险	10×10^{-8}		10×10^{-5}		—	—	—
非致癌商	0.05		5.09		—	—	—

5.4.3.3　芒硝处理处置技术方法推荐

通过对芒硝生产的硫化碱的分析可知，芒硝还原生产硫化碱是一种环境风险可接受的方式，值得推荐。

5.5　铬盐行业发展变化趋势

5.5.1　国外铬盐行业发展趋势

归纳起来，国外铬盐行业发展有如下几种趋势。

① 发达国家多年来不再扩大产能，并且由于环境和经济方面的压力，关闭了部分生产装置；仍在运行的装置则集中力量对现有生产装置加强改造，并完善生产工艺，增加产量和产品品种及规格。如全球最大的铬盐生产企业艾利门梯斯铬公司，近年由于中国铬盐生产迅速增长，加上印度 Vishnu 铬盐公司（采用英国艾利门梯斯铬公司无钙焙烧技术，产能 9 万吨/年）、哈萨克斯坦阿克纠宾斯克铬盐公司（13 万吨/年）的激烈竞争，使艾利门梯斯铬公司的收益恶化。因此，2009 年初，艾利门梯斯铬公司将英国的 Eaglescliffe 铬盐厂关闭，仅保留美国北卡罗来纳州 Castle Hayne 铬盐厂，该公司设在中

国上海的办事处亦缩减其铬化合物方面的业务。英国成为继意大利、德国和日本之后退出重铬酸钠生产的又一发达国家。

② 以资本或技术输出方式在第三世界铬矿资源丰富和消费市场大的国家和地区投资建厂，如艾利门梯斯铬公司在哈萨克斯坦投资。

③ 铬矿资源丰富的国家如南非、印度、土耳其等引进国外先进技术建厂，大力发展本国的铬盐工业。

发达国家铬盐发展走势为我国铬盐的健康发展提供了借鉴。我国铬矿资源进口依存度较高，受矿产国政策和供给影响较大。近些年，南非等国政府批准了包括对铬矿征收出口税等一系列干预措施，加大对铬矿出口的控制，出口铬矿价格不断提高。国内铬元素供给结构面临转化，我国铬盐行业发展面临新的变局。

5.5.2 我国铬盐行业相关政策

（1）《铬化合物生产建设许可管理办法》（中华人民共和国工业和信息化部令　第15号）

新建、改建或者扩建铬化合物生产装置，应当依法取得《铬化合物生产建设许可证书》。

（2）《产业结构调整指导目录（2019年本）》

① 鼓励类：铬盐清洁生产新工艺的开发和应用。

② 限制类：少钙焙烧工艺重铬酸钠。

③ 淘汰类：有钙焙烧铬化合物生产装置。

（3）《铬盐行业清洁生产实施计划》（工信部联节〔2012〕96号）

鼓励企业实施清洁生产技术改造。利用中央财政清洁生产专项资金重点支持企业实施烧结工段清洁生产技术改造。2013年年底前，采用无钙焙烧、钾系亚熔盐液相氧化法等成熟技术完成清洁生产技术改造的企业，项目验收通过后给予资金奖励。2012年底前完成改造并通过验收的，给予高于2013年的资金奖励。

（4）《工业和信息化部　环境保护部关于加强铬化合物行业管理的指导意见》（工信部联原〔2013〕327号）

到“十二五”末，铬化合物生产厂点进一步减少，工艺技术装备达到国际先进水平，形成布局合理、环境友好、监管有力的铬化合物行业健康发展格局。新建、改建、扩建焙烧法铬化合物生产建设项目单线设计生产能力不小于2.5万吨/年。新建、改建、扩建铬化合物项目应达到《铬盐行业清洁生产评价指标体系》中“清洁生产先进企业”水平的要求。吨产品（以重铬酸钠计，下同）铬矿消耗小于1.15t（以含Cr_2O_3 50%标准矿计），原料中不添加钙质辅料，铬渣排放量不超过0.8t，渣中氧化钙含量不超过3%（以干渣计），水溶性六价铬含量不超过0.1%，酸溶性六价铬无检出。含铬废水处理达标率100%，含铬危险废物无害化处理或综合利用率达到100%。

（5）《铬盐行业清洁生产技术推行方案》

方案提出的应用技术（基本成熟、具有应用前景、尚未实现产业化的重大关键共性技术）有铬铁碱溶氧化制铬酸钠技术、气动流化塔式连续液相氧化生产铬酸钠技术、碳

化法生产红矾钠技术。推广技术（指已经成熟、行业急需应用、要加大推广力度或扩大应用范围的重大关键共性技术）有钾系亚熔盐液相氧化法、无钙焙烧技术。

5.5.3　我国铬盐行业的发展趋势

根据我国铬盐行业的相关政策以及我国铬盐行业的发展现状，可推测我国铬盐行业的发展趋势如下。

（1）铬盐行业将继续大型化和集中化

目前我国经由铬酸钠制铬化合物的铬盐企业有 11 家，其中 8 家在 2021 年产量不高于 5 万吨，而其余 3 家 10 万吨产能企业其产能占全国产能的 54.5%。铬盐产业集中度初现端倪，但规模偏小，厂家数仍偏多，因生产装置过小使单位产品的原料消耗、能耗、工耗过高，环保措施执行能力较弱，环境风险较大。有必要继续进行大型化、集中化，增加单线生产能力，淘汰中、小型装置，提倡联合兼并，减少生产厂家。

（2）推广新工艺新技术，提高企业研发能力

截至 2021 年年底，我国铬盐企业以无钙焙烧工艺为主，传统有钙焙烧工艺已基本淘汰，少钙焙烧工艺只有 2 家企业应用且已停产进行无钙化改造。无钙焙烧工艺虽然铬渣产生量小，降低了铬渣的酸溶性六价铬含量，但由于大量返渣的存在，焙烧过程能耗增加，还影响了铬资源的转化率；并且无钙焙烧工艺对铬铁矿原料要求高，仅有南非矿等少数矿种适用。无钙焙烧工艺仍存在产污点多、排污量大等环境问题。近些年，国内铬盐企业与科研机构联合攻关，开发出钾系亚熔盐液相氧化工艺、铬铁碱溶氧化法、气动流化塔式连续液相氧化法、铬铁矿加压碱浸氧化法、双自返低温熔盐法等液相法铬盐新型生产工艺[20]。这些新型铬盐生产突破了传统有钙/少钙/无钙铬盐生产工艺的藩篱，在生产原理方面实现创新，而且已有中蓝义马、湖北振华、青海博鸿等企业实现了新工艺的规模化生产和创新发展。

（3）行业内外联合

铬盐工业在无机盐行业中是一个小行业，但铬化合物的应用范围非常广，铬盐行业的进一步发展有赖于上下游工业联合，现今已有一些好的开端。国内外多年前就提出化工-冶金联合生产的主张。如新疆沈宏集团发展了铬酸钠-碳素铬铁联产、铬酸酐制高纯金属铬、有钙焙烧渣及无钙焙烧渣高炉冶炼低铬生铁等工艺与产品。国内铬盐厂直接或间接利用氧化铬制成特种陶瓷（熔喷氧化铬、铬砖）已有多年，因此，铬盐厂与陶瓷行业的某种联合亦有可能。铬盐厂与维生素 K_3 生产厂合作或设立维生素 K_3 车间是另一种联合方式。铬盐厂若能与医药、保健品行业合作，扩大铬的应用，必将为铬盐厂带来更大的经济效益。

5.5.4　我国铬盐行业废渣的发展趋势

根据我国铬盐行业的相关政策以及我国铬盐行业的发展趋势，可推测我国铬盐行业

废渣的发展趋势如下。

（1）铬渣的产生量急剧减少及铬渣的处置特性得到优化

随着我国铬盐行业逐步向无钙焙烧工艺及铬铁碱溶工艺发展，铬渣的产生量将显著降低。无钙焙烧工艺铬渣产生量为 0.8t/t 铬盐产品，铬铁碱溶工艺几乎不产生铬渣，相比现有的少钙焙烧工艺 1.2t/t 铬盐产品来说，铬渣的产生量得到显著降低。

此外，无钙焙烧工艺中不添加 CaO，使得酸溶性 $CaCrO_4$ 的含量显著降低，相比少钙渣来说其环境危害性和处置难度均得到降低。

（2）铝泥的产量将有所增加

由于未能添加 CaO，导致 Al 进入后续酸化阶段，最终以铝泥的方式排入环境中，无钙工艺的铝泥将比少钙工艺的铝泥量稍大。因此，今后应重视对铝泥的综合利用及处置。

（3）无钙焙烧工艺的芒硝产生量相比少钙焙烧工艺来说增多

无钙焙烧工艺中不添加 CaO，添加了大量的 Na_2CO_3，导致 Si、Al、Fe 等形成硅酸钠、铝酸钠和铁酸钠，汇入到后续的产品中，在酸化过程中形成了芒硝，导致无钙焙烧工艺的芒硝产生量增大到 1.2t/t 产品，相比少钙焙烧工艺芒硝产生量 1.06t/t 产品来说，产生量增大。

参 考 文 献

[1] 王彩虹. 浅谈铬铁矿有钙焙烧和无钙焙烧的不同[J]. 河套学院论坛, 2013（2）: 98-102.

[2] 纪柱. 关于铬矿有钙、少钙、无钙焙烧的区别[J]. 铬盐工业, 2005, 17（2）: 28-31.

[3] 韩露，谭建红，刘思琪. 铬渣的环境危害及其治理技术研究[J]. 广州化工, 2016, 44（6）: 10-11, 24.

[4] 毛汉云，金学坤. 铬渣工业化治理及综合利用技术进展[J]. 辽宁化工, 2014, 43（07）: 878-879, 882.

[5] 刘新培. 铬渣治理技术路线应用与分析[J]. 天津化工, 2013, 27（02）: 35-38.

[6] 张茂山，肖勇，朱元洪，等. 铬渣治理技术及应用现状[J]. 中国资源综合利用, 2007（10）: 16-18.

[7] 宋玄，李裕，张茹. 铬渣解毒处理技术综述[J]. 广东化工, 2014, 41（3）: 79-81.

[8] 夏明. 铬渣解毒-固化/稳定化及其产品的综合性能和环境风险研究[D]. 重庆: 重庆大学, 2020.

[9] 陈窈君，李来顺，吕正勇，等. 湿法解毒还原工艺对铬渣中 Cr（Ⅵ）的治理特性[J]. 环境工程, 2020, 38（06）: 67-74.

[10] Sun T, Chen J Y, Lei X R, et al. Detoxification and immobilization of chromite ore processing residue with metakaolin-based gepolymer[J]. Journal of Environmental Chemical, 2014, 2（1）: 304-309.

[11] 崔永峰. 铬渣干法解毒无害化处理分析[J]. 甘肃科技, 2012, 28（5）: 49-50, 45.

[12] 陆清萍，武增强，郝庆菊，等. 铬渣无害化处理技术研究进展[J]. 化工环保, 2011, 31（4）: 318-322.

[13] 庆朋辉，董玉明，王兴润，等. 铬铁矿无钙焙烧铬渣的深度提铬与无害化处理[J]. 无机盐工业, 2020, 52（06）: 63-67, 104.

[14] 冉光靖. 铬渣冶金烧结资源化利用研究[D]. 重庆: 重庆大学, 2020.

[15] 李昆鹏. 含铬铝泥资源再利用工艺探讨[C]. 第 27 届全国铁合金学术研讨会论文集, 2019: 90-92.

[16] 万华龙. 含铬铝泥的综合利用工艺研究[D]. 重庆: 重庆大学, 2015.

[17] 陈胜娴. 含铬铝泥中铬的分离技术研究[D]. 武汉: 华中科技大学, 2014.

[18] 薛文政，郑小刚，魏顺安，等. 从含铬铝泥中回收铝的新工艺[J]. 化工环保, 2016, 36（01）: 101-105.

[19] 付君健. 含铬芒硝的综合利用方案[D]. 重庆: 重庆大学, 2012.

[20] Zhang Y, Li Z H, Qi T, et al. Creen manufacturing process of chromium compounds[J]. Environment Progress, 2005, 24（1）: 44-50.

第6章 碳酸钡行业废渣污染特征与污染风险控制

- 碳酸钡行业国内外发展概况
- 碳化法工艺废渣的产生特性与污染特性
- 钡渣处理处置方式与环境风险
- 碳酸钡行业发展变化趋势

碳酸钡是一种常见的无机盐，工业品为白色粉末[1]；几乎不溶于水，微溶于含有二氧化碳的水，溶于酸、氯化铵或硝酸铵溶液生成络合物；在高温（1400℃）时分解为氧化钡和二氧化碳；微具吸潮性；剧毒，会引起急性和慢性中毒[2]。碳酸钡是重要的基本化工原料之一，广泛应用于建材、冶金、电子和化工等诸多行业和部门。例如，电子行业应用于彩电或计算机显像管玻壳中的添加剂、生产放射线过滤器、电容器和微型芯片、垂直磁化用钡铁氧体的原料等。在玻璃与陶瓷行业，不仅用于玻璃制造中的焙烧添加剂，还能作为微量组分添加到玻璃或陶瓷中提高玻璃的质量。在化工行业中，用于三聚磷酸钠、铁酸盐、其他钡化学品（如硝酸钡和氯化钡）以及涂料、颜料和釉料等的生产中。在水净化和“三废”处理中，碳酸钡用作除硫酸根的沉淀剂。碳酸钡还可用于钢铁渗碳和金属表面处理，它也是制造搪瓷、橡胶、抛光剂的辅助原料[3]。

工业生产碳酸钡的主要原料是重晶石以及毒重石[4]。全世界已探明的重晶石矿储量约有 7.4 亿吨，资源储量约为 35 亿吨；其中以中国、印度、美国、摩洛哥、阿尔及利亚、土耳其、墨西哥等国家资源较为丰富，合计约占世界总量的 70%。中国储量居首位，约占世界的 41.7%[5,6]。晶石矿储量在中国 22 个省、自治区都有分布，其中广西最多，湖北、陕西、湖南、贵州、福建、甘肃、山东等省区均有一定储量[7]。

6.1 碳酸钡行业国内外发展概况

6.1.1 碳酸钡行业国外发展概况

6.1.1.1 碳酸钡行业国外产量与地区分布

据统计，全世界碳酸钡的年生产能力约为 100 万吨，其中我国约 75.5 万吨、德国约 8 万吨（索尔维钡锶化学品公司德国工厂）、美国 4 万吨（主要为美国化学品公司，位于美国亚特兰大）、印度 3 万吨（主要为索尔维印度工厂），另外在俄罗斯、意大利、日本、韩国、巴西、墨西哥等国也有少量生产，产能总计约 8 万吨[8]。

6.1.1.2 碳酸钡行业国外主要生产工艺

目前，美国、德国、印度（索尔维）等国外主要碳酸钡生产企业均采用碳化还原法生产工艺。

美国化学品公司是美国最大的碳酸钡生产商，年生产能力为 4 万吨。美国曾经最大

的碳酸钡生产者——食品机械化学公司，以及舍温-威廉公司已经被政府勒令停产。过去美国碳酸钡生产行业主要的工艺是复分解法，经过多年的发展，复分解法因成本较高逐渐被碳化还原法代替。

德国目前仅有一家碳酸钡生产厂商——索尔维钡锶化学品公司（SOLVAY），是世界第二大碳酸钡生产公司，年生产能力 8 万吨。主要有碳酸钡粗粉、碳酸钡细粉、碳酸钡颗粒、碳酸钡标准粉几种产品。这些产品均有不同的使用用途。索尔维采用的生产工艺也是碳化还原法。该厂地理资源条件好，二氧化碳气井为该公司提供了充足的二氧化碳，其与国内碳化还原法的差别就是二氧化碳的来源。

6.1.2　碳酸钡行业国内发展概况

我国钡矿资源储量全球最多，并且人力成本和能源成本相对较低，国内工业发展需求增长旺盛，因而碳酸钡行业在几十年的时间里发展迅速。据统计，我国碳酸钡行业总生产能力为 75.5 万吨，约占世界总生产能力的 75%。

我国共有 11 家生产厂家，全部采用碳化法工艺。其中生产能力 10 万吨/年以上的 2 家，5 万～10 万吨/年的 3 家[9]，具体如表 6-1 所列。生产厂家河北省最多，但由产能来看，中国碳酸钡的生产集中在贵州、河北两地[10,11]。

表 6-1　中国碳酸钡生产厂家情况

位置	厂家	工艺	产能/（万吨/年）	产量/万吨
贵州	贵州红星发展股份有限公司	碳化法	30	25
	贵州宏泰化工有限公司	碳化法	6	6
河北	河北辛集化工有限公司	碳化法	12	10
	河北沙河化工有限公司	碳化法	2	1.8
	河北邢台宜尊化工有限公司	碳化法	1.5	1.5
湖南	湖南大荣化工农药公司	碳化法	3	2.5
	湖南宏湘化工有限公司	碳化法	4	4
陕西	陕西安康江华化工有限公司	碳化法	6	4.5
	陕西平定化工有限公司	碳化法	1.5	1.5
湖北	湖北京山楚天钡盐有限公司	碳化法	6.5	6
山东	山东枣庄永利化工有限公司	碳化法	3	2.5
合计		—	75.5	65.3

6.2 碳化法工艺废渣的产生特性与污染特性

6.2.1 碳化法工艺流程

碳化还原法工艺简单、成本低、产品质量稳定[12,13]。工艺流程如图 6-1 所示。

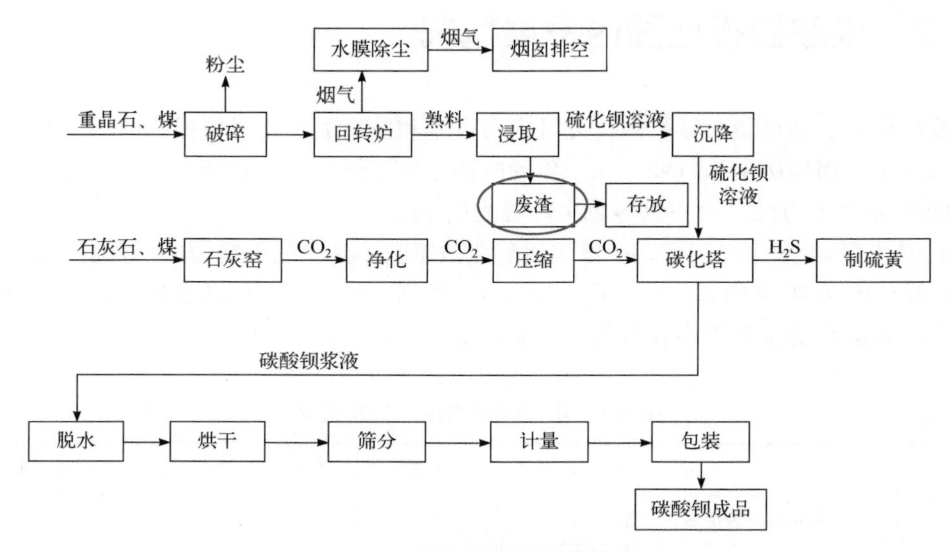

图 6-1 碳化还原法工艺流程

（1）粗硫化钡的制取

将重晶石和煤按一定比例［100：（25～27），以质量计］混合，经过破碎、筛分后连续加入回转炉或反射炉内，在 900～1200℃高温下进行焙烧。在此工序硫酸钡被煤还原为硫化钡，制得粗硫化钡熔体。

（2）粗硫化钡的浸取

把粗硫化钡用逆流过滤浸取法进行浸洗，浸出的硫化钡溶液用泵打入澄清池澄清，以分离废渣。澄清液送去碳化塔，粗渣继续用热水或碳酸化洗涤废水浸取，直至粗渣浸取液中只含有少量硫化钡后进行固液分离。

（3）碳酸化和洗涤

碳酸化过程为间断式。把澄清溶液送入碳化塔内，同时将石灰窑制得的二氧化碳气体经水洗、分离、压缩后打入碳化塔，使硫化钡和二氧化碳进行碳化反应生成碳酸钡。待生成浆料合格后，放入洗涤槽，先用纯碱洗涤脱硫，澄清后澄清液回收，剩余钡浆再用软水洗涤。

（4）制得成品

洗涤后的碳酸钡浆液，进入过滤机滤去水分，随后钡饼由转筒烘干经皮运机、磁辊脱铁器风送到成品仓包装，即为沉淀碳酸钡成品。

自无机盐产业结构调整以来，规模较大的企业一直不断地改进技术，寻找新工艺进行废物利用和开展清洁生产工艺，创新之处主要体现在以下几个方面：

① 生产工艺水闭路循环，辅助生产用水经处理后循环使用，减少了新鲜水的耗用量，降低了单位产品的水耗。

② 在回转炉尾部采用余热锅炉回收烟气中的余热，副产蒸汽用于工艺系统加热。

③ 采用涡轮增压湍流传质脱硫脱硝除尘技术，同时对硫化氢制硫黄后的废气强制回收并送回转炉烟气治污系统。

④ 利用硫化氢尾气生产蛋氨酸，发展循环经济[14]。

6.2.2　废渣产生节点及产排污系数

碳化法工艺过程的技术原理如表 6-2 所列。

表 6-2　碳化法工艺过程发生的反应原理

<table>
<tr><td>工艺路线</td><td colspan="3">碳化法</td></tr>
<tr><td>产品</td><td colspan="3">碳酸钡</td></tr>
<tr><td>原材料</td><td colspan="3">重晶石
石灰石</td></tr>
<tr><td rowspan="4">原理</td><td>焙烧工段</td><td colspan="2">$BaSO_4+2C \longrightarrow BaS+2CO_2$</td></tr>
<tr><td>二氧化碳制备工段</td><td colspan="2">$CaCO_3 \longrightarrow CaO+CO_2$(高温)</td></tr>
<tr><td rowspan="2">碳酸化工段</td><td>预碳化促进水解</td><td>$2BaS + 2H_2O \rightleftharpoons Ba(HS)_2+Ba(OH)_2$
↑
$Ba(OH)_2+CO_2 \longrightarrow BaCO_3+H_2O$</td></tr>
<tr><td>主碳化</td><td>$Ba(HS)_2+CO_2+H_2O \longrightarrow BaCO_3+2H_2S$
$Ba(OH)_2+2H_2S \longrightarrow Ba(HS)_2+2H_2O$</td></tr>
</table>

根据调研数据，平均 1t 重晶石原矿中含有 BaO 为 60%、SiO_2 为 3%、Fe_2O_3 为 0.5%、CaO 为 2.5%、SO_2 为 30%、其他为 4%。假设钡的转化率为 75%，根据技术原理可计算如下物理量。

6.2.2.1　重晶石消耗量

重晶石中的钡理论上 75%转化为 $BaCO_3$，1t 重晶石中含 BaO 为 60%，即为 600kg，则每吨碳酸钡产品所需的重晶石量为：

$$\frac{153}{197\times60\%\times75\%}=1.73(t)$$

即，理论上重晶石原矿的消耗量为 1.73t/t 产品。

6.2.2.2 石灰石消耗

石灰石消耗的目的是通过其产生的 CO_2 将 BaS 转化为 $BaCO_3$，根据反应的方程式可知，1mol 的 BaS 可转化为 1mol 的 $BaCO_3$。由此可计算得到，每吨碳酸钡产品所需的石灰石量为：

$$44/100\times1000=440(kg)$$

即，石灰石消耗量为 0.44t/t 产品。

6.2.2.3 钡渣产生量

钡渣主要来源是重晶石通过回转窑焙烧、用水浸取后剩余的残渣。产生的钡渣量为：

$$1.73\times(10\%+90\%\times25\%)=0.56(t)$$

即，钡渣的产生量为 0.56t/t 产品。

综上，可得到碳化法工艺的部分原料和废渣产污系数，如表 6-3 所列。

表 6-3 碳化法工艺废渣的理论产排污系数

指标		碳化法理论产排污数据
物耗	重晶石消耗/（kg/t）	1730
	石灰石消耗/（kg/t）	440
固体废物产量	钡渣/（kg/t）	560

从地区分布、企业规模等角度选取了湖北某钡盐有限公司、贵州某公司 1、陕西某公司和贵州某公司 2 共 4 家典型的碳酸钡生产企业，开展了企业调查工作，调查废渣的原辅料消耗和废渣的产生量，汇总如表 6-4 所列。

表 6-4 焙烧原料、能源消耗及废渣产生情况统计

典型企业名称		湖北某公司	贵州某公司 1	贵州某公司 2	陕西某公司
原料消耗（以 kg/t 产品计）	重晶石	2200	2150	1950	2000
	石灰石	550	600	700	260

续表

典型企业名称		湖北某公司	贵州某公司 1	贵州某公司 2	陕西某公司
能源消耗（以 kg 标煤/t 产品计）	燃煤	520	530	610	800
	电力	55	51	58	60
	蒸汽	235	208	234	240
	总计	810	789	902	1100
废渣排放（以 kg 废渣/t 产品计）	钡渣	950	750	900	600

碳化法工艺废渣产排污系数的理论数据和调研数据如表 6-5 所列。由此可知，在碳酸钡生产过程中产生的废渣主要是钡渣，钡渣的产污系数为 950kg/t 产品。

表 6-5　废渣产排污系数的理论数据与调研数据

指标		碳化法生产工艺	
		调研数据	理论分析数据
物耗及能耗	重晶石消耗/（kg/t 产品）	1950～2200	1730
	石灰石消耗/（kg/t 产品）	550～700	440
	综合能耗/（kg 标煤/t 产品）	789～1100	—
固体废物产量	钡渣/（kg/t 产品）	600～950	560

对上述调研的 4 家企业的碳化法工艺钡渣进行了钡元素含量以及腐蚀性的测定，结果如表 6-6 所列。

表 6-6　典型企业钡渣的物性分析

项目	湖北某公司	贵州某公司 1	贵州某公司 2	陕西某公司
总钡含量（以 BaO 计）/%	48.26	45.37	45.99	43.12
pH 值	12.93	11.74	11.82	13.13

根据分析结果，可得出如下结论。

钡渣中总钡（以 BaO 计）的含量约为 45.5%，则可计算出碳酸钡行业碳化法钡渣中钡的收率为：

1–[钡渣产量×钡渣中钡含量/(重晶石消耗量×重晶石中钡含量)]=69.67%

即，钡的收率约为 70%。

6.2.3 碳化法工艺废渣污染特性

对4家典型企业碳化法工艺产生的钡渣进行了样品分析，汇总如表6-7所列。

表6-7 典型企业钡渣浸出毒性分析结果

检测项目	湖北湿渣	湖北干渣	贵州钡渣	陕西钡渣	贵州天柱1钡渣	贵州天柱2钡渣	危险废物鉴别标准	污水排放标准	地表水质量标准
pH值	12.93	12.51	11.74	13.13	10.93	11.82	12.5	6-9	6-9
砷/（mg/L）	未检出	未检出	未检出	0.036	未检出	未检出	5	0.5	0.05
汞/（mg/L）	未检出	未检出	未检出	未检出	未检出	未检出	0.1	0.04	0.0001
镉/（mg/L）	0.001	0	0	未检出	未检出	未检出	1	0.1	0.005
铅/（mg/L）	未检出	未检出	未检出	未检出	未检出	未检出	5	1	0.05
铬/（mg/L）	未检出	未检出	未检出	未检出	未检出	未检出	15	1.5	0.05
锌/（mg/L）	4.495	3.947	3.857	4.427	3.028	3.018	100	5	1
钡/（mg/L）	2286	1340	1621	3938	1464	1364	100	—	0.7
铜/（mg/L）	未检出	未检出	未检出	未检出	未检出	未检出	100	20	1
致癌风险	—	—	—	7.52×10^{-5}	—	—	—	—	—
非致癌商	1191	987	856	1453	749	788	—	—	—

与《危险废物鉴别标准　浸出毒性鉴别》（GB 5085.3—2007）[15]相比，钡渣中重金属钡超过标准限值数十多倍，属于危险废物，其他重金属均未超过标准限值。

陕西某公司的钡渣检测出As，但浓度低于地表水质量标准，致癌风险为10^{-5}。

钡渣Ba浸出浓度非常高，导致其非致癌危害商非常高。

此外，钡渣的pH>12.5，即钡渣为具有碱性腐蚀性的废渣。

6.3 钡渣处理处置方式与环境风险

6.3.1 钡渣处理处置方式调研

调研了湖北某钡盐有限公司、贵州某钡盐生产企业1、陕西某钡盐生产公司和贵州某钡盐生产企业2共4家典型的碳酸钡生产企业钡渣的处理处置方式，汇总如表6-8所列。钡渣主要处理处置方式是生产免烧砖，其次是用作水泥混合材和作为危险废物填埋。

表 6-8　钡渣处理处置方式调查汇总

调研企业	免烧砖	危险废物填埋	水泥混合材
湖北某公司			√
贵州某公司 1	√	√	
贵州某公司 2	√		
陕西某公司	√		

6.3.2　钡渣生产免烧砖的环境风险

6.3.2.1　工艺技术路线

综合利用钡渣制备免烧砖的主要工艺流程如图 6-2 所示。将钡渣与矿渣破碎作为备料，生石灰和石膏分别破碎，按比例混合后进行粉磨，作为备料，将各备料按比例与水泥进行混合后，加水搅拌、浇注，静停一段时间后进行切割，然后再通入蒸汽进行蒸压养护，即为成品。

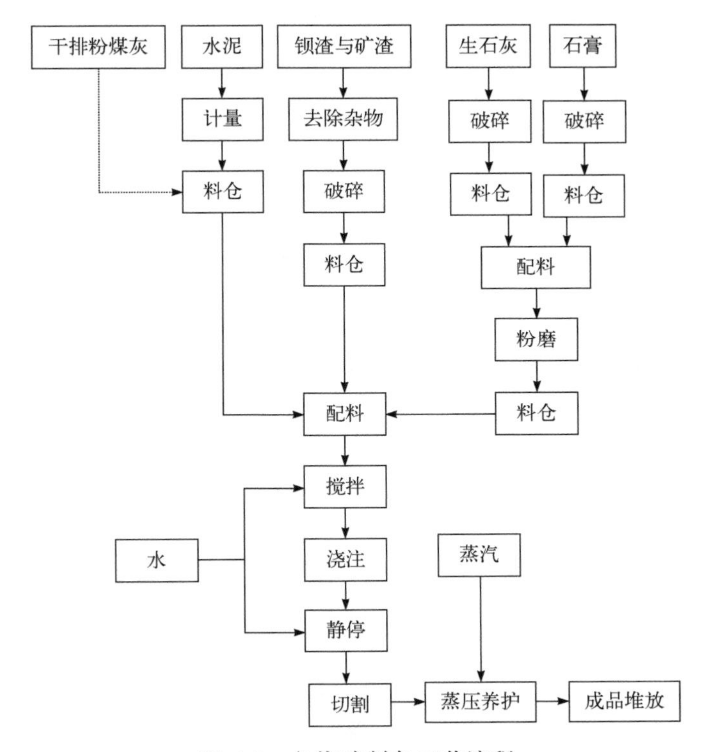

图 6-2　免烧砖制备工艺流程

6.3.2.2 免烧砖环境风险评估方法

目前国内现行的各项标准、方法中并没有含钡废渣生产建材的污染控制标准，所以笔者团队在对钡渣砖的环境风险进行研究时，对国外的污染控制标准进行了深入研究。汇总如表 6-9 所列。

表 6-9 世界各国固体废物生产建材的主要评估方法

编号	名称	基本原理
1	TCLP	对碱性废物，用 0.1mol/L 醋酸溶液（pH2.88），对非碱性废物，用 0.1mol/L 醋酸盐缓冲溶液（pH=4.93），浸提 18h
2	MEP	第一级用醋酸溶液，以后各级用硝酸和硫酸提取，液固比 20：1（体积质量比），提取 10 次，每次 18h
3	ASTM D 4793-93	去离子水 20：1（体积质量比），连续浸提 10 次，每次提取 18h 的标准方法
4	NEN 7371	将粉状样品配制成浸取液，分别维持 pH 值为 7 和 4 各 3h，测定浸取液中污染物的有效浸出量
5	PrEN 14405 NEN 7373	将颗粒样品配制成浸取液，分别维持 7 个阶段（0.1d，0.2d，0.5d，1d，2d，5d，10d），测定各阶段浸取液中污染物的有效浸出量
6	NEN 7375	将块状样品放入浸取液中，分别维持 8 个阶段（0.25d，1d，2.25d，4d，9d，16d，36d，64d），测定各阶段浸取液中污染物的有效浸出量
7	PrEN 14429	将颗粒样品配制成浸取液，分别维持 pH 值为 4、5、6、7、8、9、10、11、12 各 48h，测定每份浸取液中污染物的有效浸出量
8	Static-pH-test	将颗粒样品配制成浸取液，分别维持 pH 值为 4、5、6、7、8、9、10、11、12、13 各 48h，测定每份浸取液中污染物的有效浸出量
9	ANS16.1	将块状样品放入浸取液中，分别维持 6 个阶段共 56d，测定各阶段浸取液中污染物的有效浸出量
10	EN 12457-3	将颗粒样品配制成浸取液，分别维持 6h 和 18h，测定每份浸取液中污染物的有效浸出量

毒性浸出程序（TCLP）（US EPA 方法 1311）是使用最多的分批实验，该方法使用浸提剂调节固相废物的碱度进行摇动提取实验，浸提剂为 pH4.93±0.05 的醋酸/醋酸钠缓冲溶液或 pH2.88±0.05 的醋酸溶液。实验要求的颗粒物粒径<9.5mm。TCLP 方法研发的目的是确定液体、固体和城市垃圾中 40 项毒性指标（TC）的迁移性，这些毒性指标有无机物和有机物，挥发性有机物的浸出实验采用零顶空提取器（ZHE）和醋酸钠缓冲溶液。

多级提取程序（MEP）（US EPA 方法 1320）是为了模拟对于设计不合理的卫生填埋场经多次酸雨冲蚀后废物的浸出状况。重复提取的目的是为了得出在实际填埋场中废物可浸出组分的最高浓度。MEP 实验也用于废物的长期浸出性测试，其提取过程长达 7d。

ASTM 方法 D-4793，是用水连续分批提取固体废物的标准方法。该方法可获得几批固体废物的浸出液，并用于评估在特定实验条件下废物中无机组分的迁移性。最终浸出液的 pH 值反映了废物对浸提剂的缓冲作用结果。该方法的目的并非是为了得到反映现场浸出状况的有代表性的浸出液，不能用于模拟特定场所的浸出状况。

其他几种方法均是欧洲有关用于测试建筑产品（材料）中污染物的方法，如欧盟的 PrEN 14429（pH 影响测试实验）、PrEN 14405（废物浸出行为测试-上流式柱状实验）和 PrEN 12457（颗粒状废物及污泥浸出验证实验）等。此外，欧盟各国也有一系列的测试方法标准，如荷兰的 NEN 7371（废物中无机组分有效量测试）、NEN 7373（颗粒状废物或建材中无机组分浸出行为测试-柱状实验）、NEN 7375（块状废物或建材中无机组分扩散浸出行为测试）等；德国的 DIN 38414 S4 [底泥（污泥）浸出特性测试]；法国的 NFXP31-211（块状材料浸出测试）等。

众多的浸出方法不利于浸出结果的比较，因此欧盟委员会委托欧洲标准化组织的 CEN/TC 292 工作组对现有的浸出方法进行整合。CEN/TC 292 工作组开展的阶段研究将废物、建筑产品（材料）的浸出方法分为两种。

"基本特征"（basic characterization）实验：用于获得短期和长期浸出行为的信息，并表征废物材料的特性。这类实验所关注的参数包括液固比（L/S）、浸取液的组成、影响浸出的因素（如 pH 值、氧化还原电位、络合能力、废物的物理特性参数）等。基本特征实验应用较广的是荷兰 NEN 7371（废物中无机组分有效量测试）和 NEN 7375（块状废物或建材中无机组分扩散浸出行为测试）。

"验证"（compliance）实验：根据确定的废物基本特性，进行简单快速的测试，验证利用废物生产的建筑产品在特定使用方式下是否符合相应的环境保护标准或规范。

通过对以上标准、方法的研究，同时结合我国固体废物生产建材的生产及使用情况，笔者认为荷兰建筑材料指令中的"NEN 7375 水槽浸出测试"和"NEN 7371 浸出材料中污染物质有效量浸出试验"是测定建筑材料中污染物释放的基本特征实验，是比较适合我国实际情况的评估方法。因此，最终选取了"NEN 7375 水槽浸出测试"和"NEN 7371 浸出材料中污染物质有效量浸出试验"测定免烧砖的污染物释放基本特征，并结合利用场景进行模拟评估环境风险。

6.3.2.3 免烧砖环境风险场景模拟

根据免烧砖行业流向分析确定主要暴露场景，目前我国免烧砖主要流向有：饮用水储水池；作为路面材料；建房。

（1）饮用水储水池

利用免烧砖建筑饮用水的储水池，污染物缓慢释放到饮用水中。该场景中对污染物质释放影响较大的是免烧砖中污染物的释放速率和释放量、饮用水的使用周期等。

免烧砖中的污染物缓慢释放到饮用水水体中，如图 6-3 所示。硫化钡的溶度积为 7.9%，水溶性强，人体通过饮用水存在摄入的风险。

（2）建筑路面

路面受雨水冲刷及浸泡作用，其中的污染物质可能会在雨水尤其是酸雨的淋滤下浸出，而迁移至土壤和地下水（见图 6-4）。该场景中对污染物质释放影响较大的是免烧砖的性状、降雨 pH 值、降雨量以及污染物质的释放速率和释放量等。

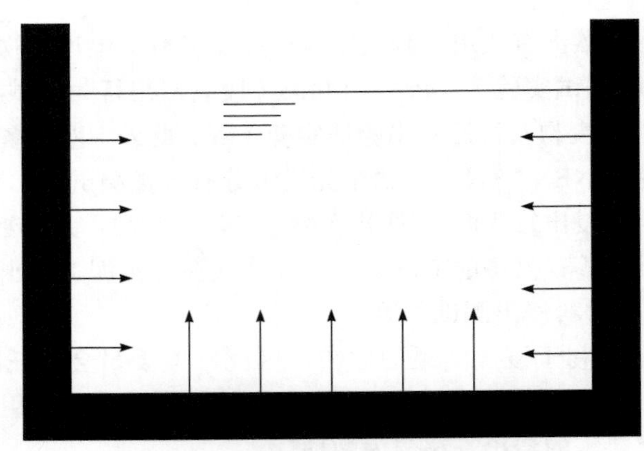

图 6-3　饮用水储水池的应用场景模拟

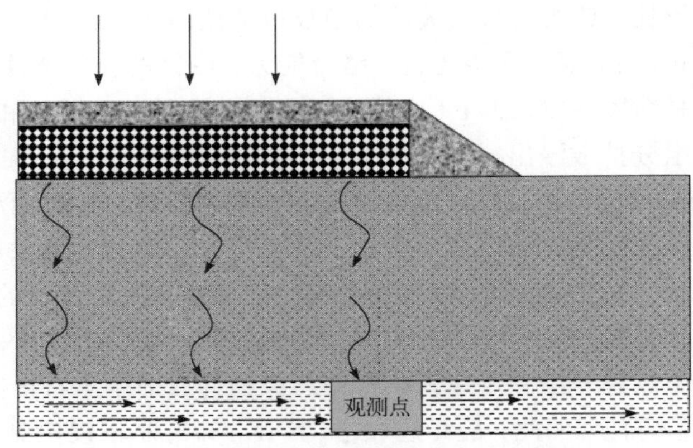

图 6-4　混凝土路面的应用场景模拟

建筑路面暴露场景污染物通过浸出释放污染道路下的土壤和地下水，通过地下水途径对人体产生健康风险。

（3）建房用墙体砖

利用免烧砖建房，该场景中污染物主要通过挥发作用释放到空气中，然后经吸入途径和经口摄入途径进入人体。钡的熔点为 725.1℃，沸点为 1849℃，属于难挥发重金属。此外，建房后墙体砖外需以混凝土刷面。所以，该场景过程的环境风险很小，可忽略。

考虑给人体健康带来直接风险的概率，本研究场景为最不利情况，即免烧砖直接用于建造饮用水储水池。

6.3.2.4　免烧砖饮用水池使用环境风险计算

假设水池砖释放的污染物全部进入池水中。在池水饮用的周期内，为保证不污染池水，污染物释放稀释后的浓度不应超过《生活饮用水卫生标准》（GB 5749—2006）要求的 Ba 浓度为 0.7mg/L。因此，当释放的污染物浓度达到地下水质量标准值时，允许释放

的污染物有效量达到最大值。

以一个三口之家估算，其用水量为 $0.5m^3/d$，储水量为 7d，总池子的体积为 $3.5m^3$。

以 1 个单位面积（m^2）的砖墙体面为研究对象，则砖墙体面允许释放的污染物最大量可以表示为：

$$M_{max} = C_s V \times 1000 \tag{6-1}$$

式中　M_{max}——T 时间内，单位面积砖污染物最大允许释放量，mg/m^2；

C_s——饮用水水质标准值，mg/L；

V——7d 池子的总储水量，m^3；

1000——单位转化系数。

单位面积（m^2）污染物的累积释放量可以表示为：

$$M = 2\rho U_{avail}\left(\frac{DT}{\pi}\right)^{1/2} \tag{6-2}$$

式中　M——T 时间内，单位面积污染物的累积释放量，mg/m^2；

ρ——砖的密度，kg/m^3；

U_{avail}——砖中污染物有效量，mg/kg；

D——扩散系数，m^2/s；

T——累积释放时间，s。

由上两式得：

$$U_{avail,max} = \frac{C_s V \times 1000}{2\rho}\left(\frac{\pi}{DT}\right)^{1/2} \tag{6-3}$$

式中　ρ——砖密度，kg/m^3，取 $2276kg/m^3$；

T——时间，取 7d；

V——池体的体积，m^3，取 $3.5m^3$。

若由上式计算池水中钡的浓度 C_s，则需要测定钡有效量限值 $U_{avail,max}$ 和扩散系数 D。

为了测定钡有效量限值 $U_{avail,max}$ 和扩散系数 D，分别准备了 4 份样品：贵州某钡盐生产企业（以下称厂 1）钡渣砖样品、湖北某钡盐有限公司（以下称厂 2）钡渣砖样品、贵州某钡盐企业（以下称厂 3）未处理钡渣模拟免烧砖样品和平行样品。

在进行有效量限值 $U_{avail,max}$ 的测定实验时，将以上准备的 4 份样品分别进行粉碎至粒径达到 125μm 时进行筛分备样。然后按照“NEN 7371 浸出材料中污染物质有效量浸出试验”的要求对该 4 份样品进行有效量的测定实验。结果如表 6-10 所列。

表 6-10　钡渣砖有效量测定结果

编号	名称	钡浸出有效量/（mg/kg）
1	厂 1 钡渣砖	127.9
2	厂 2 钡渣砖	110.55
3	厂 3 未处理钡渣模拟免烧砖	2274
4		1527.5

在进行扩散系数 D 的测定实验时，按照"NEN 7375 水槽浸出测试"的要求对该 4 份样品进行扩散系数的测定实验。同时，将测定的钡累积释放量数据带入扩散系数 D 计算公式。结果如表 6-11 所列。

$$D=\frac{\pi\varepsilon_{64}^{2}}{4t(\rho U_{\text{avail}})^{2}}\times f_{1} \tag{6-4}$$

表 6-11 扩散系数计算结果

编号	名称	扩散系数计算值/（m²/s）					
		0.25d	1d	2.25d	4d	9d	平均值
1	厂 1 钡渣砖	1.70×10^{-14}	1.7×10^{-14}	1.34×10^{-14}	9.30×10^{-15}	4.60×10^{-15}	1.23×10^{-15}
2	厂 2 钡渣砖	1.22×10^{-12}	7.55×10^{-13}	1.22×10^{-12}	1.22×10^{-12}	1.03×10^{-12}	1.17×10^{-12}
3	厂 3 未处理钡渣模拟免烧砖	1.48×10^{-17}	3.28×10^{-16}	5.23×10^{-16}	1.74×10^{-15}	2.42×10^{-15}	1.95×10^{-15}
4		2.80×10^{-17}	8.15×10^{-16}	1.32×10^{-15}	4.07×10^{-15}	6.66×10^{-15}	2.58×10^{-15}

将表 6-10 和表 6-11 中的数据分别带入式（6-3）后，即可得到池水中钡的浓度。结果见表 6-12。

表 6-12 各样品情况下池水中钡浓度

编号	名称	钡浓度/（mg/L）
1	厂 1 钡渣砖	2.56
2	厂 2 钡渣砖	68.81
3	厂 3 未处理钡渣模拟免烧砖	57.25
4		44.23

由表 6-12 中的数据可知，当使用钡渣砖建造饮用水蓄水池时，重金属钡释放到池水中的浓度远高于国家《生活饮用水卫生标准》（GB 5749—2006）当中的限定值 0.7mg/L。所以，直接使用钡渣生产的免烧砖建造饮用水储水池是不可行的。

6.3.3 钡渣免烧砖的风险控制对策

钡渣是重金属钡浸出毒性严重超标的危险废物，直接利用钡渣制备免烧砖也存在一定的环境风险。鉴于此，针对钡渣样品先使用药剂（芒硝）进行预处理，降低钡渣中钡的浸出毒性后，再制成模拟免烧砖，同时按照以上实验方案对该免烧砖进行了检测，结果见表 6-13。

表 6-13　有效量及扩散系数测定结果

编号	名称	钡浸出有效量 /（mg/kg）	扩散系数计算值/（m^2/s）					
			0.25d	1d	2.25d	4d	9d	平均值
1	厂 3 钡渣处理后模拟免烧砖	14.215	1.41×10^{-16}	2.88×10^{-16}	3.48×10^{-16}	2.24×10^{-15}	1.53×10^{-14}	3.66×10^{-15}
2		3.166	7.85×10^{-16}	2.95×10^{-15}	3.98×10^{-15}	4.13×10^{-14}	4.67×10^{-13}	1.03×10^{-13}

将表 6-13 中的数据分别带入式（6-3）后，即可得到池水中钡的浓度，见表 6-14。

表 6-14　各样品情况下池水中钡浓度

编号	名称	钡浓度/（mg/L）
1	厂 3 钡渣处理后模拟免烧砖	0.49
2		0.57

由表 6-14 中数据可知，使用药剂处理后钡渣制备的免烧砖建造饮用水储水池时，重金属钡释放到池水中的浓度低于国家《生活饮用水卫生标准》（GB 5749—2022）相应限定值（0.7mg/L）[16]。所以，使用芒硝预处理的钡渣生产的免烧砖建造饮用水储水池是可行的。

由于部分地区的地方环保职能部门和部分企业的环境保护意识薄弱，造成有些企业环保措施不够完善，出现了钡渣乱堆乱放的现象，随意排放、贮存的钡渣在雨水及地下水的长期渗透、扩散作用下，严重污染水体和土壤，降低地区的环境功能等级[9,13,17]。为了降低堆存钡渣对周围环境的危害，所有碳酸钡生产企业在处置未被综合利用的钡渣时应严格按照《危险废物贮存污染控制标准》（GB 18597—2001）[18]和《危险废物填埋污染控制标准》（GB 18598—2019）[19]中的要求对钡渣进行安全贮存、填埋。

碳酸钡生产企业针对钡渣的综合利用开发了免烧砖和水泥添加剂等利用方式，但是由于钡渣在综合利用之前并未针对钡渣中的重金属钡进行预处理，所以利用钡渣生产的免烧砖和水泥添加剂依然存在一定的环境风险。针对该问题，碳酸钡生产企业在利用钡渣之前应当先对钡渣中的重金属钡采取加药剂（芒硝）预处理措施，使其不在对环境产生危害之后，再用于生产免烧砖或水泥添加剂，同时，所生产的建材产品在使用过程中应当尽量避免用于一些易于和外部环境接触的地方。

6.4　碳酸钡行业发展变化趋势

6.4.1　国外碳酸钡行业发展趋势

国外碳酸钡产能主要集中在日本、美国、德国等几个发达国家，其企业数量较少，产业集中度相对较高，产能相对较大。由于能源消耗高、环境污染重、矿脉储量低、人工费用高等原因，导致碳酸钡产品产量大幅度下降，大部分国家碳酸钡行业转向了高端产品、新技术的开发和研究。

6.4.2 我国碳酸钡行业相关政策

6.4.2.1 《产业结构调整指导目录（2019年本）》

将新建碳酸钡生产装置列为限制类；

将2万吨/年以下普通级碳酸钡生产装置列为淘汰类。

6.4.2.2 《环境保护综合名录》

环保部将“传统碳化法工艺”生产的碳酸钡列为“高污染、高环境风险产品”，将“传统碳化法生产工艺”列为“重污染工艺”，将“先进的清洁生产工艺”列为“环境友好工艺”。

6.4.2.3 行业主管部门对碳酸钡行业的发展规划

现有碳酸钡企业应严格执行国家在产业政策和生态环境保护方面颁布法律法规和规章制度。规范本行业发展的建议归纳如下：

2010～2020年不再新建碳酸钡项目，2020年后新建企业生产规模应在15万吨/年以上，新建碳酸钡企业必须采用环境友好工艺。

碳酸钡生产企业必须严格执行环评和“三同时”制度。淘汰没有环保设施的生产装置，对环保设施不能正常运行或处理效率低下导致废水、废气污染物超标排放的生产企业采取限期整改或强制关停措施。

6.4.3 我国碳酸钡行业的发展趋势

根据我国碳酸钡行业的相关政策以及我国碳酸钡行业的发展现状，可推测我国碳酸钡行业的发展趋势如下。

（1）生产技术的改进

在生产技术方面，主要的改进是微机配料、除尘效率、余热利用、生产用水循环使用等[20]。如今规模较大的厂商，如贵州红星等，这些清洁生产技术的发展较为完善，形

成了一套区别于旧工艺的清洁生产工艺。一些规模较小的厂商技改可能不够完善，应大力推广清洁生产技术。

（2）新产品的开发

从产品的角度来看，当前我国进口与出口的平均单价差别很大，其根本原因就是高端产品的匮乏，因此当前碳酸钡产业正着力于开发碳酸钡的新用途，逐步提高产品质量，生产应用于高端领域的纳米级碳酸钡、MICC 专用碳酸钡等，向精细化、功能化方向发展[21]。

6.4.4 我国碳酸钡行业废渣的发展趋势

根据我国碳酸钡行业的相关政策以及我国碳酸钡行业的发展现状，可推测我国碳酸钡行业废渣的发展趋势如下：

目前，碳酸钡行业废渣的产生量均值为 0.95t/t 产品，每年新产生钡渣 62 万吨，历史堆积钡渣总量在 1200 万吨左右。数量如此巨大的有毒废渣一直在严重威胁着堆场周围的生态环境。

随着国家产业结构的调整，部分产能小、吨产品废渣产生量大、污染严重的小企业将陆续关闭；加之先进的、清洁的生产工艺技术的推广应用，废渣的年均产生量将会大大降低。同时，大部分环境友好型企业正在采取相应的废渣综合利用措施，将新产生的废渣全部综合利用的同时也在逐步地消耗部分历史堆积废渣。

未来，历史堆积的钡渣虽然依旧对周边环境存在严重威胁，但是随着堆存废渣的逐渐减少，周边生态环境的压力也会有所减缓。

参 考 文 献

[1] 李建忠，袁伟. 碳酸钡的应用及制备[J]. 陕西化工，2000（01）：6-9.

[2] 梁翠岩，王运朝，陈英军. 工业碳酸钡生产过程危险性分析[J]. 无机盐工业，2007（08）：45-46.

[3] Zhang Q, Saito F. Non-thermal production of barium carbonate from barite by means of mechanochemical treatment[J]. Journal of Chemical Engineering of Japan, 1997, 4（30）: 724-727.

[4] 雷永林，吕淑珍，霍冀川. 中国毒重石的综合利用进展[J]. 无机盐工业，2009, 41（05）：5-8.

[5] USGS. Phosphate Rock Statistics and Information[EB/OL]. 2022-06-18.

[6] 王庆伟，张元元. 中国重晶石矿产现状及可持续发展对策研究[J]. 现代化工，2014, 34（12）：5-7.

[7] 袁建国，屈云燕，柳霞丽，等. 中国重晶石资源现状及供需形势[J]. 现代化工，2017, 37（06）：1-4.

[8] 刘洋，魏志聪，李梦宇，等. 重晶石资源现状及选别技术研究进展[J]. 矿产保护与利用，2021, 41（06）：117-123.

[9] 王湘徽，颜湘华，栗歆. 钡渣的污染特性与资源化利用风险研究[J]. 环境工程技术学报，2016, 6（02）：170-174.

[10] 甘四洋，陈彦翠，贾韶辉，等. 工业固体废弃物钡渣的资源化综合利用研究[J]. 建材发展导向，2015, 13（04）：36-38.

[11] 付茂英. 河北重晶石矿地质特征及资源潜力探讨[J]. 中国非金属矿工业导刊，2022（01）：10-12.

[12] 陈英军. 碳化法生产工业碳酸钡[J]. 河北化工，2005（02）：24-25.

[13] 李洁，朱斌，卜凡，等. 碳化法生产碳酸钡安全风险分析与预防[J]. 无机盐工业，2015, 47（12）：60-62.

[14] 韩恒朝，陈英军，杨运海. 碳化法生产碳酸钡硫化氢尾气的综合利用[J]. 无机盐工业，2006（07）：46-48.

[15] GB 5085. 3—2007 危险废物鉴别标准 浸出毒性鉴别[S].

[16] GB 5749—2006 生活饮用水卫生标准[S].
[17] 刘立柱, 贾韶辉, 王勇, 等. 钡渣在建材产品中的应用及其重金属固化效果研究[J]. 砖瓦, 2017（05）: 25-27.
[18] GB 18597—2001 危险废物贮存污染控制标准[S].
[19] GB 18598—2019 危险废物填埋污染控制标准[S].
[20] 高艳玲, 付丽琴. 碳酸钡生产过程中废弃物的回收与利用[J]. 中国环境管理干部学院学报, 2000（Z1）: 75-77.
[21] 陈英军, 王缓. 我国碳酸钡的市场现状和发展方向[J]. 现代化工, 2002（05）: 53-55.

第7章 钛白行业废渣污染特征与污染风险控制

钛白粉是一种最重要的白色无机颜料，成分是二氧化钛，分子式为 TiO_2。其化学性质相当稳定，不溶于水、有机酸和弱无机酸，可溶于浓硫酸、碱和氢氟酸[1]。商品有颜料级钛白粉和非颜料级钛白粉。颜料级钛白粉主要应用于涂料、造纸、塑料、橡胶、印刷油墨、化学纤维等行业[2,3]，锐钛型适用于制造室内用涂料和制品，金红石型适用于制造室外用涂料和制品；非颜料级钛白粉主要应用于搪瓷、电容器、电焊条等。涂料行业是钛白粉的最大用户，特别是金红石型钛白粉，大部分被涂料工业所消耗。塑料行业是钛白粉第二大用户，在塑料中加入钛白粉，可以提高塑料制品的耐热性、耐光性、耐候性，延长其使用寿命。造纸行业是钛白粉第三大用户，作为纸张填料，钛白粉主要用在高级纸张和薄型纸张中。纺织和化学纤维行业是钛白粉的另一个重要应用领域。化纤用钛白粉主要作为消光剂。

根据美国地质调查局（USGS）数据[4]，截至 2021 年年底，全球已探明钛铁矿储量约 7.0 亿吨（以 TiO_2 计），主要分布在中国、澳大利亚、印度、巴西、挪威等国家。金红石储量 4900 万吨，主要分布在澳大利亚、印度、南非等国。全球已探明的钛矿石储量（包括钛铁矿和金红石等）约为 7.5 亿吨，估计锐钛矿、钛铁矿和金红石的全球资源储量超过 20 亿吨。

我国钛矿资源分为钛铁矿砂矿、钛铁矿岩矿和金红石岩矿三种类型。国内钛矿资源分布具体如表 7-1 所列。

表 7-1 国内钛矿资源简况

序号	矿产地	原矿种类	储量（以 TiO_2 计）/万吨	可回收品类
1	四川攀西地区	钒钛磁铁矿	8700	粒状钛铁矿
2	河北承德地区	钒钛磁铁矿	3500	粒状钛铁矿
3	广东省	重矿砂	1700	钛铁矿和金红石
4	广西壮族自治区	重矿砂	3600	钛铁矿和金红石
5	海南省	重矿砂	2600	钛铁矿和金红石
6	云南省	内陆砂矿	3000	钛铁矿
7	河南南阳	含金红石岩石	500	粒状金红石
8	湖北枣阳	含金红石岩石	560	粒状金红石
9	河北涞水	含金红石岩石	70	粒状金红石
10	山西代县	含金红石岩石	62	粒状金红石

7.1 钛白行业国内外发展概况

7.1.1 钛白行业国外发展概况

7.1.1.1 钛白行业国外产量及地区分布

全球范围内，钛白粉行业集中度非常高。随着日趋严格的环保要求，部分钛白粉厂家被迫关停或破产，整个钛白粉行业开始呈现极为明显的两极分化现象。在 2010 年前后，全世界钛白粉行业格局可称为“一大七强（1 Country & 7 Companies）”，具体如表 7-2 所列。

表 7-2　2010 年世界主要钛白粉生产企业

公司名称	所属国	工厂数	总产能/（万吨/年）	生产方式
杜邦（DuPont）	美国	5	130	CP
科斯特（Cristal）	沙特	9	80	CP+SP
亨斯曼（Huntsman）	美国	8	60	CP+SP
康诺斯（Kronos）	美国	5	55	CP
特诺（Tronox）	美国	6	40	CP
萨哈利本（Sachtleben）	德国	3	40	SP
石原产业（ISK）	日本	4	20	CP+SP

注：CP 代表氯化法生产工艺，SP 代表硫酸法生产工艺。

由于全球钛白粉增产导致供给过剩，价格低迷，国际钛白粉巨头产能持续收缩，在不断整合的过程中，海外大型钛白粉企业数量逐渐减少。随着国外企业兼并重组和国内钛白粉企业产能扩张的推进，到 2019 年，全球钛白粉市场基本形成了以国外四大钛白粉企业（科慕、特诺、Venator、康诺斯）和中国三大钛白粉企业（龙佰、中核华原、攀钢）为主的格局。随着氯化法钛白粉产能的投产和 2019 年 6 月收购云南新立，龙蟒佰利联 2020 年钛白粉总产能达到 101 万吨，已经跃居到全球第三。

7.1.1.2 钛白行业国外主要生产工艺

在生产工艺方面，国外 70%多的钛白粉生产企业采用氯化法生产工艺，只有不到 30%的企业采用硫酸法生产工艺。

（1）美国

美国是全球钛白粉工业最主要的基地，很多钛白粉企业的总部均设立在美国，其中最具规模的有杜邦公司(DuPont Titanium Technology)、特诺公司(Tronox Incorporated)、亨斯曼公司（Huntsman Pigments）、康诺斯公司（NL Industry/Kronos）等企业。

美国所有企业总产能约300万吨/年，美国本土企业产能将近155万吨/年。所有企业中杜邦公司全部采用氯化法生产钛白粉，其余企业在不同地区分别采用硫酸法和氯化法进行钛白粉生产。在美国本土仅有特诺公司在佐治亚州萨凡纳地区年产5.4万吨的项目采用硫酸法生产钛白粉，其余约150万吨均采用氯化法生产钛白粉。

（2）日本

日本原来有7家钛白粉生产商，分别是石原产业（ISK）、帝国化工（Tayca）、日本化学（Sakai）、东北化学（Tohkem）、富士钛（Fuji）、钛工业（Titan）和古河矿业（Furukawa）。2000年4月，日本化学收购了东北化学的钛白粉业务，由此与帝国化工共同成为日本第2大规模生产商。2006年4月，富士钛被石原产业公司收购。2008年1月，帝国化工并入荷兰阿克苏诺贝尔集团。至此，日本的钛白粉生产商仅剩石原产业、日本化学和钛工业3家。

3家企业当中，日本石原产业钛白粉产量约为20万吨/年，日本化学和钛工业两家合计约为20万吨/年。在生产工艺方面，日本石原产业在日本三重县四日市的年产9万吨钛白粉的工厂，以及收购富士钛的两座工厂均为硫酸法，该市另一座年产6.5万吨钛白粉的工厂和新加坡裕廊工业的年产4.5万吨钛白粉的工厂均为氯化法。

7.1.1.3 国外钛白行业废渣的产生量及主要处置去向

（1）硫酸法

硫酸法钛白粉废渣治理技术不复杂，但存在排放量大、处理装置庞大、投资高、治理费用多、有价值的综合利用途径少等问题[5,6]。

目前主要治理方法及综合利用途径有以下几种。

1）废酸浓缩后制石膏

日本的石原产业、堺化学公司和美国的氰氨公司以及捷克等国都有废酸制石膏的工厂。通常将石灰粉碎后配成石灰乳，分两次中和，第一次在低pH值（pH=2.5）下中和制成低钛石膏，用于制石膏板；第二次中和至pH=4.5，制成水泥用石膏，滤液继续中和至pH值达6～9后排放。

2）酸解废渣

通常在回收其中钛液后，经水洗，晾干作为无机垃圾处理。也有的工厂返回酸解再用后（使用次数不能过多，以免影响质量），再按上述方法处理。

3）副产硫酸亚铁的利用

每吨钛白粉要副产3.5t左右的七水硫酸亚铁。硫酸亚铁的产量是钛白粉产量的3.5

倍，这是一个不容忽视的副产品，如果不能很好地综合利用，将严重影响钛白粉的发展。硫酸亚铁可以用作净水剂、土壤改良剂、合成氨铁催化剂，用于医药、农药、染料、墨水等工业部门。但是由于副产量太大，往往难以平衡。此外，硫酸亚铁还可以用于生产水泥添加剂，如水泥防冻剂、速凝剂、流平剂等。

（2）氯化法

氯化法钛白粉废渣主要为原料备料除尘器除尘灰、氯化工序除尘灰、氯化炉渣及生产废水处理站污泥。另外，粗 $TiCl_4$ 沉降泥浆和除矾工序的钒渣泥浆均返回氯化工序回收 $TiCl_4$，作为氯化工序除尘灰排出并处置。氯化除尘灰和氯化炉渣是主要的废渣，产生量最大。

废渣的处理有以下几种方案[7-9]。

1）原料备料工序除尘器除尘灰

石油焦贮运系统与高钛渣贮运系统的袋式除尘器将产生的除尘灰（分别含有石油焦粉末与高钛渣颗粒），全部收集后返回生产系统利用。

2）氯化工序旋风除尘器除尘灰和氯化炉渣

氯化工序除尘器产生除尘灰是主要的工业固体废物，产生量最大。排渣罐和冷却罐的三氯化铁及其他金属氯化物的浆料收集到搅拌罐中，向搅拌罐中加入水泥进行搅拌，再用输送泵将搅拌罐中的固液混合物送到固化堆放场进行固化处理,然后送到渣场堆放，固化渣经适当处理后可用于建筑材料。

来自氯化工序排渣罐和冷却罐的含有三氯化铁的金属氯化物溶液用泵送到缓冲池，经过缓冲池收集到的溶液用输送泵输送到浓缩池，进行浓缩，三氯化铁溶液经过自然浓缩后，浓度提高到 38%，作为水处理剂外售，三氯化铁中的固体杂质沉积到浓缩池底部，定期清理，送渣场堆放。

3）粗 $TiCl_4$ 沉降泥浆

氯化车间浓缩沉淀槽产生的沉降泥浆含 $TiCl_4$ 约 50%，使用泥浆泵打回沸腾氯化炉顶部作为喷淋冷却氯化炉炉气的冷却介质回收 $TiCl_4$，最终以氯化工序除尘灰形式排出并处置，排放量计入氯化工序除尘灰产生量中。

精制车间除钒蒸馏釜产生钒渣泥浆，主要含 $TiCl_4$ 约 50%，钒约 2%。返回氯化炉顶部作为喷淋冷却氯化炉炉气的冷却介质回收 $TiCl_4$，最终以氯化工序除尘灰形式排出并处置，排放量计入氯化工序除尘灰产生量中。

4）液体 $SiCl_4$

精制车间精馏工序产生冷凝液，其主要成分为 $TiCl_4$，约 90%。利用精制系统停车检修的时间，采用精馏塔将冷凝液中的 $TiCl_4$ 蒸出回收，得到 $SiCl_4$ 质量分数大于 90%的副产品，综合利用于生产多晶硅等。

5）生产污水处理站产生的泥饼

泥饼中主要含有降解后的有机物和无机物，不含有毒有害物质，属一般固体废物，采用机械脱水，机械脱水、干化后送至一般工业固体废物处置场填埋。

6）废耐材

氯化炉大修将产生废耐材，属一般工业固体废物，可用于生产水泥或制砖。

7.1.2 钛白行业国内发展概况

7.1.2.1 钛白行业国内产量及地区分布

据统计，2020 年我国钛白粉总产能约为 403 万吨，占据全世界总产能的 49%；总产量约为 351.2 万吨，占据世界总产量的 30%。中国是世界上最大的钛白粉生产国和消费国，国内各大钛白粉生产企业不断在扩张自身产能，据不完全统计，2022 年国内钛白粉新增产能共计 140 万吨，总产能达 600 万吨[10,11]。

据统计，我国共有 65 家钛白粉生产企业，分布在 17 个省（区）。钛白粉生产主要集中在四川、广西、山东和江苏四省（区），占全国总产能将近 70%。由于河南佰利联在产能上占据较大优势，所以河南也是钛白粉生产大省。四川攀枝花市为中国第一大钛白粉生产基地，其丰富的钛矿储备集中了 9 家大、中型企业。山东省的东佳集团拥有全省约 40%的产能。

生产工艺方面，目前全球钛白粉产品的生产工艺仍由硫酸法主导，但氯化法工艺占比逐步提高，目前全球约有 42.5%的钛白粉产能采用氯化法工艺，发达国家钛白粉生产主流工艺都采用氯化法。我国有 84%的产能使用高污染的硫酸法，由于受氯化法技术壁垒影响，国内仅有龙佰、锦州钛业、云南新立（已被龙佰收购）等少数企业具有氯化法钛白粉生产能力[12,13]。

国内钛白粉生产企业具有数量多、规模小的特征。产量大于 10 万吨/年的共 4 家，大于 5 万吨/年的共 12 家，大于 2 万吨/年的共 33 家，小于 2 万吨/年的共 32 家，大于 5 万吨/年的为 12 家。

我国钛白粉产能按地区和企业分布具体如图 7-1 和图 7-2 所示。

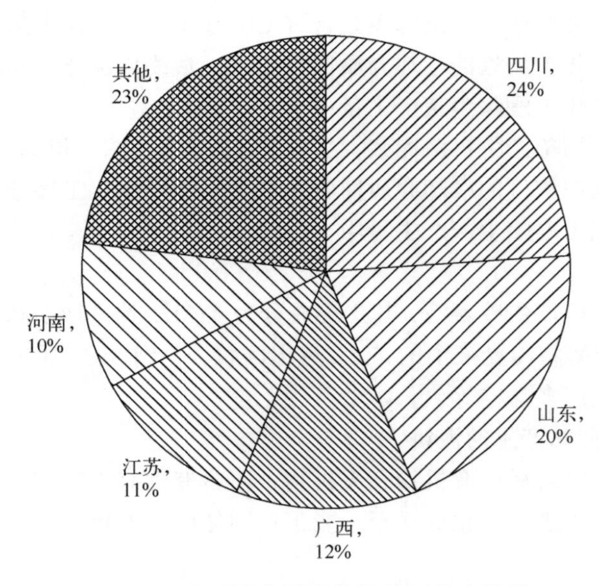

图 7-1　我国钛白粉产能按地区分布情况

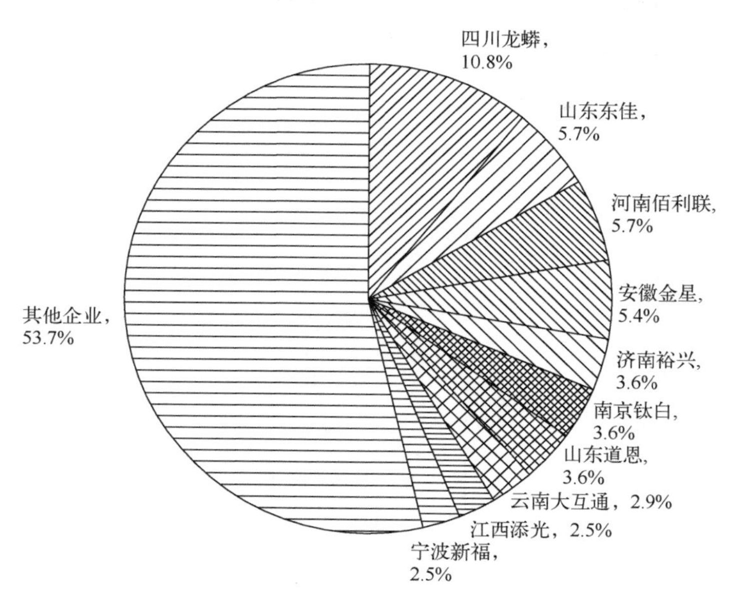

图 7-2　我国钛白粉产能按企业分布情况

从全球钛白粉供需关系来看，钛白粉市场基本达到平衡。目前全球经济低迷，钛白粉需求呈现大幅下滑态势。随着房地产持续去库存影响，国内钛白粉需求下降，行业竞争加剧。尽管中国的产能处于过剩状态，但仍有不少厂家进行扩产或新建，产能扩张和生产转型进一步加剧了市场竞争。此外，还有不少公司开始进入钛白粉行业。国内钛白粉部分新扩建项目情况具体如表 7-3 所列。

表 7-3　国内钛白粉在建和拟建项目（2014 年）

单位	在建产能/万吨	拟建产能/万吨
佰利联		6（CP）
南京钛白	8	
云南大互通	3	
宁波新福	4	
山东道恩		10
云浮惠沄	4	
中盐株化		10（CP）
漯河兴茂	6	6（CP）
广西金茂	10	

续表

单位	在建产能/万吨	拟建产能/万吨
攀钢集团重庆钛业		6
攀枝花东方	6	
蓝星大华	5.5	
广西藤县广峰	1.5	
攀枝花天伦	4	
攀枝花钛海		20（CP）
淮安飞洋	1.5	
锦州钛业	3	
攀钢钛业	10（CP）	
富民龙腾	2	
攀枝花钛都	8	
衡阳玉兔	5	
广西嘉华	10	
海南富达	5	
攀枝花新中钛		10
四川盘龙	5	
云南隆源	6	
云南新立	6（CP）	
贾汪钛白粉	7	
洛阳新安		10（CP）
云南大理矿业	6（CP）	
江西彭泽金鑫化工	5	
甘肃东方钛业	10	
总计	141.5[22（CP）]	78[52（CP）]

注：CP 代表氯化法生产工艺。

7.1.2.2 钛白行业国内主要生产工艺

在生产工艺方面，我国目前掌握氯化法生产工艺的有龙佰、锦州钛业、云南新立（已

被龙佰收购）等少数企业，其他大部分采用硫酸法生产工艺。硫酸法生产工艺又分为传统硫酸法生产工艺和联产法硫酸法清洁生产工艺。

7.2　硫酸法生产工艺废渣的产生特性与污染特性

7.2.1　硫酸法工艺流程

硫酸法可生产锐钛型和金红石型钛白粉，其工艺大致可分为两类：一是传统硫酸法生产工艺；二是联产法硫酸法清洁生产工艺。传统硫酸法工艺与联产法硫酸法工艺基本原理差不多[14,15]，二者特点对比具体如表 7-4 所列。

表 7-4　硫酸法工艺特点对比

项目	传统硫酸法	联产法硫酸法清洁生产工艺
规模	<3 万吨/年	≥6 万吨/年
主要原料	钛精矿、硫酸	钛渣、钛精矿、硫黄
装置	（1）无硫酸装置，缺少废硫酸浓缩、七水硫酸亚铁深加工等综合利用装置。 （2）钛白粉装置仍在采用雷蒙磨、摩尔过滤机等落后设备，自动控制水平低。 （3）污染治理设施不完善	（1）有硫黄制酸、废硫酸浓缩和利用、七水硫酸亚铁深加工、余热利用等装置。 （2）钛白粉装置较传统法有多方面改进，设备更为先进、大型，自控水平高，节能、降耗、减排效果显著。 （3）污染治理设施完善
钛白粉质量	一般只生产锐钛型钛白粉，铁等杂质含量高，低端产品	可生产高档锐钛型和金红石型两类产品，杂质含量较少，为中、高端产品
资源利用率	TiO_2 收率 84%	TiO_2 收率 90%
能耗	高	低
环保	产污、排污量大，污染重	产污、排污量少，污染轻

（1）传统硫酸法

目前国内绝大部分企业采用的是传统硫酸法。传统硫酸法生产工艺是指以价低易得的钛铁矿与浓硫酸为原料生产钛白粉的传统工艺，技术较成熟，设备简单，防腐蚀材料易解决。

传统硫酸法的工艺流程具体如图 7-3 所示。

传统硫酸法钛白粉生产工艺存在的主要问题如下。

① 钛的资源利用率低。由于单套装置产能一般小于 5 万吨生产规模，酸解锅小、间歇酸解等原因，造成酸解率小于 93%，全流程钛的总收率小于 84%。

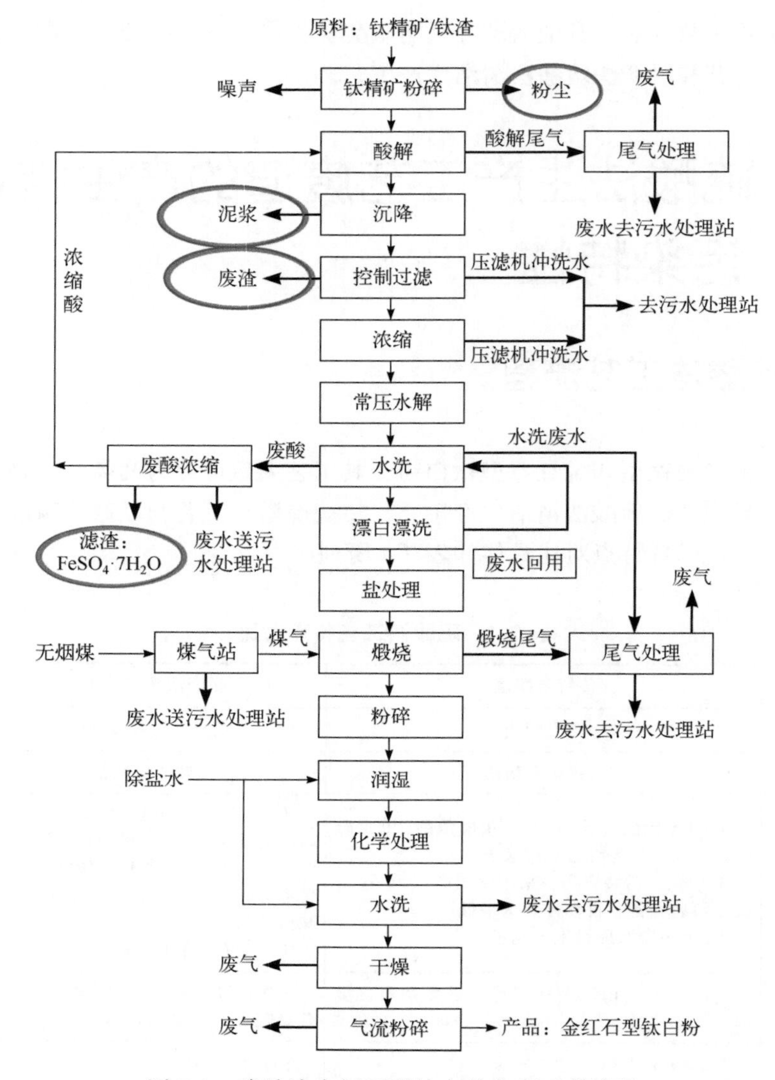

图 7-3　硫酸法金红石型钛白粉生产工艺流程

② 七水硫酸亚铁产量大，易堆存形成大量废物。以钛精矿为原料生产钛白粉，每吨钛白粉副产 3～4t 的七水硫酸亚铁，易造成大量堆积，导致环境污染。

③ 酸性废水处理产生大量钛石膏，量大、利用率低。生产每吨钛白粉产生酸性废水约 100t，通过电石泥或者生石灰等进行中和处理，产生钛石膏 3～8t。

④ 酸解效率低，酸解后残渣没有利用。传统硫酸法企业酸解率低于 93%，浪费钛资源，并且酸解后的残渣形成大量的固体废物。

目前没有采取一系列改进措施，仍在沿用老的传统硫酸法工艺的企业约有 58 家，产能合计约占全国总产能的 68%。

（2）联产法硫酸法

联产法硫酸法清洁生产工艺指的是：对传统生产工艺进行系统改进，通过综合利用

和多种产品联产的方法，在大大提高资源利用率的同时，节能、降耗、减排。该工艺的特点为：单位产品能耗折标煤≤0.9t，TiO_2 收率≥90%；做到了工艺水套用、冷却水循环、部分中水回用，将污染物尽量消减在生产过程中。联产法硫酸法清洁生产工艺的流程如图 7-4 所示。

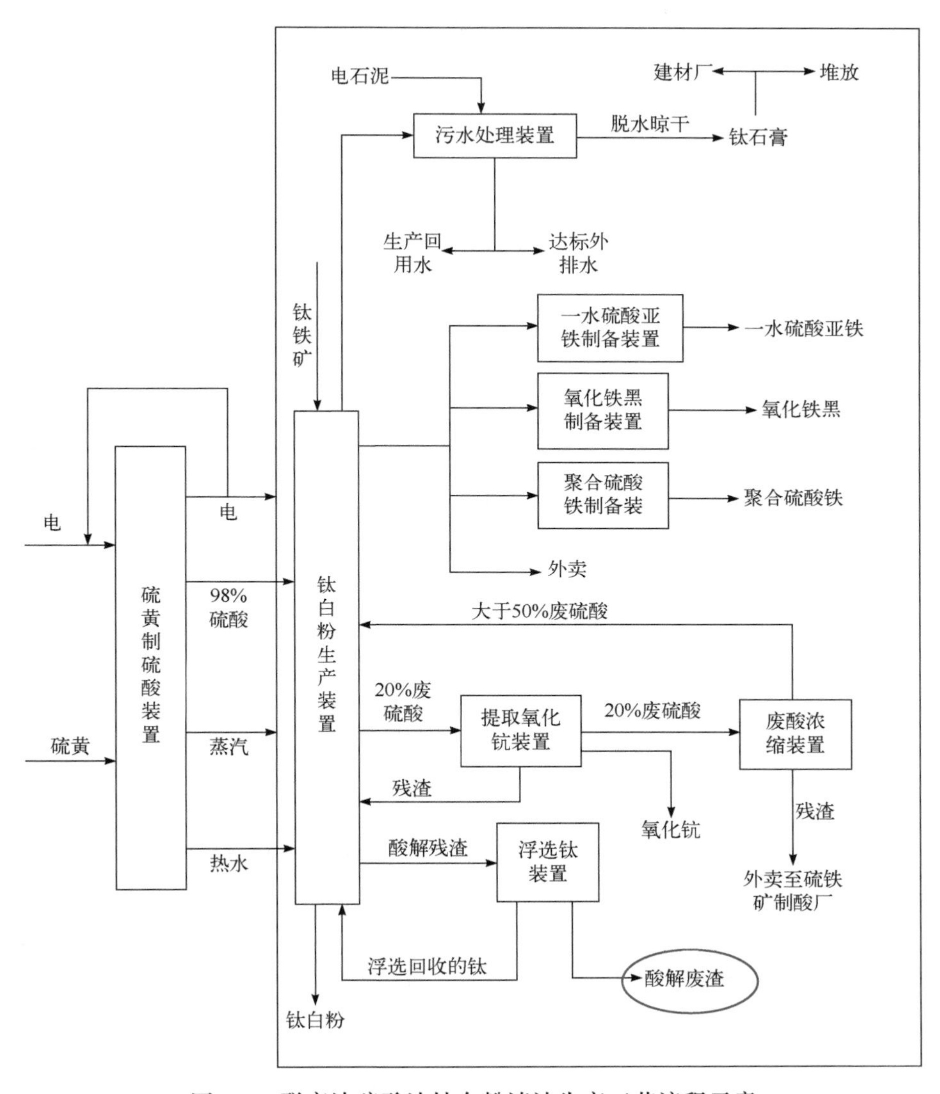

图 7-4　联产法硫酸法钛白粉清洁生产工艺流程示意

据初步调查，达到和基本达到联产法硫酸法清洁生产工艺要求的约有 6 家企业，产能合计约占全国总产能的 34%。其中，已经达到联产法硫酸法清洁生产工艺要求的企业有 3 家，产能合计约占全国总产能的 22%。

7.2.2 废渣产生节点及产排污系数

硫酸法工艺过程的技术原理如表 7-5 所列。

表 7-5 硫酸法工艺过程发生的反应原理

工艺路线	硫酸法工艺
产品	钛白粉
原材料	钛精矿、浓硫酸
原理	$TiO_2+H_2SO_4 \longrightarrow TiOSO_4+H_2O$ $Fe_2O_3+3H_2SO_4 \longrightarrow Fe_2(SO_4)_3+3H_2O$ $FeO+H_2SO_4 \longrightarrow FeSO_4+H_2O$ $Fe+Fe_2(SO_4)_3 \longrightarrow 3FeSO_4$ $MgO+H_2SO_4 \longrightarrow MgSO_4+H_2O$ $TiOSO_4+2H_2O \longrightarrow TiO(OH)_2\downarrow +H_2SO_4$ $TiO(OH)_2 \longrightarrow TiO_2+H_2O$

根据表 7-5 中的数据，假定 1t 钛精矿中含 TiO_2 为 50%，Fe_2O_3 为 15%，FeO 为 30%，MgO 为 2%，其他组分为 3%。根据技术原理可计算如下物理量。

（1）钛精矿消耗量

钛精矿中钛理论上完全转化为 TiO_2，1t 钛精矿中含 TiO_2 的量为 50%，即为 500kg，则生产 1t 钛白粉所需的钛精矿量为：

$$1000/500\times1=2(t)$$

即，钛精矿的消耗量为 2t/t 产品。

（2）浓硫酸消耗量

浓硫酸的消耗目的是将钛矿中的 TiO_2 转化为 $TiOSO_4$，同时将钛精矿中的 Fe、Mg 等转化为其硫酸盐。根据反应原理可知，1mol TiO_2 转化为 1mol $TiOSO_4$ 消耗 1mol 浓硫酸，1mol Fe_2O_3 转化为相应的硫酸盐需消耗 3mol 的浓硫酸，1mol FeO 或 MgO 转化为相应的硫酸盐同样消耗 1mol 浓硫酸。由此计算可知，每生产 1t 钛白粉需消耗的浓硫酸量为：

$$98/80\times50\%\times2\times1=1.23(t)$$

$$98/160\times3\times15\%\times2\times1=0.55(t)$$

$$98/72\times30\%\times2\times1=0.82(t)$$

$$98/40\times2\%\times2\times1=0.1(t)$$

合计：$$1.23+0.55+0.82+0.1=2.7(t)$$

即，浓硫酸的消耗量为 2.7t/t 产品。

（3）七水硫酸亚铁产生量

已知每吨钛精矿中 Fe_2O_3 含量为 15%，FeO 含量为 30%，每生产 1t 钛白粉需消耗 2t

钛精矿，当钛精矿中所有的 Fe 都转化为七水硫酸亚铁时，七水硫酸亚铁的产生量为：

$$278/160\times3/2\times15\%\times2\times1=0.78(t)$$

$$278/72\times30\%\times2\times1=2.32(t)$$

合计：　　　　$0.78+2.32=3.1(t)$

（4）钛石膏产生量

由工艺流程图可知钛石膏主要来源包含两部分：一是酸性废水和废硫酸中和处理产生的废渣；二是联产法工艺中酸解残渣综合利用后剩余的残渣混入水处理系统导致钛石膏产生的增量。理论上每吨产品产生 4t 左右的钛石膏。

（5）酸解残渣产生量

酸解残渣主要是硫酸酸溶钛精矿后，钛精矿中 Si、Al、Fe 等杂质所形成的残渣。根据钛精矿的物质组成可推知，酸解残渣的产生量为 50kg/t 产品。

综上，硫酸法工艺废渣的理论产排污系数汇总如表 7-6 所列。

表 7-6　硫酸法工艺废渣的理论产排污系数

指标		硫酸法工艺理论分析数据
物耗	钛精矿消耗/（kg/t）	2000
	浓硫酸消耗/（kg/t）	2700
固体废物产量	七水硫酸亚铁/（kg/t）	3100
	酸解残渣/（kg/t）	50
	钛石膏/（kg/t）	3800

选取了河南焦作某公司的硫酸法工艺开展企业调查工作，调查企业的原辅料消耗和废渣的产生量，汇总如表 7-7～表 7-9 所列。

表 7-7　河南焦作某公司概况

企业名称	河南焦作某公司	企业地址	河南省焦作市
产品种类	钛白粉		
总产能	12 万吨/年		
生产工艺类型	联产法硫酸法工艺		

表 7-8　钛精矿的化学组分

成分名称	TiO_2	FeO	Fe_2O_3	SiO_2	CaO	MgO
含量/%	48.57	29.06	15.18	1.12	0.08	1.53

表 7-9 焙烧原料、能源消耗及副产产生情况统计

项目指标		硫酸法工艺
原料消耗（以吨产品计）	钛精矿消耗/kg	2280
	浓硫酸消耗/kg	3730
能源消耗（以吨产品计）	燃煤（折标煤）/kg	460
	电力（折标煤）/kg	400
	蒸汽（折标煤）/kg	370
	总计（折标煤）/kg	1230
废渣排放（以吨产品计）	七水硫酸亚铁/kg	2800
	钛石膏/kg	6000

硫酸法工艺主要产生七水硫酸亚铁和钛石膏。七水硫酸亚铁是钛液冷冻结晶工段产生的废渣。钛石膏主要来源：一是酸性废水和废硫酸中和处理产生的废渣；二是联产法工艺中酸解残渣综合利用后剩余的残渣混入水处理系统导致钛石膏产生的增量。硫酸法工艺废渣产排污系数的理论数据和调研数据统计如表 7-10 所列。

表 7-10 废渣产排污系数的理论数据与调研数据

指标		硫酸法工艺	
		调研数据	理论分析数据
物耗及能耗	钛精矿消耗/（kg/t 产品）	2280	2200
	浓硫酸消耗/（kg/t 产品）	3730	2700
	综合能耗/（kg 标煤/t 产品）	1230	—
固废产量	七水硫酸亚铁/（kg/t 产品）	2800	3100
	酸解残渣/（kg/t 产品）	70	50
	钛石膏/（kg/t 产品）	6000	2800

综上，硫酸法工艺的废渣产排污系数为七水硫酸亚铁 3t/t 产品，钛石膏 6t/t 产品，酸解残渣 70kg/t 产品。

硫酸法钛白粉生产过程中部分工段现场如图 7-5 所示。

对已调研企业的钛石膏进行物性测定，结果如表 7-11 所列。

(a)　(b)　(c)　(d)　(e)　(f)

图 7-5　硫酸法钛白粉生产过程中部分工段现场图集

表 7-11　河南焦作某公司钛石膏的物性分析

名称	CaO	Fe_2O_3	Al_2O_3	TiO_2	SiO_2	MgO
质量分数/%	30.46	7.79	0.82	2.62	2.01	0.87

根据表 7-11 中数据可知，钛石膏中 TiO_2 含量为 2.62%，由此可计算出采用硫酸法工艺生产钛白粉时钛精矿中钛的收率为：

$$1-6000\times2.62\%/(2280\times48.57)\times100\%=85.8\%$$

即，钛的收率约为 86%。

7.2.3 硫酸法工艺废渣污染特性

7.2.3.1 钛石膏

对河南焦作某公司产生的钛石膏进行了样品分析，部分结果汇总见表 7-12。

表 7-12 钛石膏分析结果

检测项目	钛石膏		危险废物鉴别标准/（mg/L）	污水排放标准/（mg/L）	地表水质量标准/（mg/L）
	含量/（mg/kg）	浸出浓度/（mg/L）			
铍（Be）	0.198	未检出	0.02	0.005	0.002
铬（Cr）	101.389	未检出	15	1.5	0.05
镍（Ni）	25.595	未检出	5.0	1.0	0.02
铜（Cu）	45.635	未检出	100	20	1.0
锌（Zn）	1094.444	4.234	100	5.0	1.0
砷（As）	68.452	未检出	5.0	0.5	0.05
硒（Se）	未检出	未检出	1.0	0.5	0.01
镉（Cd）	1.984	未检出	1.0	0.1	0.005
钡（Ba）	322.024	4.205	100	—	0.7
铅（Pb）	5.357	未检出	5.0	1.0	0.05
汞（Hg）	4.535	未检出	0.1	0.05	0.0001
致癌风险	2.31×10^{-7}		—	—	—
非致癌商	0.85		—	—	—

钛石膏呈弱碱性，成分主要以 $CaSO_4$ 为主，占 70%左右。

钛石膏的浸出浓度分析结果与《危险废物鉴别标准 浸出毒性鉴别》（GB 5085.3—2007）[16]相比，钛石膏无重金属超标现象，钛石膏的致癌风险和非致癌危害商均较小，不会对环境造成较严重的影响。

7.2.3.2　七水硫酸亚铁

对河南焦作某公司产生的七水硫酸亚铁进行了样品分析，结果如表 7-13 所列。

表 7-13　七水硫酸亚铁分析结果

检测项目	硫酸亚铁		危险废物鉴别标准/（mg/L）	污水排放标准/（mg/L）	地表水质量标准/（mg/L）
	含量/（mg/kg）	浸出浓度/（mg/L）			
铍（Be）	0.386	0.001	0.02	0.005	0.002
铬（Cr）	865.637	未检出	15	1.5	0.05
镍（Ni）	40.541	2.147	5.0	1.0	0.02
铜（Cu）	16.988	未检出	100	20	1.0
锌（Zn）	1041.699	4.884	100	5.0	1.0
砷（As）	89.189	未检出	5.0	0.5	0.05
硒（Se）	未检出	未检出	1.0	0.5	0.01
镉（Cd）	1.737	0.001	1.0	0.1	0.005
钡（Ba）	192.664	0.802	100	—	0.7
铅（Pb）	10.618	未检出	5.0	1.0	0.05
汞（Hg）	1.112	未检出	0.1	0.05	0.0001
致癌风险	2.31×10^{-7}		—	—	—
非致癌商	0.85		—	—	—

硫酸亚铁呈弱酸性，主要含有镁、锰等杂质。

与《危险废物鉴别标准　浸出毒性鉴别》（GB 5085.3—2007）相比，七水硫酸亚铁无重金属超标现象，镍超过污水排放标准限值，锌超过地表水质量标准限值。废渣的致癌风险和非致癌商较低，不具有较明显的环境风险，不会对环境造成较严重的影响。但硫酸亚铁具有一定的酸性与腐蚀性。

在采用硫酸法工艺生产钛白粉的过程中，每生产 1t 钛白粉会产生 3t 左右的七水硫酸亚铁和 6t 左右的钛石膏。虽然七水硫酸亚铁和钛石膏均不具有较明显的环境风险，不会对环境造成较严重的危害，但是，由于其产生量过大，在占地堆存过程中会浪费大量的土地资源。

7.2.3.3　酸解残渣

对几种酸解残渣进行了样品分析，结果如表 7-14 所列。

表 7-14　酸解残渣浸出特性分析结果

检测项目	渣 1	渣 2	渣 3	渣 4	渣 5	渣 6	危险废物鉴别标准	污水排放标准	地表水质量标准
pH 值	1.42	1.38	1.37	1.39	1.33	1.36	2	6-9	6-9
铬（Cr）/（mg/L）	0.12	0.14	0.15	0.17	0.09	0.15	15	1.5	0.05
镍（Ni）/（mg/L）	0.13	0.25	0.16	0.21	0.26	0.24	5.0	1.0	0.02
铜（Cu）/（mg/L）	2.86	3.52	2.58	2.18	2.69	1.89	100	20	1.0
锌（Zn）/（mg/L）	0.44	0.51	0.27	0.35	0.42	0.19	100	5.0	1.0
砷（As）/（mg/L）	0.45	0.8	0.7	0.54	0.76	0.62	5.0	0.5	0.05
镉（Cd）/（mg/L）	0.01	0.01	0.02	0.01	0.02	0.01	1.0	0.1	0.005
铅（Pb）/（mg/L）	0.1	0.09	0.05	0.07	0.04	0.06	5.0	1.0	0.05
汞（Hg）/（mg/L）	0.0002	0.0003	0.0004	0.0001	0.0008	0.0004	0.1	0.05	0.0001
致癌风险	1.2×10^{-5}	7.8×10^{-5}	6.2×10^{-5}	2.7×10^{-5}	7.1×10^{-5}	3.3×10^{-5}	—	—	—
非致癌商	2.3	5.7	4.8	2.9	5.4	3.7	—	—	—

结果显示，酸解残渣中残留约 30%的二氧化钛未能充分利用。酸解残渣 pH 值小于 2，是具有腐蚀性的危险废物。酸解残渣中 As 和 Cu 低于危险废物鉴别标准限值，但高于污水排放标准限值。其他重金属低于污水排放标准限值。废渣的致癌风险和非致癌商稍高，但风险可接受。

调研企业将酸解残渣混入废水中处理，最终混入钛石膏中，无酸解残渣产生，这也是酸解残渣解毒的一种处置方式。

7.3　氯化法工艺废渣的产生特性与污染特性

7.3.1　氯化法工艺流程

富钛物料的熔盐氯化是在气（氯气）-固（物料）-液（熔盐）三相体系中进行的，反应过程复杂。当氯气流以一定流速由炉底部喷入熔盐后，对熔盐和反应物料产生强烈的搅动作用，并分散成许多细小气泡由炉底部向上移动。悬浮于熔盐中的细物料在表面张力作用下黏附于熔盐与氯气泡的界面上，随熔盐和气泡的流动而分散于整个熔体中，为在高温下进行氯化反应创造了良好条件。

熔盐的物理化学性质（表面张力、黏度等）随其组成不同而变化，并对氯化过程产生重要影响。具有并使之保持较低表面张力和黏度的盐系，对反应物料的润湿性能好，可减少熔盐流动阻力和增强氯气泡的活动性，这是维持正常熔盐氯化反应的必要条件。此外盐系还要具有较大的密度，使反应物料不易沉积。

熔盐中存在的少量氯化铁，在参与氯化反应时起着传递氯的催化作用，可使 TiO_2 的

氯化速率明显提高。

熔盐炉氯化法钛白粉生产工艺流程见图 7-6。

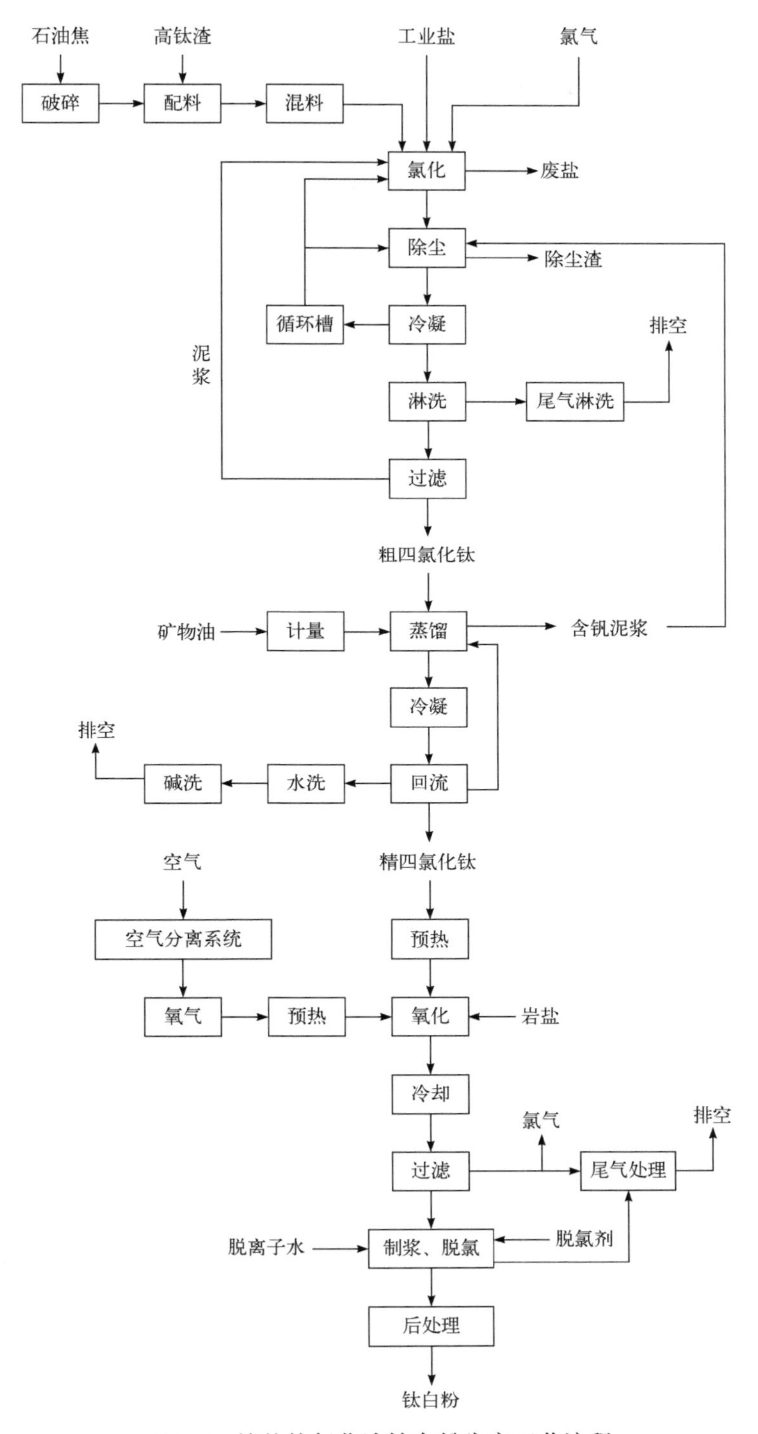

图 7-6　熔盐炉氯化法钛白粉生产工艺流程

7.3.2 废渣产生节点及产排污系数

氯化法工艺过程的技术原理如表 7-15 所列。

表 7-15 氯化法工艺过程发生的反应原理

工艺路线	氯化法工艺
产品	钛白粉
原材料	高钛渣
原理	$TiO_2+C+2Cl_2 \longrightarrow TiCl_4+CO_2$ $2MgO+C+2Cl_2 \longrightarrow 2MgCl_2+CO_2$ $2CaO+C+2Cl_2 \longrightarrow 2CaCl_2+CO_2$ $SiO_2+C+2Cl_2 \longrightarrow SiCl_4+CO_2$ $2MnO+C+2Cl_2 \longrightarrow 2MnCl_2+CO_2$ $2FeO+C+2Cl_2 \longrightarrow 2FeCl_2+CO_2$ $2Fe_2O_3+3C+6Cl_2 \longrightarrow 4FeCl_3+3CO_2$ $TiCl_4+O_2 \longrightarrow TiO_2+2Cl_2$

根据表 7-15 中的数据，假定 1t 高钛渣中含 TiO_2 为 90%，Al_2O_3 为 2%，SiO_2 为 3%，Fe_2O_3 为 2%，其他组分为 3%。根据技术原理可计算如下物理量。

7.3.2.1 高钛渣消耗量

钛精矿中钛理论上完全转化为 TiO_2，1t 钛精矿中含 TiO_2 的量为 90%，即为 900kg，则生产 1t 钛白粉所需的钛精矿量为：

$$1000/900\times1=1.11(t)$$

即，钛精矿的消耗量为 1.11t/t 产品。

7.3.2.2 除尘渣产生量

除尘渣主要是高钛渣中杂质的氯化物，如 $AlCl_3$、$CaCl_2$、$MgCl_2$、$MnCl_2$ 等。由于高钛渣含杂质小于 10%，因此除尘渣的产生量也不大。理论上，每生产 1t 钛白粉产生 0.15t 左右的除尘渣。

7.3.2.3　废盐产生量

由工艺流程图（图 7-6）可知废盐主要是氯化工段产生的废渣，是指由碱金属氯化物（NaCl、KCl）和碱土金属氯化物（$CaCl_2$、$MgCl_2$）组成的熔盐将熔盐炉中的物料氯化后剩余的废熔盐，基本是使用多少熔盐就会产生多少废熔盐。理论上每生产 1t 钛白粉需消耗 0.2t 熔盐，则产生 0.2t 的废熔盐。

综上，氯化法工艺废渣的理论产排污系数见表 7-16。

表 7-16　氯化法工艺废渣的理论产排污系数

指标		氯化法工艺理论分析数据
物耗	高钛渣消耗/（kg/t）	1110
	熔盐消耗/（kg/t）	200
	石油焦/（kg/t）	163
	氯气/（kg/t）	148
	氧气/（kg/t）	400
固体废物产量	除尘渣/（kg/t）	150
	废盐/（kg/t）	200

对辽宁某钛业有限公司的熔盐氯化法工艺进行了调研取样工作，调查了废渣的原辅料消耗量和废渣的产生量，汇总如表 7-17～表 7-19 所列。

表 7-17　辽宁某钛业公司概况

企业名称	辽宁某钛业有限公司	企业地址	辽宁锦州
产品种类	钛白粉		
总产能		3 万吨/年	
生产工艺类型		熔盐炉氯化法工艺	

表 7-18　钛精矿的化学组分

成分名称	TiO_2	Al_2O_3	Fe_2O_3	SiO_2	CaO	MgO
含量/%	89.87	2.02	1.97	3.15	0.08	0.53

表 7-19　焙烧原料、能源消耗及副产产生情况统计

项目指标		氯化法工艺
原料消耗（以吨产品计）	高钛渣消耗/（kg/t）	1124
	熔盐消耗/（kg/t）	200
	石油焦/（kg/t）	230
	氯气/（kg/t）	456
	氧气/（kg/t）	402
能源消耗（以吨产品计）	燃煤（折标煤）/kg	300
	电力（折标煤）/kg	500
	蒸汽（折标煤）/kg	400
	总计（折标煤）/kg	1200
废渣排放（以吨产品计）	废盐/kg	200
	除尘渣/kg	208

氯化法钛白粉生产过程中部分工段现场如图 7-7 所示。

(a) (b) (c) (d) (e) (f)

图 7-7　氯化法钛白粉生产过程中部分工段现场图集

氯化法工艺主要产生废盐和除尘渣[17]。除尘渣主要是高钛渣中杂质的氯化物，如 $AlCl_3$、$CaCl_2$、$MgCl_2$、$MnCl_2$ 等。废盐主要是氯化工段产生的废渣，是指由碱金属氯化物（NaCl、KCl）和碱土金属氯化物（$CaCl_2$、$MgCl_2$）组成的熔盐将熔盐炉中的物料氯化后剩余的废熔盐。具体产生节点见工艺流程图（图 7-6）。

氯化法工艺废渣产排污系数的理论数据和调研数据统计如表 7-20 所列。

综上，熔盐氯化法工艺废渣产排污系数为除尘渣 208kg/t 产品，废盐 200kg/t 产品。

表 7-20　废渣产排污系数的理论数据与调研数据

项目指标		氯化法工艺	
		调研数据	理论分析数据
物耗及能耗	高钛渣消耗/（kg/t 产品）	1124	1110
	熔盐消耗/（kg/t 产品）	200	200
	石油焦/（kg/t 产品）	230	163
	氯气/（kg/t 产品）	456	148
	氧气/（kg/t 产品）	402	400
	总计（折标煤）/（kg/t 产品）	1200	—
废渣排放（以吨产品计）	废盐/kg	200	200
	除尘渣/kg	208	150

对已调研企业的除尘渣进行各元素含量的测定，结果如表 7-21 所列。

表 7-21　辽宁某钛业有限公司除尘渣的物性分析

名称	$TiCl_4$	$AlCl_3$	$MgCl_2$	$FeCl_3$	$FeCl_2$	$MnCl_2$
质量分数/%	4.69	18.02	7.6	5.31	47.82	8.55

根据上表中数据可知，除尘渣中 $TiCl_4$ 含量为 4.69%，由此可计算出采用氯化法工艺生产钛白粉时，高钛渣中钛的收率为：

$$1-208\times4.69\%/(1124\times89.87\%)\times100\%=99\%$$

即，钛的收率约为 99%。

7.3.3　氯化法工艺废渣污染特性

7.3.3.1　废盐

对辽宁某钛业产生的废盐进行了样品分析，部分结果汇总如表 7-22 所列。废盐中主要以一价金属盐 NaCl 和二价金属盐 $MgCl_2$、$MnCl_2$ 和 $FeCl_2$ 为主，NaCl 占 30%左右。

表 7-22 辽宁某钛业公司废盐分析结果

样品名	$CaCl_2$/%	$MgCl_2$/%	$MnCl_2$/%	KCl/%	NaCl/%	$AlCl_3$/%	$FeCl_2$/%	$FeCl_3$/%	水不溶物/%
样品 1	6.09	17.31	10.31	0.09	32.39	0.43	6.21	0.21	20.66
样品 2	6.52	18.95	11.68	0.10	33.00	0.17	8.49	微	6.16
样品 3	0.46	0.43	0.57	—	—	0.33	2.92	94.08	39.15
样品 4	6.44	18.98	12.30	0.14	32.56	0.02	5.83	微	3.42
样品 5	4.69	15.99	11.12	0.11	26.77	0.57	9.76	微	18.05
样品 6	6.23	17.81	11.44	0.13	24.81	0.02	0.51	微	10.77
样品 7	5.84	21.96	13.41	0.07	31.97	0.13	5.96	0.91	12.02
样品 8	5.81	22.05	13.41	0.08	31.99	0.21	5.92	0.73	12.80
样品 9	5.57	12.40	6.36	微	16.74	0.15	5.07	微	78.08
样品 10	5.36	13.15	7.74	微	17.25	0.03	5.39	微	98.09

废盐以二价金属盐 $MgCl_2$、$MnCl_2$、$CaCl_2$ 和 $FeCl_2$ 为主。废盐的重金属浸出浓度结果见表 7-23。与《危险废物鉴别标准　浸出毒性鉴别》（GB 5085.3—2007）相比，废盐无重金属超标现象，酸性较强，但是不具有较明显的环境风险，不会对环境造成较严重的影响。废盐偏酸性，且氯离子含量高，影响其综合利用。

表 7-23 辽宁某钛业公司废盐分析结果

检测项目	辽宁某钛业公司废盐		危险废物鉴别标准/（mg/L）	污水排放标准/（mg/L）	地表水质量标准/（mg/L）
	含量/（mg/kg）	浸出浓度/（mg/L）			
铍（Be）	0.391	0	0.02	0.005	0.002
铬（Cr）	1653.425	0.318	15	1.5	0.05
镍（Ni）	73.581	2.320	5.0	1.0	0.02
铜（Cu）	114.090	0.438	100	20	1.0
锌（Zn）	945.010	3.974	100	5.0	1.0
砷（As）	88.650	未检出	5.0	0.5	0.05
硒（Se）	未检出	0.006	1.0	0.5	0.01
镉（Cd）	2.544	0.106	1.0	0.1	0.005
钡（Ba）	6383.562	17.880	100	—	0.7
铅（Pb）	12.916	未检出	5.0	1.0	0.05
汞（Hg）	10.500	—	0.1	0.05	0.0001
致癌风险	4.78×10^{-6}		—	—	—
非致癌商	0.68		—	—	—

7.3.3.2　除尘渣

除尘渣的分析结果汇总如表 7-24 所列。除尘渣中主要以三价金属盐 $AlCl_3$ 和 $FeCl_3$ 为主，两者加起来占 50%以上。

表 7-24　辽宁某钛业公司除尘渣分析结果

样品名	$AlCl_3$/%	$CaCl_2$/%	$MgCl_2$/%	$MnCl_2$/%	KCl/%	NaCl/%	$FeCl_2$/%	$FeCl_3$/%
样品 1	24.73	0.60	2.89	3.35	0.11	16.53	7.10	21.26
样品 2	22.72	0.55	1.47	1.77	0.15	13.79	3.68	29.44
样品 3	13.94	0.72	3.87	4.20	0.11	14.57	0.38	23.04
样品 4	16.93	0.07	0.60	0.92	0.07	8.04	0.63	50.48
样品 5	16.15	0.39	3.24	4.01	0.10	11.53	5.32	31.32
样品 6	13.28	1.08	5.93	5.69	0.09	16.56	0.51	22.93
样品 7	30.19	0.27	1.88	2.01	0.12	15.40	0.13	38.34
样品 8	20.99	0.25	1.07	1.11	0.08	14.03	0.25	32.47
样品 9	26.42	0.10	1.14	1.47	0.07	12.17	0.19	38.03
样品 10	12.45	0.14	1.73	2.10	0.04	6.38	0.38	19.06
样品 11	36.87	0.62	5.77	6.64	0.12	16.65	2.15	29.43
样品 12	43.19	0.88	5.82	6.88	0.14	18.70	2.66	30.49
样品 13	36.87	1.43	3.79	4.02	0.28	18.19	1.27	27.74
样品 14	18.07	3.21	6.99	6.29	0.30	15.69	0.06	23.10

在采用氯化法工艺生产钛白粉的过程中，每生产 1t 钛白粉会产生 0.2t 左右的废盐和 0.2t 左右的除尘渣，其浸出结果如表 7-25 所列。

表 7-25　辽宁某钛业公司除尘渣浸出结果

检测项目	废盐		危险废物鉴别标准/（mg/L）	污水排放标准/（mg/L）	地表水质量标准/（mg/L）
	含量/（mg/kg）	浸出浓度/（mg/L）			
镍（Ni）	88.342	0.785	5.0	1.0	0.02
镉（Cd）	4.366	0.024	1.0	0.1	0.005
砷（As）	85.075	未检出	5.0	0.5	0.05
铅（Pb）	20.668	未检出	5.0	1.0	0.05
锌（Zn）	784.115	1.248	100	5.0	1.0
铜（Cu）	122.334	0.123	100	20	1.0
汞（Hg）	6.654	未检出	0.1	0.05	0.0001
致癌风险	3.55×10^{-6}		—	—	—
非致癌商	0.46		—	—	—

废盐和除尘渣均不具有较明显的环境风险，不会对环境造成较严重的危害，但是其难以被综合利用，目前由于其产生量较小，经过处理后暂时进行填埋处理。

7.4 钛白行业废渣处理处置方式与环境风险

7.4.1 钛石膏处理处置方式与环境风险

7.4.1.1 钛石膏处理处置方式调研

调研的河南某公司，其钛石膏部分替代天然石膏，部分占地堆存填埋。

7.4.1.2 钛石膏替代天然石膏

钛石膏是钛白酸性废水（含硫酸的量在2%左右，以H_2SO_4计），经过与石灰石、电石泥、钙粉等碱性物质中和后，产生的工业副产石膏。污水进入中和曝气池与石灰发生中和反应，经过曝气池进入沉降池进行沉降分离，上清水进行深度处理后回用，沉降的泥浆由板框压滤机压滤，滤出的污泥经皮带输送机送晾晒场，得到符合《用于水泥中的工业副产石膏》（GB/T 21371—2019）[18]规定指标的钛石膏，可以用于替代天然石膏用在水泥、石膏砌块等行业。从环保联产的观点出发，在生产钛石膏的同时，消耗了大量的PVC（聚氯乙烯）行业产生的固体废物电石泥，用于建材生产可减少天然石膏的开采，有利于保护环境和减少植被破坏。调研企业钛石膏产生及处置方式见图7-8。

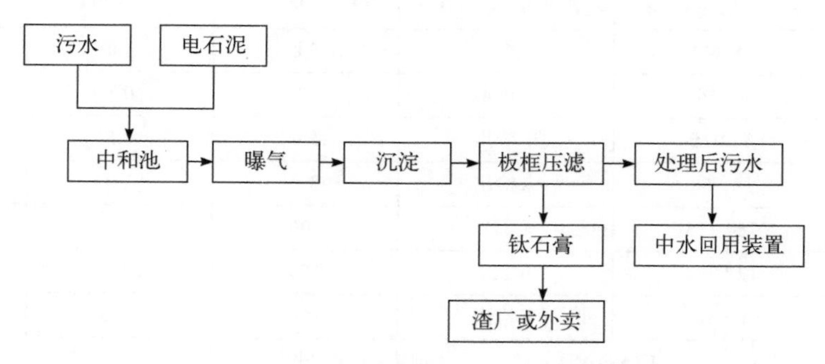

图7-8　调研企业钛石膏产生及处理处置方式

根据《用于水泥中的工业副产石膏》（GB/T 21371—2019）内容可知，对钛石膏的基本要求为：

① 硫酸钙含量（质量分数）大于等于 75%；

② 附着水，由买卖双方协商确定；

③ 氯离子含量不大于 0.5%；

④ 工业副产石膏对水泥性能的影响应满足标准的特定要求；

⑤ pH 值不小于 5；

⑥ 放射性物质限值内照射指数不大于 1.0，外照射指数不大于 1.0。

在对钛石膏进行取样分析时，对钛石膏的粒度进行了测量，得其粒度范围为 100～200mm，完全符合国标要求。同时对钛石膏样品进行了检测分析，分析数据如表 7-26 所列。通过对该样品的检测分析（见表 7-26），可以计算出硫酸钙的含量为 78.2%，且不存在放射性物质超标现象，所以该钛石膏完全符合用于水泥中的工业副产石膏的要求，可以替代天然石膏用在水泥、石膏砌块等行业。

表 7-26　河南某公司钛石膏分析结果

项目	分析结果
pH 值	9.03
钙（Ca）/（mg/kg）	230714.286
钠（Na）/（mg/kg）	2380.952
镁（Mg）/（mg/kg）	7539.683
铝（Al）/（mg/kg）	5632.937

7.4.1.3　钛石膏堆存处理

钛石膏虽然能够替代天然石膏用在水泥、石膏砌块等行业，但是由于市场容量有限，而钛石膏的产生量又相对较大，所以仍有相当部分的钛石膏仅能够采取堆存处理的方式处置。一般企业产生的钛石膏在堆存时会选择废矿坑、两山之间的山坳或者暂时没有利用价值的空地[19]。

在对河南某公司进行现场调研时，该企业的做法是利用钛石膏的特性先用于填充废矿坑，剩余的钛石膏运至厂址附近的两座山之间的山坳用作地基进行堆存。我们对堆存的钛石膏进行了取样分析，分析结果与《危险废物鉴别标准　浸出毒性鉴别》（GB 5085.3—2007）比较可以发现，钛石膏无重金属超标现象，不具有较明显的环境风险，不会对环境造成较严重的影响。

但是，如果堆存处置的钛石膏没有得到合理管理，堆存场地不符合建设要求，那么在钛石膏堆存过程中若受到雨水的冲洗，会导致钛石膏在堆存场上的流失，同时，钛石膏经过雨水的冲刷和浸泡，可溶性有害物质溶于水，经水在环境中的流动和循环，会严重污染地表水以及地下水；此外，钛石膏经日晒后，风吹使其以粉末状飘散于大气中，最终沉降到可能接触到的外物表面，既污染环境又威胁人体健康。

所以，在对钛石膏进行堆存填埋处置时，一定要按照堆存场地的建设要求、管理要求，做好堆存现场的建设、管理。只有按照要求对钛石膏进行安全堆存才不会对环境造成污染。

7.4.1.4 钛石膏处理处置技术方法建议

钛石膏不存在危险废物特性，但是产生量较大，钛白粉吨产品产生 6t 左右的钛石膏，年产生量更是达到 1200 万吨。目前，国内的钛石膏除部分可以经过处理后替代天然石膏用在水泥、石膏砌块等行业外，大部分的钛石膏依旧是与历史产生的钛石膏一起进行安全堆存处置。

我国钛白粉企业多达 65 家，平均产能仅有 4.3 万吨/年，厂点多、规模小、产业集中度低已经成为行业的显著问题。目前，虽然有一批环保意识较好、技术先进的企业已经开始了清洁生产技术的推行，降低了生产的矿耗、能耗、水耗，同时也减少了废物的排放量，对环境保护起到了很好的积极作用。但是仍有相当一部分的企业依旧在采用传统落后工艺进行生产，不但废渣产生量大，而且不积极寻求废渣的利用途径，完全进行堆存处置，浪费了大量资源及土地。

所以，针对钛石膏而言，钛白粉企业应尽可能地扩大其在建材行业用于替代天然石膏的销路，尽可能地减少堆存量，同时，开发更多的符合钛石膏特性的综合利用途径，以进一步提高钛石膏的利用率。

7.4.2 酸解残渣处理处置方式与环境风险

7.4.2.1 酸解残渣处理处置方式调研

调研了河南某公司，其酸解残渣混入废水中，处理后混入钛石膏中。

7.4.2.2 酸解残渣浮选回收钛后混入钛石膏

酸解残渣主要由未反应的钛矿、硫酸铝、硅的聚合物组成，其中钛矿可进行重选回用，其余部分（硫酸铝、硅的聚合物等）随污水进入钛石膏当中，被应用于水泥行业。

浮选回收钛矿装置将酸解残渣中未反应的有效成分钛铁矿用过滤、水洗、粗选、磁选

工序提取出来，再进行干燥、粉碎、重新酸解，可避免残渣中杂质再次引入生产系统，从而可有效避免其对产品质量造成的影响，节约硫酸，减少环境污染，提高钛白原料利用率，降低产品成本，可减少 50%的钛白酸解残渣外排放量。酸解残渣处理处置方式如图 7-9 所示。

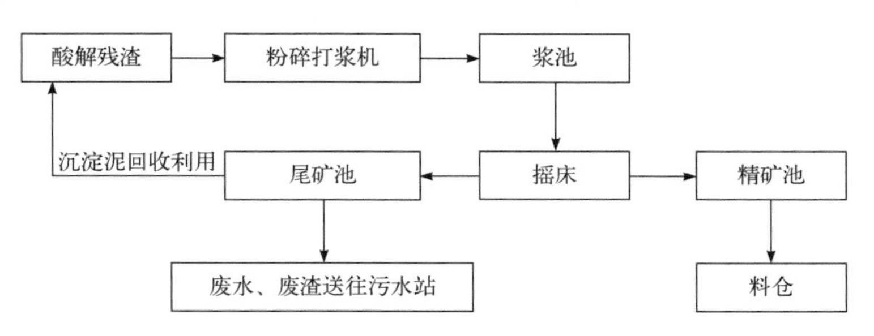

图 7-9　酸解残渣处理处置方式

一般情况下，酸解残渣浮选回收的钛重新回到生产系统中的酸解工段参与正常生产，浮选回收钛后剩余的废渣会被混到钛石膏中，所以酸解残渣处置污染特征分析等同于钛石膏处置污染特征的分析。

7.4.2.3　酸解残渣处理处置技术方法建议

酸解残渣的产生量相对较小，每吨钛白粉产品产生 70kg 的酸解残渣，而且酸解残渣在产生的同时就重新回到生产工段中浮选回收其中所含的钛，浮选之后剩余的废渣被混到钛石膏中。所以酸解残渣产生的环境风险可能存在于酸解残渣从产生到重回生产工段的这个阶段，生产工人在转移酸解残渣时应当做好防护措施，同时要防止酸解残渣发生泄漏而对生产现场造成污染。同时，浮选后剩余的废渣要完全混入钛石膏中，不得存在残留现象。

7.4.3　七水硫酸亚铁处理处置方式与环境风险

7.4.3.1　七水硫酸亚铁处理处置方式调研

调研了河南某公司，其七水硫酸亚铁主要用于：生产一水硫酸亚铁；生产氧化铁黑。

7.4.3.2　七水硫酸亚铁制备一水硫酸亚铁

利用皮带将铁含量大于 20%的七水硫酸亚铁传送到反应锅内，当物料掩住蒸汽管口时，开启蒸汽阀门，开始加热熔化物料，物料要慢慢加入，加料时，要开大蒸汽阀门。当温度达到 98℃或目测物料剧烈沸腾后，继续加热 20min 左右，适当关小蒸汽阀门，将反应料液打入离心机，进行固液分离后的固体输送到小料仓内，待存有一定量的物料后，进行闪蒸烘干操作，利用热风将固体物料中的水分带走，即得到铁含量大于 30%的一水硫酸亚铁。一水硫酸亚铁在引风机的作用下进入袋式除尘器除尘，待除尘器内有一定量的物料后，利用提升机将物料输送到料仓内，待料仓内有一定量物料后，再进行计量包装，得到合格成品。其工艺流程具体如图 7-10 所示。

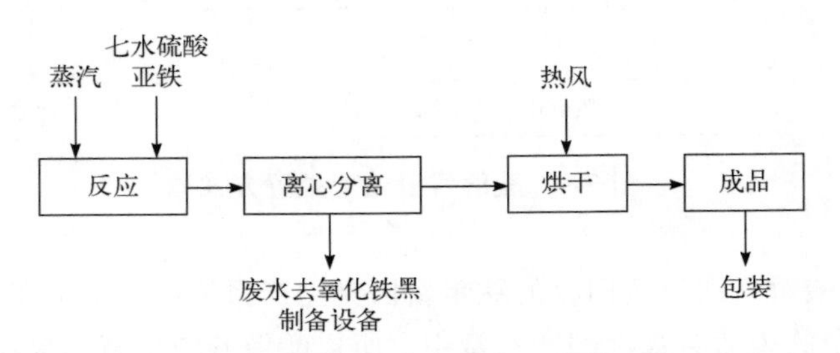

图 7-10　七水硫酸亚铁制备一水硫酸亚铁工艺流程

已知精制的一水硫酸亚铁可以作为饲料添加剂用于饲料生产行业。在对河南某公司进行调研时，该企业负责人表示该企业利用七水硫酸亚铁所生产的一水硫酸亚铁完全符合饲料级一水硫酸亚铁的标准。对此，对该企业产生的七水硫酸亚铁进行了取样分析，同时对其所生产的一水硫酸亚铁进行了取样分析，并与饲料级一水硫酸亚铁的标准进行了比较，一水硫酸亚铁分析结果如表 7-27 所列。

表 7-27　饲料级一水硫酸亚铁检测结果

项目	含量单位	技术指标	检测结果
硫酸亚铁	%	≥91.0	93.31
铁	%	≥30.0	30.76
铅	%	≤0.002	未检出
砷	%	≤0.0002	0.000087
细度（通过 180μm 试验筛）	%	≥95	—

与《危险废物鉴别标准　浸出毒性鉴别》（GB 5085.3—2007）比较可以发现，七水硫酸亚铁无重金属超标现象，不属于危险废物，不具有较明显的环境风险，不会对环境造成较严重的影响。

使用七水硫酸亚铁生产的一水硫酸亚铁完全符合饲料级的要求，可以用于饲料行业。

7.4.3.3　七水硫酸亚铁制备氧化铁黑

将一水硫酸亚铁的回收母液送入溶解槽中，在溶解槽中加入七水硫酸亚铁进行溶解，监测溶解槽中物料温度、密度，每2h取样分析一次，根据硫酸亚铁含量及时调整水、母液流量。取样时，为防止热液体烫伤应佩戴耐酸手套。在氧化锅中加入水、硫酸亚铁溶液、烧碱，通过搅拌调整pH值在指标范围之内。氧化过程中，控制氧化釜内物料温度在80～95℃，注意观察pH值变化以及尾气风机运行情况，并做好记录，当接近标准色相时，停止氧化，关闭蒸汽阀门，开始放料。反应料液进入压滤水洗阶段，洗去大量的水溶盐后，将滤饼氧化铁黑进行干燥、粉碎，即得到一定水分含量、粒径的粉状成品。如果不同批次产品之间着色力存在偏差，则可将这些批次的产品进行拼混，以得到合格的氧化铁黑成品，并进行计量包装。

七水硫酸亚铁制备氧化铁黑工艺流程具体见图7-11。

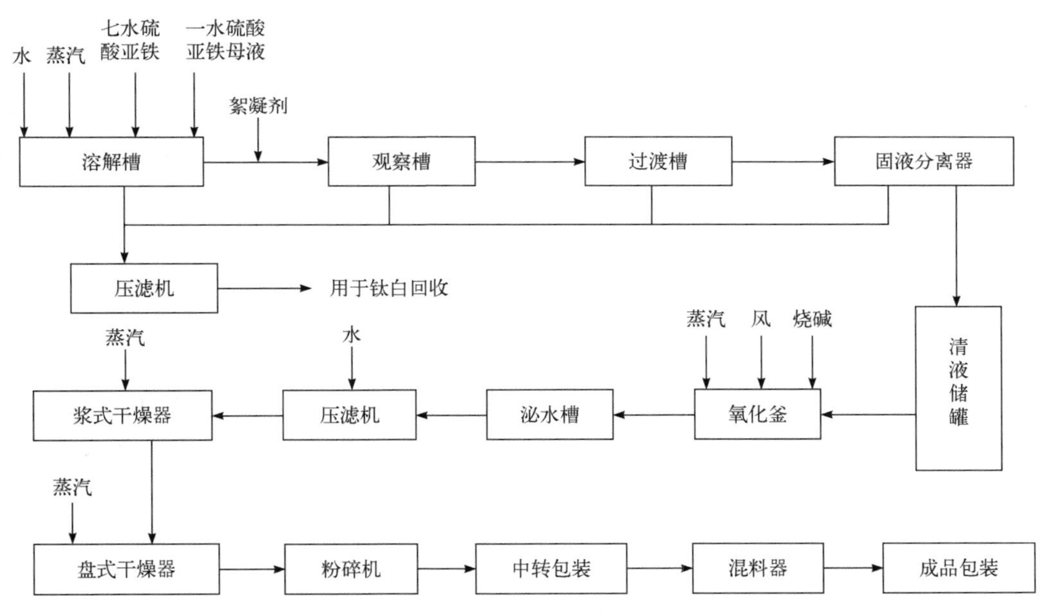

图7-11　七水硫酸亚铁制备氧化铁黑工艺流程

在研究河南焦作某公司利用该方法制备的氧化铁黑的污染特征时，我们对该方法的工艺流程进行了分析。已知在生产时，加入的原料分别是钛白粉副产的七水硫酸亚铁和产生的一水硫酸亚铁母液，这些物质经过之前的检测可知均无重金属超标现象，不属于危险废物，所以推断该方法生产的氧化铁黑不会具有较严重的环境风险。之后，我们又按照HG/T 2250—91《氧化铁黑颜料》[20]中的要求对该氧化铁黑进行了取样分析，分析结果如表7-28所列。

表 7-28　河南焦作某公司氧化铁黑检测结果

项目	技术指标		检测结果
	一级品	合格品	
铁含量[以 Fe_3O_4（105℃烘干）计]/%	≥95	≥90	94.31
总钙量（以 CaO 计）/%	≤0.3	≤0.3	0.27
105℃挥发物/%	≤1.0	≤2	1.22
水溶物/%	≤0.5	≤1	0.63
筛余物（45μm 筛孔）/%	≤0.4	≤1	0.45
水萃取液酸碱度/mL	≤20	≤20	18.11
水悬浮液 pH 值	5～8	5～8	7.40

通过检测结果与技术指标的对比可以看出，河南焦作某公司对七水硫酸亚铁综合利用生产的氧化铁黑完全符合技术指标中合格品的要求，甚至接近一级品的要求，完全可以作为颜料产品进行使用。

7.4.3.4　七水硫酸亚铁处理处置技术方法建议

从钛白粉生产过程中的原料和生产工艺上进行分析可知，七水硫酸亚铁是钛白粉生产时废酸浓缩过程中产生的滤渣，主要成分是 $FeSO_4$；从七水硫酸亚铁样品的浸出毒性分析结果可以看出，七水硫酸亚铁不存在危险废物特性[21]。

七水硫酸亚铁的主要综合利用途径是用于生产一水硫酸亚铁或者氧化铁黑，该两种方法均不会对环境产生危害。

七水硫酸亚铁虽不存在危险废物特性，但是产生量相对较大，每吨钛白粉产品产生3t 左右的七水硫酸亚铁，年产生量达到 600 万吨。目前，国内的七水硫酸亚铁虽然大部分已经综合利用于生产一水硫酸亚铁或者氧化铁黑等铁系颜料，但是由于市场容量有限，仍有部分七水硫酸亚铁只能够进行堆存处理。

堆存处理的七水硫酸亚铁易随降水流失而污染环境；同时，七水硫酸亚铁在堆存过程中会与空气中的氧气、水分发生反应生成碱式硫酸铁，碱式硫酸铁对皮肤、黏膜有刺激作用，长期接触可引起头痛、头晕、食欲减退、咳嗽、鼻塞、胸痛等症状。

所以，针对七水硫酸亚铁而言，钛白粉企业应尽可能地寻求更多的综合利用方式，使七水硫酸亚铁的堆存量降低为零。

7.4.4 废盐处理处置方式与环境风险

7.4.4.1 废盐处理处置方式调研

废盐主要组分是 NaCl、$CaCl_2$、$MgCl_2$ 等，很难找到合适的综合利用方式，加之其产生量不大（0.2t/t 产品），目前调研的辽宁某钛业公司废盐处置方式是填埋。

7.4.4.2 废盐填埋处置

在对采用熔盐氯化法进行钛白粉生产的辽宁某钛业公司进行现场调研时，发现该公司在对废盐进行填埋时做了一系列的防护措施，基本不会对周边环境产生影响；同时又对该废盐进行了取样分析，分析结果与《危险废物鉴别标准　浸出毒性鉴别》（GB 5085.3—2007）比较可以发现，废盐无重金属超标现象，能够满足进入一般工业固体废物填埋场的标准。因此，可以对废盐进行填埋处置。

7.4.4.3 废盐处理处置技术方法建议

废盐不具有危险特性，产生量也不大，每年的产生量在 0.6 万吨左右。目前大部分企业采取安全填埋的处理措施，在历史产生量不大的前提下，该方法仍然适用，但是，随着产生量的逐渐增大，就需要企业积极寻求合理的综合利用方式对废盐进行处理，从而降低废盐在大量堆存时可能产生的环境风险。

7.4.5 除尘渣处理处置方式与环境风险

7.4.5.1 除尘渣处理处置方式调研

由于高钛渣含杂质小于 10%，除尘渣的产生量不大（0.21t/t 产品）。目前除尘渣采取加碱中和后压滤的方式处理，得到各元素的氢氧化物，对环境危害不大，但是没有合适的综合利用方式，目前采取的处置方式是经过水泥固化后进行安全填埋[22]。

7.4.5.2 除尘渣填埋处置

水泥固化是一种废物固化处理的方法，也是固体废物无害化、稳定化处理的一种方法，具有固化工艺和设备比较简单，设备和运行费用低，水泥原料和添加剂便宜易得，固化体的强度、耐热性、耐久性均好等特点。调研企业就是采用该方法对其产生的除尘渣进行预处理的，固化后的除尘渣强度高、长期稳定性好，对受热和风化也有一定的抵抗力，同时也避免了在处置过程中对环境产生严重的二次污染。

7.4.5.3 除尘渣处理处置技术方法建议

除尘渣产生量不大，每年的产生量在 0.63 万吨左右。调研企业目前对其采取的处理措施是进行水泥固化后安全填埋，在历史产生量不大的前提下，该方法仍然适用，但是，随着产生量的逐渐增大，就需要企业积极寻求合理的综合利用方式对除尘渣进行处理，从而降低除尘渣在大量堆存时可能产生的环境风险。

7.5 钛白行业发展变化趋势

7.5.1 国外钛白行业发展趋势

7.5.1.1 全球市场稳定增长，亚太地区需求旺盛

近十年来，全球钛白粉行业整体保持平稳发展势头，随着新冠疫情和全球经济的低迷，钛白粉需求受到一定的影响，市场竞争加剧。

从全球钛白粉需求情况来看，有研究表明，2020 年北美、西欧、亚太、中东欧、中南美洲、中东和非洲的钛白粉需求量合计为 530.4 万吨。2016～2019 年全球钛白粉需求量基本稳定在 650 万吨以上。2015 年，钛白粉需求在全球经济低迷影响下呈现大幅下滑态势，下降幅度近 10%。对此，全球钛白粉企业积极应对，通过限制开工、减少库存等措施减少供应量，中国房地产行业复苏也为 2016 年钛白粉需求增长做出了积极贡献。2017 年，美国、东南亚地区的国家经济持续向好，拉动了对钛白粉的需求。一般情况下，钛白粉需求滞后于房地产行情一年左右，2016 年中国房地产去库存取得明显成效，带动了 2017 年钛白粉需求高速增长，各地区的钛白粉需求量均有不同幅度的增长。尽管 2017 年涂料行业需求强劲，但在 2018 年后半年全球去库存化政策持续，需求受到很大影响，受影响最大的是西欧，其次是亚洲，甚至北美洲也未能幸免。2019 年，美国的涂料市场

对钛白粉的需求依然强劲，在 2019 年第四季度，欧洲的需求情况已经恢复至 2017 年同期水平。

从全球钛白粉供需关系来看，钛白粉市场基本达到平衡。随着 2017 年初美国与欧洲房地产行业日渐复苏，市场需求持续向好，极大地改善了海外钛白粉需求情况。同时，部分海外高成本钛白粉产能关停，造成了一定的钛白粉产品供给缺口，使得 2017 年钛白粉价格在持续上涨了半年之后，逐步趋于稳定。2018 年，国内部分大型钛白粉生产企业库存水平低于正常水平。近年来，龙佰集团钛白粉产品的出口比例不断提高，海外市场持续向好。

此外，新型冠状病毒肺炎疫情暴发导致全球经济衰退。受疫情影响，全球钛白粉市场需求和产量均在低位运行，钛白粉市场不确定性增加。

7.5.1.2　行业集中度不断提高，产能日益向少数厂商集中

全球主要钛白粉生产厂家分布在北美和西欧等经济发达地区。在全球范围内，2011～2016 年全球钛白粉增产导致供给过剩，价格低迷，国际钛白粉巨头产能持续收缩，在不断整合的过程中，海外大型钛白粉企业数量逐渐减少。2019 年 4 月份，特诺完成对科斯特的收购，标志着海外钛白粉龙头企业从 5 家减少至 4 家，海外钛白粉产能集中度不断提升。值得注意的是，海外产能几乎全部掌握在跨国企业手中。除去龙佰集团外，科慕、特诺、Venator（从 Huntsman 拆分而来）和康诺斯 4 家公司的产能占据了全球的近 1/2。

7.5.2　我国钛白行业相关政策

7.5.2.1　《产业结构调整指导目录（2019 年本）》

将单线产能 3 万吨/年及氯化法钛白粉生产列为“鼓励类”。
将新建硫酸法钛白粉生产装置列为“限制类”。
将每炉单产 5t 以下的钛铁熔炼炉列为“淘汰类”。

7.5.2.2　《环境保护综合名录》

2007 年，国家环保总局将“硫酸法钛白粉”列为“高污染、高环境风险产品”。

7.5.2.3 《禁止进口加工贸易产品名单》

商务部将钛白粉列入《禁止进口加工贸易产品名单》。

7.5.2.4 出口退税

财政部和国家税务总局取消了对钛白粉的出口退税政策。

7.5.3 我国钛白行业发展趋势

我国钛白行业经历了近几年的高速发展，使得我国已经成为世界瞩目的钛白生产大国，但是，当前我国钛白行业最大的弊病是缺乏技术核心竞争力。

我国目前生产钛白技术主要还是硫酸法，经过几十年的发展，我国硫酸法生产技术已经成熟，现在的硫酸法具有工艺流程短、自动化程度高和基建投资相对较低等优点。但是硫酸法生产工艺依旧存在着突出的问题：整个钛白行业的产品质量与国外发达国家比较仍然存在品质、性能及专用性上的较大差距；钛白生产过程的关键设备存在与其他行业发展不平衡、处于相对落后的状态等问题。面对我国钛白行业的突出问题，专家指出，中国钛白企业需要通过企业间的兼并重组来优化产能，主要应从稳定原料、改进装备以提高其自动化水平、优化循环经济三个方面入手。

在全球钛矿资源日益走向枯竭的边缘，尤其是我国钛矿资源开发技术尚不成熟，这时一个稳定的原料供应必将成为企业可持续发展的稳固基石；先进的技术装备和减少人为干扰的高效自动化生产水平也必不可少；除此之外，中国的钛白粉企业也必须跟随可持续发展的全球趋势，不断优化产业链与产品构架，发展循环经济。

首先应该走一条技术创新的道路，技术创新对任何一个企业来说都至关重要；其次应走专用型产品的道路，未来是产品与服务越来越细分化的市场，有针对性的专用型产品才是市场发展的主流。

7.5.4 废渣产生量及污染特性变化趋势

目前，国内钛白粉行业产能为 403 万吨/年，产量约为 351.2 万吨/年，每年新产生废渣 3500 万吨，历史堆积废渣的总量更是一个巨大数字（目前无法估算）。每年用于综合利用的废渣约有 1500 万吨，其余的废渣与历史废渣一起被堆存处理。虽然钛白废渣不具有较明显的环境风险，但是数量如此巨大的废渣在堆存过程中往往占用大量的土地，同时，在地球资源日渐枯竭的今天，废渣堆存本来就是一种浪费。所以，在采用先进生产工艺、提高技术装备性能的同时，寻求更多样化的、合适的废渣综合利用途径也

是必需的。

随着氯化法技术的推广，钛石膏、硫酸亚铁和酸解残渣的产生量将逐渐显著减少，废盐和除尘渣的产量将稍微增加。

参 考 文 献

[1] 任芝军. 固体废物处理处置与资源化技术[M]. 哈尔滨: 哈尔滨工业大学出版社, 2010.

[2] 刘祥海，孙永贵. 我国钛白粉生产现状和发展探究[J]. 中国有色冶金, 2018, 47（03）: 43-46.

[3] Kraev A S, Agafonov A V, Davydova O I, et al. Sol-gel synthesis of titanium dioxide and titanium dioxide-hydroxypropyl cellulose hybrid material and electrorheological characteristics of their dispersions in poly（dimethylsiloxane）[J]. Colloid Journal, 2007, 5（69）: 620-626.

[4] USGS. Phosphate Rock Statistics and Information[EB/OL]. [2002-04-15] https: //www. usgs. gov/centers/national-minerals-information-center/phosphate-rock-statistics-and-information.

[5] 丁文娟，陈海平，胡越，等. 硫酸法钛白粉生产过程中废酸和废水的治理[J]. 当代化工研究, 2021（11）: 1-3.

[6] 马艳萍. 硫酸法钛白粉清洁生产工艺[J]. 化工设计通讯, 2021, 08（47）: 66-67.

[7] 苗委然. 氯化法钛白粉工艺废渣产业化研究[J]. 当代化工研究, 2021, 09: 140-141.

[8] 李备战，臧涵，许网. 氯化钛白粉生产及三废处理研究[J]. 化工管理, 2020（31）: 45-46.

[9] 刘飞生，谢刚，于站良，等. 氯化法生产钛白工艺的研究进展[J]. 材料导报, 2014, 28（15）: 113-118.

[10] 任旭东. 钛白粉生产现状和发展思路[J]. 中国有色金属, 2012（18）: 68-69.

[11] 陈钢，齐祥昭，赵君. 2021 年中国钛白粉行业经济运行分析及未来发展[J]. 中国涂料, 2022, 37（04）: 11-17.

[12] 宋斌斌. 锦州钛业: 中国氯化法钛白粉技术的先行者[J]. 经济导刊, 2016（08）: 13.

[13] 靳留洋，栗歆，董芬，等. 钛白粉行业不同工艺废渣产生特性和污染特性的研究[J]. 现代化工, 2016, 36（03）: 121-124.

[14] 邓捷. 钛白粉硫酸法与氯化法清洁生产比较[J]. 中国涂料, 2011, 26（12）: 14-16.

[15] 唐文骞. 硫酸法和氯化法钛白生态效率分析与比较[J]. 化工设计, 2011, 21（06）: 43-46.

[16] GB 5085.3—2007 危险废物鉴别标准　浸出毒性鉴别[S].

[17] 赵波，刘红星. 浅析氯化钛白粉生产及三废处理[J]. 云南化工, 2019, 07（46）: 50-51.

[18] GB/T 21371—2019 用于水泥中的工业副产石膏[S].

[19] 贺鸿珠. 土木工程材料[M]. 重庆: 重庆大学出版社, 2014.

[20] HG/T 2250—1991 氧化铁黑颜料[S].

[21] 李卫国. 钛白副产物一水、七水亚铁掺烧硫铁矿制酸的综合利用[J]. 化学工程与装备, 2018（08）: 63-64.

[22] 张兵兵，李俊峰，张鹤，等. 四氯化钛生产中氯化收尘渣资源利用及无害化处理[J]. 河南科技, 2015（11）: 110-112.

第8章

黄磷行业废渣污染特征与污染风险控制

- 黄磷行业国内外发展概况
- 电炉法工艺废渣的产生特性与污染特性
- 黄磷行业废渣处理处置方式与环境风险
- 黄磷行业及废渣特性发展变化趋势

8.1　黄磷行业国内外发展概况

黄磷又称白磷，是磷的同素异形体之一，由磷矿化学加工而得。黄磷呈黄白色蜡状，是具有光泽的固体，有立方体和六方体两种晶体结构，室温下为立方体。黄磷是一种极为重要的基础工业原料，主要用于化工、农药等多个领域。在生产过程中，由于忽视黄磷的危险性而造成的火灾事故也时有发生。

黄磷是磷矿石在高温下被碳还原而生成的。一般的磷有黄磷（又称白磷）、赤磷（又称红磷）、黑磷（又称紫磷）三种异形体。而纯黄磷为白色蜡状固体，具有光泽，在光和热的作用下可很快转变为黄色，故常称为黄磷。

目前中国的黄磷总产量居世界首位，国内共有黄磷生产厂 150 余家，生产装置主要分布在云南、贵州、四川、湖南四省，云、贵、川三省黄磷生产能力超过全国 80%。由于黄磷的生产会消耗大量的能源，并对周围环境带来极大影响，黄磷属于高能耗、高污染的产业，所以发达国家将黄磷生产转移到发展中国家。

据美国地质调查局（USGS）官网发布的矿产商品年度总结数据[1]，全球已探明的磷矿石储量约为 710 亿吨。其中摩洛哥、中国、埃及、阿尔及利亚、巴西储量排名全球前五，但摩洛哥独占 500 亿吨，占比 70.42%，其他各国各自占比皆不足 5%。中国以 32 亿吨基础储量居第二位，占比 4.51%，具体如图 8-1 和表 8-1 所示。

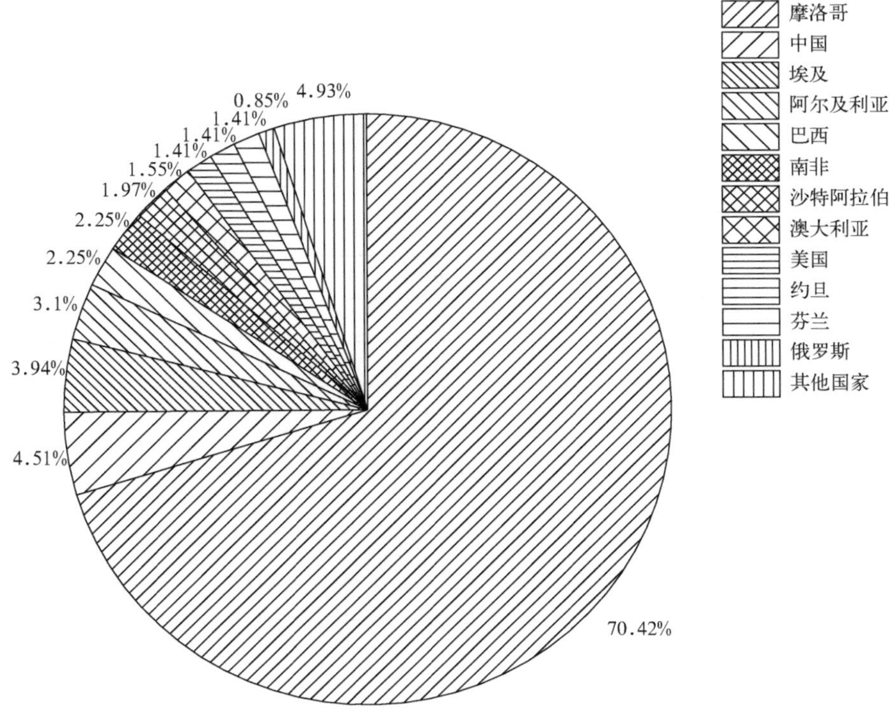

图 8-1　全球磷矿石储量分布

表 8-1 世界各国磷矿石产量及储量统计

主要国家	产量/万吨									储量/万吨
	2013 年	2014 年	2015 年	2016 年	2017 年	2018 年	2019 年	2020 年	2021 年	2021 年
中国	10800	10000	12000	13500	14400	12000	9500	8800	8500	320000
摩洛哥	2640	3000	2900	2690	3000	3480	3550	3740	3800	5000000
美国	3120	2530	2740	2710	2790	2580	2330	2350	2200	100000
俄罗斯	1000	1100	1160	1240	1330	1400	1310	1400	1400	60000
约旦	540	714	834	799	869	802	922	894	920	100000
沙特阿拉伯	300	300	400	420	500	609	650	800	850	140000
巴西	600	604	610	520	520	574	470	600	550	160000
埃及	650	550	550	500	440	500	500	480	500	280000
越南	237	270	250	280	300	330	465	450	470	3000
秘鲁	258	380	388	385	304	390	400	330	380	21000
突尼斯	350	378	280	366	442	334	411	319	320	10000
以色列	350	336	354	395	385	355	281	309	300	5300
澳大利亚	260	260	250	300	300	280	270	200	220	110000
塞内加尔	80	90	124	220	139	165	342	160	220	5000
南非	230	216	198	170	208	210	210	180	200	160000
哈萨克斯坦	160	160	184	150	150	130	150	130	150	26000
印度	127	111	150	200	159	160	148	140	140	4600
阿尔及利亚	150	150	140	127	130	120	130	120	120	220000
多哥	111	120	110	85	82.5	80	80	94.2	120	3000
芬兰	0	0	0	94	98	98.9	99.5	99.5	100	100000
乌兹别克斯坦	0	0	0	0	90	90	90	90	90	10000
土耳其	0	0	0	0	0	0	0	60	60	5000
墨西哥	176	170	168	170	193	154	55.8	57.7	53	3000
叙利亚	50	123	75	—	10	10	200	36	—	—
其他国家	323	257	247	195	110	97	114	87	100	260000
全球合计	22512	21819	24112	25516	26949.5	24948.9	22678.3	21926.4	21763	7100000

全球共有 30 多个国家生产磷矿石，年产量从 2017 年的 2.69 亿吨下降至当前的 2.2 亿吨，主要为中国减产导致。全球磷矿石产量主要集中在中国、摩洛哥、美国、俄罗斯等国，其中中国、美国产量逐渐缩减，摩洛哥、约旦等资源型国家产量逐渐扩张，具体如表 8-1 和图 8-2 所示。

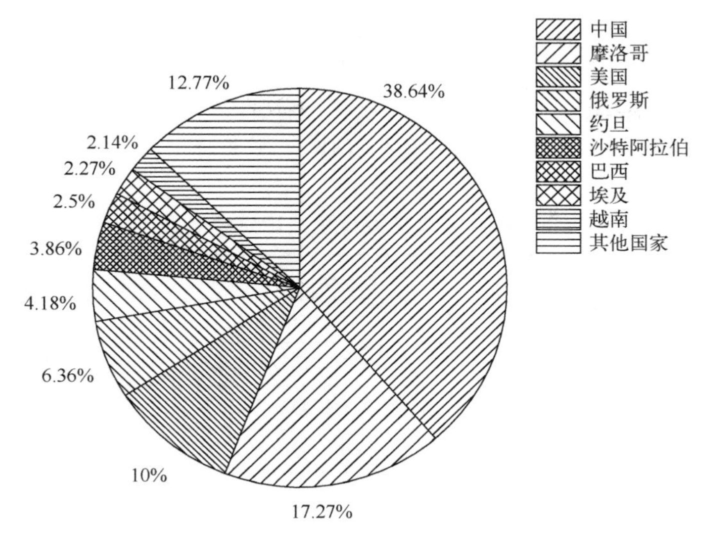

图 8-2　全球磷矿石产量分布

我国磷矿石资源“丰而不富”[2-5]（见表 8-2）。世界磷矿的总体品位在 5%～40%（P_2O_5）之间，俄罗斯的科拉、摩洛哥的布克拉、美国的佛罗里达以及非洲的一些国家都是富矿汇集的地区，有的矿石品位达到 39%（P_2O_5），一般都在 30%以上。我国磷矿以三级品位为主，全国磷矿石的平均品位只有 17%，可开采储量平均品位为 23%，是世界上磷矿石平均品位最低的国家之一。

我国磷矿石的基础储量为 37 亿吨，居世界第二[2-4]，资源储量约为 252.82 亿吨（截至 2018 年）。湖北、湖南、四川、贵州和云南是磷矿富集区，5 省份磷矿已查明资源储量（矿石量）135 亿吨，占全国 75%。按矿区矿石平均品位计算，5 省份磷矿资源储量（P_2O_5 量）28.66 亿吨，占全国的 90.4%。

表 8-2　各省磷矿资源储量和品位

排名	省份	资源储量/亿吨	P_2O_5 量/亿吨	平均品位/%
1	云南	40.2	8.94	22.2
2	湖北	30.4	6.8	22.4
3	贵州	27.8	6.2	22.3
4	四川	16	3.5	21.9
5	湖南	20	3.23	16.2

中国磷矿主要分布在以下 8 个区域：云南滇池地区；贵州开阳地区、瓮福地区；四川金河清平地区、马边地区；湖北宜昌地区、湖集地区、保康地区。

8.1.1 黄磷行业国外发展概况

国外黄磷主要生产国家和地区有美国、西欧、哈萨克斯坦、越南等，具体见表 8-3。

表 8-3 国外主要黄磷生产企业概况

排名	国家	企业名称	产能/（万吨/年）
1	美国	孟山都公司	12.0
2	哈萨克斯坦	哈萨克斯坦磷酸盐公司	11.5
3	荷兰	天富国际有限公司	8.5
4	越南	越南南方基本化工公司	3.0

8.1.2 黄磷行业国内发展概况

截至 2018 年[6]，世界黄磷总产能约为 235 万吨/年，我国 2018 年产能约为 195 万吨，占比 83%。相比 1985 年我国黄磷产能仅占世界总产能的 7%，我国在黄磷行业取得了长足的发展。2018 年世界主要黄磷生产国黄磷产能占比如图 8-3 所示。

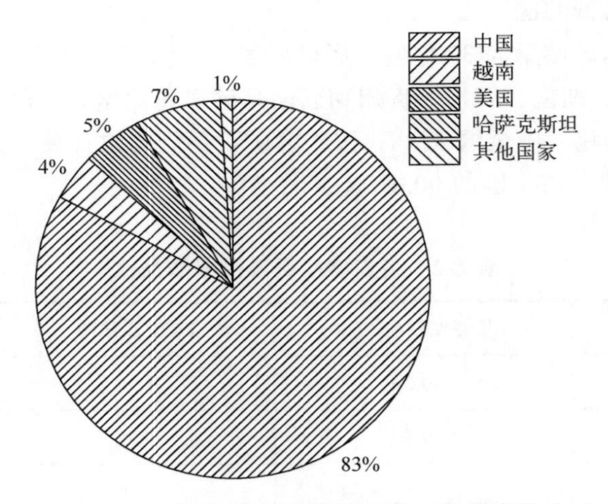

图 8-3 2018 年世界主要黄磷生产国黄磷产能占比

2018 年我国黄磷总产量约为 89 万吨[7]。我国黄磷下游主要用于生产热法磷酸、三氯化磷、五硫化二磷、五氧化二磷、次磷酸及其盐、赤磷及其他产品等，此外还有小部分出口。近年来，受国家产业政策和黄磷关税的影响，我国黄磷出口量明显下降。根据海关统计，2017 年黄磷出口量仅为 0.389 万吨，且黄磷平均出口价格从 3418 美元/吨（2011 年）降至 2769 美元/吨（2017 年）。2000～2018 年我国黄磷生产、消费趋势如

图 8-4 所示。

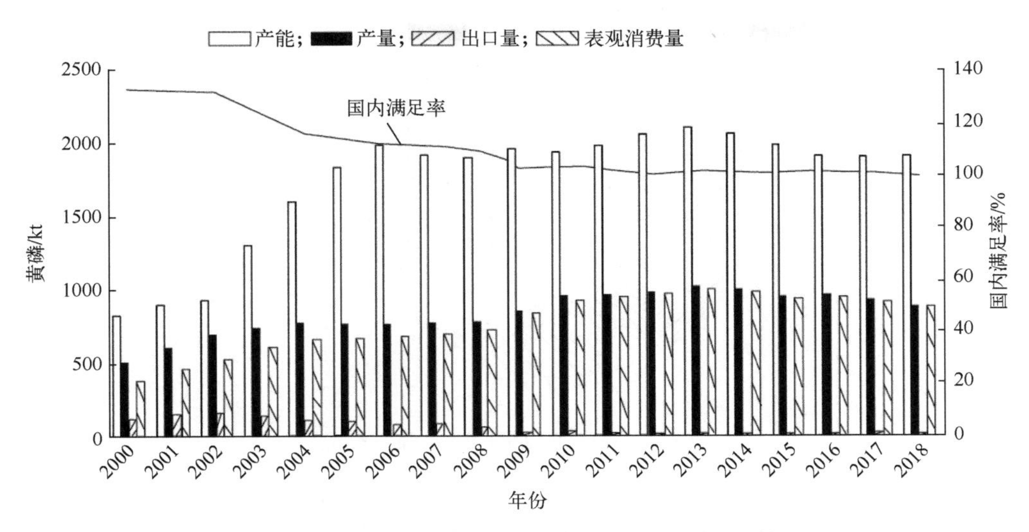

图 8-4　2000～2018 年我国黄磷生产、消费趋势

2018 年我国黄磷生产企业约有百余家，生产能力约为 195 万吨，产量 89 万吨，分别占世界黄磷产能和产量的 83%和 80%，表 8-4 是国内主要黄磷生产企业及其产能统计情况。我国黄磷生产企业在各省市的分布如图 8-5 所示。

表 8-4　我国主要黄磷生产企业

序号	企业名称	省份	生产工艺	产能/（万吨/年）
1	马龙产业	云南	电炉法	14
2	江苏澄星磷化工股份有限公司	江苏	电炉法	12
3	南磷集团	云南	电炉法	10
4	贵州黔能天和磷业有限公司	贵州	电炉法	9
5	湖北兴发化工集团股份有限公司	湖北	电炉法	8
6	雷波凯瑞磷化工有限责任公司	四川	电炉法	6
7	四川川投化学工业集团有限公司	四川	电炉法	6
8	会泽澜沧江磷业有限公司	云南	电炉法	6
9	江苏瑞丰化工有限公司	江苏	电炉法	5
10	云南江磷集团股份有限公司	云南	电炉法	4
11	贵州修文黄磷厂	贵州	电炉法	4
12	安县启明星磷化工有限公司	四川	电炉法	3
13	澄江磷化工华业有限责任公司	云南	电炉法	3
14	澄江县德安磷化工有限责任公司	云南	电炉法	3
15	云南再峰集团有限公司龙凤黄磷厂	云南	电炉法	3
小计		—	—	96

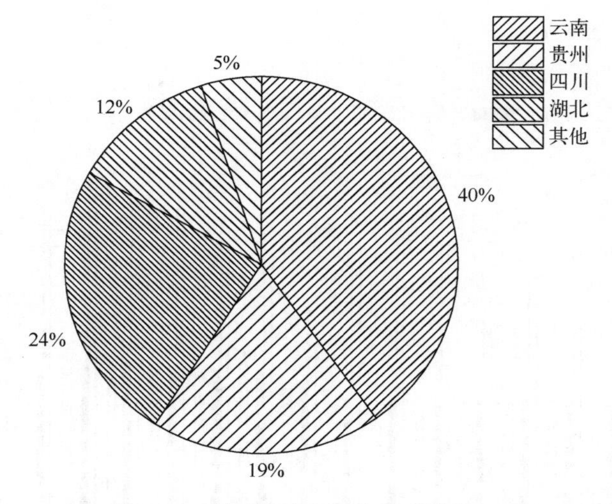

图 8-5 我国黄磷生产企业分布概况

8.2 电炉法工艺废渣的产生特性与污染特性

8.2.1 电炉法工艺流程

我国第一台制磷电炉（100kV·A 单相）于 1942 年建于重庆市长寿县（现为长寿区）[8]。新中国成立后，我国黄磷工业得到较快发展。我国西南地区磷矿和水电资源丰富，供应充沛，发展黄磷工业优势明显。自 20 世纪 80 年代后期至 21 世纪初，我国黄磷工业利用国内“西部大开发”和国外磷化工布局与结构调整的机遇获得了快速的发展，云、贵、川三省的黄磷生产能力、产量均占全国的 85%左右[9,10]。

经过 20 世纪 90 年代 10 年的发展，我国已成为全球最大的黄磷生产国和消费国。根据国内磷化工企业的实际情况，我国自行设计、制造的设备取得了长足的进步。黄磷电炉的变压器容量由平均不足 8500kV·A/台提高到 16700kV·A/台，电极的升降系统均实现自动化。黄磷产能前 10 家企业总产能为 81.2 万吨/年，占全国总产能的 45%，矿电磷一体化的模式在逐步扩大，产业集中度提高[11]。

我国制磷电炉大多是中小型的，企业规模小，布局分散；黄磷生产企业逐渐向磷矿和水电资源丰富的西南地区转移，使布局逐渐趋于合理化。

目前国内所有生产企业全部采用电炉法生产工艺。电炉法生产黄磷的大概工艺流程为：将焦炭破碎，再与磷矿石、硅石一起经皮带输送机送入干燥机，进行烘干、筛分后送至配料仓中，按一定比例配料后加入密闭的电炉内。磷矿石、焦炭、硅石在电炉内经三相电极输入的电能加热到 1300～1500℃，呈熔融状态并发生还原反应，其

中，磷矿石中的化合磷被碳（C）还原成元素磷，含磷蒸气经导气管进入冷凝塔，经塔顶喷淋冷却，磷蒸气被水冷凝为液态黄磷，与炉气中粉尘同时落入塔底受磷槽中，成为含有粉尘的粗磷。粗磷定时放入精制锅中，经热水漂洗、静置分离工序，使液态磷沉入锅底成为合格的液态黄磷。一氧化碳等气体经净化后送去综合利用。炉料中的氧化铁（Fe_2O_3）被还原生成金属铁，熔融的铁与磷反应生成磷铁，磷铁随同偏硅酸钙炉渣定期排出。

电炉法生成黄磷一般分为原料准备、电炉制磷、精制、成品包装、尾气净化、炉渣处理和污水处理七个工序，具体如图 8-6 所示。

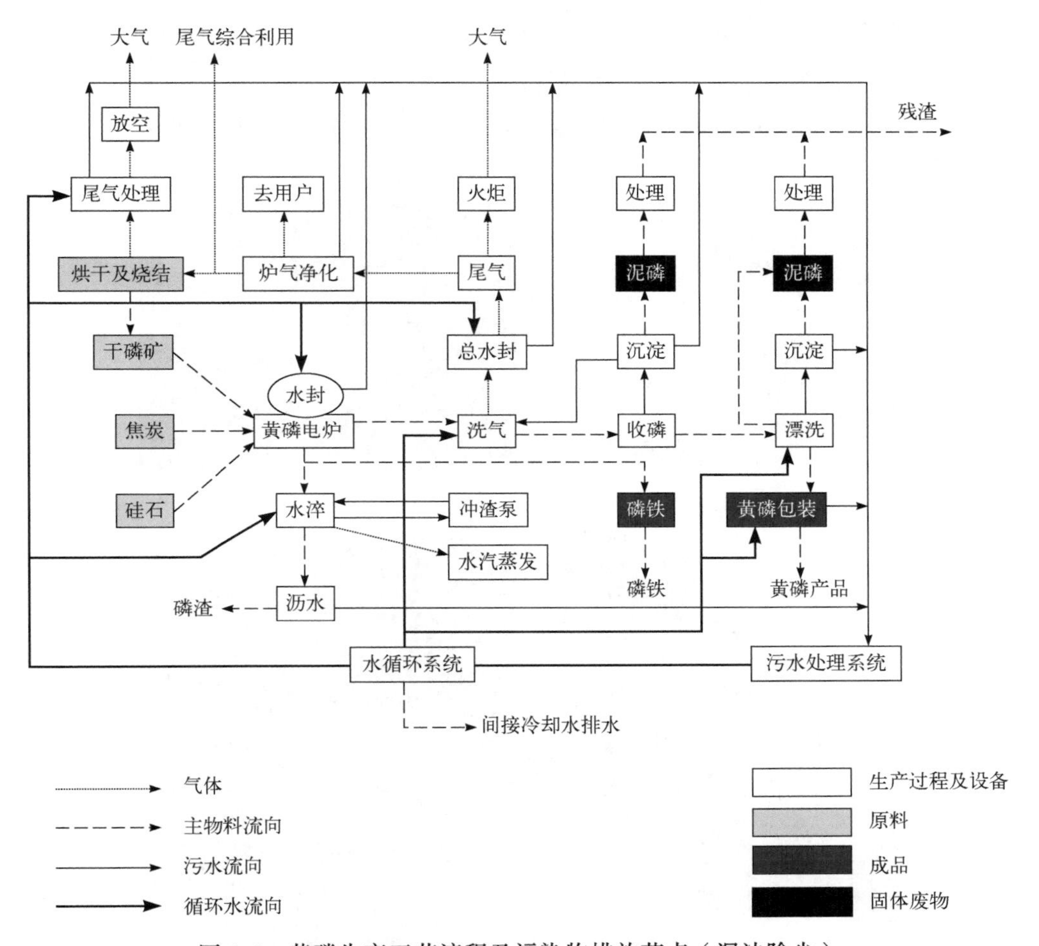

图 8-6　黄磷生产工艺流程及污染物排放节点（湿法除尘）

电炉法制磷是将磷矿石、硅石和焦炭的混合料在电炉中加热到 1300～1500℃，使磷矿石中的 P_2O_5 被还原成元素磷。其反应式为：

$$Ca_3(PO_4)_2+5C+3SiO_2 \longrightarrow P_2\uparrow+5CO\uparrow+3CaSiO_3$$

天然磷矿石主要成分为氟磷酸钙[$Ca_5F(PO_4)_3$]，它在电炉内的反应如下：

$$12Ca_5F(PO_4)_3+90C+43SiO_2 \longrightarrow 18P_2\uparrow+90CO\uparrow+20Ca_3Si_2O_7+3SiF_4\uparrow$$

典型的电炉法工艺生产黄磷的现场如图 8-7 所示。

(a) 磷矿石　(b) 硅石

(c) 焦丁　(d) 配料工段

(e) 制磷集成装置　(f) 产品包装

(g) 磷铁

(h) 泥磷回收

(i) 黄磷产品

(j) 磷渣

图 8-7　黄磷生产现场图集

8.2.2　废渣产生节点及理论产排污系数

电炉法工艺过程的技术原理如表 8-5 所列。

表 8-5　电炉法工艺过程发生的反应原理

工艺路线	电炉法	
产品	黄磷	
原材料	磷矿石、硅石、焦丁	
原理	电炉制磷	$Ca_3(PO_4)_2+5C+3SiO_2 \longrightarrow P_2\uparrow+5CO\uparrow+3CaSiO_3$ $12Ca_5F(PO_4)_3+90C+43SiO_2 \longrightarrow 18P_2\uparrow+90CO\uparrow+20Ca_3Si_2O_7+3SiF_4\uparrow$

根据调研数据，平均 1t 磷矿石原矿中含有 P_2O_5 为 30%，CaO 为 45%，SiO_2 为 10%，Al_2O_3 为 2%，Fe_2O_3 为 1.5%，MgO 为 1.5%，烧失量为 10%。假设磷的转化率为 90%，根据技术原理可计算如下物理量。

8.2.2.1　磷矿石消耗量

磷矿石中的磷理论上 90%转化为单质磷，1t 磷矿石中含 P_2O_5 为 30%，即为 300kg，则每吨黄磷产品所需的磷矿石量为：

$$\frac{284}{124\times30\%\times90\%}\times1000=8483(\text{kg})$$

即，理论上磷矿石消耗量为 8.5t/t 产品。

8.2.2.2 焦丁消耗量

焦丁消耗的目的是将 P_2O_5 还原为单质磷，根据反应方程式可知，1mol P_2O_5 转化为单质磷需消耗 5mol 焦丁。由此可计算得到每吨黄磷产品所需的焦丁量为：

$$\frac{120}{124}\times1000=968(\text{kg})$$

即，理论上焦丁消耗量为 0.97t/t 产品。

8.2.2.3 硅石消耗量

硅石消耗的目的是将 $Ca_3(PO_4)_2$ 转化为 $CaSiO_3$，根据反应方程式可知，1mol $Ca_3(PO_4)_2$ 转化为 $CaSiO_3$ 需消耗 3mol SiO_2。由此可计算得到每吨黄磷产品所需的 SiO_2 量为：

$$\frac{360}{124}\times1000=2903(\text{kg})$$

又，磷矿石中含有 10%的 SiO_2，所以硅石的消耗量应为：

$$2903-8500\times10\%=2053(\text{kg})$$

即，理论上硅石消耗量为 2.05t/t 产品。

8.2.2.4 磷铁产生量

一般磷铁中含有约 25%的磷（以 P 计）和 70%的铁（以 Fe 计），铁来源于磷矿石中的铁，所以每吨黄磷产品所产生的磷铁量为：

$$\frac{8.5\times1.5\%\times112}{160\times70\%}\times1000=127.5(\text{kg})$$

即，理论上磷铁的产生量为 0.13t/t 产品。

8.2.2.5　磷渣产生量

理论上，磷渣主要由磷矿石中除磷和铁之外的其他物质以及硅石组成，由于磷的转化率的问题，所以磷渣中也含有少量的磷。则，每吨黄磷产品所产生的磷渣量为：

$$\left[8.5\times(1-30\%-1.5\%-10\%)+2.05+8.5\times30\%\times(1-90\%)-0.13\times25\%\times\frac{284}{124}\right]\times1000$$
$$=7203(\text{kg})$$

即，理论上磷渣的产生量为 7.2t/t 产品。

8.2.2.6　泥磷产生量

泥磷主要是指粗磷精制过程中产生的磷泥，由于生产技术水平的不同，泥磷的产生量有所不同，平均产生量约为 0.1t/t 产品。

综上，可得到电炉法工艺部分原料和废渣的产污系数，如表 8-6 所列。

表 8-6　电炉法工艺废渣的理论产污系数

指标		电炉法理论分析数据
物耗	磷矿石/（t/t）	8.5
	焦丁/（t/t）	0.97
	硅石/（t/t）	2.05
固体废物产量	磷铁/（t/t）	0.13
	磷渣/（t/t）	7.2
	泥磷/（t/t）	0.1

8.2.3　典型企业废渣产生现状调研

8.2.3.1　云南某黄磷有限公司

企业基本概况见表 8-7。

表 8-7　云南某黄磷有限公司概况

企业名称	云南某黄磷有限公司	企业地址	云南省昆明市某县六街镇
产品种类	黄磷		
总产能	1 万吨/年		
生产工艺	电炉法		

磷矿石原矿化学组分如表 8-8 所列。

表 8-8　磷矿石的化学组分

成分名称	P_2O_5	CaO	SiO_2	Al_2O_3	Fe_2O_3	MgO	烧失量
含量/%	26.78	39.86	13.06	1.36	1.98	5.61	11.35

原料消耗、能源消耗及废渣产生情况统计如表 8-9 所列。

表 8-9　原料、能源消耗及副产产生情况统计

项目指标		电炉法工艺
原料消耗（以吨产品计）	磷矿石消耗/kg	10500
	焦丁消耗/kg	2100
	硅石消耗/kg	1200
能源消耗（以吨产品计）	电耗/kW · h	13400
	综合能耗（折标煤）/kg	3050
废渣排放（以吨产品计）	磷铁/kg	100
	磷渣/kg	8400
	泥磷/kg	150

废渣的处理处置情况统计如表 8-10 所列。

表 8-10　废渣的处理处置现状

废渣类型	处置方式	
磷铁	贮存方式	具有防雨和防渗的大棚堆存库 
	处理处置方式	用于铸造业

续表

废渣类型	处置方式	
磷渣	贮存方式	堆存 
	处理处置方式	制备水泥
泥磷渣	贮存方式	堆存 
	处理处置方式	送化肥厂

8.2.3.2　云南某磷化学有限公司

企业基本概况见表 8-11。

表 8-11　云南某磷化学有限公司概况

企业名称	云南某磷化学有限公司	企业地址	云南省昆明市某开发区
产品种类	黄磷		
总产能	3.5 万吨/年		
生产工艺	电炉法		

磷矿石原矿化学组分如表 8-12 所列。

表 8-12　磷矿石的化学组分

成分名称	P_2O_5	CaO	SiO_2	Al_2O_3	Fe_2O_3	MgO	烧失量
含量/%	27.46	38.81	14.12	1.87	2.05	3.18	12.51

原料消耗、能源消耗及废渣产生情况统计如表 8-13 所列。

表 8-13　原料、能源消耗及副产产生情况统计

项目指标		电炉法工艺
原料消耗（以吨产品计）	磷矿石消耗/kg	10000
	焦丁消耗/kg	1500
	硅石消耗/kg	300
能源消耗（以吨产品计）	电耗/kW · h	13500
	综合能耗（折标煤）/kg	3160
废渣排放（以吨产品计）	磷铁/kg	150
	磷渣/kg	9500
	泥磷/kg	500

废渣的处理处置情况统计如表 8-14 所列。

表 8-14　废渣的处理处置现状

废渣类型	处置方式	
磷铁	贮存方式	具有防雨和防渗的大棚堆存库 
	处理处置方式	用于铸造业

续表

废渣类型	处置方式	
磷渣	贮存方式	堆存 
	处理处置方式	制备水泥
泥磷渣	贮存方式	堆存
	处理处置方式	送化肥厂

8.2.3.3　云南某公司

企业基本概况见表 8-15。

表 8-15　云南某公司概况

企业名称	云南某公司	企业地址	云南省昆明市某镇
产品种类	黄磷		
总产能	3.5 万吨/年		
生产工艺	电炉法		

磷矿石原矿化学组分如表 8-16 所列。

表 8-16　磷矿石的化学组分

成分名称	P_2O_5	CaO	SiO_2	Al_2O_3	Fe_2O_3	MgO	烧失量
含量/%	24.56	42.52	14.64	2.13	2.44	4.68	9.03

原料消耗、能源消耗及废渣产生情况统计如表 8-17 所列。

表 8-17　原料、能源消耗及副产产生情况统计

项目指标		电炉法工艺
原料消耗（以吨产品计）	磷矿石消耗/kg	11500
	焦丁消耗/kg	2150
	硅石消耗/kg	1600
能源消耗（以吨产品计）	电耗/kW·h	13400
	综合能耗（折标煤）/kg	3070
废渣排放（以吨产品计）	磷铁/kg	150
	磷渣/kg	9500
	泥磷/kg	60

废渣的处理处置情况统计如表 8-18 所列。

表 8-18　废渣的处理处置现状

废渣类型	处置方式	
磷铁	贮存方式	具有防雨和防渗的大棚堆存库
	处理处置方式	用于铸造业
磷渣	贮存方式	堆存 
	处理处置方式	制备水泥
泥磷渣	贮存方式	堆存
	处理处置方式	送化肥厂

8.2.4　电炉法工艺废渣产生特性

电炉法工艺生产黄磷产生的废渣主要有：电炉制磷工段产生的磷铁和磷渣，粗磷精

制工段产生的泥磷。

电炉法工艺废渣产污系数的理论数据和调研数据如表 8-19 所列。

表 8-19　废渣产排污系数的理论数据与调研数据

项目指标		电炉法工艺	
		调研数据	理论分析数据
原料消耗（以吨产品计）	磷矿石消耗/kg	10000～11500	8500
	焦丁消耗/kg	1500～2150	970
	硅石消耗/kg	300～1600	2050
能源消耗（以吨产品计）	电耗/kW · h	13400～13500	—
	综合能耗（折标煤）/kg	3050～3160	—
废渣排放（以吨产品计）	磷铁/kg	100～150	130
	磷渣/kg	8400～9500	7200
	泥磷/kg	60～500	100

由此可知，在黄磷生产过程中产生的废渣主要是磷铁、磷渣和泥磷，其产污系数分别为 0.13t/t 产品、7.2t/t 产品和 0.1t/t 产品。

对上述调研的 3 家企业的电炉法工艺废渣进行了磷元素含量以及腐蚀性的测定，结果见表 8-20。

表 8-20　综合各企业废渣的物性分析

项目	磷渣	磷铁	磷泥	其他[①]
总磷含量（以 P_2O_5 计）/%	3.76	3.46	12.81	4.58
pH 值	9.83	8.45	2.54	—

① 其他废物初步估计为 50kg/t 产品。

根据分析结果，可得如下结论。

黄磷行业电炉法生产黄磷时磷的收率为：

1−[(磷渣产量×磷渣中磷含量+磷铁产量×磷铁中磷含量+磷泥产量×磷泥中磷含量+其他废物中磷含量)/(磷矿消耗量×磷矿中磷含量)]=87.11%

即，磷的收率约为 87%。

8.2.5　电炉法工艺废渣污染特性

对 3 家典型企业电炉法工艺产生的废渣进行了样品分析，分析结果见表 8-21～表 8-31。

表 8-21　云南某磷化学有限公司磷矿（pH 值为 7.28）分析结果

检测项目	含量/（mg/kg）	浸出浓度/（mg/L）	危险废物鉴别标准/（mg/L）	污水排放标准/（mg/L）	地表水质量标准/（mg/L）
铍（Be）	0.3240	0.000	0.02	0.005	0.002
硼（B）	6603.352	45.800	—	—	0.5
钠（Na）	3921.788	58.290	—	—	—
镁（Mg）	2467.412	13.110	—	—	—
铝（Al）	1398.138	未检出	—	—	—
钾（K）	5964.618	18.610	—	—	—
钙（Ca）	314152.7	353.100	—	—	—
钒（V）	11.909	0.004	—	—	—
铬（Cr）	90.41	0.000	15	1.5	0.05
锰（Mn）	132.85	0.065	—	5.0	0.1
铁（Fe）	21936.685	0.630	—	—	0.3
钴（Co）	0.41	0.000	—	—	—
镍（Ni）	14.881	0.002	5.0	1.0	0.02
铜（Cu）	2.132	0.000	100	20	1.0
锌（Zn）	39.516	0.011	100	5.0	1.0
砷（As）	12.268	0.014	5	0.5	0.05
硒（Se）	0.464	0.001	1	0.5	0.01
钼（Mo）	0.436	0.006	—	—	—
银（Ag）	0.266	0.000	5	—	—
镉（Cd）	0.203	0.000	1	0.1	0.005
锑（Sb）	14.062	0.003	—	—	—
钡（Ba）	288.454	0.028	100	—	0.7
汞（Hg）	17.797	未检出	0.1	0.05	0.0001
铊（Tl）	0.047	0.000	—	—	—
铅（Pb）	19.814	未检出	5	1.0	0.05

注：“—”表示表中所列标准未对该项目规定限值，下同。

表 8-22　云南某磷化学有限公司黄磷水淬渣（pH 值为 9.85）分析结果

检测项目	含量/（mg/kg）	浸出浓度/（mg/L）	危险废物鉴别标准/（mg/L）	污水排放标准/（mg/L）	地表水质量标准/（mg/L）
铍（Be）	0.207	0.000	0.02	0.005	0.002
硼（B）	6740.883	38.890	—	—	0.5
钠（Na）	5101.727	142.400	—	—	—
镁（Mg）	6604.607	10.920	—	—	—

续表

检测项目	含量/（mg/kg）	浸出浓度/（mg/L）	危险废物鉴别标准/（mg/L）	污水排放标准/（mg/L）	地表水质量标准/（mg/L）
铝（Al）	1702.303	未检出	—	—	—
钾（K）	5393.474	105.200	—	—	—
钙（Ca）	448368.522	692.200	—	—	—
钒（V）	6.739	0.006	—	—	—
铬（Cr）	88.868	未检出	15	1.5	0.05
锰（Mn）	66.737	0.003	—	5.0	0.1
铁（Fe）	10479.846	0.790	—	—	0.3
钴（Co）	0.359	0.000	—	—	—
镍（Ni）	12.632	0.002	5.0	1.0	0.02
铜（Cu）	2.503	0.004	100	20	1.0
锌（Zn）	37.524	0.003	100	5.0	1.0
砷（As）	14.442	0.005	5	0.5	0.05
硒（Se）	0.401	0.001	1	0.5	0.01
钼（Mo）	0.228	0.002	—	—	—
银（Ag）	0.587	未检出	5	—	—
镉（Cd）	3.927	0.000	1	0.1	0.005
锑（Sb）	4.209	0.002	—	—	—
钡（Ba）	101.766	0.030	100	—	0.7
汞（Hg）	10.24	未检出	0.1	0.05	0.0001
铊（Tl）	0.029	0.000	—	—	—
铅（Pb）	3.442	未检出	5	1.0	0.05
致癌风险	7.35×10^{-7}		—	—	—
非致癌商	0.33		—	—	—

表 8-23 云南某磷化学有限公司磷铁（pH 值为 8.25）分析结果

检测项目	含量/（mg/kg）	浸出浓度/（mg/L）	危险废物鉴别标准/（mg/L）	污水排放标准/（mg/L）	地表水质量标准/（mg/L）
铍（Be）	0.002	0.000	0.02	0.005	0.002
硼（B）	6924.49	34.370	—	—	0.5
钠（Na）	1883.6734	54.360	—	—	—
镁（Mg）	1157.143	7.410	—	—	—
铝（Al）	81.959	未检出	—	—	—

续表

检测项目	含量/（mg/kg）	浸出浓度/（mg/L）	危险废物鉴别标准/（mg/L）	污水排放标准/（mg/L）	地表水质量标准/（mg/L）
钾（K）	781.633	41.050	—	—	—
钙（Ca）	3918.367	119.800	—	—	—
钒（V）	394.49	0.005	—	—	—
铬（Cr）	265.714	未检出	15	1.5	0.05
锰（Mn）	1182.449	0.945	—	5.0	0.1
铁（Fe）	800408.163	30.570	—	—	0.3
钴（Co）	35.939	0.010	—	—	—
镍（Ni）	293.469	0.074	5.0	1.0	0.02
铜（Cu）	201.755	未检出	100	20	1.0
锌（Zn）	20.755	0.269	100	5.0	1.0
砷（As）	10.061	0.001	5	0.5	0.05
硒（Se）	0.065	0.000	1	0.5	0.01
钼（Mo）	16.243	0.007	—	—	—
银（Ag）	3.002	未检出	5	—	—
镉（Cd）	0.069	0.000	1	0.1	0.005
锑（Sb）	10.541	1.188	—	—	—
钡（Ba）	109.245	0.121	100	—	0.7
汞（Hg）	9.737	未检出	0.1	0.05	0.0001
铊（Tl）	0.002	0.000	—	—	—
铅（Pb）	20.294	未检出	5	1.0	0.05
致癌风险	1.35×10^{-7}		—	—	—
非致癌商	0.12		—	—	—

表 8-24　云南某黄磷有限公司磷矿（普通，pH 值为 7.62）分析结果

检测项目	含量/（mg/kg）	浸出浓度/（mg/L）	危险废物鉴别标准/（mg/L）	污水排放标准/（mg/L）	地表水质量标准/（mg/L）
铍（Be）	0.132	0.000	0.02	0.005	0.002
硼（B）	7315.464	32.060	—	—	0.5
钠（Na）	4890.722	16.230	—	—	—
镁（Mg）	2950.516	45.600	—	—	—
铝（Al）	807.629	未检出	—	—	—
钾（K）	3183.505	15.600	—	—	—

续表

检测项目	含量/（mg/kg）	浸出浓度/（mg/L）	危险废物鉴别标准/（mg/L）	污水排放标准/（mg/L）	地表水质量标准/（mg/L）
钙（Ca）	354845.361	354.500	—	—	—
钒（V）	2.85	0.003	—	—	—
铬（Cr）	33.402	0.001	15	1.5	0.05
锰（Mn）	82.907	0.014	—	5.0	0.1
铁（Fe）	9903.093	0.480	—	—	0.3
钴（Co）	0.243	0.000	—	—	—
镍（Ni）	6.237	0.003	5.0	1.0	0.02
铜（Cu）	1.74	0.001	100	20	1.0
锌（Zn）	22.619	0.010	100	5.0	1.0
砷（As）	11.843	0.004	5	0.5	0.05
硒（Se）	0.186	0.001	1	0.5	0.01
钼（Mo）	0.33	0.009	—	—	—
银（Ag）	0.487	未检出	5	—	—
镉（Cd）	0.173	0.000	1	0.1	0.005
锑（Sb）	1.087	0.002	—	—	—
钡（Ba）	19.68	0.047	100	—	0.7
汞（Hg）	1.074	0.001	0.1	0.05	0.0001
铊（Tl）	0.014	0.000	—	—	—
铅（Pb）	33.794	未检出	5	1.0	0.05

表 8-25　云南某黄磷有限公司磷矿（低砷，pH 值为 7.55）分析结果

检测项目	含量/（mg/kg）	浸出浓度/（mg/L）	危险废物鉴别标准/（mg/L）	污水排放标准/（mg/L）	地表水质量标准/（mg/L）
铍（Be）	0.321	0.000	0.02	0.005	0.002
硼（B）	7210.421	28.860	—	—	0.5
钠（Na）	3753.507	17.090	—	—	—
镁（Mg）	2535.07	15.860	—	—	—
铝（Al）	1559.319	未检出	—	—	—
钾（K）	9140.281	17.380	—	—	—
钙（Ca）	530661.323	372.400	—	—	—
钒（V）	4.267	0.002	—	—	—
铬（Cr）	46.433	未检出	15	1.5	0.05

续表

检测项目	含量/（mg/kg）	浸出浓度/（mg/L）	危险废物鉴别标准/（mg/L）	污水排放标准/（mg/L）	地表水质量标准/（mg/L）
锰（Mn）	9.77	0.011	—	5.0	0.1
铁（Fe）	8342.685	0.390	—	—	0.3
钴（Co）	0.261	0.000	—	—	—
镍（Ni）	11.717	0.002	5.0	1.0	0.02
铜（Cu）	0.916	未检出	100	20	1.0
锌（Zn）	7.058	0.008	100	5.0	1.0
砷（As）	10.066	0.001	5	0.5	0.05
硒（Se）	0.206	0.000	1	0.5	0.01
钼（Mo）	0.176	0.000	—	—	—
银（Ag）	0.16	未检出	5	—	—
镉（Cd）	0.112	0.000	1	0.1	0.005
锑（Sb）	3.132	0.001	—	—	—
钡（Ba）	55.271	0.066	100	—	0.7
汞（Hg）	2.004	未检出	0.1	0.05	0.0001
铊（Tl）	0.01	0.000	—	—	—
铅（Pb）	1.974	未检出	5	1.0	0.05

表 8-26　云南某黄磷有限公司硅石（pH 值为 9.47）分析结果

检测项目	含量/（mg/kg）	浸出浓度/（mg/L）	危险废物鉴别标准/（mg/L）	污水排放标准/（mg/L）	地表水质量标准/（mg/L）
铍（Be）	0.103	0.000	0.02	0.005	0.002
硼（B）	7077.519	29.040	—	—	0.5
钠（Na）	3494.186	23.030	—	—	—
镁（Mg）	12786.822	23.680	—	—	—
铝（Al）	1881.977	0.014	—	—	—
钾（K）	8426.357	21.500	—	—	—
钙（Ca）	31027.132	611.700	—	—	—
钒（V）	9.376	0.002	—	—	—
铬（Cr）	84.884	0.003	15	1.5	0.05
锰（Mn）	91.88	0.003	—	5.0	0.1
铁（Fe）	35038.76	0.550	—	—	0.3
钴（Co）	1.291	0.000	—	—	—

续表

检测项目	含量/（mg/kg）	浸出浓度/（mg/L）	危险废物鉴别标准/（mg/L）	污水排放标准/（mg/L）	地表水质量标准/（mg/L）
镍（Ni）	9.773	0.002	5.0	1.0	0.02
铜（Cu）	2.382	未检出	100	20	1.0
锌（Zn）	6.364	0.004	100	5.0	1.0
砷（As）	11.081	0.005	5	0.5	0.05
硒（Se）	0.085	0.001	1	0.5	0.01
钼（Mo）	0.295	0.002	—	—	—
银（Ag）	0.345	未检出	5	—	—
镉（Cd）	0.231	0.000	1	0.1	0.005
锑（Sb）	7.682	0.008	—	—	—
钡（Ba）	70.252	0.064	100	—	0.7
汞（Hg）	8.32	0.000	0.1	0.05	0.0001
铊（Tl）	0.023	0.000	—	—	—
铅（Pb）	5.802	未检出	5	1.0	0.05

表 8-27　云南某黄磷有限公司磷渣（新，pH 值为 9.81）分析结果

检测项目	含量/（mg/kg）	浸出浓度/（mg/L）	危险废物鉴别标准/（mg/L）	污水排放标准/（mg/L）	地表水质量标准/（mg/L）
铍（Be）	0.161	0.000	0.02	0.005	0.002
硼（B）	4080.524	29.110	—	—	0.5
钠（Na）	4170.412	53.420	—	—	—
镁（Mg）	8099.251	17.980	—	—	—
铝（Al）	2058.052	未检出	—	—	—
钾（K）	9840.824	127.800	—	—	—
钙（Ca）	477528.09	927.800	—	—	—
钒（V）	3.858	0.002	—	—	—
铬（Cr）	58.727	未检出	15	1.5	0.05
锰（Mn）	34.382	0.001	—	5.0	0.1
铁（Fe）	5256.554	1.050	—	—	0.3
钴（Co）	0.262	0.000	—	—	—
镍（Ni）	8.332	0.002	5.0	1.0	0.02
铜（Cu）	0.721	未检出	100	20	1.0
锌（Zn）	7.238	0.001	100	5.0	1.0

续表

检测项目	含量/（mg/kg）	浸出浓度/（mg/L）	危险废物鉴别标准/（mg/L）	污水排放标准/（mg/L）	地表水质量标准/（mg/L）
砷（As）	20.468	0.019	5	0.5	0.05
硒（Se）	0.393	0.001	1	0.5	0.01
钼（Mo）	0.283	0.001	—	—	—
银（Ag）	0.135	未检出	5	—	—
镉（Cd）	0.131	0.000	1	0.1	0.005
锑（Sb）	2.023	0.000	—	—	—
钡（Ba）	46.592	0.025	100	—	0.7
汞（Hg）	2.208	未检出	0.1	0.05	0.0001
铊（Tl）	0.004	0.000	—	—	—
铅（Pb）	2.36	未检出	5	1.0	0.05
致癌风险	3.47×10^{-7}		—	—	—
非致癌商	0.24		—	—	—

表 8-28　云南某黄磷有限公司磷铁（pH 值为 8.64）分析结果

检测项目	含量/（mg/kg）	浸出浓度/（mg/L）	危险废物鉴别标准/（mg/L）	污水排放标准/（mg/L）	地表水质量标准/（mg/L）
铍（Be）	0.006	0.000	0.02	0.005	0.002
硼（B）	4246.063	28.890	—	—	0.5
钠（Na）	1330.709	18.920	—	—	—
镁（Mg）	820.866	13.590	—	—	—
铝（Al）	82.933	未检出	—	—	—
钾（K）	2885.827	29.760	—	—	—
钙（Ca）	5383.858	677.800	—	—	—
钒（V）	307.48	0.028	—	—	—
铬（Cr）	306.496	未检出	15	1.5	0.05
锰（Mn）	1301.969	0.327	—	5.0	0.1
铁（Fe）	732480.315	0.700	—	—	0.3
钴（Co）	31.713	0.001	—	—	—
镍（Ni）	128.681	0.006	5.0	1.0	0.02
铜（Cu）	160.551	未检出	100	20	1.0
锌（Zn）	8.417	0.003	100	5.0	1.0
砷（As）	11.035	0.001	5	0.5	0.05

续表

检测项目	含量/（mg/kg）	浸出浓度/（mg/L）	危险废物鉴别标准/（mg/L）	污水排放标准/（mg/L）	地表水质量标准/（mg/L）
硒（Se）	0.055	0.002	1	0.5	0.01
钼（Mo）	8.571	0.002	—	—	—
银（Ag）	1.075	未检出	5	—	—
镉（Cd）	0.26	0.000	1	0.1	0.005
锑（Sb）	5.417	0.024	—	—	—
钡（Ba）	9.228	0.079	100	—	0.7
汞（Hg）	5.02	未检出	0.1	0.05	0.0001
铊（Tl）	未检出	0.000	—	—	—
铅（Pb）	4.571	未检出	5	1.0	0.05
致癌风险	2.34×10^{-7}		—	—	—
非致癌商	0.14		—	—	—

表 8-29　云南某黄磷有限公司回收磷后泥磷渣（pH 值为 2.54）分析结果

检测项目	含量/（mg/kg）	浸出浓度/（mg/L）	危险废物鉴别标准/（mg/L）	污水排放标准/（mg/L）	地表水质量标准/（mg/L）
铍（Be）	0.073	0.007	0.02	0.005	0.002
硼（B）	4218.935	38.660	—	—	0.5
钠（Na）	6106.509	1199.000	—	—	—
镁（Mg）	3719.921	736.100	—	—	—
铝（Al）	1817.949	130.200	—	—	—
钾（K）	29428.008	7712.000	—	—	—
钙（Ca）	102287.968	8697.000	—	—	—
钒（V）	10.211	0.751	—	—	—
铬（Cr）	52.111	0.084	15	1.5	0.05
锰（Mn）	38.54	8.353	—	5.0	0.1
铁（Fe）	20670.611	38.080	—	—	0.3
钴（Co）	1.292	0.667	—	—	—
镍（Ni）	20.099	0.754	5.0	1.0	0.02
铜（Cu）	11.696	3.587	100	20	1.0
锌（Zn）	1516.765	61.340	100	5.0	1.0
砷（As）	17.158	0.901	5	0.5	0.05
硒（Se）	6.26	0.037	1	0.5	0.01

续表

检测项目	含量/（mg/kg）	浸出浓度/（mg/L）	危险废物鉴别标准/（mg/L）	污水排放标准/（mg/L）	地表水质量标准/（mg/L）
钼（Mo）	1.223	0.030	—	—	—
银（Ag）	6.444	0.001	5	—	—
镉（Cd）	18.649	0.632	1	0.1	0.005
锑（Sb）	34.004	3.810	—	—	—
钡（Ba）	30.75	0.284	100	—	0.7
汞（Hg）	1.696	未检出	0.1	0.05	0.0001
铊（Tl）	2.256	0.897	—	—	—
铅（Pb）	4859.961	0.941	5	1.0	0.05
致癌风险	8.61×10^{-4}		—	—	—
非致癌商	3.87		—	—	—

表 8-30　云南某公司磷矿（pH 值为 6.43）分析结果

检测项目	含量/（mg/kg）	浸出浓度/（mg/L）	危险废物鉴别标准/（mg/L）	污水排放标准/（mg/L）	地表水质量标准/（mg/L）
铍（Be）	0.108	0.000	0.02	0.005	0.002
硼（B）	4778.443	25.430	—	—	0.5
钠（Na）	3734.531	11.030	—	—	—
镁（Mg）	2542.914	50.720	—	—	—
铝（Al）	758.683	0.130	—	—	—
钾（K）	8485.03	26.800	—	—	—
钙（Ca）	460079.84	278.200	—	—	—
钒（V）	6.106	0.002	—	—	—
铬（Cr）	47.026	0.001	15	1.5	0.05
锰（Mn）	251.098	0.009	—	5.0	0.1
铁（Fe）	8203.593	0.240	—	—	0.3
钴（Co）	0.447	0.001	—	—	—
镍（Ni）	16.236	0.005	5.0	1.0	0.02
铜（Cu）	0.958	0.002	100	20	1.0
锌（Zn）	32.455	0.855	100	5.0	1.0
砷（As）	11.954	0.005	5	0.5	0.05
硒（Se）	0.355	0.000	1	0.5	0.01
钼（Mo）	0.816	0.001	—	—	—

续表

检测项目	含量/（mg/kg）	浸出浓度/（mg/L）	危险废物鉴别标准/（mg/L）	污水排放标准/（mg/L）	地表水质量标准/（mg/L）
银（Ag）	0.453	未检出	5	—	—
镉（Cd）	0.238	0.006	1	0.1	0.005
锑（Sb）	3.238	0.004	—	—	—
钡（Ba）	71.357	0.007	100	—	0.7
汞（Hg）	2.84	未检出	0.1	0.05	0.0001
铊（Tl）	0.058	0.001	—	—	—
铅（Pb）	15.912	0.004	5	1.0	0.05

表 8-31　云南某公司磷渣（pH 值为 9.85）分析结果

检测项目	含量/（mg/kg）	浸出浓度/（mg/L）	危险废物鉴别标准/（mg/L）	污水排放标准/（mg/L）	地表水质量标准/（mg/L）
铍（Be）	0.155	0.000	0.02	0.005	0.002
硼（B）	3798.883	25.640	—	—	0.5
钠（Na）	9931.099	53.180	—	—	—
镁（Mg）	14001.862	21.330	—	—	—
铝（Al）	1616.946	0.037	—	—	—
钾（K）	8372.434	207.400	—	—	—
钙（Ca）	476722.533	946.600	—	—	—
钒（V）	3.004	0.002	—	—	—
铬（Cr）	39.609	未检出	15	1.5	0.05
锰（Mn）	58.771	0.003	—	5.0	0.1
铁（Fe）	3785.847	0.850	—	—	0.3
钴（Co）	0.248	0.000	—	—	—
镍（Ni）	8.976	0.004	5.0	1.0	0.02
铜（Cu）	0.428	0.001	100	20	1.0
锌（Zn）	11.06	0.245	100	5.0	1.0
砷（As）	14.717	0.107	5	0.5	0.05
硒（Se）	0.436	0.001	1	0.5	0.01
钼（Mo）	0.264	0.001	—	—	—
银（Ag）	0.527	未检出	5	—	—
镉（Cd）	0.127	0.002	1	0.1	0.005
锑（Sb）	1.328	0.003	—	—	—
钡（Ba）	37.132	0.017	100	—	0.7

续表

检测项目	含量/（mg/kg）	浸出浓度/（mg/L）	危险废物鉴别标准/（mg/L）	污水排放标准/（mg/L）	地表水质量标准/（mg/L）
汞（Hg）	0.935	未检出	0.1	0.05	0.0001
铊（Tl）	0.002	0.001	—	—	—
铅（Pb）	1.017	0.001	5	1.0	0.05
致癌风险	6.66×10^{-7}		—	—	—
非致癌商	0.42		—	—	—

黄磷渣的检测结果显示：

① 主成分 SiO_2+CaO 的含量达 86.74%～94.85%。

② CaO/SiO_2 值为 1.16～1.46，大于硅灰石的 0.93。资源利用潜力大。

③ 受黄磷生产水平制约，P_2O_5 含量一般大于 1%。

④ Na_2O 与 K_2O 含量之和仅 0.55%～0.80%。

⑤ Ti、Fe、Mn 均为着色元素，对黄磷渣应用于陶瓷、涂料等有害，根据调研数据，黄磷渣中这些成分的实际含量均小于 1%。

⑥ 综上分析可知，黄磷烧渣环境风险较小。

泥磷的检测结果显示：

① 泥磷中磷含量高，且磷浸出浓度超过污水排放标准限值数百倍。

② Cd、As、Pb、Zn 普遍超过污水排放标准限值。

③ 泥磷易着火，风险隐患大，且重金属的环境风险较大。

磷铁的检测结果显示：

① 成分主要以铁和磷为主。

② 磷铁浸出浓度远低于危险废物鉴别标准限值，低于污水排放标准限值，个别金属略超地表水质量标准限值。

③ 磷铁的环境风险较小。

综上可知，黄磷生产过程中所产生的磷渣和磷铁的危害特性较小。泥磷中多种重金属浸出浓度超过污水排放标准限值，且泥磷中残留的磷易着火，存在一定的环境风险。

8.3 黄磷行业废渣处理处置方式与环境风险

8.3.1 黄磷炉渣处理处置方式与环境风险

每生产 1t 黄磷副产炉渣 7t，在炉渣产生过程中，由于部分磷未分解、洗涤过程不完

全及生产过程中添加了有机添加剂，使得炉渣中含有磷、氟、有机物等多种杂质。我国是黄磷生产大国，每年都有上千万吨的黄磷渣产生，但目前我国黄磷渣利用率较低，大部分露天堆放，经雨水淋洗其中的磷、氟逐渐溶出，渗入地下，污染水源，影响植物生长，危害人类健康（见表 8-32、表 8-33）。

表 8-32　炉渣的主要化学组成

名称	CaO	SiO_2	Al_2O_3	P_2O_5
质量分数/%	40～50	35～42	2.0～4.0	1.0～2.5

表 8-33　磷渣中氟、磷含量分析结果　　单位：%

采样位置	水溶性氟	总氟	水溶性磷	总磷
新渣	0.68	1.29	0.0097	1.49
堆场表层	0.63	1.20	0.0091	1.48

如何有效地利用磷渣，长期以来，许多科研工作者做了大量的研究工作，取得了许多成果。目前，国内外综合利用磷渣的开发利用途径主要是生产建材制品和制硅钙肥两个方面。

8.3.1.1　黄磷炉渣用于生产水泥等建材制品

调研的几家企业黄磷渣的利用途径见表 8-34。

表 8-34　黄磷炉渣的利用途径

调研企业	生产水泥
云南某企业 1	√
云南某企业 2	√
云南某企业 3	√

炉渣生产水泥等建材制品是最主要的处置方式。对炉渣生产的砖进行取样和风险评估，结果见表 8-35。黄磷炉渣本身的环境风险很小，生产的砖的环境风险也很低，因此能够资源化利用是炉渣很好的处置方式。

表 8-35　云南某公司磷渣砖（pH 值为 10.77）分析结果

检测项目	含量/（mg/kg）	浸出浓度/（mg/L）	危险废物鉴别标准/（mg/L）	污水排放标准/（mg/L）	地表水质量标准/（mg/L）
铍（Be）	0.139	0.000	0.02	0.005	0.002
硼（B）	4317.172	25.840	—	—	0.5
钠（Na）	6426.263	86.810	—	—	—
镁（Mg）	15973.737	7.590	—	—	—
铝（Al）	2020.202	0.014	—	—	—
钾（K）	7802.02	140.100	—	—	—
钙（Ca）	378383.838	1040.000	—	—	—
钒（V）	11.63	0.025	—	—	—
铬（Cr）	52.889	0.006	15	1.5	0.05
锰（Mn）	134.97	0.002	—	5.0	0.1
铁（Fe）	24747.475	0.970	—	—	0.3
钴（Co）	1.004	0.000	—	—	—
镍（Ni）	13.485	0.003	5.0	1.0	0.02
铜（Cu）	2.447	0.000	100	20	1.0
锌（Zn）	8.202	0.124	100	5.0	1.0
砷（As）	13.261	0.176	5	0.5	0.05
硒（Se）	0.309	0.002	1	0.5	0.01
钼（Mo）	0.653	0.003	—	—	—
银（Ag）	1.285	未检出	5	—	—
镉（Cd）	0.099	0.001	1	0.1	0.005
锑（Sb）	9.251	0.002	—	—	—
钡（Ba）	40.869	0.009	100	—	0.7
汞（Hg）	40.242	0.003	0.1	0.05	0.0001
铊（Tl）	0.004	0.000	—	—	—
铅（Pb）	2.552	0.001	5	1.0	0.05
致癌风险	3.65×10^{-7}		—	—	—
非致癌商	0.23		—	—	—

此外，各地也在积极探讨黄磷炉渣的其他建材利用方法[12-15]，总结如下。

（1）黄磷炉渣作为水泥混合材生产磷渣硅酸盐水泥

根据行业标准《磷渣硅酸盐水泥》（JC/T 740—2006）规定，生产磷渣硅酸盐水泥，磷渣掺入量为 20%～50%，而国内多数厂家的实际掺入量均低于 25%。这类水泥的主要缺点是凝结时间慢、早期强度低，影响施工进度，但对后期强度没有影响。

云南省建材研究设计院开发的磷渣水泥是将磷渣作为水泥熟料的矿化剂（用量 10%）和掺合料（用量 25%），磷渣用量占水泥总量的比例高达 35%，该技术被评为国家环境保护最佳实用技术[16]。

（2）用作生料配料生产普通硅酸盐水泥

磷渣的成分以 CaO 和 SiO_2 为主，可以用作普通硅酸盐水泥生产的混合材，当掺量小于水泥总量的 10%时，基本上不影响原水泥的物理性能。在水泥生料配料中掺入 5%左右的磷渣，能改善生料的易烧性，使熟料在烧成过程中液相出现的温度降低，液相黏度降低，C_3S 形成速度加快，从而加速熟料矿物质的形成，降低熟料烧成热耗，提高水泥窑的生产能力[17]。

（3）用于生产少熟料磷渣水泥

江苏省建筑科学研究院研制出一种由四组分组成的固体复合外加剂，利用这种外加剂可把磷渣掺量提高到 70%，仍可制备出性能优良的 42.5 少熟料黄磷炉渣水泥。其配比为熟料：黄磷炉渣：外加剂=14：70：16。外加剂由 N、G、S、F 四种单组分复合而成，其中 N 为钠型碱激发剂，G 为天然矿物质经热处理而得的硫酸盐矿物，S 和 F 是将天然原料经过特殊工艺加工制成的专用外加剂[14]，其分别含硫铝酸盐、氟铝酸盐等成分。

（4）用于生产无熟料水泥

用黄磷渣加一定量的化工原料不经煅烧，细磨后制成水泥，称全磷渣无熟料水泥，它能在自然条件下硬化，具有 52.5 普通水泥的强度，并具有耐腐蚀性和抗渗性好的特点。它是在磷渣中加入少量 NaOH、$NaNO_2$、$CaCl_2$、Na_2SO_4、$Na_2O \cdot SiO_2 \cdot 9H_2O$ 和高岭土经混合粉磨后制成的。

（5）磷渣、钢渣、粉煤灰混合用作水硬性胶凝材料

采用工业废渣、钢渣、磷渣、粉煤灰生产胶凝材料，不需要采用传统生产水泥的方法（“二磨一烧”），就能制造出各项性能合格的水硬性胶凝材料，能“吃掉”大量废渣，在一定程度上解决了废渣、灰贮存难的问题。任素梅等[18]对此做了一些研究，研究成果主要应用于配制砂浆。

8.3.1.2　黄磷炉渣生产农业用硅钙肥

黄磷炉渣中的硅、磷元素是农作物生长所需的重要元素，特别是硅具有增加土壤松散性、抗病虫害、抗倒伏的作用，在低硅土壤中施用能大幅度提高农作物产量。贵州省的白鳝泥、红泥、黄泥、沙性田土、灰泡土、泥炭土等土壤有效硅含量低，施用硅钙肥能提高农作物产量。

硅钙肥的原料来源丰富，价格便宜，生产方法简单。将自然干燥后的黄磷炉渣烘干后（水分<2%），再经磨细即制成硅钙肥，控制产品细度在 80 目以上即可施用。

8.3.2 磷铁处理处置方式与环境风险

调研的几家企业磷铁的利用途径见表 8-36。几家企业磷铁的主要处置方式是炼铁综合利用。根据研究发现，磷铁的环境风险非常小，因此综合利用过程中的风险很小。此外，磷铁中含有高达 70%的铁，是很好的炼铁原料。

表 8-36 磷铁的利用途径

调研企业	炼铁
云南某企业 1	√
云南某企业 2	√
云南某企业 3	√

8.3.3 泥磷处理处置方式与环境风险

电炉生产黄磷，或多或少都要产生一些泥磷，特别是未安装电除尘器的磷炉。泥磷一般有 3 个来源：

① 粗磷精制加温时，由精制锅溢流管流出的溢流水经冷却沉降时产生；

② 精制锅中浮于上层的泥磷；

③ 当炉气与循环水混合时，部分磷和泥磷随循环水流入热水槽，并在其中沉降，应定期自热水槽将其放出并冷却沉降。

泥磷是黄磷生产过程中产生的危险固体废物，是一些固体杂质与元素磷黏附在一起形成的无定形颗粒，其粒度在 1～2μm 至 0.2～0.5mm 不等，在熔融状态下，它处于磷层和水层之间，但与磷层之间没有明显的界线。

电炉产出的磷有 10%～15%进入泥磷。由于所用原料矿的来源不同，泥磷中所含元素磷也不等。污水沉清池中的沉渣也含有少量的元素磷。

泥磷处理已成为我国黄磷生产的重要组成部分。它不仅影响黄磷的收率和生产成本，更严重的是对周围环境造成污染。根据泥磷中含磷量的多少可将其分为三类：第一类泥磷中含磷量在 70%以上的称富泥磷，多数呈块状，如精制槽中放出的泥磷冷凝后呈灰黑色固体；第二类泥磷中含磷量在 20%以下的称为贫泥磷，一般呈沙状，质轻，如污水处理系统中平流地、地沟中的沉淀泥磷，冷却后不易形成固体块状；第三类含磷量在 20%～70%之间的通常称为泥磷。

常用的泥磷处理方法有蒸磷法、抽滤法、化学处理法及泥磷制酸等。

① 使用黄磷装置，富泥磷用化学处理法，贫泥磷用回转炉蒸磷法回收元素磷，磷的回收率较高。

② 使用回转炉法制酸装置，泥磷处理所得的磷酸可用于生产重过磷酸钙和三聚磷

酸钠。泥磷制酸的烧渣可制取磷酸氢钙或磨成粉末用作肥料。

泥磷存在磷着火的安全风险。采用回收法将磷回收是很好的一种处置方式，但泥磷中存在重金属，需要重视泥磷回收过程中重金属的控制。

8.4　黄磷行业及废渣特性发展变化趋势

8.4.1　国外黄磷行业发展趋势

磷矿石是重要的不可再生资源，各国逐渐加强对磷矿石的重视程度。出于保护自身资源的考虑，美国从 1980 年开始减少磷矿出口，同时开始缩减磷矿开采量，2002 年禁止磷矿石出口，2005 年对一些低品位磷矿采取了关闭或减产的措施。

近年来，随着世界各国能源供应紧张，电价上涨，环保要求不断提高，国外黄磷生产规模和产量逐年下降，生产企业陆续关闭，并逐步在发展中国家建立黄磷生产企业。目前美国仅孟山都公司保留黄磷生产装置，生产能力约 12 万吨/年。俄罗斯也宣布不再生产黄磷。

8.4.2　我国黄磷行业相关政策

8.4.2.1　行业产业政策

2007 年，国家环保总局将黄磷列入《高污染、高环境风险产品名录》，随后，财政部和国家税务总局取消了黄磷的出口退税，商务部将黄磷列入《加工贸易禁止类商品目录》。2012 年，国家发改委在《产业结构调整指导目录（2011 年本）》中提出，进一步明确淘汰 3000t/a 以下黄磷装置。工信部颁布《工业节能“十二五”规划》（工信部规〔2012〕3 号），提出黄磷行业重点产品节能措施与目标：加强尾气回收利用，推广深度净化、生产高技术高附加值碳一化学品、干法除尘替代湿法除尘技术，加强熔融磷渣热能及渣综合利用研究和示范工程建设。

2019 年 10 月 30 日，国家发展改革委修订发布了《产业结构调整指导目录（2019 年本）》，其中，鼓励发展全封闭高压水淬渣及无二次污染磷泥处理黄磷生产工艺，限制新建起始规模小于 3 万吨/年的黄磷产能，淘汰单台产能 5000t/a 以下和不符合准入条件的黄磷生产装置。

2022 年工信部等六部门联合印发《关于“十四五”推动石化化工行业高质量发展的指导意见》，提到严控炼油、磷铵、电石、黄磷等行业新增产能，禁止新建用汞的（聚）氯乙烯产能，加快低效落后产能退出。国家有关部门此次进一步强调严控磷铵、黄磷等行业新增产能，加快落后产能清退，将有效提升磷铵及黄磷行业集中度。

8.4.2.2 行业准入政策

2008 年 12 月，工信部颁布《黄磷行业准入条件》（产业〔2008 年〕第 17 号），分别从生产布局、工艺装备、环保和资源节约利用、安全消防卫生规定等方面对新建及改扩建黄磷企业做了相关规定。其中新建黄磷装置（包括小水电、孤网运行地区及自备电厂的黄磷新建项目），单台磷炉变压器容量必须达到 20000kV · A 及以上、折设计生产能力达到 1 万吨/年及以上。新进入企业的起始产能规模必须达到 5 万吨/年及以上。

8.4.3 我国黄磷行业的发展趋势

① 磷矿资源是不可再生和不可代替的战略资源，黄磷是高耗能产品，黄磷生产对环境污染较严重。我们既要充分利用资源，又要更好地保护资源和保护环境。建议国家有关部门和行业领导牵头组织有关专家进行调查研究，研讨和制定我国磷资源开发利用的相关政策和法规。加强“三废”治理与综合利用，减少污染，建议国家税务部门对“三废”综合利用的产品在税收政策上给予优惠[19]。

② 实行磷矿、水电供应和磷化工生产相结合政策，优质高位品磷矿供湿法磷酸生产，中位品磷矿供电炉制磷。磷矿按质论价，电力供应按每年洪峰、枯水期和每天峰、谷段进行分期分段计算电费，优势互补，互利互惠，共同发展[20]。

③ 在沿海港口地区建立热法磷酸及磷酸盐加工基地，将西部地区生产的部分黄磷加工成高附加值产品，通过东西部科技经济合作，促进西部加速发展。

④“集团化、大型化”发展是磷化工行业参与国际竞争的必由之路，应积极进行资产优化组合，调整产品结构，增加产品种类，改善并消除黄磷企业无序竞争、相互压价的不良现象，以便适应当前市场竞争的需要。

⑤ 加速技术改造，尽量应用新工艺、新技术、新设备、新材料，加强科学管理，提高行业技术和自动化水平。

⑥ 增加科研投入，研制开发“高、精、尖”附加值高的精细和专用磷化工新产品，以提高市场竞争力，增加企业效益。加速推广已取得的科研成果，积极采取黄磷脱砷技术，生产高纯度的精制黄磷；加强副产品的综合利用，如用黄磷电炉尾气生产苯乙酸、醋酸、甲醇，用电炉炉渣生产硅肥、磷渣水泥、石膏磷渣水泥、低热矿渣硅酸盐水泥、SUF 微细粉和微晶玻璃等，是实现黄磷产业循环经济的有效方法[21]。

⑦ 加强与科研院所、大专院校合作，进行科研开发，以黄磷为重点发展精细和高纯磷产品及磷化物，进一步发展磷酸酯及亚磷酸酯产品。

⑧ 加强科学管理，以人为本，提高人员素质，精心操作，落实安全技术措施，以确保制磷电炉长周期、高产、低耗、稳定运行。

8.4.4　我国黄磷行业废渣的发展趋势

根据我国黄磷行业的相关政策以及我国黄磷行业的发展现状，可推测我国黄磷行业废渣的发展趋势如下：

2018 年，我国黄磷产能约为 195 万吨/年，产量约为 89 万吨/年，年新增废渣 900 多万吨，历史堆积废渣的总量更是一个巨大数字。每年用于综合利用的废渣约有 700 万吨，其余的废渣与历史废渣一起被堆存处理。虽然黄磷废渣不具有较明显的环境风险，但是数量如此巨大的废渣在堆存过程中占用大量的土地，同时，在地球资源日渐枯竭的今天，废渣堆存本来就是一种浪费，所以，采用先进生产工艺、提高技术装备性能的同时，寻求更多样化的、合适的废渣综合利用途径也是必需的。

参 考 文 献

[1] USGS. Phosphate Rock Statistics and Information[EB/OL]. 2002-04-15. https: //www. usgs. gov/centers/national-minerals-information-center/phosphate-rock-statistics-and-information.

[2] 赵玉凤，李文超，王海军. 中国磷矿资源开发利用现状与思考[J]. 产业创新研究, 2021（16）: 62-63, 69.

[3] 张亚明，李文超，王海军. 我国磷矿资源开发利用现状[J]. 化工矿物与加工, 2020, 49（06）: 43-46.

[4] 张卫峰，马文奇，张福锁，等. 中国、美国、摩洛哥磷矿资源优势及开发战略比较分析[J]. 自然资源学报, 2005（03）: 378-386.

[5] 王莹，熊先孝，东野脉兴，等. 中国磷矿资源预测模型及找矿远景分析[J]. 中国地质, 2022, 49（02）: 435-454.

[6] 问立宁，叶丽君. 我国磷化工产业现状及发展建议[J]. 磷肥与复肥, 2019, 34（09）: 1-4.

[7] 崔继荣，高永峰. 我国磷化工发展现状及措施建议[J]. 肥料与健康, 2020, 47（04）: 1-4.

[8] 陈善继. 我国黄磷产业现状及发展方向综述[J]. 硫磷设计与粉体工程, 2006（04）: 10-20, 49.

[9] 陶俊法. 中国黄磷工业现状与发展前景[J]. 无机盐工业, 2008（06）: 1-4.

[10] 李枫. 我国黄磷工业的发展现状及前景分析[J]. 当代化工研究, 2017（12）: 130-131.

[11] 杨家顺. 世界黄磷看中国 中国黄磷看云南 经历风雨吐芳华 重整戎装再出发——云南黄磷产业七十载光辉岁月侧记[J]. 云南化工, 2019, 46（11）: 16.

[12] 陈永忠. 磷化工废渣特性及其在水泥中的应用研究[D]. 武汉: 武汉理工大学, 2007.

[13] 朱永礼. 水泥窑黄磷渣配料方案及使用实践[J]. 中国水泥, 2021（11）: 99-103.

[14] 蒋蓝叶. 黄磷渣混凝土力学性能试验研究[D]. 贵阳: 贵州大学, 2020.

[15] 李旭. 黄磷炉渣的资源利用与发展[J]. 广东化工, 2015, 42（13）: 148-149.

[16] 吴秀俊，张平. 电炉磷渣的复合矿化作用[J]. 云南建材, 1985（04）: 16-30.

[17] 高宇. 利用工业废渣制备高 C_3S 水泥熟料的研究[D]. 哈尔滨: 哈尔滨理工大学, 2007.

[18] 任素梅，孙湘，王秀云，等. 钢渣、磷矿渣、粉煤灰水硬性胶凝材料的研制[J]. 四川建材, 1995（03）: 16-17.

[19] 黄磷行业共建绿色工厂评价体系[J]. 化工矿产地质, 2019, 41（03）: 214.

[20] 杨光明，时宏杰，李君. 黄磷行业循环经济探讨[C]. 中国化学会第 28 届学术年会第 19 分会场摘要集, 2012: 129.

[21] 王佩琳. 我国黄磷行业节能减排分析及建议[J]. 化学工业, 2011, 29（09）: 34-39.

第9章 硼砂行业废渣污染特征与污染风险控制

- 硼砂行业国内外发展概况
- 碳碱法生产工艺废渣的产生特性与污染特性
- 硼砂行业废渣处理处置方式与环境风险
- 硼砂行业及废渣特性发展变化趋势

9.1 硼砂行业国内外发展概况

硼砂的学名为四硼酸钠或焦硼酸钠，其分子式为 $Na_2B_4O_7$，分子量为 381.43，为无色半透明晶体或白色结晶粉末，无臭，味咸，相对密度 1.71。在 60℃时失去 8 分子结晶水，320℃时失去全部结晶水，成无水硼砂。熔点 741℃，熔融时呈无色玻璃状物质，沸点 1575℃，同时分解。硼砂较易溶于热水，水溶液呈弱碱性，水中溶解度：10℃时为 6g/100g 水，60℃时为 20.3g/100g 水。易溶于水、甘油中，微溶于酒精。硼砂在空气中可缓慢风化。

硼砂主要用于玻璃和搪瓷行业。在玻璃中加入硼砂，可增强紫外线的透射率，提高玻璃的透明度及耐热性能。在搪瓷制品中加入硼砂，可使瓷釉不易脱落而使其具有光泽；在金属搪瓷中加入硼砂可以减少搪瓷与金属热膨胀系数间的差距，并能大大降低搪瓷釉的黏度，使其易于黏附在金属表面上。在电化学工业中硼砂可用作电解液的添加剂。在橡胶工业中硼砂可用于延迟橡胶的硫化。

硼砂在特种光学玻璃、玻璃纤维、有色金属的焊接剂、珠宝的黏结剂、印染、洗涤（丝和毛织品等）、金的精制、化妆品、农药、肥料、硼砂皂、防腐剂、防冻剂和医学用消毒剂等方面也有广泛的应用。

硼砂是制取含硼化合物的基本原料，几乎所有的含硼化合物都可经硼砂来制得。它们在冶金、钢铁、机械、军工、刀具、造纸、电子管、化工及纺织等部门中都有着重要而广泛的用途。

硼砂有杀菌作用，口服对人体有害，在医药学中用作清热解毒剂，其性凉味甘微咸，外治咽喉肿痛、牙疮、口疮、目生翳障，内服治吞咽功能障碍等症。硼砂在医学上的应用以及作为饲料添加剂也备受人们的关注。

硼是一种典型的非金属元素，在自然界中只以化合物形式存在。硼矿资源分布极不平衡，大部分硼矿资源储藏在西半球，90%以上的硼矿储量集中在环太平洋成矿带，主要是在美国西部和喜马拉雅-阿尔卑斯成矿带[1]，拥有硼矿储量的国家或地区主要是美国、俄罗斯、土耳其、中国、哈萨克斯坦、智利、秘鲁、玻利维亚、阿根廷和伊朗等，具体见表 9-1。

表 9-1　世界硼矿储量及远景储量（以 B_2O_3 计）

序号	国家和地区	储量/万吨	远景储量/万吨
1	美国	4000	8000
2	俄罗斯	4000	10000
3	土耳其	3000	15000
4	中国	2700	6300
5	哈萨克斯坦	1400	1500
6	智利	800	4100

续表

序号	国家和地区	储量/万吨	远景储量/万吨
7	秘鲁	400	2200
8	玻利维亚	400	1900
9	阿根廷	200	900
10	伊朗	100	100
合计		17000	47300

硼矿种类很多，目前能够集中开发利用的主要是斜方硼砂矿、硬硼钙石、钠硼解石、硼镁矿、盐湖卤水等几种，其主要硼矿床仅在少数几个国家和地区分布，大部分集中在美国和土耳其[2,3]，产量大约占世界产量的 90%。

我国硼矿集中分布在辽宁、吉林、青海、西藏以及四川、湖南、广东等省区，辽、吉二省硼矿资源储量占全国的 40%以上，青海、西藏共占 50%以上，其余多为小矿，零星分布在湖南、广西、江苏、内蒙古及新疆等地[4,5]。国内硼矿类型以沉积变质型和盐湖沉积型硼矿为主，其余为矽卡岩型和地下卤水型，沉积变质型和盐湖沉积型硼矿二者合计占全国总量的 88.83%。产于沉积变质型矿床中的硼镁石型矿石是我国主要工业硼矿源。

表 9-2 是国内外典型硼镁矿的化学组成成分。

表 9-2　国内外典型硼镁矿化学组成

组分/%	朝鲜	美国	意大利	俄罗斯	中国
Al_2O_3	2.32	11.24	2.27	0～11.14	1.00～1.50
Fe_2O_3	32.49	23.00	50.17	25.88～38.30	30.00～36.00
FeO	10.40	5.51	22.28	45.52～47.40	15.00～17.00
MgO	34.54	40.05	3.22	4.73～40.13	35.00～45.00
B_2O_3	16.80	18.74	13.13	13.11～16.89	16.00～19.00
S	—	—	—	—	0.50～2.00
U	—	—	—	—	0.004～0.005

9.1.1　硼砂行业国外发展概况

9.1.1.1　硼砂行业国外产量与地区分布

硼砂作为硼工业的母体产品，它的产量集中在美国、土耳其、俄罗斯和阿根廷。到目前为止，硼砂的生产能力已经超过 1200 万吨/年。

美国的主要硼砂生产企业有美国硼砂化学公司、克尔-麦基化学公司、斯坦福公司以及联合化学公司等，硼砂总产量约 250 万吨。

土耳其埃蒂控股（Eti Holdings）公司近些年在科卡（Kirka，厄斯其色希尔省）建立了大型硼砂生产装置，生产能力为五水硼砂 18 万吨/年，精制无水硼砂 1.7 万吨/年，精制十水硼砂 6 万吨/年。

日本的主要硼砂生产企业有森田化学、桥本化成、日本电气化学工业公司、东北肥料工业公司、昭和电工、大日本精细化工公司和日本住友公司等。因为日本没有硼资源，个别公司从美国和土耳其进口一些硼矿生产少量的硼砂供本国使用。

9.1.1.2　硼砂行业国外主要生产工艺

就硼砂产品生产而言，主要在美国、俄罗斯、土耳其、智利、阿根廷、意大利等国。这些国家因原料结构不同生产硼砂所采用的工艺路线也不尽相同[6]。目前按硼矿资源结构的不同，生产工艺可归纳为四大类。

（1）天然硼砂及斜方硼砂

将天然硼砂或斜方硼砂粉碎过筛后，送入溶浸槽高温溶解，然后将浆料送入湿式筛过滤，除杂后送入增稠器，加絮凝剂高温助沉，取上清液经冷却结晶、离心分离、洗涤干燥后得硼砂产品。

（2）含硼沉积的盐湖水、井盐卤水

进入工厂的盐湖水、井盐卤水主要是采用分步分离法先提取钾、钠等矿物质后再制取硼砂。

（3）含硼的火山蒸气

主要产于火山多发国家和地区，如意大利等国。由火山蒸气制取硼砂的方法为蒸汽蒸馏法及有机溶剂萃取法。先行制得粗硼酸后，再加碱中和制得硼砂。

（4）含硼的金属矿物等

含硼的金属矿物是目前国际上普遍采用的原料结构。而由于用于加工制硼砂的含硼金属矿物种类很多，因此加工制硼砂的工艺路线也多种多样，主要有加压碱解法、常压碱解法、石灰-纯碱法等。

最近 10 年，国外在硼资源开发利用、新产品开发及扩大硼产品的应用上都有长足的进步。在硼资源加工方面，美国通用原油和矿产公司（General Crude Oil & Minerals Co.）开发的以盐代碱工艺采用更便宜的 $NaCl$ 代替了 Na_2CO_3，其工艺是用 CO_2、NH_3 和精制的浓缩海水或 $NaCl$ 与硼矿作用，反应生成 $Na_2B_4O_7 \cdot 10H_2O$ 和 NH_4Cl，反应后的浆料经过滤、浓缩、冷却结晶，得产品十水硼砂。反应后的尾泥成分为 $CaCO_3$，经煅烧后得 CaO 和 CO_2，分离后的母液中 NH_4Cl 与 CaO 作用，得 $CaCl_2$ 并放出 NH_3，得到的 CO_2 和 NH_3 在工艺流程中循环使用。该工艺硼砂收率可达 96%，十水硼砂纯度达到了 99%。

9.1.2 硼砂行业国内发展概况

我国是世界上最早发现和使用天然硼砂的国家。13世纪我国已经在西藏北部的班戈湖矿区开采天然硼砂；古代中医就曾把天然硼砂作为药材使用（冰硼散）。同期，马可·波罗才把中国西藏的硼砂晶体带到欧洲开始了与西方贸易交流。1563年，我国在西藏建立了加工天然硼砂的手工作坊，产品远销欧洲并垄断了市场。1956年，开原化工厂利用凤城硼镁矿采用硫酸法（一步法）生产硼酸，再用纯碱中和制硼砂，建成了年产1000t硼砂的生产线；沈阳味精厂（沈阳市化学厂前身）同年也建成年产3000t硼砂车间。1957年，利用辽宁硼镁矿在上海、丹东和营口等地相继建立了一些硼镁矿硫酸法（酸法）小规模加工厂，从此开启了中国硼化工产业[7]。60多年来，我国硼砂工业从无到有，发展迅速，目前已形成了年产硼砂50万吨的生产能力，实际产量达到22万吨/年。生产能力排在美国、土耳其之后，居世界第三位。

由于资源条件及历史原因，我国的硼砂生产企业主要分布在辽宁、吉林、西藏、青海等省区，其中辽宁省的硼砂生产能力占据我国硼砂生产总能力的90%以上。我国在运行及在建硼砂生产企业及生产能力如表9-3所列。

表 9-3 我国主要硼砂生产企业产能（2014年）

序号	企业名称	所在地	产能/（万吨/年）		
			十水硼砂	五水硼砂	无水硼砂
1	大连金玛宽甸硼矿	辽宁	2.5	—	—
2	凤城化工集团	辽宁	2.5	—	—
3	大石桥兴鹏复合肥有限公司	辽宁	4	—	—
4	辽宁宽甸东方化工有限公司	辽宁	3	—	—
5	宽甸鹏翔化工	辽宁	1.5	—	—
6	宽甸丹硼	辽宁	2.5	—	—
7	凤城市兴旺化工	辽宁	1.5	—	—
8	大石桥市佳源化工	辽宁	2.5	—	—
9	大石桥市佳成硼化	辽宁	1	—	—
10	营口智程化工	辽宁	2	—	—
11	大石桥市华信化工	辽宁	3	—	—
12	大石桥市茂隆硼业	辽宁	2	—	—
13	营口东磊化工	辽宁	2	—	—
14	大石桥市硼制品厂	辽宁	1	—	—
15	格尔木福利化工厂	青海	0.3	—	—
16	青海际华江源公司	青海	1	—	—
17	日喀则天龙矿工贸公司	西藏	1	—	—
18	拉萨普康矿业有限公司	西藏	1	1	—

续表

序号	企业名称	所在地	产能/（万吨/年）		
			十水硼砂	五水硼砂	无水硼砂
19	新疆昆鹏化工有限公司	新疆	1	0.6	—
20	南阳华丰硼业有限公司	河南	—	0.6	—
21	鑫海油脂化学有限公司	河南	—	—	—
合计			35.3	3.2	—

从产品结构情况看，我国硼砂工业的主体产品是十水硼砂，生产量占生产总量的 97% 以上。五水硼砂由于受资源及技术因素的限制，生产发展十分缓慢，目前包括在建产能在内年生产总能力仅为 3.2 万吨。近年来辽宁个别企业根据市场需求开始开发生产无水硼砂产品，但产量十分有限。

用于生产硼砂的工艺技术有硫酸法、水浸溶解法、常压碱解法、加压碱解法、碳碱法和含硼盐湖卤水法等。

碳碱法是我国针对品位较低、活性度较差的纤维硼镁矿而开发的一种具有独立自主知识产权的硼砂生产工艺，有效地解决了品位较低硼矿利用难题，是 20 世纪 60 年代以来我国硼砂工业所采用的主体工艺[8-10]。

水浸溶解法按渣液分离方式的不同，又可分为过滤分离法和沉降分离法，适于处理天然硼砂矿。该工艺在 1996 年前后率先在河南南阳实现产业化，随后又发展到山东，并扩展到青海和西藏地区。

碱法又分为加压碱解法和常压碱解法：加压碱解法由于对设备条件要求较为苛刻，工艺流程长、设备多，而且不适于加工品位低的硼矿，因此实际生产中几乎没有得到应用；常压碱解法是在常压条件下以碳酸钠或碳酸氢钠为分解剂并作为钠源制备硼砂的新工艺，适于处理盐湖型硼镁矿。

赵龙涛等[11]针对西藏硼镁矿品位高、杂质少、质地蓬松、比表面积大、活性度高、易加工等特点，提出了以碳酸钠、碳酸氢钠为分解剂处理西藏硼镁矿常压法制备硼砂的新工艺，并实现了年产 3 万吨的生产能力。

发展至今，我国硼砂生产企业依旧采用的硼砂生产工艺有适合辽-吉硼镁矿的碳碱法生产工艺、适合西藏天然硼镁矿的常压碱解法生产工艺[12-14]。

9.2　碳碱法生产工艺废渣的产生特性与污染特性

9.2.1　碳碱法工艺流程

碳碱法是目前使用最广泛的方法，其工艺过程为：硼镁矿粉加纯碱溶液，通入 CO_2

进行碳解、过滤，洗水回用于碳解配料，滤液经适度蒸发浓缩、冷却结晶、离心分离得到硼砂，母液直接回用于碳解配料。碳解法制取硼砂工艺具有流程短、硼砂母液可循环利用、碱的利用率高、B_2O_3收率较高、设备和厂房需用量较少、基建投资低等优点，特别是该法可加工低品位硼镁矿，符合中国硼矿资源的特点。

碳碱法制取硼砂的工艺流程如图 9-1 所示。

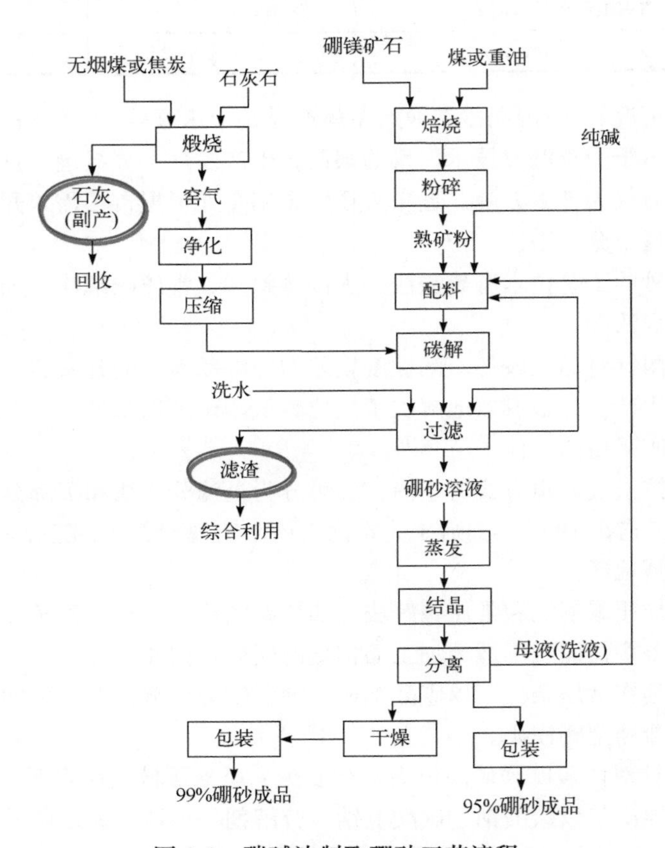

图 9-1　碳碱法制取硼砂工艺流程

碳碱法的反应方程式如下：

$$2(2MgO \cdot B_2O_3)+Na_2CO_3+CO_2+2H_2O \longrightarrow Na_2B_4O_7+2MgCO_3+2Mg(OH)_2$$

当通入的 CO_2 过量时，反应方程式为：

$$2(2MgO \cdot B_2O_3)+Na_2CO_3+3CO_2 \longrightarrow Na_2B_4O_7+4MgCO_3$$

碳解是碳碱法生产硼砂中最重要的步骤，影响碳解的因素有硼矿石焙烧质量、矿粉细度、碱量、液固比、反应温度以及 CO_2 分压等。其中，CO_2 分压对反应速率和碳解率起着决定性的作用。CO_2 分压越高，反应速率越快，碳解时间越短，最终碳解率也越高。CO_2 分压取决于反应压力、窑气中 CO_2 浓度和反应温度。在反应总压力一定时，温度越高，水蒸气压力也越高，而 CO_2 分压则相应下降。在生产控制上，反应温度以 125～135℃

为宜，温度再高，并无必要。

与其他硼砂生产工艺相比，碳碱法的优越性如下：

① 工艺流程短，硼砂母液可直接回用于分解硼镁矿粉，生产设备相应简化，基建投资相应较少。

② 操作损失较少，B_2O_3 收率和碱利用率都较高。

③ 纯碱价格较低，且较易得。

④ 料液腐蚀性小，操作较安全，设备材料易解决，滤布损耗较少。

⑤ 加适量或微过量的碱，可加工品位较低（8%以上）的硼镁矿。

典型的碳碱法工艺生产硼砂的现场如图 9-2 所示。

(a) 原矿

(b) 石灰窑

(c) 碳解锅

(d) 板框过滤机

(e) 离心分离

(f) 产品包装

图 9-2

(g) 硼泥

图 9-2　硼砂生产现场图集

9.2.2　废渣产生节点及理论产排污系数

碳碱法工艺过程的技术原理如表 9-4 所列。

表 9-4　碳碱法工艺过程发生的反应原理

<table>
<tr><td>工艺路线</td><td colspan="2">碳碱法</td></tr>
<tr><td>产品</td><td colspan="2">硼砂</td></tr>
<tr><td>原材料</td><td colspan="2">硼镁矿
纯碱
石灰石</td></tr>
<tr><td rowspan="2">原理</td><td>CO_2 制备工段</td><td>$CaCO_3 \longrightarrow CaO + CO_2\uparrow$ (煅烧)</td></tr>
<tr><td>碳解工段</td><td>$Na_2CO_3 + CO_2 + H_2O \longrightarrow 2NaHCO_3$
$2NaHCO_3 + 2(2MgO\cdot B_2O_3) + H_2O \longrightarrow Na_2B_4O_7 + 2MgCO_3 + 2Mg(OH)_2$
即：$2(2MgO\cdot B_2O_3) + Na_2CO_3 + CO_2 + 2H_2O \longrightarrow Na_2B_4O_7 + 2MgCO_3 + 2Mg(OH)_2$
当 CO_2 过量时：
$Mg(OH)_2 + 2CO_2 \longrightarrow Mg(HCO_3)_2$
$Mg(OH)_2 + CO_2 \longrightarrow MgCO_3 + H_2O$
即：$2(2MgO\cdot B_2O_3) + Na_2CO_3 + 3CO_2 \longrightarrow Na_2B_4O_7 + 4MgCO_3$</td></tr>
</table>

根据调研数据，平均 1t 硼镁矿中含有 B_2O_3 12%，MgO 43%，全铁（以 Fe_2O_3 计）5%，CaO 4%，SiO_2 9%，其他杂质 10%，烧失量 17%。根据技术原理可计算如下物理量。

（1）硼镁矿消耗量

硼镁矿中的硼理论上完全转化为 $Na_2B_4O_7$，1t 硼镁矿中含 B_2O_3 为 12%，即 0.12t，则产生的 $Na_2B_4O_7$ 量为：

$$0.12\times\frac{202}{70}=0.346(\mathrm{t})$$

每吨硼砂产品所需的硼镁矿量为：

$$\frac{1}{0.346}=2.89(\mathrm{t})$$

即，理论上硼镁矿的消耗量为 2.9t/t 产品。

（2）纯碱消耗量

纯碱消耗的目的是把硼镁矿中所含 B_2O_3 转化为 $Na_2B_4O_7$，同时将一部分 MgO 转化为 $MgCO_3$，根据反应原理可知，每吨硼砂产品所需的纯碱量为：

$$1\times\frac{106}{202}=0.525(\mathrm{t})$$

即，理论上纯碱消耗量为 0.53t/t 产品。

（3）石灰石消耗量

石灰石消耗的目的是通过其产生的 CO_2 把硼镁矿中的另一部分 MgO 转化为 $MgCO_3$，根据反应原理可知，每吨硼砂产品所需的石灰石量为：

$$0.53\times\frac{100}{106}\times3=1.5(\mathrm{t})$$

即，理论上石灰石的消耗量为 1.5t/t 产品。

（4）硼泥产生量

硼泥主要来自硼镁矿碳解、过滤后的剩余残渣，已知硼镁矿中除 B_2O_3 以外的成分全部进入硼泥之中，纯碱和石灰石中的 CO_2 也全部进入硼泥当中，由此可以计算出，每生产 1t 硼砂产品产生的硼泥量为：

$$2.9+0.53+1.5-\left(1+1.5\times\frac{56}{100}\right)=3.09(\mathrm{t})$$

即，硼泥的产生量为 3.1t/t 产品。

综上，可得碳碱法工艺的部分原料消耗和废渣产排污系数，如表 9-5 所列。

表 9-5　碳碱法工艺原料消耗及废渣产生情况

指标		碳碱法理论分析数据
物耗	硼镁矿消耗/（t/t）	2.9
	纯碱消耗/（t/t）	0.53
	石灰石消耗/（t/t）	1.5
固体废物产量	硼泥/（t/t）	3.1

9.2.3　典型企业废渣产生现状调研

9.2.3.1　辽宁宽甸某硼矿有限公司

该调研企业基本概况如表 9-6 所列。

表 9-6 辽宁宽甸某硼矿有限公司概况

企业名称	辽宁宽甸某硼矿有限公司	企业地址	辽宁省丹东市宽甸满族自治县
产品种类	硼砂		
总产能	5 万吨/年		
生产工艺	碳碱法		

原料硼镁矿化学组分见表 9-7。

表 9-7 硼镁矿的化学组分

成分名称	B_2O_3	MgO	全铁（以 Fe_2O_3 计）	CaO	SiO_2	其他杂质	烧失量
含量/%	11.69	43.14	5.08	3.95	10.21	9.67	16.26

原料消耗及废渣产生情况统计见表 9-8。

表 9-8 原料消耗及废渣产生情况统计

项目指标		碳碱法工艺
原料消耗（以吨产品计）	硼镁矿消耗/（t/t）	4.2
	纯碱消耗/（t/t）	0.65
	石灰石消耗/（t/t）	1.38
废渣排放（以吨产品计）	硼泥/（t/t）	4

废渣的处理处置情况统计见表 9-9。

表 9-9 废渣的处理处置现状

废渣类型	处置方式	
硼泥	贮存方式	露天堆存 
	处理处置方式	制备硼镁肥

9.2.3.2　辽宁宽甸某化工厂

该调研企业基本概况见表 9-10。

表 9-10　辽宁宽甸某化工厂

企业名称	辽宁宽甸某化工厂	企业地址	辽宁省丹东市宽甸满族自治县
产品种类	硼砂		
总产能	3.5 万吨/年		
生产工艺	碳碱法		

硼镁矿化学组分见表 9-11。

表 9-11　硼镁矿的化学组分

成分名称	B_2O_3	MgO	全铁（以 Fe_2O_3 计）	CaO	SiO_2	其他杂质	烧失量
含量/%	12.17	42.96	5.13	4.12	10.03	10.23	15.36

原料消耗及废渣产生情况统计见表 9-12。

表 9-12　原料消耗及废渣产生情况统计

项目指标		碳碱法工艺
原料消耗（以吨产品计）	硼镁矿消耗/（t/t）	4.1
	纯碱消耗/（t/t）	0.69
	石灰石消耗/（t/t）	1.42
废渣排放（以吨产品计）	硼泥/（t/t）	4

废渣的处理处置情况统计见表 9-13。

表 9-13　废渣的处理处置现状

废渣类型	处置方式	
硼泥	贮存方式	露天堆存

9.2.4　碳碱法工艺硼泥产生特性

硼泥的产生节点是碳解后的过滤工段，具体的产生节点见图 9-1 硼砂生产的工艺流程。

碳碱法工艺废渣产排污系数的理论数据和调研数据见表 9-14。

表 9-14　废渣产排污系数的理论数据与调研数据

指标		碳碱法工艺	
		调研数据	理论分析数据
物耗及能耗	硼镁矿消耗/（t/t）	4.1～4.2	2.9
	纯碱消耗/（t/t）	0.65～0.69	0.53
	石灰石消耗/（t/t）	1.38～1.42	1.5
固体废物产量	硼泥/（t/t）	4	3.1

由此可知，在硼砂生产过程中产生的废渣主要是硼泥，硼泥的产污系数为 3.1t/t 产品。

对上述调研的 2 家企业的碳碱法工艺硼泥进行了硼元素含量以及腐蚀性的测定，结果见表 9-15。

表 9-15　典型企业硼泥的物性分析

样品名称	调研企业 1	调研企业 2
总硼含量（以 B_2O_3 计）/%	2.81	2.87
pH 值	9.42	9.75

根据分析结果，可得如下结论。

硼泥中总硼（以 B_2O_3 计，%）的含量约为 2.84%，则可计算出硼砂行业碳碱法硼的收率为:

1−[硼泥产量×硼泥中硼含量/(硼镁矿消耗量×硼镁矿中硼含量)]=76.91%

即，硼的转化率约为 77%。

9.2.5　碳碱法工艺硼泥污染特性

对 2 家典型企业碳碱法工艺产生的硼砂产品和硼泥进行了采样分析，分析结果见表 9-16～表 9-19。

表 9-16　辽宁宽甸某硼矿有限公司硼砂产品（pH 值为 9.23）分析结果

检测项目	含量/（mg/kg）	浸出浓度/（mg/L）	危险废物鉴别标准/（mg/L）	污水排放标准/（mg/L）	地表水质量标准/（mg/L）
铍（Be）	0.1	0.000	0.02	0.005	0.002
硼（B）	5350.0	18.920	—	—	0.5

续表

检测项目	含量/（mg/kg）	浸出浓度/（mg/L）	危险废物鉴别标准/（mg/L）	污水排放标准/（mg/L）	地表水质量标准/（mg/L）
钠（Na）	6664.0	21.740	—	—	—
镁（Mg）	143920.0	473.700	—	—	—
铝（Al）	2284.0	未检出	—	—	—
钾（K）	12330.0	94.120	—	—	—
钙（Ca）	50680.0	1608.000	—	—	—
钒（V）	8.82	0.000	—	—	—
铬（Cr）	102.48	未检出	15	1.5	0.05
锰（Mn）	198.46	0.006	—	5.0	0.1
铁（Fe）	45740.0	1.670	—	—	0.3
钴（Co）	1.604	0.000	—	—	—
镍（Ni）	12.326	0.004	5.0	1.0	0.02
铜（Cu）	2.85	未检出	100	20	1.0
锌（Zn）	23.94	0.011	100	5.0	1.0
砷（As）	12.592	0.000	5	0.5	0.05
硒（Se）	0.302	0.001	1	0.5	0.01
钼（Mo）	0.846	0.003	—	—	—
银（Ag）	2.882	未检出	5	—	—
镉（Cd）	0.116	0.000	1	0.1	0.005
锑（Sb）	15.554	0.001	—	—	—
钡（Ba）	22.58	0.040	100	—	0.7
汞（Hg）	37.88	0.002	0.1	0.05	0.0001
铊（Tl）	0.04	0.000	—	—	—
铅（Pb）	3.382	未检出	5	1.0	0.05

表 9-17　辽宁宽甸某硼矿有限公司硼泥（pH 值为 9.42）分析结果

检测项目	含量/（mg/kg）	浸出浓度/（mg/L）	危险废物鉴别标准/（mg/L）	污水排放标准/（mg/L）	地表水质量标准/（mg/L）
铍（Be）	0.1071	0.000	0.02	0.005	0.002
硼（B）	5139.579	370.800	—	—	0.5
钠（Na）	11099.426	282.900	—	—	—
镁（Mg）	149235.182	625.100	—	—	—
铝（Al）	2311.664	0.013	—	—	—

续表

检测项目	含量/（mg/kg）	浸出浓度/（mg/L）	危险废物鉴别标准/（mg/L）	污水排放标准/（mg/L）	地表水质量标准/（mg/L）
钾（K）	9621.415	183.000	—	—	—
钙（Ca）	66252.39	72.070	—	—	—
钒（V）	5.231	0.005	—	—	—
铬（Cr）	22.83	0.000	15	1.5	0.05
锰（Mn）	114.685	未检出	—	5.0	0.1
铁（Fe）	46481.836	未检出	—	—	0.3
钴（Co）	1.6	未检出	—	—	—
镍（Ni）	6.929	0.000	5.0	1.0	0.02
铜（Cu）	1.65	0.000	100	20	1.0
锌（Zn）	20.0	未检出	100	5.0	1.0
砷（As）	15.012	0.000	5	0.5	0.05
硒（Se）	0.193	0.000	1	0.5	0.01
钼（Mo）	0.329	0.004	—	—	—
银（Ag）	1.094	未检出	5	—	—
镉（Cd）	0.132	0.000	1	0.1	0.005
锑（Sb）	17.159	0.000	—	—	—
钡（Ba）	26.138	0.193	100	—	0.7
汞（Hg）	33.499	0.001	0.1	0.05	0.0001
铊（Tl）	0.027	0.000	—	—	—
铅（Pb）	1.715	未检出	5	1.0	0.05
致癌风险	1.77×10^{-7}		—	—	—
非致癌商	0.48		—	—	—

表 9-18　辽宁宽甸某化工厂硼砂产品（pH 值为 9.27）分析结果

检测项目	含量/（mg/kg）	浸出浓度/（mg/L）	危险废物鉴别标准/（mg/L）	污水排放标准/（mg/L）	地表水质量标准/（mg/L）
铍（Be）	0.002	0.000	0.02	0.005	0.002
硼（B）	9041.667	20810.000	—	—	0.5
钠（Na）	139543.651	未检出	—	—	—
镁（Mg）	1079.365	37.950	—	—	—
铝（Al）	49.306	2.197	—	—	—
钾（K）	994.048	384.400	—	—	—

续表

检测项目	含量/（mg/kg）	浸出浓度/（mg/L）	危险废物鉴别标准/（mg/L）	污水排放标准/（mg/L）	地表水质量标准/（mg/L）
钙（Ca）	4299.603	95.820	—	—	—
钒（V）	未检出	0.214	—	—	—
铬（Cr）	28.234	0.004	15	1.5	0.05
锰（Mn）	2.446	0.012	—	5.0	0.1
铁（Fe）	1069.444	3.410	—	—	0.3
钴（Co）	0.125	0.001	—	—	—
镍（Ni）	7.038	0.000	5.0	1.0	0.02
铜（Cu）	0.867	0.204	100	20	1.0
锌（Zn）	12.073	0.018	100	5.0	1.0
砷（As）	5.157	0.009	5	0.5	0.05
硒（Se）	0.06	0.001	1	0.5	0.01
钼（Mo）	0.141	0.024	—	—	—
银（Ag）	0.29	未检出	5	—	—
镉（Cd）	0.38	未检出	1	0.1	0.005
锑（Sb）	8.502	0.000	—	—	—
钡（Ba）	4.879	0.028	100	—	0.7
汞（Hg）	11.06	0.006	0.1	0.05	0.0001
铊（Tl）	未检出	0.001	—	—	—
铅（Pb）	0.214	未检出	5	1.0	0.05

表 9-19　辽宁宽甸某化工厂硼泥（pH 值为 9.75）分析结果

检测项目	含量/（mg/kg）	浸出浓度/（mg/L）	危险废物鉴别标准/（mg/L）	污水排放标准/（mg/L）	地表水质量标准/（mg/L）
铍（Be）	0.146	0.000	0.02	0.005	0.002
硼（B）	7291.498	503.200	—	—	0.5
钠（Na）	12597.166	1873.000	—	—	—
镁（Mg）	164352.227	60.650	—	—	—
铝（Al）	2246.964	0.035	—	—	—
钾（K）	7000.0	242.900	—	—	—
钙（Ca）	48400.81	68.060	—	—	—
钒（V）	2.937	0.016	—	—	—
铬（Cr）	31.883	0.002	15	1.5	0.05
锰（Mn）	171.964	0.002	—	5.0	0.1

续表

检测项目	含量/（mg/kg）	浸出浓度/（mg/L）	危险废物鉴别标准/（mg/L）	污水排放标准/（mg/L）	地表水质量标准/（mg/L）
铁（Fe）	29331.984	0.490	—	—	0.3
钴（Co）	1.334	0.000	—	—	—
镍（Ni）	8.622	0.000	5.0	1.0	0.02
铜（Cu）	0.998	0.010	100	20	1.0
锌（Zn）	15.834	0.004	100	5.0	1.0
砷（As）	10.923	0.000	5	0.5	0.05
硒（Se）	0.126	0.000	1	0.5	0.01
钼（Mo）	0.148	0.004	—	—	—
银（Ag）	0.192	0.000	5	—	—
镉（Cd）	0.16	0.000	1	0.1	0.005
锑（Sb）	7.636	0.000	—	—	—
钡（Ba）	528.138	0.077	100	—	0.7
汞（Hg）	4.265	0.001	0.1	0.05	0.0001
铊（Tl）	0.02	0.000	—	—	—
铅（Pb）	1.356	未检出	5	1.0	0.05
致癌风险	1.13×10^{-7}		—	—	—
非致癌商	0.11		—	—	—

综上研究，可得如下结论：

① 硼泥主要来自硼镁矿碳解、过滤后的剩余残渣，硼泥成分以 MgO、SiO_2、B_2O_3 为主；

② 硼泥中所有物质的检出量均低于危险废物浸出毒性标准限值，硼泥致癌风险和非致癌商均很低；

③ 硼泥的 pH 值约为 9.6，呈弱碱性，不具有腐蚀性；

④ 硼泥中 B 浸出浓度很高，超过地表水质量标准限值数百倍。

综上可知，硼泥的危害特性较小，最大的特性是吨产品产生量较大。

9.3 硼砂行业废渣处理处置方式与环境风险

9.3.1 硼泥特性和主要处置去向

调研的两家企业硼泥处置方式见表 9-20，主要用于生产硼镁肥和填埋。

表 9-20　硼泥的主要处置去向

企业	生产硼镁肥	填埋
辽宁宽甸调研企业 1	√	
辽宁宽甸调研企业 2		√

生产硼砂产品产生的废渣，为灰白色、黄白色粉状固体，呈碱性，含氧化硼和氧化镁等组分，俗称“硼泥”。以辽-吉硼镁矿（B_2O_3 含量约 12%）为原料生产硼砂，每生产 1t 硼砂，产生约 3.1t 硼泥。大量的脉石在生产过程中进入硼泥，硼泥中还含有硼镁矿提出硼后产生的碳酸镁（碱式碳酸镁）。全国每年约生产 35 万吨硼砂，产生约 140 万吨硼泥，加上多年来积存的量，尚有数以千万吨计的硼泥亟待处理。

硼泥的主要组分有 MgO、SiO_2、Fe_2O_3、Al_2O_3、CaO、B_2O_3 等，硼泥化学组分见表 9-21。

表 9-21　硼泥化学组分（碳碱法）

组分	B_2O_3	MgO	CaO	Fe_2O_3	Al_2O_3	Na_2O	SiO_2	烧失率/%
质量分数/%	1.5～5.0	30～45	1～10	10～30	1～5	0.1～0.5	5～30	20～25

硼泥的化学组成与所用原料有关，用不同产地的原料，硼泥的组分有很大的差异，如宽甸地区的硼泥 MgO 含量较高，凤城地区的硼泥 Fe_2O_3 含量较高，营口大石桥地区的硼泥 SiO_2 含量较高。

硼泥污染主要体现在硼泥的碱性方面，一般硼泥有毒物质含量极微，没有放射性。硼泥主要有毒重金属组成见表 9-22。

表 9-22　硼泥主要有毒重金属组成

组分	Hg	Pb	Cr	Cd	As
含量/（mg/kg）	5×10^{-4}	2	0.3	0.46	8

多年来硼砂生产积存大量硼泥，在硼砂产地，硼泥堆积如山。大量硼泥除少量应用外，基本作废物堆存处理。如果硼泥处置不当，乱堆乱放任其受雨水冲刷，就会使硼泥中的水溶性硼和碱向外渗透，造成周围土壤硼含量升高和盐碱化，硼泥堆的表面也会覆盖一层呈白色的盐碱。硼泥颗粒较细，在失去水分后，常常会随风飞散，对大气环境产生污染。硼泥对生态环境的污染已经成为一种公害。

9.3.2　硼泥生产硼镁肥

对硼泥生产的硼镁肥进行采样和分析，结果见表 9-23。结果显示，硼镁肥使用过程中需要控制用量，硼镁肥中硼、锰、铁、镍和锌的浸出浓度超过地表水水质标准限值，部分超过污水排放标准限值，因此使用过程中需要重视。

表 9-23　辽宁宽甸某硼矿有限公司硼泥制硼镁肥（pH 值为 3.83）分析结果

检测项目	含量/（mg/kg）	浸出浓度/（mg/L）	危险废物鉴别标准/（mg/L）	污水排放标准/（mg/L）	地表水质量标准/（mg/L）
铍（Be）	0.004	0.000	0.02	0.005	0.002
硼（B）	8265.06	765.900	—	—	0.5
钠（Na）	4257.028	18.230	—	—	—
镁（Mg）	102048.193	未检出	—	—	—
铝（Al）	41.747	2.634	—	—	—
钾（K）	624.498	60.030	—	—	—
钙（Ca）	4516.064	338.600	—	—	—
钒（V）	2.454	0.017	—	—	—
铬（Cr）	43.996	0.022	15	1.5	0.05
锰（Mn）	40.522	37.430	—	5.0	0.1
铁（Fe）	10913.655	7742.000	—	—	0.3
钴（Co）	0.586	0.309	—	—	—
镍（Ni）	13.596	0.230	5.0	1.0	0.02
铜（Cu）	1.319	0.122	100	20	1.0
锌（Zn）	76.647	45.540	100	5.0	1.0
砷（As）	7.811	0.005	5	0.5	0.05
硒（Se）	0.072	0.015	1	0.5	0.01
钼（Mo）	0.173	0.003	—	—	—
银（Ag）	0.341	未检出	5	—	—
镉（Cd）	0.09	0.006	1	0.1	0.005
锑（Sb）	10.086	未检出	—	—	—
钡（Ba）	9.239	0.029	100	—	0.7
汞（Hg）	17.43	0.000	0.1	0.05	0.0001
铊（Tl）	0.004	0.001	—	—	—
铅（Pb）	0.297	0.003	5	1.0	0.05
致癌风险	3.66×10^{-5}		—	—	—
非致癌商	4.78		—	—	—

9.3.3　硼泥填埋处置

硼泥中的污染物浸出浓度较低，满足进入一般工业固体废物填埋场的标准，因此可以进入一般工业固体废物填埋场进行填埋处置。

9.3.4　硼泥综合利用展望

随着国家对环保越来越重视，将资源综合利用、循环经济定为基本国策，硼泥的综合利用将会得到国家政策上更多的支持，将有力推动硼泥综合利用的进展，使硼泥综合利用的科研成果尽早应用于生产，成熟技术尽快得到推广。

9.4　硼砂行业及废渣特性发展变化趋势

9.4.1　国外硼砂行业发展趋势

到目前为止，硼砂的生产能力已经超过 1200 万吨/年。硼砂装置大型化是当今硼工业的发展趋势之一[15]。

目前，世界硼砂工业的发展趋势呈现以下特点：

① 紧紧围绕新兴产业和高新技术领域的需求；

② 传统领域硼砂的应用和发展速度加快；

③ 国外硼砂工业的发展趋势朝向大型化、专业化、高纯化发展。

9.4.2　我国硼砂行业相关政策

《产业结构调整指导目录（2019 年本）》鼓励：硼等短缺化工矿产资源勘探开发及综合利用。

9.4.3　我国硼砂行业的发展趋势

根据我国硼砂行业的相关政策以及我国硼砂行业的发展现状，可推测我国硼砂行业的发展趋势如下。

9.4.3.1 关于五水硼砂

目前，我国十水硼砂的生产能力已处于过剩状态，而五水硼砂的需求量却呈逐年增长趋势[16]。我国五水硼砂的发展之所以严重滞后，有其客观方面的原因，也有主观方面的因素。

① 作为我国硼化物生产基地的辽宁和吉林，生产企业所采用的原料为纤维硼镁矿，品位低、含镁高，无法直接生产五水硼砂，而必须采用以十水硼砂为原料的两步法工艺，生产成本过高，与进口产品竞争缺少成本方面的优势。

② 我国西藏拥有天然硼砂矿资源，虽然可以直接用来加工五水硼砂，但由于受自然和运输条件的制约，西藏硼砂矿的开采和利用起步较晚。

③ 科技工作相对滞后，没有及时解决以天然硼砂矿一步法生产五水硼砂的关键技术，缺少发展五水硼砂工业的技术支撑。

④ 新中国成立以来，尤其是在2002年以前，我国市场对硼砂产品的需求几乎全部为十水硼砂，受此影响，长期以来各生产企业比较关注十水硼砂的生产，产品结构调整的步子严重滞后于市场需求的变化。

9.4.3.2 我国硼砂工业结构

目前，我国硼砂工业虽然拥有相当的生产能力，但产品结构与市场需求的差距越来越大[17-19]。一方面，我国硼砂工业的产品结构仍然以十水硼砂为主，十水硼砂产能占我国硼砂工业总产能的97%以上；另一方面，市场对五水硼砂的需求逐年增长。

由于产品结构难以适应市场的需要，国产十水硼砂的市场占有率逐年下降。20世纪90年代初，国产十水硼砂占有市场份额的90%，而到2009年却下降到32%，进口五水硼砂占据了我国硼砂市场68%的份额，受此影响，我国硼砂工业的发展停滞不前、效益下降。

近几年来，国内硼砂消费市场的增长几乎全部依赖于五水硼砂进口量的增长，消费量的增长并没有拉动我国以十水硼砂为主体的硼砂工业的发展，以十水硼砂为主体的产品结构，已严重制约了我国硼砂工业的持续稳定发展。

9.4.3.3 对我国硼砂工业发展的展望

我国硼砂工业发展迅速，有力地支援了国民经济建设。但由于多种因素的制约，我国硼砂工业目前仍然以十水硼砂的生产为主，与各消费领域的新要求、新变化差距越来越大，这种状况已成为制约我国硼砂工业可持续发展的瓶颈。可以预见，随着社会经济的进一步发展，未来我国市场对五水硼砂的需求将长期处于增长状态，对硼砂产品在品

种、品质等方面的要求也将越来越高。因此，树立与时俱进的观念，瞄准市场需求，把握各消费领域的新动向，以市场为导向，积极调整产品结构，已成为摆在我国硼砂行业面前的十分紧迫的任务[20]。为此：

① 要瞄准市场需求，树立竞争意识和发展意识，充分认识到进行产品结构调整的必要性、紧迫性。通过产品结构调整，满足国民经济建设的需要，提高我国硼砂工业的国际竞争力。由于我国十水硼砂生产能力已明显处于过剩状态，且消费市场有进一步萎缩的趋势，因此要适当控制十水硼砂生产规模，避免重复建设。要积极提倡和鼓励发展五水硼砂及其他专用硼砂的生产，使我国硼砂工业的产品结构由单一的十水硼砂向以五水硼砂为主、十水硼砂为辅的多元结构过渡，实现硼砂工业发展与市场需求的有机结合。这是实现我国硼砂工业可持续发展的重要保障。

② 要强化科技工作，搞好技术攻关，尤其是要攻破五水硼砂生产过程的节能技术、成本和产品质量控制技术等，消除制约我国五水硼砂生产的技术瓶颈。

③ 西藏地区拥有一定储量的天然硼砂资源，近年来，这些资源被当地一些企业用来生产十水硼砂。由于生产技术落后，存在着收率低、质量差等问题，造成了硼砂矿资源的实质性浪费。因此，在做好天然硼砂矿资源的勘探、开采工作的同时，各有关部门要积极引导生产企业转产五水硼砂，发展五水硼砂的生产，以增加市场有效供给，满足市场需要。要以此优化和改善我国硼砂工业的产品结构，奠定我国硼砂工业健康、稳定发展的坚实基础。

9.4.4　我国硼砂行业废渣的发展趋势

目前，硼砂行业废渣的产生量均值为 4t/t 产品，每年新产生硼泥约 140 万吨，历史堆积硼泥总量在 2000 万吨左右。数量如此巨大的碱性废渣一直在威胁着堆场周围的生态环境。

根据我国硼砂行业的相关政策以及我国硼砂行业的发展现状，可推测我国硼砂行业废渣的发展趋势如下：

随着国家产业结构的调整，部分产能小、吨产品废渣产生量大、污染严重的小企业将陆续关闭；加之先进的、清洁的生产工艺技术的推广应用，废渣的年均产生量将会大大降低。同时，大部分环境友好型企业正在采取相应的废渣综合利用措施，在将新产生的废渣全部综合利用的同时也在逐步地消耗部分历史堆积废渣。

未来，历史堆积的硼泥虽然依旧对周边环境存在威胁，但是随着堆存废渣的逐渐减少，周边生态环境的压力也会有所减缓。

参 考 文 献

[1] USGS. Phosphate Rock Statistics and Information[EB/OL]. [2022-06-15]. https: //www. usgs. gov/centers/national-minerals-information-center/boron-statistics-and-information.

[2] 焦森，郑厚义，屈云燕，等. 全球硼矿资源供需形势分析[J]. 国土资源情报, 2020（10）: 85-89.

[3] 张福祥，赵莎，刘卓，等. 全球硼矿资源现状与利用趋势[J]. 矿产保护与利用, 2019, 39（06）: 142-151.

[4] 王海娇. 硼矿资源的储量、分类与特点分析[J]. 南方农机, 2019, 50（18）: 229.
[5] 袁建国, 屈云燕, 刘秋颖, 等. 中国硼矿资源供需趋势分析[J]. 中国矿业, 2018, 27（05）: 9-12, 27.
[6] 申军. 国内外硼矿资源及硼工业发展综述[J]. 化工矿物与加工, 2013, 42（03）: 38-42.
[7] 陶连印. 我国硼工业建立 45 周年回顾与展望[J]. 辽宁化工, 2001（07）: 278-279.
[8] 王立林. 辽宁省硼工业现状及发展建议[J]. 辽宁化工, 2019, 48（07）: 680-682, 697.
[9] 符瑞良. 辽宁硼矿和硼化工的现状和发展[C]. 第六届全国采矿学术会议论文集, 1999: 295-297.
[10] 亓峰. 碳碱法加工硼矿的过程研究[D]. 大连: 大连理工大学, 2011.
[11] 赵龙涛, 李人林, 石昌. 硼镁矿常压法制取硼砂的工艺研究[J]. 应用化工, 2002（01）: 29-31.
[12] 谢炜, 邹诚茜, 符寒光, 等. 硼砂制备研究进展[J]. 材料导报, 2016, 30（S2）: 456-460.
[13] 鲍黎明. 硼砂工业生产的技术创新探析[J]. 化工管理, 2013（22）: 86.
[14] 肖景波, 郭捷. 我国硼砂工业的发展现状与展望[J]. 河南化工, 2010, 27（20）: 3-5.
[15] 毕胜南, 仲剑初, 齐野, 等. 硼酸等含硼化学品最新研究进展与产业化趋势[J]. 无机盐工业, 2020, 52（01）: 5-8.
[16] 胡伟, 杨晓军, 符寒光. 含硼矿中硼的提取工艺技术现状及趋势[J]. 有色金属科学与工程, 2015, 6（06）: 65-70.
[17] 邹诚茜. 低品位含硼尾矿制备硼砂研究[D]. 长沙: 长沙理工大学, 2018.
[18] 张亨. 硼砂生产研究进展[J]. 杭州化工, 2012, 42（04）: 7-11.
[19] 刘然, 薛向欣, 刘欣, 等. 我国硼资源加工工艺与硼材料应用进展[J]. 硅酸盐通报, 2006（06）: 102-107, 116.
[20] 秦岭. 我国硼砂需求呈增长趋势[J]. 化工矿物与加工, 2001（08）: 37-38.

第10章 氧化镁行业废渣污染特征与污染风险控制

▶ 氧化镁行业国内外发展概况

▶ 碳化法工艺废渣的产生特性与污染特性

▶ 硫酸、碳酸铵法工艺废渣的产生特性与污染特性

▶ 氧化镁行业废渣处理处置方式与环境风险

▶ 氧化镁行业及废渣特性发展变化趋势

10.1 氧化镁行业国内外发展概况

10.1.1 氧化镁产品及原料

10.1.1.1 氧化镁产品

镁是在自然界中分布最广的十种元素之一（镁是在地球的地壳中第八丰富的元素，质量约占 2%，亦是宇宙中第九多的元素）。氧化镁（MgO）是镁的氧化物，是一种离子化合物，常温下为白色固体。氧化镁以方镁石形式存在于自然界中，方镁石是冶炼镁的原料。因制备方法不同，有轻质氧化镁和重质氧化镁之分。

氧化镁作为镁的系列产品中的主要品种之一，因其性能好、用途广泛等诸多特点，在无机盐产品中占有相当重要的地位。其广泛应用于橡胶、塑料、人造纤维、涂料、搪瓷、耐火材料等，按用途主要分为高级润滑油级、高级鞣革提碱级、食品级、医药级、硅钢级、高级电磁级、高纯氧化镁等近十个品种。重烧镁砂主要用于钢铁、水泥、玻璃等行业，如制造耐火坩埚和耐火砖等耐火材料。轻烧镁粉用于建材工业，如生产硫酸镁、硝酸镁、氢氧化镁等。轻质氧化镁在医药行业中可以用作抗酸剂和轻泻剂，在食品工业中用作脱色剂，在农业中用作肥料和牲畜饲料的添加剂，在制陶业中用于降低烧结温度，等等。

10.1.1.2 氧化镁原料及分布

目前世界上生产氧化镁的原料主要分为两种：第一种为白云石、菱镁矿等固体矿物；另一种为海水、卤水等液体矿物。目前全球氧化镁总产量已达到 1000 万吨左右，其中63%来自菱镁矿，27%来自海水、卤水，10%来自沉积矿。在西方国家，以海水或卤水为原料生产的比例更大一些，约占 60%。在俄罗斯、中国等国家，由于矿物资源丰富、品位好，用菱镁矿生产的氧化镁占总产量的 97%。

（1）菱镁矿及分布

菱镁矿是一种碳酸镁矿物，是镁的主要来源。根据矿床成矿条件不同，菱镁矿又分为晶质菱镁矿和隐晶质菱镁矿，隐晶质菱镁矿在我国成矿极少。目前，世界菱镁矿已探明资源量为 130 亿吨，集中分布在中国、俄罗斯、朝鲜、澳大利亚等 9 个国家。

中国是世界上镁资源较为丰富的国家，资源类型全，分布广。目前我国菱镁矿探明储量约有 34 亿吨，主要分布在河北、辽宁、安徽、山东、四川、西藏、甘肃、青海、新疆 9 个省区[1,2]。其中，以辽宁省资源储量最大，占全国总储量的 85.62%；其后是山东，

占全国总储量的9.54%。储量稍大的还有西藏、新疆和甘肃等省区[3,4]。我国菱镁矿储量集中，多为大中型矿床，集中在辽宁、山东两省，开采较为容易，符合冶炼要求的一、二级菱镁矿占78%。

菱镁矿是生产碱性耐火材料的基本原料，经不同温度煅烧成重烧镁和轻烧镁，我国80%的菱镁矿用于煅烧成重烧镁再制成耐火材料；其轻烧镁活性较高，主要用作胶凝材料，用于水泥、保温涂料、工业原料、玻璃、肥料、饲料等。菱镁矿也用于提炼金属镁。

（2）白云石矿及分布

白云石是菱镁矿（$MgCO_3$）和方解石（$CaCO_3$）按1∶1比例组成的复盐，其化学式为$CaMg(CO_3)_2$，理论组成为氧化镁21.7%、氧化钙30.4%、二氧化碳47.9%（或碳酸钙54.2%、碳酸镁45.8%）。白云石、菱镁矿和方解石有许多性质相似，常共生在一起。天然白云石中常有一些白云石和石灰石之间的过渡组分存在。一般而言，只有当$MgCO_3$的含量大于25%时或方解石含量小于5%时，方可称为白云石。

白云石矿在我国分布广泛，蕴藏丰富，常为裸露的高地，有利于大规模开采。然而，目前许多地区对白云石矿的开发利用仍停留在初级产品的加工阶段。如湖北省谷城县，经过普查，初步确定白云石矿的地质储量有4.1亿吨[5]，主要成分为MgO、CaO、SiO_2、Fe_2O_3，其平均含量分别为21.29%、30.42%、0.78%、0.13%，属储量大、品质好的矿产资源。而该县对这部分矿产资源主要只进行简单的初级产品加工，然后就销往武汉、河南等地，既降低了资源的利用率，同时也减少了该县的矿业收益。因此，要提高全县的矿业产值，增加矿山企业的经济收益，就必须开发新产品，增加产品的科技含量，提高产品的附加值。

白云石矿用途广泛，在冶金工业中主要用于制作熔剂、耐火材料、提炼金属镁等；白云石矿经适当煅烧后，可加工制成白云灰，它具有洁白、强黏着力及凝固力、良好的耐火与隔热性能，适于用作内外墙涂料；在化学工业中白云石主要用于生产硫酸镁、轻质碳酸镁以及氧化镁等化工原料，还可用于橡胶的填料；在建材行业中可加工制作成镁质水泥，还可作为制造玻璃的一种重要原料；在农业中白云石可以用作土壤酸度的中和剂，亦可中和因使用尿素一类肥料而造成的酸性土壤，使农作物增产。

（3）海水、苦卤原料及分布

在海盐生产中，海水在盐田里经日晒蒸发浓缩析出食盐，当卤水达到一定浓度时不再晒盐，该卤水称为苦卤。其中含有高浓度的钾、镁、溴和硫酸盐等有价值的物质。我国的海盐产量已达2200万吨/年以上，处于世界海盐产量的首位[6,7]，相应副产苦卤总量达1800万立方米，是一种既丰富又可持续开发利用的液体矿物资源。

表10-1　苦卤的主要化学成分

浓度/°Bé	化学组成/（kg/m^3）					
	KCl	NaCl	$MgSO_4$	$MgCl_2$	$MgBr_2$	H_2O
28～32	20～28	70～150	50～90	120～200	2～3	650～850

由表 10-1 可知，苦卤的总盐含量在 334.5～391kg/m^3，较海水（3.5%）提高了 10 倍；而苦卤中的钾、镁、硫、溴等元素的浓度则较海水增浓 30 倍，是生产钾、溴、镁等产品的良好原料。

海水综合利用途径多，用量大，包括且不限于：从海水中提取淡水——海水淡化；海水制盐；从海水中提取镁、钾、溴、碘等化工产品；从海水中获取铀和重水作为核能开发的重要原料；从海水中获取其他物质和能量；以及海水直接作为工业冷却水等。

苦卤是提取钾盐的理想资源之一，工业上常采用兑卤法苦卤提取工艺来提取氯化钾。同时逐步形成了以钾、溴、镁等为产品链的苦卤化工工业，可以生产十多种无机物，如氧化镁、氯化镁、碳酸镁、氯化钾、硼酸、硼砂、溴素、碘素、碘酸钾、氯化钡、碳酸锂、苛性钾、盐酸、液氯等。

10.1.2 氧化镁行业国外发展概况

10.1.2.1 氧化镁行业国外产量与地区分布

据统计，世界镁化合物的销量中，氧化镁占总量的 87%，氢氧化镁占 6%～9%，硫酸镁占 5%～6%，其余不足 1%，氧化镁在镁化合物中占据核心重要地位[8]。随着社会经济的发展，氧化镁需求不断增长，英、美、日等发达国家氧化镁生产不断发展壮大。

10.1.2.2 氧化镁行业国外主要生产工艺

美国是世界上镁盐主要的生产国，年生产能力以氧化镁计约为 148 万吨。美国镁盐不仅生产量大，而且品种发展也很快。美国具有丰富的镁质资源，液体资源有海水、盐湖卤水和地下卤水，固体资源有菱镁矿、白云石和水镁石，为生产各种镁化学品提供了良好的资源条件。在所生产的各种镁化学品中，约 60%来自液体资源，40%来自天然矿物。生产方法是煅烧由卤水经石灰苛化成的氢氧化镁和菱镁矿，再据不同用途深加工成功能性氧化镁。煅烧氧化镁总生产能力达 110 万～120 万吨/年，其中轻质氧化镁不足 30 万吨/年。

西欧有 70%的氧化镁是由菱镁矿和白云石制得的，氧化镁总产量为 150 万～160 万吨/年，轻质氧化镁产品不足 25%。东欧氧化镁主要由煅烧菱镁矿制取，90%以上为耐火级。非洲和中东地区主要以海水或天然矿为原料生产氧化镁，生产能力均在 40 万吨/年左右，其中轻质氧化镁产量甚微。亚洲生产氧化镁量较大的国家是日本，生产能力在 30 万吨/年以上，以碱性煅烧氧化镁为主，耐火级氧化镁 70%～80%靠进口。

氧化镁行业部分国外企业的主要生产工艺见表 10-2。

表 10-2　部分国外企业情况

公司名称	工艺	原料
荷兰 Nedmag 公司	卤水-白云石灰法	水氯镁石和光卤石水溶开采得到的含氯化镁的卤水
美国 MartinMarietta 公司	卤水-白云石灰法	地下富镁卤水
美国 Premier 公司	卤水-白云石灰法	海水
日本宇部材料公司	海水-石灰法	海水
以色列死海方镁石公司	氯化镁热解法（Aman 法）	来自 Sodom 死海工厂（DSW）提钾后的卤水

10.1.3　氧化镁行业国内发展概况

近几年来工业氧化镁用途不断开发，其应用领域不断扩大，使得工业氧化镁的需求不断上升，从而促使我国氧化镁的生产快速发展，生产厂家及生产规模也在逐渐扩大。我国有世界储量第一的菱镁矿、水镁石、蛇纹石及优质白云石，另外还有盐田、苦卤，生产工业氧化镁有着得天独厚的条件。

从我国国内情况来看，我国是世界三大镁砂出口国之一，我国菱镁矿储量丰富，约占世界总量的 1/4，是世界上生产镁化合物的主要国家之一。长期以来，我国冶金工业部门主要立足于从菱镁矿中生产镁砂，且产品以低档（低纯度）镁砂为主。近年来我国从国外引进了先进设备，镁砂质量有所提高，但生产的镁砂中氧化镁含量大部分为 97%，98%的镁砂仅占一部分，至今用一般重烧法还难以生产出 99%的超高纯镁砂。

截至 2019 年年底，我国工业氧化镁生产企业约 50 家，总产能为 150 万吨/年，产量约为 100 万吨，开工率不足 70%[9]。

10.2　碳化法工艺废渣的产生特性与污染特性

10.2.1　碳化法工艺流程

主要流程是菱镁矿经煅烧、消化、碳化、过滤、热解、灼烧生成轻质氧化镁。具体过程如下[10]：菱镁矿与无烟煤（或焦炭）按一定比例（煤∶矿石=1∶10）均匀加入窑内，经 800～900℃煅烧，矿石分解成轻烧镁和 CO_2，轻烧镁由窑下两侧溜口均匀放出，冷却后粉碎，加水消化（配料），然后用离心泵送至碳化塔内；同时窑上引出的 CO_2，经除尘洗涤脱硫，冷却后用空压机送至碳化塔，进行碳酸化反应。碳化完成液用离心泵打至脱水机脱渣，滤液（重镁水）打入分解塔，通入蒸汽加热分解。分解后的悬浮液用离心泵打入脱水机脱水，滤饼为碱式碳酸镁湿料，经热风干燥即为轻质碳酸镁，再经高温焙烧，即生成轻质氧化镁。主要工艺流程如图 10-1 所示。

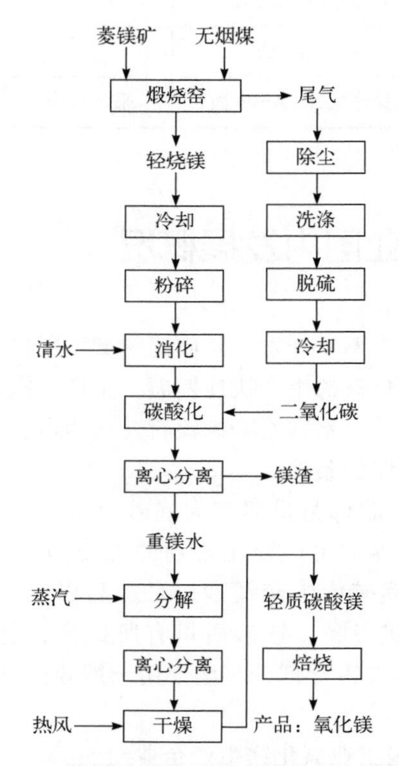

图 10-1　菱镁矿碳化法生产氧化镁工艺流程

其化学反应过程如下。

煅烧：
$$MgCO_3 \longrightarrow MgO+CO_2\uparrow$$

消化：
$$MgO+H_2O \longrightarrow Mg(OH)_2$$

碳化：
$$Mg(OH)_2+2CO_2 \longrightarrow Mg(HCO_3)_2$$

分解：
$$5Mg(HCO_3)_2 \longrightarrow 4MgCO_3 \cdot Mg(OH)_2 \cdot 4H_2O+6CO_2\uparrow$$

焙烧：
$$4MgCO_3 \cdot Mg(OH)_2 \cdot 4H_2O \longrightarrow 5MgO+4CO_2\uparrow+5H_2O$$

典型菱镁矿碳化法工艺生产氧化镁的现场如图 10-2 所示。

(a) 无烟煤

(b) 熟矿粉

(c) 烧结工段

(d) 镁渣堆存池

图 10-2　菱镁矿碳化法生产氧化镁现场图集

10.2.2　废渣产生节点及理论产排污系数

菱镁矿碳化法工艺过程的技术原理如表 10-3 所列。

表 10-3　菱镁矿碳化法工艺过程发生的反应原理

工艺路线	菱镁矿碳化法	
产品	氧化镁	
原材料	菱镁矿、无烟煤	
原理	煅烧工段	$MgCO_3 \longrightarrow MgO+CO_2\uparrow$
	消化工段	$MgO+H_2O \longrightarrow Mg(OH)_2$
	碳化工段	$Mg(OH)_2+2CO_2 \longrightarrow Mg(HCO_3)_2$
	热解工段	$5Mg(HCO_3)_2 \longrightarrow 4MgCO_3 \cdot Mg(OH)_2 \cdot 4H_2O+6CO_2\uparrow$
	焙烧工段	$4MgCO_3 \cdot Mg(OH)_2 \cdot 4H_2O \longrightarrow 5MgO+4CO_2\uparrow+5H_2O$

根据调研数据，平均 1t 菱镁矿原矿中含有 MgO 为 45%，CaO 为 1%，SiO_2 为 2%，Fe_2O_3 为 1%，Al_2O_3 为 1%，烧失量为 50%。假设镁的转化率为 95%，根据技术原理可计算如下物理量。

10.2.2.1 菱镁矿消耗量

菱镁矿中的镁理论上95%转化为MgO，1t菱镁矿中含MgO为45%，即为450kg，则每吨氧化镁产品所需的菱镁矿量为：

$$\frac{1}{45\%\times95\%}=2.34(\mathrm{t})$$

即，理论上菱镁矿消耗量为2.34t/t产品。

10.2.2.2 镁渣产生量

镁渣主要来源是碳酸氢镁溶液离心分离后产生的残渣。产生的镁渣量为：

$$2.34\times(5\%+5\%\times45\%)=0.17(\mathrm{t})$$

即，镁渣的产生量为0.17t/t产品。

综上，可得菱镁矿碳化法工艺的部分原料消耗和废渣产污系数，如表10-4所列。

表10-4 菱镁矿碳化法工艺原料消耗及废渣产生情况

指标		菱镁矿碳化法理论分析数据
物耗	菱镁矿消耗/（t/t）	2.34
固体废物产量	镁渣/（t/t）	0.17

10.2.3 典型企业废渣产生现状调研

10.2.3.1 辽宁丹东某镁业有限公司

企业基本概况见表10-5。

表10-5 辽宁丹东某镁业有限公司概况

企业名称	辽宁丹东某镁业公司	企业地址	辽宁省丹东市宽甸满族自治县
产品种类	氧化镁		
总产能	0.4万吨/年		
生产工艺	菱镁矿碳化法		

菱镁矿化学组分见表 10-6。

表 10-6 菱镁矿的化学组分

成分名称	MgO	CaO	SiO_2	Fe_2O_3	Al_2O_3	烧失量
含量/%	43.73	1.32	1.89	0.95	1.57	50.54

原料消耗、能源消耗及废渣产生情况统计见表 10-7。

表 10-7 原料消耗及废渣产生情况统计

指标		菱镁矿碳化法工艺
物耗	菱镁矿消耗/（t/t）	2.9
固体废物产量	镁渣/（t/t）	0.25

废渣的处理处置情况统计见表 10-8。

表 10-8 废渣的处理处置现状

<table>
<tr><td>废渣类型</td><td colspan="2">处置方式</td></tr>
<tr><td rowspan="2">镁渣</td><td>贮存方式</td><td>露天堆存
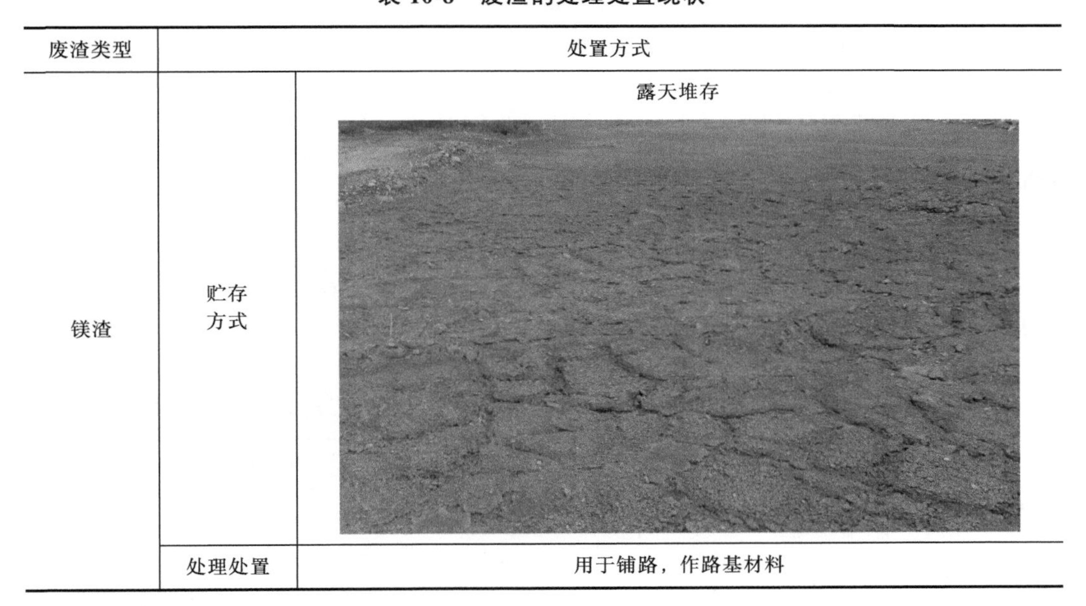</td></tr>
<tr><td>处理处置</td><td>用于铺路，作路基材料</td></tr>
</table>

10.2.4 碳化法工艺废渣产生特性

菱镁矿碳化法工艺产生的废渣主要是镁渣，镁渣主要来源为碳酸氢镁溶液离心分离后产生的残渣。具体产生节点见工艺流程（图 10-1）。

菱镁矿碳化法工艺废渣产污系数的理论数据和调研数据统计见表 10-9。

表 10-9　菱镁矿碳化法工艺原料消耗及废渣产生情况

指标		菱镁矿碳化法工艺	
		调研数据	理论分析数据
物耗	菱镁矿消耗/（t/t）	2.9	2.34
固体废物产量	镁渣/（t/t）	0.25	0.17

对已调研企业的镁渣进行各元素含量的测定，结果见表 10-10。

表 10-10　辽宁丹东某镁业有限公司镁渣的物性分析

名称	MgO	CaO	SiO_2	Fe_2O_3	Al_2O_3	其他
质量分数/%	28.84	12.24	22.68	11.43	14.17	10.64

根据表 10-10 中数据可知，镁渣中 MgO 含量为 28.84%，由此可计算出采用菱镁矿碳化法工艺生产氧化镁时，菱镁矿中镁的收率为：

1−[(镁渣产生量×镁渣中镁含量)/(菱镁矿消耗量×菱镁矿中镁含量)]=94.12%

即，镁的收率约为 94%。

10.2.5　碳化法工艺废渣污染特性

对辽宁丹东某镁业有限公司菱镁矿碳化法工艺产生的废渣进行了样品分析，分析结果见表 10-11～表 10-14。

表 10-11　辽宁丹东某镁业有限公司菱镁矿原矿（pH 值为 9.33）分析结果

检测项目	含量/（mg/kg）	浸出浓度/（mg/L）	危险废物鉴别标准/（mg/L）	污水排放标准/（mg/L）	地表水质量标准/（mg/L）
铍（Be）	0.012	0.000	0.02	0.005	0.002
硼（B）	4089.844	23.830	—	—	0.5
钠（Na）	2847.656	8.790	—	—	—
镁（Mg）	272851.563	206.100	—	—	—
铝（Al）	180.918	0.013	—	—	—
钾（K）	2794.922	17.200	—	—	—
钙（Ca）	8457.031	153.000	—	—	—
钒（V）	0.365	0.001	—	—	—

续表

检测项目	含量/（mg/kg）	浸出浓度/（mg/L）	危险废物鉴别标准/（mg/L）	污水排放标准/（mg/L）	地表水质量标准/（mg/L）
铬（Cr）	27.539	0.001	15	1.5	0.05
锰（Mn）	15.936	0.001	—	5.0	0.1
铁（Fe）	4517.578	0.100	—	—	0.3
钴（Co）	0.145	0.000	—	—	—
镍（Ni）	3.568	0.001	5.0	1.0	0.02
铜（Cu）	0.545	0.000	100	20	1.0
锌（Zn）	4.838	0.081	100	5.0	1.0
砷（As）	12.625	0.001	5	0.5	0.05
硒（Se）	0.049	0.000	1	0.5	0.01
钼（Mo）	0.238	0.001	—	—	—
银（Ag）	0.379	未检出	5	—	—
镉（Cd）	0.15	0.001	1	0.1	0.005
锑（Sb）	1.022	0.002	—	—	—
钡（Ba）	21.406	0.166	100	—	0.7
汞（Hg）	1.998	未检出	0.1	0.05	0.0001
铊（Tl）	0.002	0.000	—	—	—
铅（Pb）	1.047	0.000	5	1.0	0.05

表 10-12　辽宁丹东某镁业有限公司轻烧粉（pH 值为 12.11）分析结果

检测项目	含量/（mg/kg）	浸出浓度/（mg/L）	危险废物鉴别标准/（mg/L）	污水排放标准/（mg/L）	地表水质量标准/（mg/L）
铍（Be）	0.113	0.000	0.02	0.005	0.002
硼（B）	4107.143	134.600	—	—	0.5
钠（Na）	10632.937	25.470	—	—	—
镁（Mg）	177361.111	0.960	—	—	—
铝（Al）	2920.635	0.033	—	—	—
钾（K）	13851.191	134.900	—	—	—
钙（Ca）	62500.0	7950.000	—	—	—
钒（V）	3.986	0.000	—	—	—
铬（Cr）	27.143	0.007	15	1.5	0.05
锰（Mn）	198.135	0.000	—	5.0	0.1
铁（Fe）	38313.492	8.690	—	—	0.3

续表

检测项目	含量/（mg/kg）	浸出浓度/（mg/L）	危险废物鉴别标准/（mg/L）	污水排放标准/（mg/L）	地表水质量标准/（mg/L）
钴（Co）	1.56	0.000	—	—	—
镍（Ni）	8.996	0.017	5.0	1.0	0.02
铜（Cu）	0.964	0.003	100	20	1.0
锌（Zn）	11.617	0.045	100	5.0	1.0
砷（As）	14.066	0.009	5	0.5	0.05
硒（Se）	0.163	0.005	1	0.5	0.01
钼（Mo）	0.30	0.021	—	—	—
银（Ag）	0.724	0.000	5	—	—
镉（Cd）	0.133	0.001	1	0.1	0.005
锑（Sb）	1.399	0.006	—	—	—
钡（Ba）	34.564	0.216	100	—	0.7
汞（Hg）	1.028	0.002	0.1	0.05	0.0001
铊（Tl）	0.026	0.000	—	—	—
铅（Pb）	1.869	0.003	5	1.0	0.05

表 10-13　辽宁丹东某镁业有限公司一次 MgO（pH 值为 10.78）分析结果

检测项目	含量/（mg/kg）	浸出浓度/（mg/L）	危险废物鉴别标准/（mg/L）	污水排放标准/（mg/L）	地表水质量标准/（mg/L）
铍（Be）	0.077	0.000	0.02	0.005	0.002
硼（B）	4021.938	20.340	—	—	0.5
钠（Na）	5232.176	40.230	—	—	—
镁（Mg）	416270.567	21.270	—	—	—
铝（Al）	1302.742	未检出	—	—	—
钾（K）	5698.355	72.520	—	—	—
钙（Ca）	16930.53	367.400	—	—	—
钒（V）	2.079	0.000	—	—	—
铬（Cr）	24.68	未检出	15	1.5	0.05
锰（Mn）	34.552	0.000	—	5.0	0.1
铁（Fe）	7065.814	0.360	—	—	0.3
钴（Co）	0.399	0.000	—	—	—
镍（Ni）	7.431	0.001	5.0	1.0	0.02
铜（Cu）	0.978	未检出	100	20	1.0

续表

检测项目	含量/（mg/kg）	浸出浓度/（mg/L）	危险废物鉴别标准/（mg/L）	污水排放标准/（mg/L）	地表水质量标准/（mg/L）
锌（Zn）	7.168	0.019	100	5.0	1.0
砷（As）	14.881	0.262	5	0.5	0.05
硒（Se）	0.071	0.001	1	0.5	0.01
钼（Mo）	0.402	0.001	—	—	—
银（Ag）	0.629	未检出	5	—	—
镉（Cd）	0.157	0.000	1	0.1	0.005
锑（Sb）	4.558	0.003	—	—	—
钡（Ba）	18.611	0.067	100	—	0.7
汞（Hg）	2.218	未检出	0.1	0.05	0.0001
铊（Tl）	0.029	0.000	—	—	—
铅（Pb）	1.366	未检出	5	1.0	0.05

表 10-14　辽宁丹东某镁业有限公司镁渣（pH 值为 9.87）分析结果

检测项目	含量/（mg/kg）	浸出浓度/（mg/L）	危险废物鉴别标准/（mg/L）	污水排放标准/（mg/L）	地表水质量标准/（mg/L）
铍（Be）	0.169	0.000	0.02	0.005	0.002
硼（B）	3529.175	26.460	—	—	0.5
钠（Na）	4758.551	25.490	—	—	—
镁（Mg）	128209.256	1121.000	—	—	—
铝（Al）	1888.531	未检出	—	—	—
钾（K）	5708.25	53.410	—	—	—
钙（Ca）	51066.398	61.140	—	—	—
钒（V）	1.726	0.007	—	—	—
铬（Cr）	22.716	0.003	15	1.5	0.05
锰（Mn）	101.187	0.000	—	5.0	0.1
铁（Fe）	17219.316	0.060	—	—	0.3
钴（Co）	0.501	0.000	—	—	—
镍（Ni）	9.165	0.000	5.0	1.0	0.02
铜（Cu）	1.143	0.000	100	20	1.0
锌（Zn）	11.286	0.025	100	5.0	1.0

续表

检测项目	含量/（mg/kg）	浸出浓度/（mg/L）	危险废物鉴别标准/（mg/L）	污水排放标准/（mg/L）	地表水质量标准/（mg/L）
砷（As）	14.644	0.002	5	0.5	0.05
硒（Se）	0.099	0.004	1	0.5	0.01
钼（Mo）	0.3	0.004	—	—	—
银（Ag）	0.139	未检出	5	—	—
镉（Cd）	0.246	0.000	1	0.1	0.005
锑（Sb）	1.652	0.000	—	—	—
钡（Ba）	23.541	0.014	100	—	0.7
汞（Hg）	0.523	0.000	0.1	0.05	0.0001
铊（Tl）	0.022	0.000	—	—	—
铅（Pb）	2.04	0.000	5	1.0	0.05
致癌风险	3.78×10^{-8}		—	—	—
非致癌商	0.12		—	—	—

综上研究，可得如下结论：

① 镁渣主要来自菱镁矿离心分离后的剩余残渣，镁渣成分以MgO、SiO_2、CaO为主；

② 镁渣中所有物质的检出量均低于危险废物浸出毒性标准限值，基本低于地表水质量标准限值，镁渣致癌风险和非致癌商均很低；

③ 镁渣的pH=9.87，不具有腐蚀性。

综上可知，镁渣的危害特性较小。

10.3 硫酸、碳酸铵法工艺废渣的产生特性与污染特性

10.3.1 菱镁矿硫酸、碳酸铵法工艺流程

主要原理是菱镁矿经煅烧生成轻烧镁粉，轻烧镁粉经浓硫酸酸化生成硫酸镁溶液，溶液经板框过滤后与碳酸铵进行碳化反应生成碳酸镁，板框过滤产生的滤渣即是镁渣，碳化过程中产生的硫酸铵返回到酸化工序与浓硫酸一起对轻烧镁粉起酸化反应[11]，生成的碳酸镁经焙烧生成医药级氧化镁产品。具体工艺流程如图10-3所示。

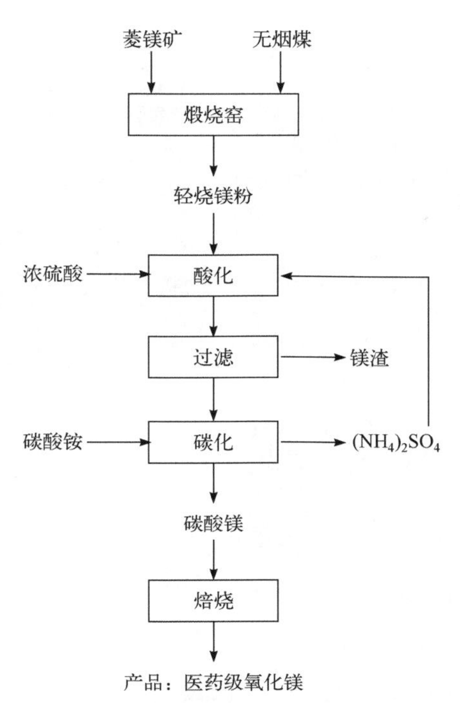

图 10-3　菱镁矿硫酸、碳酸铵法工艺流程

其发生的主要化学反应如下：

煅烧：
$$MgCO_3 \longrightarrow MgO+CO_2\uparrow$$

酸化：
$$MgO+H_2SO_4 \longrightarrow MgSO_4+H_2O$$
$$MgO+(NH_4)_2SO_4 \longrightarrow MgSO_4+2NH_3 \cdot H_2O$$

碳化：
$$MgSO_4+(NH_4)_2CO_3 \longrightarrow MgCO_3+(NH_4)_2SO_4$$
$$NH_3 \cdot H_2O+ NH_4HCO_3 \longrightarrow (NH_4)_2CO_3+H_2O$$

焙烧：
$$MgCO_3 \longrightarrow MgO+CO_2\uparrow$$

典型的菱镁矿硫酸、碳酸铵法工艺生产氧化镁的现场如图 10-4 所示。

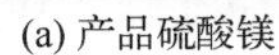
(a) 产品硫酸镁　　(b) 煅烧窑

图 10-4

(c) 酸化罐　(d) 碳化罐

(e) 板框过滤　(f) 镁渣

图 10-4　菱镁矿硫酸、碳酸铵法工艺生产氧化镁现场图集

10.3.2　废渣产生节点及理论产排污系数

菱镁矿硫酸、碳酸铵法工艺过程的技术原理如表 10-15 所列。

表 10-15　菱镁矿硫酸、碳酸铵法工艺过程发生的反应原理

工艺路线	菱镁矿硫酸、碳酸铵法工艺	
产品	氧化镁	
原材料	菱镁矿、浓硫酸、碳酸铵	
原理	煅烧工段	$MgCO_3 \longrightarrow MgO+CO_2\uparrow$
	酸化工段	$MgO+H_2SO_4 \longrightarrow MgSO_4+H_2O$ $MgO+(NH_4)_2SO_4 \longrightarrow MgSO_4+2NH_3 \cdot H_2O$
	碳化工段	$MgSO_4+(NH_4)_2CO_3 \longrightarrow MgCO_3+(NH_4)_2SO_4$ $NH_3 \cdot H_2O+ NH_4HCO_3 \longrightarrow (NH_4)_2CO_3+H_2O$
	焙烧工段	$MgCO_3 \longrightarrow MgO+CO_2\uparrow$

根据调研数据，平均 1t 菱镁矿原矿中含有 MgO 为 45%，CaO 为 1%，SiO_2 为 2%，Fe_2O_3 为 1%，Al_2O_3 为 1%，烧失量为 50%。假设镁的转化率为 95%，根据技术原理可计算如下物理量。

10.3.2.1　菱镁矿消耗量

菱镁矿中的镁理论上 95%转化为 MgO，1t 菱镁矿中含 MgO 为 45%，即为 450kg，则每吨氧化镁产品所需的菱镁矿量为：

$$\frac{1}{45\% \times 95\%} = 2.34(\mathrm{t})$$

即，理论上菱镁矿消耗量为 2.34t/t 产品。

10.3.2.2　浓硫酸消耗量

浓硫酸消耗的目的是将氧化镁转化为硫酸镁，根据反应方程式可知，转化 1mol 氧化镁需消耗 1mol 浓硫酸，所以由此可以计算，每吨氧化镁产品所需的浓硫酸量为：

$$\frac{2.34 \times 45\% \times 95\% \times 98}{40} = 2.45(\mathrm{t})$$

即，浓硫酸消耗量为 2.45t/t 产品。

10.3.2.3　碳酸铵消耗量

碳酸铵消耗的目的是将硫酸镁转化为碳酸镁，根据反应方程式可知，转化 1mol 硫酸镁需消耗 1mol 碳酸铵，所以由此可以计算，每吨氧化镁产品所需的碳酸铵量为：

$$\frac{2.34 \times 45\% \times 95\% \times 96}{40} = 2.35(\mathrm{t})$$

即，碳酸铵消耗量为 2.35t/t 产品。

10.3.2.4　镁渣产生量

镁渣主要来源是硫酸镁溶液板框过滤产生的残渣。产生的镁渣量为：

$$2.34\times(5\%+5\%\times45\%) = 0.17(t)$$

即，镁渣的产生量为0.17t/t产品。

综上，可得菱镁矿硫酸、碳酸铵法工艺的部分原料消耗和废渣产污系数如表10-16所列。

表10-16　菱镁矿硫酸、碳酸铵法工艺原料消耗及废渣产生情况

指标		菱镁矿硫酸、碳酸铵法理论分析数据
物耗	菱镁矿消耗/（t/t）	2.34
	浓硫酸消耗/（t/t）	2.45
	碳酸铵消耗/（t/t）	2.35
固体废物产量	镁渣/（t/t）	0.17

10.3.3　典型企业废渣产生现状调研

河北邢台某有限公司基本概况见表10-17。

表10-17　河北邢台某有限公司概况

企业名称	河北邢台某有限公司	企业地址	河北省邢台市
产品种类	氧化镁		
总产能	1.5万吨/年		
生产工艺	菱镁矿硫酸、碳酸铵法工艺		

菱镁矿化学组分见表10-18。

表10-18　菱镁矿的化学组分

成分名称	MgO	CaO	SiO_2	Fe_2O_3	Al_2O_3	烧失量
含量/%	43.61	1.04	1.57	0.84	1.88	51.06

原料消耗及废渣产生情况统计见表10-19。

表 10-19　原料消耗及废渣产生情况统计

指标		菱镁矿硫酸、碳酸铵法
物耗	菱镁矿消耗/（t/t）	2.5
	浓硫酸消耗/（t/t）	2.4
	碳酸铵消耗/（t/t）	2
固体废物产量	镁渣/（t/t）	0.15

废渣的处理处置情况统计见表 10-20。

表 10-20　废渣的处理处置现状

废渣类型	处置方式	
镁渣	贮存方式	露天堆存 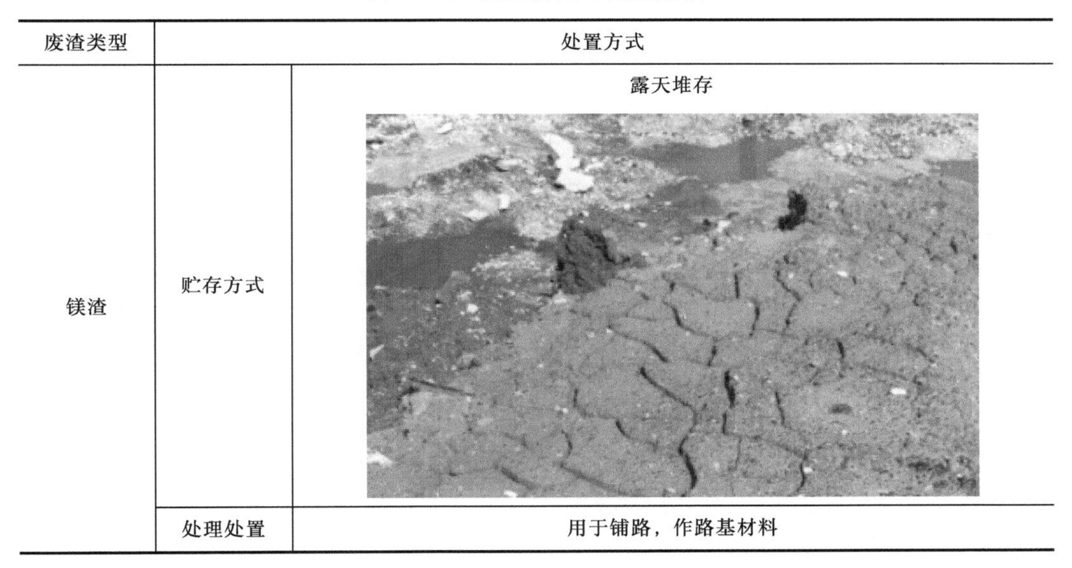
	处理处置	用于铺路，作路基材料

10.3.4　硫酸、碳酸铵法工艺废渣产生特性

菱镁矿硫酸、碳酸铵法工艺产生的废渣主要是镁渣，镁渣主要来源为硫酸镁溶液板框过滤产生的残渣。具体产生节点如图 10-3 所示工艺流程。

菱镁矿硫酸、碳酸铵法工艺废渣产污系数的理论数据和调研数据见表 10-21。

表 10-21　菱镁矿硫酸、碳酸铵法工艺原料消耗及废渣产生情况

指标		菱镁矿硫酸、碳酸铵法	
		调研数据	理论分析数据
物耗	菱镁矿消耗/（t/t）	2.5	2.34
	浓硫酸消耗/（t/t）	2.4	2.45
	碳酸铵消耗/（t/t）	2	2.35
固体废物产量	镁渣/（t/t）	0.15	0.17

对已调研企业的镁渣进行各元素含量的测定，结果见表 10-22。

表 10-22　河北邢台某有限公司镁渣的物性分析

名称	MgO	CaO	SiO_2	Fe_2O_3	Al_2O_3	其他
质量分数/%	31.52	11.63	20.57	11.02	12.54	12.72

根据表 10-22 中数据可知，镁渣中 MgO 含量为 31.52%，由此可计算出采用菱镁矿碳化法工艺生产氧化镁时，菱镁矿中镁的收率为：

1−[(镁渣产生量×镁渣中镁含量)/(菱镁矿消耗量×菱镁矿中镁含量)]=95.66%

即，镁的收率约为 95.7%。

10.3.5　硫酸、碳酸铵法工艺废渣污染特性

对河北邢台某有限公司菱镁矿硫酸、碳酸铵法工艺产生的废渣进行了样品分析，分析结果见表 10-23 和表 10-24。

表 10-23　河北邢台某有限公司 $MgSO_4$（中间产品，pH 值为 8.41）分析结果

检测项目	含量/（mg/kg）	浸出浓度/（mg/L）	危险废物鉴别标准/（mg/L）	污水排放标准/（mg/L）	地表水质量标准/（mg/L）
铍（Be）	0.002	0.000	0.02	0.005	0.002
硼（B）	4148.014	57.740	—	—	0.5
钠（Na）	1933.213	11.690	—	—	—
镁（Mg）	98898.917	未检出	—	—	—
铝（Al）	46.769	0.087	—	—	—
钾（K）	2133.574	37.630	—	—	—
钙（Ca）	2480.144	155.500	—	—	—
钒（V）	未检出	0.000	—	—	—
铬（Cr）	20.632	0.006	15	1.5	0.05
锰（Mn）	3.789	2.858	—	5.0	0.1
铁（Fe）	1236.462	2.690	—	—	0.3
钴（Co）	0.15	0.001	—	—	—
镍（Ni）	7.079	0.006	5.0	1.0	0.02
铜（Cu）	0.238	0.004	100	20	1.0
锌（Zn）	6.294	0.274	100	5.0	1.0
砷（As）	3.731	0.008	5	0.5	0.05

续表

检测项目	含量/（mg/kg）	浸出浓度/（mg/L）	危险废物鉴别标准/（mg/L）	污水排放标准/（mg/L）	地表水质量标准/（mg/L）
硒（Se）	0.042	0.017	1	0.5	0.01
钼（Mo）	0.181	0.001	—	—	—
银（Ag）	0.045	未检出	5	—	—
镉（Cd）	0.061	0.001	1	0.1	0.005
锑（Sb）	1.437	0.000	—	—	—
钡（Ba）	8.655	0.060	100	—	0.7
汞（Hg）	0.594	0.001	0.1	0.05	0.0001
铊（Tl）	未检出	0.001	—	—	—
铅（Pb）	0.359	0.183	5	1.0	0.05

表 10-24　河北邢台某有限公司镁渣（pH 值为 9.52）分析结果

检测项目	含量/（mg/kg）	浸出浓度/（mg/L）	危险废物鉴别标准/（mg/L）	污水排放标准/（mg/L）	地表水质量标准/（mg/L）
铍（Be）	0.072	0.000	0.02	0.005	0.002
硼（B）	4118.677	35.150	—	—	0.5
钠（Na）	1964.981	40.810	—	—	—
镁（Mg）	173249.027	未检出	—	—	—
铝（Al）	774.708	未检出	—	—	—
钾（K）	3680.934	39.280	—	—	—
钙（Ca）	43151.751	5990.000	—	—	—
钒（V）	1.374	0.001	—	—	—
铬（Cr）	26.887	0.000	15	1.5	0.05
锰（Mn）	195.914	0.002	—	5.0	0.1
铁（Fe）	30583.658	8.110	—	—	0.3
钴（Co）	0.87	0.001	—	—	—
镍（Ni）	10.597	0.013	5.0	1.0	0.02
铜（Cu）	1.442	未检出	100	20	1.0
锌（Zn）	15.755	0.035	100	5.0	1.0
砷（As）	13.372	0.002	5	0.5	0.05
硒（Se）	0.175	0.004	1	0.5	0.01
钼（Mo）	0.383	0.003	—	—	—
银（Ag）	0.588	未检出	5	—	—

续表

检测项目	含量/（mg/kg）	浸出浓度/（mg/L）	危险废物鉴别标准/（mg/L）	污水排放标准/（mg/L）	地表水质量标准/（mg/L）
镉（Cd）	0.216	0.000	1	0.1	0.005
锑（Sb）	2.117	0.002	—	—	—
钡（Ba）	15.232	0.037	100	—	0.7
汞（Hg）	0.753	未检出	0.1	0.05	0.0001
铊（Tl）	0.006	0.001	—	—	—
铅（Pb）	4.802	未检出	5	1.0	0.05
致癌风险	5.69×10^{-8}		—	—	—
非致癌商	0.37		—	—	—

综上研究，可得如下结论：

① 镁渣主要来源是硫酸镁溶液板框过滤产生的残渣，镁渣的产生量为0.15t/t产品；

② 镁渣中所有物质的检出量均低于危险废物浸出毒性标准，基本能达到地表水水质标准，环境风险很小；

③ 镁渣的pH = 9.52，不具有腐蚀性。

综上可知，镁渣的危害特性较小。

10.4 氧化镁行业废渣处理处置方式与环境风险

10.4.1 镁渣主要处置去向

调研的两家企业镁渣处置方式见表10-25，主要用于生产路基材料。

表10-25 镁渣的主要处置去向

调研企业	路基材料
辽宁丹东某镁业有限公司	√
河北邢台某有限公司	√

10.4.2 镁渣生产路基材料

镁渣是经过高温煅烧的废渣，具有水泥胶凝活性[12]，用于生产路基材料可以达到“以

废治废”的目的。

镁渣的污染特性非常小，废渣的浸出特性基本能够满足地表水质量标准要求。生产路基材料的环境风险很小。

10.4.3　镁渣综合利用展望

煅烧氧化镁是重污染行业。因为大量消耗煤炭，产生大量的烟尘和二氧化硫，严重污染大气环境。特别是在辽南的海域和大石桥一带，生产比较集中，多数采用直燃式轻烧炉。煤炭燃烧不完全，排出大量黑烟，粉碎成品产生大量粉末，导致空气质量严重恶化[13]。因为大量排放二氧化硫，导致酸雨现象严重，江河污染，植被破坏，大片农田绝收。

最近几年国家加强了环保控制力度，生产企业通过技术改造，环境污染有所控制。采取的措施是：由直燃式煅烧改成煤气煅烧，彻底解决了排黑烟问题；轻烧镁粉碎增加了布袋除尘装置，有效改善了空气质量，环境污染得到了缓解。

在利用白云石碳化法生产工业氧化镁的过程中，对环境保护具有最严重影响的是存在大量的废渣（含镁碳酸钙）[14]。生产 1t 氧化镁，其副产品（含镁碳酸钙）达 3～5t，大量碳酸钙的堆积对山区环境带来严重影响，特别是在山洪暴发时，山谷中的废料常以泥石流的形式冲向下游，危害更大。

解决废害的唯一方法是对白云石的综合利用，在生产厂的氧化镁生产设计中应严格考虑碳酸钙的综合利用，变废为宝。利用废碳酸钙生产轻质碳酸钙，轻质碳酸钙可用于橡胶工业、塑料工业和涂料工业等领域。将治废与副产品资源化相结合，是发展氧化镁生产的必然之路[15]。

10.5　氧化镁行业及废渣特性发展变化趋势

10.5.1　国内外氧化镁行业差距及发展趋势

① 我国氧化镁生产规模相对较小，不能适应国外市场需求。美国和西欧，普通苛性煅烧氧化镁厂生产规模均在万吨级以上[16]，而我国绝大多数轻质氧化镁厂生产规模为 0.3 万～0.5 万吨/年[17]。

② 我国生产的氧化镁仍处于初级粗产品阶段，而国外氧化镁产品更趋于多元化、精细化，初级轻质氧化镁产品产量很小。

③ 不同用途的氧化镁产品对物化指标要求不同，价位相差悬殊[18]。因而，生产高性能、高附加值的细微化功能产品才能大大提高经济效益，扩大生产规模，最终与国际接轨，如医

药氧化镁、硅钢氧化镁、磁性氧化镁、电熔氧化镁、氧化镁晶须以及高纯氧化镁等。

④ 无论是海水、卤水碳铵法，卤水氨法，还是海水、卤水石灰法，均能提供质地纯净、杂质含量低、组成相对稳定、应用领域广泛的氧化镁、氢氧化镁产品。这类产品又是发展高技术含量、高性能、高附加值诸多下游镁系高端功能产品的基础，发展此类产品可以从根本上改变中国长期以来只有矿石法低端产品而无合成法高端产品的生产格局。合成法的开发与应用，将进一步促进卤水资源的利用，进而为中国高端镁系产品生产技术水平的提高、产品结构调整以及新应用领域的开拓提供机会，创造条件。

就目前形势来看，合成法工艺在中国尚处于起步阶段，而对合成法重点产品之一氢氧化镁的市场需求量要审慎对待。在合成法发展的初始阶段，应以理性、客观、稳健、求实的理念分析市场形势，正确分析市场现状及发展前景，以免被误导。

10.5.2 废渣产生量及污染特性变化趋势

目前，国内氧化镁行业的产能为150万吨/年，产量为100万吨/年。每年新产生废渣约20万吨，基本都能被综合利用，但是综合利用途径主要以填埋废矿坑、铺路作路基材料为主。

根据对镁渣的检测分析可知镁渣中镁的含量相对比较高，后期可针对镁渣中镁的回选重用做一些研究工作，以提高镁渣的利用价值。

参 考 文 献

[1] 丁怡，李军生，王风，等. 中国菱镁产业发展现状及趋势[J]. 佛山陶瓷, 2021, 31（11）: 1-5.

[2] 张军立，曹占芳. 白云石开发利用研究进展[J]. 广州化工, 2010, 38（09）: 56-58.

[3] 王国胜，张国栋. 新常态下菱镁矿产业经济改革与发展[J]. 辽宁经济, 2016（03）: 45-47.

[4] 黄翀. 中国菱镁矿供需格局及产业发展研究[D]. 北京：中国地质大学, 2015.

[5] 刘治国，池顺都，朱建东. 白云石矿系列产品开发及应用[J]. 矿产综合利用, 2003（02）: 27-33.

[6] 杨淑梅，鲁林平，张德强，等. 海盐苦卤化工产业现状及展望[J]. 盐科学与化工, 2022, 51（01）: 5-7.

[7] 杨维强，李国文. 江苏海盐苦卤化工生产现状及发展趋势[J]. 苏盐科技, 2011（02）: 7-11.

[8] 世界镁化合物生产·应用·供应·需求综述（一）[C]. 2014年全国镁化合物行业年会暨技术设备交流会专辑, 2014.

[9] 中国镁化合物行业"十四五"发展规划建议[C]. 2020年镁化合物行业年会暨专家工作会议论文集, 2020: 4-10.

[10] 吴万伯. 谈用菱镁矿生产轻质碳酸镁和氧化镁[J]. 非金属矿, 1997（04）: 45-46.

[11] 王立云，李连会，王振道. 医药级氧化镁生产技术[C]. 2015年中国无机盐工业协会镁化合物分会年会论文集, 2015: 23-26.

[12] 郭静静. 镁渣的综合利用现状及存在的问题和对策[J]. 造纸装备及材料, 2021, 50（08）: 64-65.

[13] 王治国. 煤炭燃烧对环境和健康的影响[J]. 山西化工, 2021, 41（04）: 264-266.

[14] 马永山. 白云石碳化法工艺余热综合利用与清洁生产[C]. 2011年全国镁盐行业年会暨环保·阻燃·镁肥研讨会论文集, 2011: 112-114.

[15] 张胜男. 由白云石制备轻质碳酸钙和氧化镁的工艺条件研究[D]. 合肥：合肥工业大学, 2015.

[16] 吴玉华. 国外氧化镁的供需情况及市场预测[J]. 国外耐火材料, 1999（07）: 3-15.

[17] 宋丽英. 国内外部分氧化镁和氢氧化镁生产企业[C]. 中国五种镁盐自律价格研讨会论文集, 2006: 68-72.

[18] 张德琦. 世界菱镁矿及氧化镁矿业回顾[J]. 建材工业信息, 1996（19）.

第11章 硫酸锰行业废渣污染特征与污染风险控制

- 硫酸锰行业国内外发展概况
- 软锰矿焙烧法工艺废渣的产生特性与污染特性
- 硫酸锰行业废渣处理处置方式与环境风险
- 硫酸锰行业及废渣特性发展变化趋势

11.1 硫酸锰行业国内外发展概况

硫酸锰分子式为 $MnSO_4 \cdot H_2O$，分子量为 169.01，CAS 10034-96-5，是浅粉红色单斜晶系结晶。相对密度 2.95。易溶于水，不溶于乙醇。加热到 200℃以上开始失去结晶水，约 280℃失去大部分结晶水，700℃成无水盐熔融物。850℃时开始分解，因条件不同放出三氧化硫、二氧化硫或氧气，残留黑色的不溶性四氧化三锰约在 1150℃完全分解。

硫酸锰根据产品质量和用途不同分为不同级别。工业级硫酸锰是加工涂料、油墨催干剂萘酸锰溶液的原料，此外，还可以用作造纸、陶瓷、印染、矿石浮选、电解锰等的生产原料及制造其他锰料的原料。硫酸锰还是重要的微量元素肥料之一，可用于作基肥、浸种、拌种、追肥及叶面喷肥，能促使作物生长、产量增加。饲料级硫酸锰在畜牧业和饲料业中用作饲料添加剂，可使牲畜和家禽发育良好，并有催肥效果[1]。近些年，由于全球新能源汽车迎来了爆发式增长，三元电池（镍钴锰）是目前新能源电池的主要电池之一，三元前驱体作为三元正极材料，电池级硫酸锰、高纯硫酸锰也迎来了高速发展机会。

11.1.1 硫酸锰行业国外发展概况

11.1.1.1 国外硫酸锰企业数量与分布

世界含锰产品中，80%是以硫酸锰（或含硫酸锰溶液）为原料生产的[2,3,4]。

国外曾经生产电解锰的国家主要有美国、日本、乌克兰、南非。自 20 世纪 30 年代以来，电解锰生产技术取得较大进展，生产工艺由采用二氧化硒添加剂逐步发展为采用二氧化硫添加剂[5]，吨产品电耗从 1 万余千瓦时逐步下降到约 7000kW · h。但总体上看，由于电解锰行业仍然属于资源、能源消耗高、环境污染严重的工业行业，欧美国家在污染控制方面的技术政策限制非常严格，目前，除南非还有一家电解锰企业（MMC 公司）仍在生产外，日本的东洋曹达（5000t/a）、中央电工（3600t/a）和三井公司（12000t/a），美国的福特矿物公司（10000t/a）和埃肯公司（10000t/a），以及乌克兰的电解锰企业均已先后关闭。

目前，国外硫酸锰生产企业现状总体如表 11-1 所列。国外只有南非 MMC 公司仍在生产，该公司使用品位 45%以上的二氧化锰矿为原料，以二氧化硫为添加剂，无钝化工艺，吨产品排放锰渣 2t 左右，锰渣进入堆放场填埋，含锰废水通过市政管道到污水处理厂进行统一处理。

表 11-1　国外硫酸锰生产企业现状

序号	企业名称	所在地	生产规模/（万吨/年）	现状
1	南非 Nelspruit 锰厂	南非	2.7	在产
2	美国福特矿物公司电解锰厂	美国	1	关停
3	美国俄亥俄州的电解锰厂	美国	1	关停
4	美国 Kerr-Mcgee 锰厂	美国	1.2	关停
5	南非 Krugersdorp 锰厂	南非	1.7	关停
6	日本中央电气工业公司锰厂	日本	0.36	关停
7	日本东洋曹达公司锰厂	日本	0.5	关停

11.1.1.2　国外硫酸锰企业工艺路线与废渣处理处置现状

在美国等国家，其产生的锰废渣基本采用固化填埋的方法处置：锰渣与消石灰混合后被固化处理，然后进入填埋场。

南非锰矿资源品位高，资源利用率相对较高，锰渣带来的压力较小，MMC 对锰渣洗涤技术研究相对较少，几乎未见相关报道。南非的 MMC 公司曾经对锰渣制黏土烧结砖进行了相关探索性研究和实验，但因生产工艺和使用的锰矿石原料性质等原因，所制黏土烧结砖在使用过程中出现多种颜色的污点，影响了建筑美观，因此，MMC 公司没有继续深入研究，该技术没有真正推广到实际应用。

南非对锰渣的安全处置主要采取了 3 项污染防治技术措施：

① 老锰渣库底部全部用混凝土进行防渗处理，建有各种配套设施，80%～90%渗滤液可由渗透液回收装置回收，严防污染地下水；

② 新锰渣库底部采用 4 层防渗膜及沙子进行防渗，渣场周围进行填筑护坡，实行水平堆放，对渣尘使用机械洒水防扬散并压实；

③ 锰渣运输车辆在出厂之前必须进行冲洗，对冲洗液进行回收，对运输路线定时进行洒水并清扫，防止倾洒的锰渣形成扬尘。

南非对锰渣主要采用尾库堆存处置，但成本极高，每生产 1t 硫酸锰大概需要花费 129 美元用于污染治理，锰渣填埋场建设的费用投资高达 1100 万美元[6]，远高于国内硫酸锰企业。

11.1.2　硫酸锰行业国内发展概况

11.1.2.1　国内硫酸锰企业概况

我国是全球最大的硫酸锰生产和消费地区，2021 年中国硫酸锰产量约占全球 66%的份额。目前全球厂商主要包括普瑞斯矿业、汇成新材、贵州红星发展和广西埃索凯新材料科技有限公司等。2021 年全球前三大厂商约占有 55%的市场份额。中国企业在全球市场扮演着重要角色，尤其在高纯硫酸锰领域，国内厂商近几年发展非常迅速。截至 2020 年，我国硫酸锰的年产量已达到 47.9 万吨[7]。

目前，全球范围电池级硫酸锰的生产主要分布在中国，核心在贵州铜仁和广西钦州。三元前驱体材料 NCM 的生产，目前主要分布在中国和日本，其中中国产量份额在 80%以上。近些年，随着全球能源危机和环境污染问题日益突出，节能环保有关行业的发展被高度重视，发展新能源汽车已经在全球范围内形成共识，在其推动下，产业链各环节快速发展，市场规模日益扩大。

目前，我国硫酸锰主要生产企业统计见表 11-2。

表 11-2　国内主要硫酸锰生产企业概况

序号	企业名称	生产规模/（t/a）
1	湖北武穴融锦化工有限公司	—
2	广西大新县锰矿硫酸锰厂	25000
3	山东邹平县环亚化工厂	—
4	湖南龙雨化工有限公司	—
5	山东邹平县长山镇振中化工厂	—
6	贵州大龙蓝天化工有限公司	12000
7	贵州红星发展有限公司大龙化工厂	100000
8	铜陵市中玉锰制品有限公司	—
9	耒阳市鼎鑫锰业有限公司	—
10	广西岑溪市益民化工有限公司	—
11	玉林市荣鑫化工有限公司	8000
12	湖南平江仙桥化工有限公司	8000
13	陕西武功宏达锰业有限公司	—
14	长沙凯尔盛化工有限公司	—
15	湖南邵阳市肯祺化工厂	—
16	长沙怡丰蓝天化工有限公司	—
17	湖南永州市三江金属化工有限公司	6000
18	广西天鸿鑫锰业科技有限公司	—
19	广西尧源锰业科技有限公司	—

续表

序号	企业名称	生产规模/（t/a）
20	湖南祁东县丰顺锰业有限公司	5000
21	湖南祁东县康嘉硫酸铜厂	—
22	湖南邵东西江化工厂	—
23	湖南邵阳东宝化工有限责任公司	—
24	湖南邵阳烨青化工有限公司	—
25	湖南邵阳烨青化工有限公司一分公司	—
26	邵阳市神舟化工有限公司	—
27	湖南常宁市松柏冶炼化工有限公司	—
28	湖南省永达锰业有限公司	18000
29	淄博锦星化工有限公司	—
30	湖南永州耀华锰业有限公司	—
31	湖南荣成化工有限公司	10000
32	河北恒基锰业有限公司	—
33	株洲市霞湾绿环有限公司	—
34	新乡市北海鼎麟化工机电有限公司	—
35	衡南县好丰年化工实业有限公司	—
36	铜陵雁龙股份有限公司	—
37	祁东县裕达氧化锌厂	—
38	湖南省衡阳市吉成化工有限公司	—
39	钦州蓝天化工厂有限公司	—
40	邵阳市新兴矿物化工厂	—
41	重庆市武隆县国锰有限责任公司	—
42	广西宝聚矿产品研究开发有限责任公司	—
43	邵阳市新兴矿物化工厂	—
44	长沙世嘉化工有限公司	—
45	成都金山矿业开发有限公司	—
46	广西兴业县天德锰业有限责任公司	10000
47	邵阳市鸿基化工有限责任公司	—

续表

序号	企业名称	生产规模/（t/a）
48	四川蜀鹰矿业有限公司	20000
49	广西河池双德锰业公司	3000
50	湖北吉海锰业有限责任公司	—
51	广西鑫威矿产品有限责任公司	10000
52	广西五星化工有限公司	—
53	南京迈斯特凯化工有限公司	对苯二酚副产

11.1.2.2 我国硫酸锰生产工艺技术

工业级和饲料级硫酸锰两种产品的主体生产工艺基本相同，主要为软锰矿法生产工艺[8,9]、两矿焙烧法生产工艺[10,11]和对苯二酚副产回收法[12]。

饲料级硫酸锰的生产：向硫酸锰浸取液中加少量酸，调节 pH 值为 3～4，再加入硫化钡除去重金属，然后经过滤、蒸发洁净、干燥得产品[13]。目前，国内大部分企业采用软锰矿焙烧法工艺。

11.2 软锰矿焙烧法工艺废渣的产生特性与污染特性

11.2.1 工艺流程和废渣产生节点

由于在原料软锰矿中，锰元素是以四价锰（MnO_2）的形态存在的，而二氧化锰与硫酸基本不起化学反应，因此传统硫酸锰生产工艺采用高温焙烧法（又称还原焙烧酸解法）[14,15]。即将软锰矿与煤粉按一定比例混合，经过还原焙烧得到一氧化锰（焙烧设备多选用平炉或回转窑）。冷却后用硫酸酸解，一氧化锰与硫酸反应，除去杂质后，将滤液净化浓缩、结晶、分离，制得硫酸锰成品。软锰矿的主要成分为 MnO_2，还含有 Fe_2O_3、MgO、Al_2O_3、CaO 等杂质，中国目前大多数厂家采用这种方法生产硫酸锰[16]。工业上用软锰矿制取 $MnSO_4 \cdot H_2O$ 的流程如图 11-1 所示。

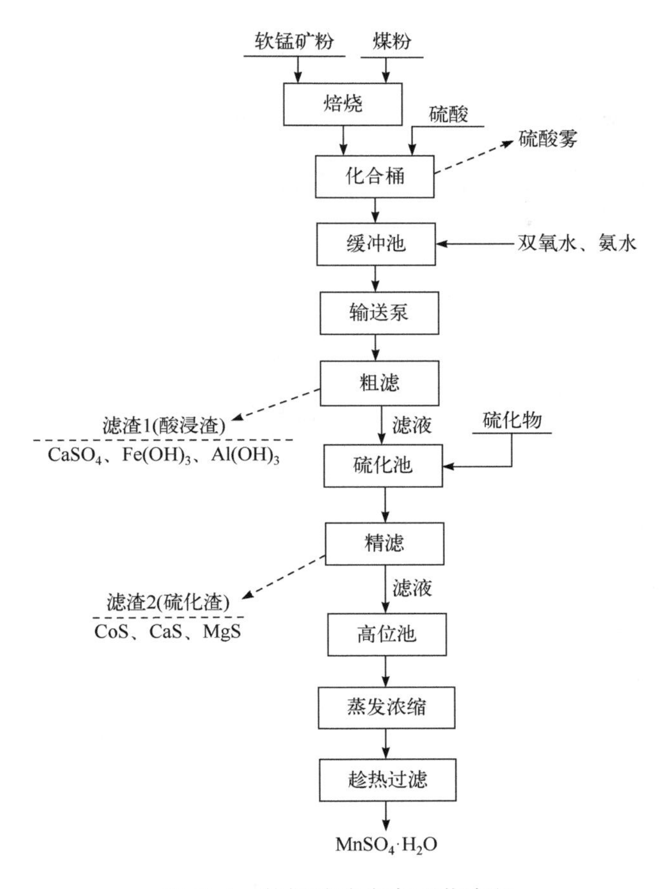

图 11-1　软锰矿法生产工艺流程

Fe^{3+}、Al^{3+}、Mn^{2+}和 Mg^{2+}以氢氧化物形式完全沉淀时，溶液的 pH 值分别为 3.2、5.2、10.4、12.4；所以，首先采用双氧水将 Fe^{2+}氧化成 Fe^{3+}，然后用石灰水调 pH 值至 5～6，使铁和铝形成氢氧化物沉淀，形成滤渣 1（俗称酸浸渣）。

滤液采用氟化物或硫化物去除 Ca、Mg，Ca 和 Mg 的碳酸盐、氟化物、氢氧化物的溶度积见表 11-3，可以发现，采用氟化物形成的 CaF 和 MgF 沉淀，构成了滤渣 2 的主要成分（俗称硫化渣）。

表 11-3　钙镁锰锌碳酸盐、氟化物和氢氧化物溶度积（K_{sp}）

阳离子	阴离子		
	CO_3^{2-}	S^{2-}	OH^-
Ca^{2+}	5.0×10^{-9}	1.5×10^{-10}	4.7×10^{-6}
Mg^{2+}	3.8×10^{-6}	7.4×10^{-11}	5.6×10^{-12}
Mn^{2+}	2.2×10^{-11}	5.3×10^{-3}	2.1×10^{-13}
Zn^{2+}	1.2×10^{-10}	3.0×10^{-2}	6.9×10^{-17}

这种方法虽然成熟，但存在流程长、劳动强度大、环境污染严重、能耗高、锰利用率低、资源浪费等缺点。

11.2.2 生产原理和废渣产生特性

其反应原理见表 11-4。

表 11-4 软锰矿法工艺过程发生的反应原理

工艺路线	软锰矿法生产工艺
产品	工业级硫酸锰
原材料	软锰矿：含锰、钙、镁、硅、铝等 煤粉：含碳 硫酸 双氧水 石灰 硫化物
原理	主反应： $MnO_2+C \longrightarrow MnO+CO\uparrow$ $MnO_2+CO \longrightarrow MnO+CO_2\uparrow$ $MnO+H_2SO_4 \longrightarrow MnSO_4+H_2O$ 副反应： $Fe_2O_3+C \longrightarrow 2FeO+CO\uparrow$ $H_2O_2+2FeO+3H_2SO_4 \longrightarrow Fe_2(SO_4)_3+4H_2O$ $MeO+H_2SO_4 \longrightarrow MeSO_4+H_2O$（Me = Cu、Zn、Co、Ni、Mg 等） $Fe_2(SO_4)_3+3Ca(OH)_2 \longrightarrow 3CaSO_4\downarrow+2Fe(OH)_3\downarrow$ $MeSO_4+RS \longrightarrow RSO_4+MeS\downarrow$（Me = Zn、Cu、Co、Ni、Mg 等）

其工艺过程的物料消耗见表 11-5。

表 11-5 软锰矿法工艺的原料消耗和产排污概况

原料名称	物料消耗量
软锰矿（MnO_2 100%）/（t/t 产品）	0.719
硫酸（H_2SO_4 100%）/（t/t 产品）	0.695
煤粉/（t/t 产品）	1.241
电/（kW · h/t 产品）	119

废渣的产排污系数理论计算值如表 11-6 所列。

表 11-6　软锰矿法工艺废渣产排污系数理论计算值

项目	主要成分	单位产品产量/t
酸浸渣	二氧化硫、二氧化锰、氢氧化铁、氢氧化铝、硫酸镁、硫酸钙等	5～6
硫化渣	硫化镍、硫化钴、硫化铁、硫化锰、硫化铜等	0.02

11.2.3　软锰矿焙烧锰渣污染特性

11.2.3.1　颗粒组成和含水率

锰渣为颗粒细小的黑色固体废物，密度为 2～3g/cm^3，直接排放时有比较高的含水率，露天长时间堆放的旧渣成团结块。如果渣库有雨水积存，则锰渣含水率更高，甚至呈浆体状。图 11-2 是从某硫酸锰企业采集的两个锰渣样品，其中图 11-2（a）为新排渣，图 11-2（b）为 1 年期旧渣，可明显看出二者形貌和含水率的区别。

(a) 新排渣　　(b) 1年期旧渣

图 11-2　锰渣基本形貌

锰渣粒径比较细，一般<80μm。锰渣粒径的大小和硫酸锰液的制取工艺有关，锰矿石必须经过破碎、球磨，使粒径<150μm，才能达到较好的浸出效果。具体厂家具体批次的锰渣的粒径分布和其所使用的锰粉类型直接相关。表 11-7 所列为采集的两个典型锰渣样品的粒径分析结果。

表 11-7　典型锰渣粒径分析结果

样品	项目							
样品 A	粒径/μm	>250	250～150	150～80	80～40	<40	—	—
	质量分数/%	1.30	8.45	30.75	50.62	8.88	—	—
样品 B	粒径/μm	>100	100～80	80～60	60～45	45～30	30～15	<15
	质量分数/%	6.05	0.18	4.23	1.31	4.90	48.19	35.14

表 11-8 是在国内硫酸锰企业锰渣实地采样分析的含水率结果，锰渣含水率基本为26%～30%。如果渣库没有雨水积存，一般来说，老渣含水率较新渣低。

表 11-8 国内典型锰渣样品含水率

样品来源	废物特点	含水率/%
湖南花垣调研企业	老渣（1 年以上）	26.71
	新渣	27.16
贵州调研企业 1	新渣	27.73
重庆秀山调研企业	老渣（06 年产）	30.69
	新渣	27.78
贵州调研企业 2	湿渣（1 月前产）	30.63
	干渣（1 月前产）	27.73

11.2.3.2 化学成分分析

由于软锰矿石的产地、组成都有差别，因此锰渣的化学组成是比较复杂的。表 11-9 所列为某锰渣样品消解后的元素分析结果，可以看出，锰渣中 Ca、Mn、Fe、Mg、Si、（Al）、S、O、N 含量比较高，P、K、（Na）含量较低，此外还含有微量的 Pb、Se、Co、（Cd）、As 等元素。

表 11-9 某锰渣元素分析结果

元素	含量/%	元素	含量/%
N	11.95～13.4	O	25
P	0.95～1.4	Zn	0.0075～0.0112
K	0.57～0.63	Pb	0.0114～0.0166
Ca	12	Mt	0.0011～0.0012
Mg	3	Cu	0.0050～0.0054
S	8～11	As	0.001～0.002
Si	13	Se	0.0031～0.0033
Mn	3	Ge	2.2×10^{-5}
Fe	2.3	Co	0.0042～0.0064

表 11-10 所列为某两个锰渣样品的成分分析结果，表明锰渣主要是硅、铝、铁、钙、锰的氧化物和硫酸盐。其中，如果将 SO_3 折算成 $CaSO_4 \cdot 2H_2O$，将占锰渣含量的 1/3～

1/2，因而也可认为锰渣属于一种工业副产物化学石膏。

此外，由于硫酸锰生产过程中采用了氨水进行中和，导致锰渣中氨氮的浓度较高。

表 11-10　典型锰渣样品的成分分析结果

样品	SiO_2	Al_2O_3	Fe_2O_3	CaO	SO_3	MnO	Cr_2O_3	BaO	MgO	Na_2O	K_2O	烧失率/%
A/%	35.43	11.48	5.40	9.46	16.10	5.56	0.03	0.98	—	—	—	15.56
B/%	23.96	10.21	5.24	16.77	21.23	4.30	—	—	2.17	0.27	1.39	14.46

11.2.3.3　矿物相结构

采用 X 射线衍射（XRD）法对锰渣的矿物组成进行分析。如图 11-3 所示，锰渣中含有的晶相物质主要为二水石膏、石英和方解石三种，其特征谱线比较尖锐，说明矿物的结晶形态良好。此外，分析谱图发现，锰渣中还残留有一定量的含锰晶态物质菱锰矿，分析可能是浸出操作时未溶出的剩余锰矿。

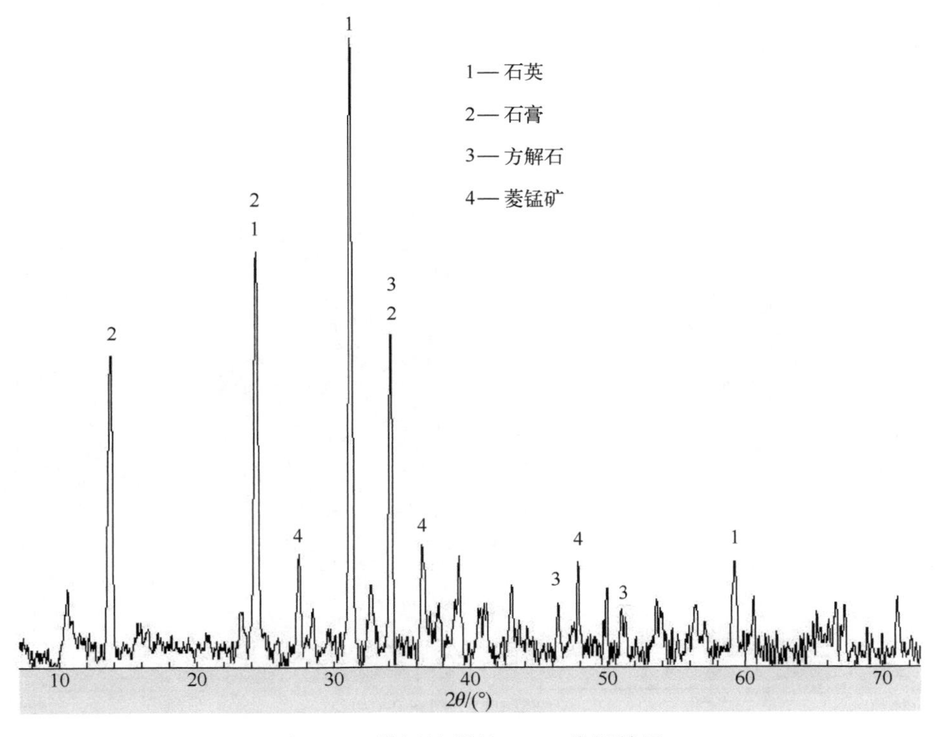

图 11-3　某锰渣样品 XRD 分析结果

11.2.3.4 微观形貌分析

图 11-4 和图 11-5 是某两个典型锰渣扫描电镜（SEM）照片。可以看出，锰渣中针、柱状规则晶体颗粒交织堆积，大量其他无定形物质混杂其中，形成一种交错搭接的堆积结构；晶体颗粒表面附着了大量不规则的绒球渣状体，从而形成了无规则形貌、由大量细小颗粒附着堆砌而成的结构；渣样颗粒尺寸变化幅度大，可从几微米至近百微米；颗粒间存在大量孔隙，物质间没有明显的胶结现象。

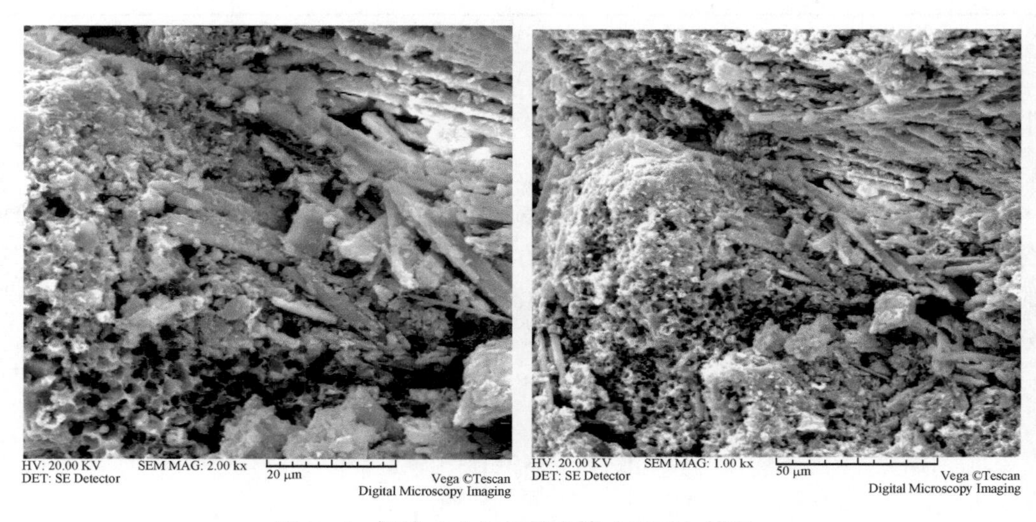

图 11-4 锰渣（Ⅰ）扫描电镜（SEM）结果

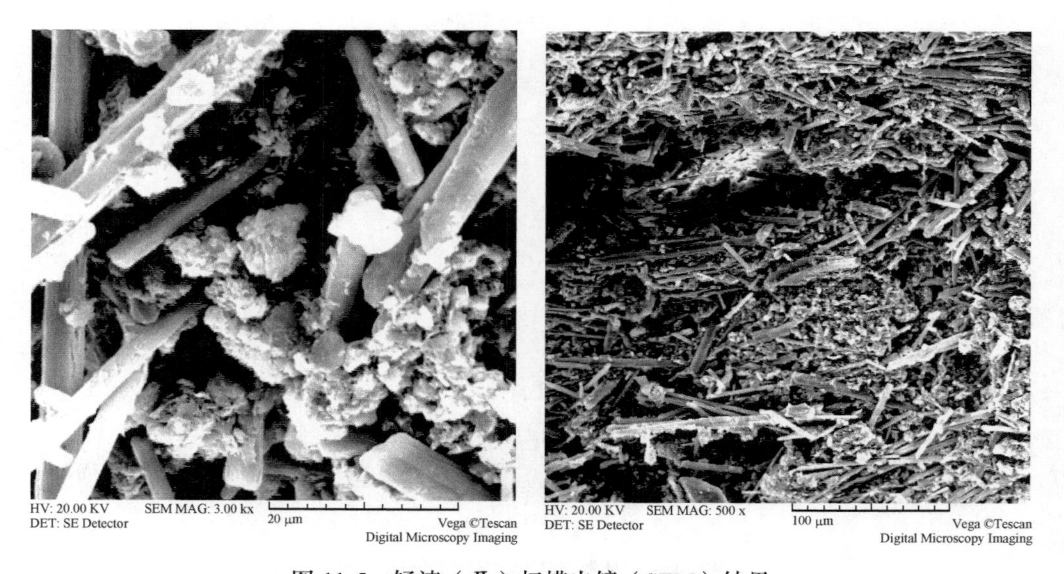

图 11-5 锰渣（Ⅱ）扫描电镜（SEM）结果

11.2.3.5　重金属组成

重金属污染是锰渣带来的突出性环境问题。大量锰渣长期堆存，若渣库缺乏防渗措施和配套的渗滤液收集、处理设施，锰渣中含有的重金属成分经雨水等淋溶向周边土壤、地下水和地表水体并扩散，将给周边居民和生态环境带来极大危害。如果渗滤液直接进入河流，或发生暴雨洪水将锰渣、渗滤液带入河流，将直接影响河流下游流域，带来更大危害。

针对锰渣进行实地采样，参照《固体废物　浸出毒性浸出方法　硫酸硝酸法》（HJ/T 299—2007）进行浸出处理，采用 ICP-MS 分析，锰渣的浸出毒性分析结果如表 11-11 所列。

表 11-11　典型锰渣浸出毒性分析结果

指标	浸出浓度				锰渣		
	锰渣 1	锰渣 2	锰渣 3	锰渣 4	危险废物鉴别标准	污水排放标准	地表水质量标准
pH 值	4.62	5.11	5.73	4.36	—	—	—
铬（Cr）/（mg/L）	ND	ND	ND	ND	15	1.5	0.05
锰（Mn）/（mg/L）	682.09	929.83	896.66	541.56	—	5.0	0.1
镍（Ni）/（mg/L）	0.135	0.251	0.118	0.66	5.0	1.0	0.02
铜（Cu）/（mg/L）	0.02	ND	ND	ND	100	20	1.0
锌（Zn）/（mg/L）	0.35	0.48	0.3	0.15	100	5.0	1.0
镉（Cd）/（mg/L）	0.001	0.001	0.005	0.003	1	0.1	0.005
铅（Pb）/（mg/L）	0.075	0.008	0.2	0.53	5	1.0	0.05
NH_3-N/（mg/L）	553.6	228	340	295	—	50	1
致癌风险	6.8×10^{-5}	8.9×10^{-5}	7.3×10^{-5}	6.2×10^{-5}	—	—	—
非致癌商	0.55	1.76	1.18	0.43	—	—	—

注：ND 表示样品分析结果低于检出限（0.1mg/kg）。

针对采集的锰渣样品，采用微波辅助酸消解方法处理，采用 ICP-MS 分析消解液的重金属成分，表 11-12 所列为锰渣样品的重金属含量分析结果。

表 11-12　典型锰渣重金属含量（干基）分析　　单位：%

来源	特性	Cr	Mn	Ni	Cu	Zn	Cd	Pb
广西某企业	老渣	ND	0.2716	ND	ND	0.1278	ND	ND
		0.0003	0.2848	0.0061	0.0593	0.1177	0.0001	0.0120
	新渣	ND	0.2348	ND	ND	ND	ND	ND
		ND	0.2585	0.0006	0.0012	0.0031	0.0000	0.0006

续表

来源	特性	Cr	Mn	Ni	Cu	Zn	Cd	Pb
贵州某企业	新渣	ND	0.1943	ND	ND	ND	ND	ND
		ND	0.3196	0.0005	0.0008	0.0010	0.0000	0.0004
重庆某企业	老渣	ND	0.7263	ND	0.0263	ND	ND	0.0161
		ND	0.1406	0.0030	0.0084	0.0347	0.0001	0.0029
	新渣	ND	0.2339	ND	ND	0.1267	ND	ND
		ND	0.2547	0.0003	0.0015	0.0003	0.0000	0.0011
重庆某企业	湿渣	ND	0.5519	0.0048	ND	0.1696	ND	0.2010
		ND	0.6152	0.0005	0.0008	ND	0.0001	0.0006
	干渣	ND	0.1675	ND	ND	ND	ND	0.0077
		ND	0.3825	0.0002	0.0000	ND	0.0000	0.0005

注：ND 表示样品分析结果低于检出限（0.1mg/kg）。

从结果可看出，锰渣的浸出毒性没有指标超过《危险废物鉴别标准　浸出毒性鉴别》（GB 5085.3—2007）规定的限值；锰渣的重金属含量也没有成分满足《危险废物鉴别标准　毒性物质含量鉴别》（GB 5085.6—2007）的要求。

锰渣中 MnO 和 SO_3 含量均接近 30%，SiO_2 含量也接近 30%。

结合消解结果和浸出分析结果可以看出，锰渣中主要的重金属成分为 Mn，且比较容易浸出。在模拟的酸雨条件下，Mn 的浸出浓度在 500～1400mg/L。锰渣还含有微量的 Co、Ni、Cu、Zn、Cd 和 Pb 等重金属。此外，锰渣属于酸性废渣，如果缺乏到位的污染防治措施，也会造成极大隐患。

锰渣中锰浸出浓度超过污水排放标准限值数百倍，氨氮超过数十倍。其他重金属浸出浓度较低，基本低于污水排放标准限值，致癌风险和非致癌商均较低。

11.3　硫酸锰行业废渣处理处置方式与环境风险

11.3.1　硫酸锰废渣的主要处置去向

调研的 3 家企业锰渣处置方式见表 11-13。由于锰渣的量非常大，主要处置方式是填埋。此外，也在探讨免烧砖和水泥等建材利用。

表 11-13　锰渣的主要处置去向

调研企业	填埋	免烧砖	水泥
广西某企业	√	√	
贵州某企业	√		√
重庆某企业	√		

11.3.2　锰渣建材利用

锰渣的浸出毒性结果显示，锰渣浸出浓度较高的主要是锰和氨氮，所以锰渣综合利用过程需要重视对这两个指标的控制。

11.3.3　锰渣填埋处置

锰渣的浸出浓度较低，满足进入一般工业固体废物填埋场的标准，因此可以进入一般工业固体废物填埋场进行填埋处置。

11.3.4　锰渣综合利用展望

随着国家对环保越来越重视，将资源综合利用、循环经济定为基本国策，锰渣的综合利用将会得到国家政策上更多的支持，将有力推动锰渣综合利用的进展[17]，使锰渣综合利用的科研成果尽早应用于生产，成熟技术尽快得到推广。

11.4　硫酸锰行业及废渣特性发展变化趋势

11.4.1　国外硫酸锰行业发展趋势

受益于电动汽车行业的强劲需求，国外一些饲料级硫酸锰生产企业未来可能转为生产电池级硫酸锰，如印度或南美洲的生产企业，而且还有一些潜在进入该行业的企业，如 Manganese X Energy Corp.、Euro Manganese Inc. （EMN）、Keras Resources PLC、Element 25 Ltd、American Manganese Inc 等。据报道，中伟新材料已计划在芬兰建立合资企业，与芬兰国有企业芬兰矿业集团（FMG）合作在芬兰共同建立锂阴极材料前驱体生产工厂，以满足欧洲电动汽车（EV）行业的需求。该合资企业将建立一座高镍含量锂镍钴锰氧化物（NCM）前驱体生产设施，产能每年不超过 12 万吨。第一期预计在 2024

年开始投产，产能2万吨/年。

11.4.2 我国硫酸锰行业相关政策

（1）《产业结构调整指导目录（2019年本）》

淘汰类：还原二氧化锰用反射炉（包括硫酸锰厂用反射炉、矿粉厂用反射炉等）。

（2）《国家安全监管总局关于加强锰渣库安全生产工作的通知》（安监总 管一〔2010〕80号）

严格落实安全生产行政许可制度；强化锰渣库隐患排查治理的监督检查；切实落实锰渣库企业安全生产主体责任；强化汛期锰渣库安全生产应急管理工作。

（3）《关于开展赤泥库、锰渣库、核工业矿山尾矿库、铬渣堆场、磷石膏堆场以及其他危害性较大废渣堆场普查工作的函》（安监总 管一函〔2011〕73号）

锰渣库等属于危害性较大废渣堆场，要求各级安监部门对辖区内库场进行普查。

（4）《一般工业固体废物贮存和填埋污染控制标准》（GB 18599—2020）

锰渣场应当修建围栏，设置警示标识。渣场周边必须修建截洪沟、导流渠，以防止雨水径流进入渣场，避免渗滤液量增加和滑坡。渣坝下游应当建设具有防渗功能的渗滤液收集装置，收集后的渗滤液应进入生产废水处理池或就地处理达标排放，禁止渗滤液直接外排。渣场底部有涵洞经过的企业，必须将渗滤废液单独收集、实现清污分流，并进行回收处理。渣场下游要设置水质监测井，对渣场要定期进行地下水监测，对发现造成地下水污染的渣场要立即停止使用，并采取补救措施消除污染。渣场内不得有积水，若出现积水，企业应当增设导排设施，将积水引至污水处理站处理。渣场堆渣量不得超出设计容量，企业对已超容的部分应及时采取措施进行整治；位于地表水体附近且污染整治无望的渣场要及时进行封场。渣场堆存的锰渣达到设计标高后，应覆土、压实并绿化。

11.4.3 我国硫酸锰行业的发展趋势

（1）实行绿色贸易，严格控制对外贸易中的环境代价

对传统平炉或回转窑高温焙烧工艺生产的硫酸锰制定增加出口关税等政策，对环境友好工艺生产的碳酸钡恢复出口退税13%～17%。

（2）银行实行绿色信贷，扶持环境友好工艺的普及

因环境友好工艺环保投入较大，运行费用较高，可采用绿色信贷扶持政策，推动硫酸锰清洁生产工艺的普及。具体做法是采用环境友好工艺的新建、改建、扩建企业实行优先贷款、低息贷款和贴息贷款，减轻企业的财务费用负担。

（3）绿色税收政策

对硫酸锰生产企业从事符合条件的污水处理、固体废物处理、废气综合开发利用、节能减排技术改造等环保项目的所得采取税收优惠政策。

11.4.4　我国硫酸锰行业废渣的发展趋势

① 锰渣目前主要采用填埋的方式处置。锰渣具有产生量大、粒径小和含水率高、锰和氨氮含量高的特点，影响了锰渣的资源化利用。

② 锰渣的成分主要以硫酸钙为主，占 30%左右，应考虑如何综合利用石膏副产。

参 考 文 献

[1] 李维健. 我国锰行业湿法产品发展趋势[J]. 中国锰业, 2021, 39（06）: 1-4.

[2] 谭柱中. 世界硫酸锰市场今年继续好转[J]. 中国锰业, 1989（03）: 60.

[3] 刘建本, 陈上, 鲁广. 硫酸锰的生产技术及发展方向[J]. 无机盐工业, 2005（09）: 5-7.

[4] 胡爱民. 硫酸锰发展亟待突破三大瓶颈[N]. 中国化工报, 2010-06-11（003）.

[5] 杨萍, 满瑞林, 赵鹏飞. 电解锰添加剂研究进展[J]. 化学工业与工程技术, 2012, 33（03）: 21-25.

[6] 蒙正炎, 高遇事, 贾韶辉, 等. 电解锰渣综合治理技术研究应用现状和思考[J]. 中国锰业, 2022, 40（02）: 1-5.

[7] 覃德亮, 陈南雄. 2020 年全球锰矿及我国锰产品生产简述[J]. 中国锰业, 2021, 39（04）: 10-12.

[8] 田宗平, 李力, 朱介中, 等. 高效节能硫酸锰生产工艺研究及工业实践[J]. 无机盐工业, 2008, 40（12）: 36-38.

[9] 田宗平. 硫酸锰生产新工艺的研究[J]. 中国锰业, 2010, 28（02）: 26-29.

[10] 朱贤徐, 王志坚, 刘平. 两矿焙烧法制备硫酸锰的工艺研究[J]. 湖南有色金属, 2010, 26（05）: 22-23.

[11] 李春, 何良惠, 李升章, 等. 软锰矿与黄铁矿共同焙烧制备硫酸锰的研究[J]. 化学世界, 2000（02）: 66-69.

[12] 周志明, 邱静, 陈枝, 等. 对苯二酚生产中副产品硫酸锰的分离纯化[J]. 化工进展, 2008（01）: 147-150.

[13] 郑华. 饲料级硫酸锰的生产原理[J]. 现代农业, 2007（07）: 49.

[14] 黄自力, 李密, 胡华, 等. 低品位软锰矿制备硫酸锰的工业试验研究[J]. 矿产保护与利用, 2008（03）: 36-38.

[15] 崔益顺, 杨静, 赵勇. 利用低品位软锰矿制备硫酸锰的工艺进展[J]. 四川理工学院学报（自然科学版）, 2011, 24（04）: 483-485.

[16] 严旺生. 锰加工产业发展现状[J]. 中国锰业, 2014, 32（04）: 5-10.

[17] 徐东慧, 陈志宾, 蔡固平. 硫酸锰废渣特性及综合利用研究[J]. 湖南有色金属, 2005（01）: 32-35.

第12章 典型无机化工废渣污染控制对策与建议

- 硫酸行业产生废渣污染控制对策
- 烧碱行业废渣污染控制对策
- 纯碱行业废渣污染控制对策
- 铬盐行业废渣污染控制对策
- 碳酸钡行业废渣污染控制对策
- 钛白粉行业废渣污染控制对策
- 黄磷行业废渣污染控制对策
- 硼砂行业废渣污染控制对策
- 氧化镁行业废渣污染控制对策
- 硫酸锰行业废渣污染控制对策

12.1 硫酸行业产生废渣污染控制对策

12.1.1 硫铁矿生产硫酸产生废渣污染控制对策

12.1.1.1 硫铁矿制酸工艺与产废概况

硫铁矿制酸主要有焙烧工段、净化工段、转化吸收工段三个工段。硫铁矿制酸工艺产生的固体废物主要是硫铁矿烧渣和酸水处理泥渣，硫铁矿烧渣产生的节点是硫铁矿焙烧过程产生的废渣，酸水处理泥渣是在二氧化硫气体净化产生的稀酸废水处理过程中产生的。

硫铁矿烧渣的产生量主要取决于硫铁矿中 S、Fe 含量，焙烧过程中的氧气量以及 S 的转化率。现代工艺中，S 的转化率均能达到 99%以上。焙烧过程中氧气量决定了硫铁矿烧渣中铁的氧化物形式，即烧渣的中和利用方式。当氧气量充足时，烧渣中铁主要以 Fe_2O_3 的形式存在，则废渣中含铁量较低，主要用作水泥添加剂。当在相对缺氧状况下焙烧时，烧渣中铁主要以 Fe_3O_4 的形式存在，则废渣中含铁量较高，可用于炼钢。但焙烧中氧气的含量也决定了 S 的转化率，因此，企业为追求效益最大化，对于焙烧工序空气的鼓入量控制是关键环节之一[1-3]。

12.1.1.2 硫铁矿烧渣的污染控制对策与建议

硫铁矿烧渣的处置方式主要是炼钢和作为水泥添加剂。一般，烧渣中含铁量高于 50%则用于炼钢，低于 50%则用作水泥添加剂。

要回收硫铁矿烧渣中的铁资源就必须提高烧渣的铁品位，一种方法是进行烧渣选铁，直接提高烧渣铁含量；另一种方法是对低品位硫铁矿进行选矿富集，通过提高入炉矿品位提高烧渣铁含量。

利用硫铁矿烧渣作为水泥助溶剂，不但可以校正波特兰水泥混合物的成分，增加其氧化铁的含量，减少铝氧土的模数值，还可以增加水泥的强度，增加其耐矿物水浸蚀性，降低其热折现象。另外，还可以降低焙烧温度，因而对降低热消耗、延长焙烧炉耐火砖的使用寿命有好处。水泥对硫铁矿烧渣质量没有严格要求，含铁 30%即可用。

硫铁矿烧渣的污染控制，需加强以下方面的措施：

① 硫铁矿制酸企业尽量使用已在矿区磁选的硫精矿，即含铁量高的矿。减少在制酸企业内的磁选环节，以减少厂区内环境污染，并节约运输成本，降低运输风险。

② 硫铁矿烧渣中含有一定量的重金属，在进行综合利用时，应对烧渣中重金属进行

检测分析，加强综合利用过程中废气的污染控制措施，避免烧渣中重金属挥发到环境造成环境污染。

③ 硫铁矿烧渣的综合利用产品应进行严格的检测，避免产品中含有污染物质以及使用时的环境风险。

12.1.1.3 稀酸处理产生泥渣的污染控制对策与建议

稀酸处理后产生的泥渣含有砷等重金属，但管理比较薄弱，目前主要采用填埋进行处置。如填埋场未采取防渗漏措施，泥渣中的重金属会对周围土壤产生污染。由于稀酸水泥渣产生量不高，且环境风险较大，可作为危险废物进行管理，以免随意堆存造成环境污染。

12.1.2 硫黄生产硫酸产生废渣污染控制对策

12.1.2.1 硫黄制酸工艺与产废概况

硫黄生产硫酸生产流程短，设备简单，可采用固体或液体硫黄为原料。位于近海或海运方便的地区，利用产自日本和其他海运方便国家中用低压蒸汽夹套保温贮运的熔融液硫为原料，用泵打入液硫贮罐，运至厂区，直接喷入焚硫炉燃烧以产生二氧化硫气体来生产硫酸。位于海运不便的内陆地区，采用固体硫黄生产硫酸，用蒸汽加热熔融后再喷入炉中燃烧。

硫黄生产硫酸，理论上 1t 硫黄生产 3t 硫酸。硫黄制酸过程中废渣主要为熔硫和焚硫阶段过滤产生的少量杂质，废渣成分主要为硫黄、Fe、硅藻土及其他杂质。废渣的产生量主要由原料硫黄的品质决定。根据统计，焚硫渣产生量为 3～7kg/t 产品，目前，我国焚硫渣作为一般工业固体废物进行堆填，不作为固体废物管理的重点。

12.1.2.2 硫黄制酸产生废渣污染控制对策与建议

焚硫渣重金属浸出浓度均低于《危险废物鉴别标准　浸出毒性鉴别》（GB 5085.3—2007）限值，且产生量非常小，因此，作为一般工业固体废物堆填污染很小，环境风险小。尽管如此，企业也应加强管理，将废渣运往固定堆填处，防止随意倾倒等行为。

硫黄制酸企业进口硫黄时应注重硫黄品质，减少硫黄中的杂质含量，即在源头上降低焚硫渣的产生量。

12.1.3 烟气生产硫酸产生废渣污染控制对策

12.1.3.1 烟气制酸工艺与产废概况

烟气制酸系统的功能是利用铅、锌硫化物在烧结机中焙烧烧结时所产生的含有 SO_2 的烟气，经过电除尘、净化、干燥、转化、吸收、尾气处理等几个主要工艺处理过程，最后制成工业用硫酸。烟气制酸系统的使用既可以阻止 SO_2 气体对大气的污染，又可以合理地利用矿产资源，为国民经济建设提供所需的重要的生产原料。

冶炼烟气制酸系统采用接触法制酸，首先要对烧结机生产过程所生产的含 SO_2 的烟气进行预处理。烟气从烧结机烟罩引出，经高温电除尘器除尘后，进入空塔、动力波洗涤器、填料塔进行半封闭稀酸洗涤，再依次经过两级间接冷却器（一级为石墨间冷器，二级为铅间冷器）增湿、降温，两级电除雾器进行除雾，然后经汞吸收塔吸收烟气中的汞后，最后通过 93%酸塔干燥烟气中的水分。在烟气进行完干燥和净化预处理后，由 SO_2 主鼓风机送入转化系统，进行烟气冶炼过程中最重要的化学反应，此过程简称为“两转两吸”，即 SO_2 的两次转化为 SO_3 和 SO_2 的两次吸收。在转化器内，在一定反应温度下，通过钒催化剂的催化作用，气体中的 SO_2 和 O_2 发生可逆化学反应，生成 SO_3，同时放出热量。

与硫黄制酸及硫铁矿制酸不同，冶炼烟气中对制酸不利的杂质成分（如砷、氟、汞等）含量通常都较高。为保证成品酸的质量及装置的稳定运行，制酸装置的烟气净化系统通常还需针对性地提高对某种杂质的脱除率，技术要求较高。与相同产量的硫铁矿制酸及硫黄制酸相比，冶炼烟气制酸装置具有流程复杂、设备规格较大、建设投资较高的特点。

烟气制酸的产生特性由烟气成分及烟气净化工艺确定，由于砷、铅、锌是铜、镍等有色金属的重要伴生金属，因此，烟气中含有砷、铅、锌等重金属。烟气净化工艺主要包括电除尘、动力波、洗涤塔、电除雾等，净化产生的废渣主要为压力渣、压滤渣等，压力渣一般含有铅、锌等重金属，压滤渣普遍含有砷，另外废水中和处理产生石膏、中和渣等废渣[4]。

12.1.3.2 压力渣、压滤渣污染控制对策与建议

压力渣、压滤渣主要有两种处置方式：一是回用进入冶炼系统；二是作为危险废物交由有资质的单位处置。

压力渣中普遍含有铅、锌、铜等重金属，有一定的冶炼价值，但压力渣中重金属含量不高，且成分复杂，回用于冶炼系统加大了冶炼工序废气和废水治理的难度。压滤渣中砷含量较高，回用于冶炼系统几乎没有冶炼的意义，反而会加大冶炼工序污染物治理的难度。因此，压力渣、压滤渣回用于冶炼系统是烟气制酸企业的权宜之计，并不能有效解决压力渣和压滤渣的污染，且会对冶炼系统的废气和废水治理造成一定的负担。

烟气制酸企业中压力渣和压滤渣的产生量较大且危害大，将其交由有危险废物处置资质的企业是合理的处置方式建议：

① 将压力渣、压滤渣列为危险废物，根据《危险废物贮存污染控制标准》（GB 18597—2001）的要求分类进行贮存，并按照危险废物的转移联单制度进行转运；

② 加强危险废物资质企业的管理，探索合理的综合利用方式处置压力渣、压滤渣，降低填埋处置的环境风险。

12.1.3.3 石膏、中和渣污染控制对策与建议

石膏、中和渣主要外售用于制砖或水泥添加剂，综合利用前，需对石膏、中和渣进行检测分析，确保石膏、中和渣中含有的重金属在综合利用过程中不会造成环境污染。应加强对石膏、中和渣的综合利用风险控制，定期对石膏、中和渣进行检测，落实石膏、中和渣综合利用过程中的污染防治措施，并对综合利用产品进行安全风险分析。

12.2 烧碱行业废渣污染控制对策

12.2.1 隔膜法生产烧碱产生废渣污染控制对策

12.2.1.1 工艺与产废概况

隔膜法电解技术是以石墨为阳极（或金属阳极），铁为阴极，采用石棉为隔膜的电解方法。以工业原盐作为生产原料，经盐水精制成为饱和的精制盐水（一次精制盐水），调节 pH 为酸性后送入隔膜电解槽，饱和盐水中的 NaCl 在直流电作用下生成电解液（以 NaOH、NaCl、H_2O 为主的混合物）和湿氯气、湿氢气。

隔膜法工艺原理：在隔膜电解槽中，以石棉纤维为主要材质的改性石棉隔膜将阳极区与阴极区分隔开，原料——酸性饱和食盐水溶液加入阳极区，阳极上析出氯气，阴极上析出氢气，电解产生的 NaOH 与未完全电解的过量 NaCl 形成 NaCl-NaOH-H_2O 的混合物，以电解液的形式作为电解产物离开电解槽，这种电解液必须经过特殊的蒸发除盐之后，才能形成一定浓度的烧碱成品。在阳极上，氧的电位数值比氯小，但其钛金属阳极涂层对 Cl^-的放电过程有着电催化作用，降低了 Cl^-在阳极放电生成 Cl_2 过程中的活化能，在同样条件下，氯在阳极上的过电压比氧小，因此在阳极上析出的是氯气而不是氧气。

该工艺过程中会产生盐泥、废隔膜、废硫酸废渣，在去除硫酸根的过程中如果采用膜法脱硝工艺还会产生芒硝废渣。

12.2.1.2 盐泥污染控制对策与建议

（1）盐泥产生环节的污染风险与污染控制对策

盐泥废渣产生于盐水一次精制和二次精制的过程中，粗盐水加入化学精制剂烧碱、纯碱以除去其中的钙镁离子，反应后加入絮凝剂在沉淀池中沉淀后过滤，得到的泥浆经过压滤机压滤后进行固液分离，液相盐水返回系统循环化盐，而得到的滤饼即为盐泥废渣。

我国烧碱生产中所使用原料原盐主要有海盐、湖盐、卤水等，其中卤水的含盐量最高，NaCl 的含量高达 99%以上，湖盐含盐量在 98%左右，海盐含盐量在 96%左右。调查 3 家分别以海盐、湖盐和卤水为原料进行离子膜法烧碱生产的企业，盐泥产生系数分别为 0.093t/t 产品、0.050t/t 产品、0.010t/t 产品，通过对比发现以卤水为原料制烧碱产生的盐泥最少，其次是湖盐，最后为海盐。可见，原料原盐的品质直接影响盐泥产生量。据调研，部分企业采用进口精盐与海盐以一定比例进行混合的方法，提高原料的品质，从而大幅减少盐泥的产生量，同时能够节约盐水精制成本和废渣处理成本。因此，建议烧碱企业在综合考虑经济效益和环境效益的基础上，采用更高品质的原料原盐进行生产，以从源头上控制盐泥的产生量。

另外，膜法脱硝技术也可以减少盐泥的产生。盐水系统中硫酸根的存在会影响离子膜电解槽的正常运行，一般需控制盐水系统中 SO_4^{2-}的含量在 5g/L 以下，目前国内主要的脱硝（除 SO_4^{2-}）技术有氯化钡法、膜法等。氯化钡法脱硝过程中，盐水中的 SO_4^{2-}与 Ba^{2+}以硫酸钡沉淀的形式进入盐泥中，增加了盐泥的产生量。采用膜法脱硝技术，盐水中的 SO_4^{2-}以芒硝的形式被分离出来，可用于生产硫化碱等化工产品。膜法脱硝技术用于替代氯化钡法脱硝技术，生产每吨烧碱可减少产生盐泥约 20kg。目前我国离子膜法烧碱的年产量为 2700 万吨左右，膜法脱硝技术普及率不足 40%，若全面推广膜法脱硝技术，盐泥产生量每年则可减少约 30 万吨。膜法脱硝技术工艺过程简便、成本低、无次生污染，较钡法脱硝技术可消除氯化钡使用过程中的毒性危险，同时实现盐泥中硫酸根的综合利用。因此，建议在全国范围推广普及膜法脱硝技术，从盐水精制的工艺过程方面控制盐泥的产生量。

（2）盐泥堆存环节的污染风险与污染控制对策

精制过程中产生的盐泥废渣堆存在厂内的临时堆渣处，并定期运输到厂外的堆渣场。盐泥中盐含量较高，若浸淋雨水，其中的盐分会随雨水流入附近的河流，造成河流的污染，也会浸入地下造成地下水的污染。因此厂内的临时堆渣场一般要设置在室内，防止雨水浸淋盐泥。另外地下需要设置防渗措施，做好防渗措施能够有效防止对地下水的污染。在堆存场地附近要设有排水沟等设施，以防止偶然情况发生时出现盐水外流。

（3）盐泥填埋处置的污染风险与污染控制对策

沿海一带的烧碱企业生产过程中产生的盐泥主要是运到海边空地进行堆存。而内陆地区烧碱企业产生的盐泥主要以运回盐矿进行堆存为主。盐泥盐分含量较高，堆存在露天的空地上，下雨时经过雨水的浸淋盐泥中的盐分会随雨水流入附近的河流，若堆存场地下有地下水，也会污染地下水。

因此，废渣堆存场地需要做好地下防渗措施，并建立良好的污水收集系统，以防止雨水浸淋废渣造成河流和土壤环境的污染。

12.2.1.3 废隔膜的污染控制对策与建议

（1）废隔膜产生环节的污染风险与污染控制对策

废隔膜产生于隔膜再生过程。从电解回路中取出的电解槽由行车吊出，分解成电解槽盖、阴极箱和底座三部分。阴极箱送到隔膜冲洗间，旧的隔膜用阴极洗涤机械从阴极箱上冲洗掉。阴极洗涤机械连接在洗水加压泵上，自动清洗阴极隔膜。水洗后，残留在阴极网上的少量石棉用人工操作的高压水喷射洗净，然后再用洗水泵的洗水洗去阴极网上的脏物和残剩石棉。系统中用过的洗水经废液加料泵从洗水池抽至压滤机进行过滤处理。隔膜冲洗间的水雾由空气鼓风机经旋液分离器吸入并消除。

隔膜吸附系统如下：先将石棉绒、表面活性剂和改性剂用电解液制成吸附浆液，再将阴极箱浸渍于浆液中，减压抽吸石棉浆液，使浆液中的石棉和改性剂均匀地沉积在阴极网袋上。在吸附期间，以氢气出口管嘴不沉没在浆液中为宜。阴极箱上下移动，借以排出箱内的空气。滤液抽吸到排出槽中，满后切换至隔膜吸附真空槽方向。当流量下降到规定流量时，停止吸附。这时液面下降大约 101cm。将阴极箱从浆液中提至槽外，干吸，修整，入炉干燥。把吸入隔膜吸附真空槽中的浆液倒回隔膜吸附槽中测浓度，然后把浆液吸入隔膜吸附真空槽中，用于下次吸附。

隔膜法制碱技术目前在世界上仍然是一种重要的烧碱制造技术，美国等发达国家仍有 30%左右的隔膜法烧碱产能。隔膜法制碱技术一直使用石棉作为隔膜材料，因为石棉具有较强的化学稳定性，且耐酸碱腐蚀，机械强度高，具有良好的渗透性。但同时石棉也是一种危险废物。世界上所用的石棉 95%左右为温石棉，石棉在大气和水中能悬浮数周、数月之久，持续地造成污染。研究表明，与石棉相关的疾病在多种工业职业中普遍存在。石棉本身并无毒害，它的最大危害来自它的粉尘，当这些细小的粉尘被吸入人体时，就会附着并沉积在肺部，造成肺部疾病，石棉已被国际癌症研究中心肯定为致癌物。另外，极其微小的石棉粉尘飞散到空中，被吸入人体的肺后，经过 20～40 年的潜伏期仍很容易诱发肺癌等肺部疾病。这就是在世界各国受到不同程度关注的石棉公害问题。

在车间中堆存有石棉绒原料，另外从电解槽的旧隔膜上冲下来的废隔膜中含有废石棉。在隔膜吸附过程中需做好安全措施，并检测车间内石棉的含量以保证安全。

（2）废隔膜堆存环节的污染风险与污染控制对策

从电解槽上冲洗下来的石棉废渣呈糊状浆液，临时堆存在工厂内，其中含有一定量的水分，因此需要先将这种废渣进行干燥处理以除去其中的水分，厂家主要通过在阳光下晾晒的方法去除水分。此时，废渣直接暴露在室外环境中，其中的石棉废渣可能会进入大气环境中造成危害。因此，应该尽量在封闭的空间中进行隔膜废渣的干燥处理，以防止石棉绒废物的扩散。

（3）废隔膜填埋处置的污染风险与污染控制对策

石棉废渣属于危险废物。我国产业政策要求全面淘汰隔膜法制碱产能。据调研，目前很多烧碱生产企业产生的废石棉主要是交由当地有资质的危险废物处理中心，通过水泥固化进行深度填埋。

考虑到石棉的危险废物特性，可将所有的石棉废渣统一收集进行填埋处理。

12.2.1.4 废硫酸的污染控制对策与建议

（1）废硫酸产生环节的污染风险与污染控制对策

废硫酸来自氯气干燥工序，98%的浓硫酸吸收氯气中的水分之后浓度降为70%左右。该过程在封闭的反应器内进行，不存在环境风险。但是要注意检查硫酸的运输管道，防止硫酸运送过程中出现泄漏事故。

（2）废硫酸堆存环节的污染风险与污染控制对策

工厂将这种稀硫酸临时储存在储罐中，定期运输到危险废物处理中心进行处理。硫酸有强烈的腐蚀性，临时储罐需贴有明确的标志以作提醒。另外在废硫酸外运装车的过程中要做好安全措施和应急处理措施，防止意外情况造成人员伤害和环境危害。

（3）硫酸废渣处置方式的污染风险与污染控制对策

经实验测定，废稀硫酸中几乎不存在杂质，因为有强酸性和强烈的腐蚀性而被列入危险废物名录。在很多氯碱厂家，废硫酸并不是作为一种废物，而是作为烧碱生产中的一种副产品卖给当地的一些生产企业进行综合利用。据调研，齐鲁石化所在地淄博只有一家有废硫酸回收利用资质的企业，齐鲁石化将干燥氯气过程中产生的废硫酸送到该企业进行综合利用；而渤天化工所在地天津则没有有回收废硫酸资质的单位，该公司只能与当地的环保管理部门协商，将废硫酸作为烧碱生产中的一种副产品进行管理，卖给当地企业进行综合利用。因此，把这种只是浓度降低了的硫酸当作危险废物进行管理，企业就很难处理这种废物，管理起来也非常困难。

考虑到这种废硫酸基本不含有其他杂质，而且又有很好的再利用价值，建议将其归为烧碱生产过程中的一个副产品进行管理。这样企业能够很方便地处理这种物质，而且也能减少环保部门在管理上的困难。

12.2.2 离子膜法废渣污染控制对策

12.2.2.1 工艺与产废概况

离子膜电解工艺是以一次精制盐水为原料，进行二次精制，使盐水中Ca^{2+}、Mg^{2+}的含量在20×10^{-9}以下，调节pH为酸性后送入离子膜电解槽，二次精制盐水中的NaCl在直流电作用下生成电解液（以 NaOH、NaCl、H_2O 为主的混合物）和湿氯气、湿氢气。离子膜法生产的碱液纯度高，质量分数为 30%～35%，可直接作为商品使用，也可以再经蒸发器浓缩为 50%液体烧碱。

离子膜法能耗较低，投资省，出槽碱液浓度高、质量好，比隔膜法先进、清洁，近年来发展很快，是目前最先进的氯碱生产方法，全球新建氯碱装置基本上都是采用离子膜法技术，而隔膜法装置和水银法装置逐渐被淘汰，目前国内水银法已完全淘汰。

离子膜法工艺流程相对于隔膜法主要区别在于盐水精制单元，即在原来的盐水精制的基础上增加了盐水二次精制单元。离子膜法对入槽盐水要求较高，Ca^{2+}、Mg^{2+}含量必须降到 20×10^{-9} 以下，否则会增加能耗，损坏离子膜[5,6]。

12.2.2.2 盐泥污染控制对策

不同的烧碱生产工艺对产生的盐泥废渣组分及产量基本没有太大影响，所以离子膜工艺盐泥废渣的污染控制对策可参照隔膜法盐泥废渣的污染控制对策。

12.2.2.3 废硫酸污染控制对策

不同的烧碱生产工艺对产生的硫酸废渣组分及产量基本没有太大影响，所以离子膜工艺产生的废硫酸污染控制对策可参照隔膜法废硫酸的污染控制对策。

12.3 纯碱行业废渣污染控制对策

12.3.1 氨碱法工艺废渣污染控制对策

12.3.1.1 生产工艺概况分析

氨碱法主要生产过程是向饱和食盐水中通入氨气，制得氨盐水，再通过氨盐水吸收二氧化碳得到碳酸氢钠（俗称小苏打），最后将碳酸氢钠煅烧，即得到轻碱，轻碱转化之后得到重碱。氨碱法制纯碱的原料主要是原盐、石灰石、焦炭或白煤、氨。氨碱法生产中用到的氨气来自合成氨厂，二氧化碳来自石灰石煅烧。其中氨在氨碱法生产工艺流程中可回收循环用于主反应过程。

氨碱法生产工艺产生的废渣主要是盐泥和蒸氨废液[7]。

12.3.1.2 盐泥污染控制对策与建议

（1）盐泥产生环节的污染风险与污染控制对策

盐泥废渣产生于盐水精制的过程中，粗盐水加入化学精制剂纯碱、烧碱以除去其中的 Ca^{2+}、Mg^{2+}，反应后加入絮凝剂在沉淀池中沉淀后过滤，得到的泥浆经过压滤机压滤后进行固液分离，液相盐水返回系统循环化盐，而得到的滤饼即为盐泥废渣。盐泥无综合利用途径，主要以堆存填埋为主，主要管控手段应以减量化为主。生产过程采用纯度较高的原盐能够有效减少盐泥的产生量。

（2）盐泥堆存环节的污染风险与污染控制对策

精制过程中产生的盐泥废渣堆存在厂内的临时堆渣处，定期运输到厂外的堆渣场。盐泥中盐含量较高，若浸淋雨水，其中的盐分会随雨水流入附近的河流，造成河流污染，也会浸入地下造成地下水的污染。因此厂内的临时堆渣场一般要设置在室内，防止雨水浸淋盐泥。另外地下需要设置防渗措施，做好防渗措施能够有效地防止对地下水的污染。在堆存场地附近要设置排水沟等设施，以防止偶然情况发生时出现盐水外流。

（3）盐泥废渣填埋处置的污染风险与污染控制对策

沿海一带的纯碱企业生产过程中产生的盐泥主要是运到海边空地进行堆存。而内陆地区纯碱企业产生的盐泥主要以运回盐矿进行堆存为主。盐泥盐分含量较高，堆存在露天的空地上，下雨时经过雨水的浸淋盐泥中的盐分会随雨水流入附近的河流，若堆存场地下有地下水，也会污染地下水。

因此，这些废渣堆存场地需要做好地下防渗措施，并建立良好的污水收集系统，以防止雨水浸淋废渣造成河流和土壤环境的污染。

12.3.1.3 蒸氨废液污染控制对策与建议

（1）蒸氨废液产生环节的污染风险与污染控制对策

蒸氨废液产生于蒸氨吸氨工段，母液经石灰乳中和后，氨蒸发并回收使用，产生蒸氨废液。

（2）蒸氨废液堆存环节的污染风险与污染控制对策

作为基础的化工产品，纯碱对世界工业的进步贡献了巨大力量。然而，纯碱生产过程中伴生的废液和碱渣也成了企业的沉重负担。即便在科技发达的今天，碱渣的处理问题仍在困扰着全球的氨碱法纯碱企业。早期的纯碱企业都是将生产废液直接排入大海。直到 20 世纪初期，随着人类环保意识的增强，碱厂才将碱渣直排改为在滩涂上围堤筑坝、自然澄清、清液排海，固形物多用来增高渣场堤坝。而随着时间的延续和生产规模的不断扩张，久而久之，在每个碱厂背后的海滩上一个个巨型渣场高高耸立。

当前，我国纯碱总产能已经超过 3000 万吨，成为世界第一纯碱生产大国，与之相伴相随的是碱渣排放量第一。据了解，虽然我国氨碱法纯碱的比重已逐渐下降，但产量占比仍近五成。每生产 1t 纯碱要排放 10m³ 废液，其中固体含量（干基）约 3%。如此，即便按我国氨碱法纯碱产能为 1500 万吨测算，全国每年也要产生 15000 万立方米废液，其中固体废物近 500 万吨。

处置碱渣也并非易事，即使不做任何治理，只是为储存源源不断的废液，纯碱企业就需经常扩大渣场容量，这动辄就要花费数以千万元计的建设资金；如果要回收处理废液和碱渣，则需购置价格不菲的专业设备，并投入高昂的运行维护费用，每立方米碱液的治理费用约为 50 元。

欧美等发达国家与地区的氨碱法纯碱生产正在快速退出，也因此不再受到碱渣之累。例如，美国已于 1986 年彻底终结了氨碱生产，改用天然碱；有着丰富海盐资源和滩涂的日本，也于 2004 年关闭了本国最后一座氨碱厂，改为进口纯碱；即使是氨碱法鼻祖比利时索尔维公司，氨碱产能已被削减至 20%以内。

当初，为就近取得海盐资源和便于排放废液，我国不少氨碱厂依海而建，多座大型纯碱企业自北向南布局在东部沿海地区。天长日久，这种布局的风险开始慢慢显现。

潜在的垮坝风险是可怕的。采用筑坝方式围起的体积庞大的渣场，坝基大多建立在松软的滩涂淤泥上，且越筑越高，普遍都超过十余米，而巨量废液产生的压强作用于坝体上，风险不言自明。特别是每当汛期来临，溃坝的危险就成倍增加。

其实，因碱渣堆存造成的污染事故并不鲜见。即使在非汛期，碱渣、碱液入海污染事件也时有发生。而除了对海洋环境产生威胁外，碱渣的资源浪费也是惊人的。

首先，滩涂资源不断被蚕食侵占。由于碱渣得不到及时处理，不少渣场被迫不断扩容。如一个 100 万吨级的氨碱企业，为便于自然晾晒废液，要轮流使用渣场，为此一般至少要配套建设 4～6 个渣场，总面积近 200hm²。而 300 万吨级的企业，对滩涂的需求更大。须知，滩涂作为宝贵自然资源，对沿海开发利用、生态环境保护有着越来越重要的作用，而一旦被渣场征用将失去其使用价值。

其次，碱渣中的大量宝贵资源被浪费。目前，多数氨碱企业采用废液自然晾晒的方式处理，虽通过处理澄清液可回收一部分氯化钠和氯化钙，但仍有相当多的资源沉淀于固体废物中。纯碱生产具有高消耗、高排放的特点，除消耗海盐之外，还要消耗大量的碳酸钙、煤炭、焦炭等，而这些均属于不可再生资源。另外，澄清液中的氯化钠含量不仅比海水高，还含有 10%左右的氯化钙，如果丢弃不仅造成很大的资源浪费，而且对环境也有危害。例如，年产能 120 万吨的连云港碱厂，除自己每年回收 5 万吨氯化钙之外，其协作单位连云港台北盐场每年还可从废液中回收 10 万～15 万吨氯化钙，而回收的原盐数量更为可观。如果废液能全面回收，则对循环经济和环境保护意义非常重大。

目前，国内纯碱行业的低迷程度有目共睹，许多企业连续亏损运行已近两年，生存压力巨大。按说在这种困境下，应当重视废碱液和碱渣的回收利用，降低产品成本。但现实情况是，由于种种原因不少企业还没有对碱渣中的资源进行充分回收。

对于处理废液和碱渣，纯碱生产企业有如下几种选择：一是“画地为牢”，继续在海边滩涂囤积碱渣，可谓继续“造山”；二是增添设备，对废液进行主动处理，尽量减少渣场规模，可谓“削山”；三是加大投入力度，及时彻底处理废液，在不再增加碱渣量的同时，尽快处理历史遗留碱渣，可谓“平山”。

因经营困难而被迫继续“造山”的企业，一定要有所担当和行动。一是在新渣场建设中，应当选择抛石施工，强化坝基，筑牢大坝，减少对海洋的威胁；二是对老渣场要加固，采用真空预压技术，增大滩泥强度，还需加宽加厚坝基，增加其承重力度，同时积极引入碱渣固化技术，如加入固化剂等，加强碱渣堆的牢固度。

更多的企业应该展开“削山”行动。企业应量力而行，购置相关装置，对所产废碱液进行处理，旨在不增加或少增加碱渣数量，使渣山长势趋缓，以尽可能多地节约土地资源。

而对于有一定优势且社会责任大的企业来说，应当鼓励他们争当“平山”行动的模范，继续加大投入治理资金，结合发展循环经济，全面回收治理废液。这不仅可杜绝新的固体废物产生，而且能处置历史遗留包袱。

采用板框压滤机，对部分废液实行压滤处理。通过这种方法处理的废液实现了固液分离，所得到的清液可回收氯化钠并作为氯化钙的生产原料，而固体滤饼不仅更便于筑坝和存放，且有多种潜在用途。

积极开展碱渣项目试验，用碱渣与煤灰混合，再加入添加剂作为工程土用于公路建设，不日将实现工程利用。同时，还要积极研发湿法脱硫工艺，将碱渣应用于烟气脱硫。另外，利用碱渣 pH 值高的特点，将其作为土壤改良剂使用，用在南方酸壤地区进行油菜、花生种植，目前在部分地区的实验已获得成功。

（3）蒸氨废液废渣填埋处置方式的污染风险与污染控制对策

将蒸氨废渣列入国家重大环保治理项目。我国氨碱法纯碱有近 80 年的生产历史，生产每吨纯碱约产生 $10m^3$ 废液。希望国家有关部门将氨碱废渣的综合治理列入国家重大环保治理项目，预先搞样板工程，成功后再推广，以全面彻底解决氨碱厂碱渣问题。

由国家银行贷款予以资金支持。对碱渣的开发进行综合利用，无论是用作工程土、建材，还是用于制造普通硅酸盐水泥，都需要投入大量的资金，虽然有相当的效益，但企业本身无力筹措这么多的资金。希望国家给予贷款支持碱渣开发利用，并参照世界银行贷款，适当减少利率和放宽还款期限。

国家应予以相应的优惠政策。对碱渣进行综合处理，不论是用作工程土、建材，还是用于制造普通硅酸盐水泥，其经济效益并不显著，企业归还贷款能力差，因此需要政府给予一定的优惠政策，例如利用碱渣生产的产品，免征一定的税费，以提高其还贷能力。

12.3.2　联碱法废渣污染控制对策

12.3.2.1　工艺与产废概况

联合制碱法，又称侯氏制碱法，它是我国化学工程专家侯德榜于 1943 年创立的，是将氨碱法和合成氨法两种工艺联合起来，同时生产纯碱和氯化铵两种产品的方法。其原料是食盐、氨和二氧化碳（其中二氧化碳来自合成氨厂用水煤气制取氢气时的废气）。

联合制碱法包括两个过程，其中第一个过程与氨碱法相同，将氨通入饱和食盐水制成氨盐水，再通入二氧化碳使其生成碳酸氢钠沉淀，经过滤、洗涤得 $NaHCO_3$ 微小晶体，再煅烧制得纯碱产品，其滤液是含有氯化铵和氯化钠的溶液。第二个过程是从含有氯化铵和氯化钠的滤液中结晶沉淀出氯化铵晶体。由于氯化铵在常温下的溶解度比氯化钠要大，低温时的溶解度则比氯化钠小，而且氯化铵在氯化钠的浓溶液里的溶解度要比在水里的溶解度小得多。所以在低温条件下，向滤液中加入细粉状的氯化钠，并通入氨气，可以使氯化铵单独结晶沉淀析出，经过滤、洗涤和干燥即得氯化铵产品。此时滤出氯化铵沉淀后所得的滤液，已基本上被氯化钠饱和，可回收循环使用。

联合制碱法与氨碱法比较，其最大的优点是使食盐的利用率提高到96%以上，应用同量的食盐可比氨碱法生产更多的纯碱。另外它综合利用了氨厂的二氧化碳和碱厂的氯离子，同时生产出两种产品——纯碱和氯化铵。将氨厂的废气二氧化碳，转变为碱厂的主要原料来制取纯碱，这样就节省了碱厂用于制取二氧化碳的庞大的石灰窑；将碱厂无用的成分氯离子用于代替价格较高的硫酸固定氨厂里的氨，制取氮肥氯化铵，从而不再生成没有多大用处又难于处理的氯化钙，减少了对环境的污染，并且大大降低了纯碱和氮肥的成本，充分体现了大规模联合生产的优越性。

联碱法生产工艺产生的废渣主要是盐泥和氨二泥[8,9]。

12.3.2.2 盐泥污染控制对策与建议

不同的纯碱生产工艺对产生的盐泥废渣组分及产量基本没有太大影响，所以联碱法工艺产生的盐泥废渣的污染控制对策可参照隔膜法盐泥废渣的污染控制对策。

12.3.2.3 氨二泥污染控制对策与建议

（1）氨二泥产生环节的污染风险与污染控制对策

氨二泥来自蒸馏废液中不溶性物料以及盐水精制过程中产生的一次、二次盐泥固体废料的混合物，经堆存后上部液体流失，成为白色膏状固体，有刺激性氨味。

利用碱厂固体废物氨二泥生产六水合磷酸铵镁，工艺上可行，为氨二泥的综合利用开辟了新的途径，不仅可减少固体废物的排放，减少对环境的危害，还能变废为宝，带来一定的经济效益。

固体废物处理的最终出路在于废弃物资源化利用，发达国家已经将其列为经济建设的重点，将再生资源的开发利用视为第二产业，形成了一个新兴的工业体系。在我国，固体废物资源化利用研究也日益受到重视。

（2）氨二泥堆存环节的污染风险与污染控制对策

精制过程中产生的氨二泥废渣堆存在厂内的临时堆渣处，定期运输到一般工业固体废物填埋场进行填埋处理。因此厂内的临时堆渣场一般要设置在室内，防止雨水浸淋。另外地下需要设置防渗措施，做好防渗措施能够有效防止对地下水的污染。在堆存场地附近要设有排水沟等设施，以防止偶然情况发生时出现盐水外流。

（3）氨二泥填埋处置的污染风险与污染控制对策

氨二泥的处理仍以合理排放、堆存填埋为主。国内外氨二泥废渣堆存在固定的区域内，采用筑坝拦渣、填海造田、建沉淀池等方法处理。国外开展废渣综合利用的实验工作包括：制造建筑材料，制造土壤改良剂或肥料，制造饲料添加剂等。在我国废渣综合利用的处理途径主要有废渣制工程土、废渣制水泥、废渣制低温水泥及黏合剂、废渣制碳化砖、废渣制钙镁肥等。

沿海一带的纯碱企业生产过程中产生的氨二泥主要是运到海边空地进行堆存或者运送到一般工业固体废物填埋场进行填埋。而内陆地区纯碱企业产生的氨二泥主要以运送到一般工业固体废物填埋厂填埋为主。

因此这些废渣堆存场地需要做好地下防渗措施，并建立良好的污水收集系统，以防止雨水浸淋废渣造成河流和土壤环境的污染。

12.4　铬盐行业废渣污染控制对策

12.4.1　少钙焙烧工艺产生废渣污染控制对策

12.4.1.1　工艺与产废概况

铬盐少钙焙烧生产工艺由两部分组成：一是铬酸钠碱性液的生产过程，也称前工段；二是铬酸钠碱性液生产重铬酸钠的制造过程，也称后工段。

前工段工艺流程主要包括：

① 将铬铁矿、纯碱、白云石、菱镁石、返渣按照一定的比例进行破碎、计量和混合配料；

② 采用回转窑进行高温焙烧，将铬铁矿中的三价铬氧化成六价铬，生成水溶性的铬酸钠；

③ 将焙烧后的熟料进行冷却和破碎，然后进行浸取，将六价铬溶出，得到铬酸钠碱性液产品；

④ 水不溶物即为铬渣，经过多级洗涤后得到排放的铬渣；

⑤ 铬渣运至按照《危险废物贮存污染控制标准》（GB 18597—2001）建设的贮存场所。

铬酸钠经中和、除铝、酸化脱硝、蒸发浓缩、结晶等单元操作处理后生产重铬酸钠（即产品），俗称后工段。后工段工艺流程主要包括：

① 铬酸钠碱性液一般 pH>12，首先进行中和，将碱性液中混入的 $NaAlO_2$ 中和生成 $Al(OH)_3$，俗称含铬铝泥，后采用带式压滤进行固液分离；

② 将中和后的液体进行酸化，将铬酸钠反应生成重铬酸钠产品；

③ 酸化过程中溶入的 Na_2SO_4 结晶析出，得到 Na_2SO_4 副产物，俗称含铬芒硝；

④ 重铬酸钠进行结晶后得到重铬酸钠晶体，即为产品。

少钙焙烧工艺废渣和产排污系数为：铬渣 1200kg/t 产品；铝泥 350kg/t 产品；芒硝 1060kg/t 产品。

12.4.1.2 铬渣的污染控制对策与建议

（1）铬渣堆存环节污染风险与污染控制对策

铬渣产生于铬铁矿煅烧浸出后的废渣。铬渣的浸出浓度超过《危险废物鉴别标准 浸出毒性鉴别》（GB 5085.3—2007）数十倍，危害性非常大。因此，铬渣暂存过程中需要采取严格的措施。应按照《危险废物贮存污染控制标准》（GB 18597—2001）来建设暂存场。要设置在室内，防止雨水浸淋铬渣。另外，地下需要设置防渗措施，做好防渗措施能够有效防止对地下水的污染。在堆存场地附近要设有排水沟等设施，以防止偶然情况发生时出现铬渣废水外流。

（2）铬渣湿法解毒后填埋处置方式的污染风险与污染控制对策

应首先对铬渣进行湿法解毒处理，解毒后的铬渣采用《固体废物 浸出毒性浸出方法 硫酸硝酸法》（HJ/T 299—2007）进行检测，达到《铬渣污染治理环境保护技术规范（暂行）》（HJ/T 301—2007）的要求后可送填埋场进行填埋处置。填埋场应按照相应的要求建设，做好地下防渗措施，并建立良好的污水收集系统，以防止雨水浸淋废渣造成河流和土壤环境的污染。

（3）铬渣干法解毒后建材利用方式的污染风险与污染控制对策

铬渣干法解毒后的能满足作为水泥混合材和制砖的标准要求。但环保部于 2011 年发布了《关于实施〈铬渣污染治理环境保护技术规范〉有关问题的复函》，复函中要求“不应将铬渣（无论解毒与否）用作水泥混合材料”，根据最新的环保要求，铬渣干法解毒后不能作为水泥混合材。

关于铬渣干法解毒后生产页岩砖技术，需要对页岩砖的环境风险开展环境风险研究。但从技术原理角度分析，铬渣生产页岩砖过程是一个高温、氧化环境，会促进解毒后的三价铬再次氧化，增加毒性，所以从技术原理角度，不建议铬渣干法解毒后生产页岩砖。干法解毒后的铬渣可以生产免烧砖。

（4）铬渣炼铁利用方式的污染风险与污染控制对策

参照《铬渣污染治理环境保护技术规范（暂行）》（HJ/T 301—2007）的要求，采用

《固体废物　浸出毒性浸出方法　硫酸硝酸法》（HJ/T 299—2007）对水淬渣进行检测。铬渣炼铁后的水淬渣能满足作为路基材料利用的要求。

12.4.1.3　铝泥废渣的污染控制对策与建议

（1）铝泥堆存环节污染风险与污染控制对策

铝泥产生于浸出液中和阶段析出的废渣。铝泥的浸出浓度超过《危险废物鉴别标准　浸出毒性鉴别》（GB 5085.3—2007）上百倍，危害性非常大。因此，铝泥暂存过程中需要采取严格的措施。应按照《危险废物贮存污染控制标准》（GB 18597—2001）来建设暂存场。要设置在室内防止雨水浸淋铝泥。另外地下需要设置防渗措施，做好防渗措施能够有效防止对地下水的污染。在堆存场地附近要设有排水沟等设施，以防止偶然情况发生时出现铝泥废水外流。

（2）铝泥生产氧化铝环节污染风险与污染控制对策

铝泥首先进行洗涤，将吸附的六价铬进行分离去除。然后进行脱水，得到氧化铝产品。铝泥经过洗涤和六价铬分离后，残留的总铬和六价铬含量和浸出浓度都很低，浸出浓度应满足《地表水环境质量标准》（GB 3838—2002）3类水质标准的要求。

（3）铝泥生产铬粉环节污染风险与污染控制对策

铝泥首先进行铬铝分离，然后在还原气氛下生产金属铬，以充分利用铝泥中残留的铬。铬粉中的铬含量很高，六价铬浸出浓度应满足《地表水环境质量标准》（GB 3838—2002）3类水质标准的要求。

（4）铝泥湿法解毒后填埋处置方式的污染风险与污染控制对策

应首先对铝泥进行湿法解毒处理，解毒后的铝泥采用《固体废物　浸出毒性浸出方法　硫酸硝酸法》（HJ/T 299—2007）进行检测，达到《铬渣污染治理环境保护技术规范（暂行）》（HJ/T 301—2007）的要求后可送填埋场进行填埋处置。填埋场应按照相应的要求建设，做好地下防渗措施，并建立良好的污水收集系统，以防止雨水浸淋废渣造成河流和土壤环境的污染。

12.4.1.4　芒硝废渣的污染控制对策与建议

（1）芒硝废渣堆存环节污染风险与污染控制对策

芒硝产生于浸出液酸化阶段析出的废渣。芒硝的浸出浓度超过《危险废物鉴别标准　浸出毒性鉴别》（GB 5085.3—2007）数倍，危害性很大。因此，芒硝暂存过程中需要采取严格的措施。应按照《危险废物贮存污染控制标准》（GB 18597—2001）来建设暂存场。要设置在室内防止雨水浸淋芒硝。另外地下需要设置防渗措施，做好防渗措施能够有效防止对地下水的污染。在堆存场地附近要设有排水沟等设施，以防止偶然情况发生时出现芒硝废水外流。

（2）芒硝生产硫化碱环节污染风险与污染控制对策

煤粉还原法生产硫化钠是将芒硝与煤粉按照100：（21～22.5）（质量比）的配比混合并于800～1100℃高温下煅烧还原，生成物冷却后用稀碱液热溶成液体，静置澄清后，把上部浓碱液进行浓缩，即得固体硫化碱，经中转槽，制片（或造粒），制得片（或粒）状硫化碱产品。

硫化碱生产过程发生的是碳还原硫酸钠（芒硝），是还原性气氛，比较适合芒硝中残留的六价铬还原解毒，可同时达到生产硫化碱和解毒六价铬的目的。硫化碱浸出浓度应满足《地表水环境质量标准》（GB 3838—2002）3类水质标准的要求。

12.4.2 无钙焙烧工艺废渣污染控制对策

12.4.2.1 生产工艺概况分析

无钙焙烧工艺由两部分组成，即前工段和后工段。无钙焙烧工艺的后工段与少钙焙烧工艺相同，主要不同点是在前工段，无钙焙烧工艺不添加白云石等钙质材料进行焙烧，导致了反应速率的降低，因此需要增大炉体的空间。

无钙焙烧工艺相对于现行的少钙焙烧工艺有如下几个特点：

① 在配料中取消了白云石，导致了回转窑结圈的问题，采用返渣稀释的方式以及增大回转窑的直径和窑长的方式解决了该问题。

② 在配料中取消了白云石，从而减少了含铬废渣的排放量。

③ 有钙铬渣中含有大量水泥化物质，约占铬渣质量的60%，这些物质属胶凝活性物质，与水泥熟料的基本化学成分相同，不利于Cr^{6+}的溶出。钙、镁元素在熟料中减少，改善了熟料水浸时的水溶性，从而减少了渣中酸溶性Cr^{6+}的含量[10-12]。

12.4.2.2 铬渣的污染控制对策与建议

不同的铬盐生产工艺对产生的铬渣组分基本没有太大影响，所以无钙焙烧工艺产生铬渣的污染控制对策可参照少钙焙烧工艺铬渣的污染控制对策。

12.4.2.3 铝泥废渣的污染控制对策与建议

不同的铬盐生产工艺对产生的铝泥组分基本没有太大影响，所以无钙焙烧工艺产生

铝泥的污染控制对策可参照少钙焙烧工艺铝泥的污染控制对策。

12.4.2.4　芒硝废渣的污染控制对策与建议

不同的铬盐生产工艺对产生的芒硝组分基本没有太大影响，所以无钙焙烧工艺产生芒硝的污染控制对策可参照少钙焙烧工艺芒硝的污染控制对策。

12.5　碳酸钡行业废渣污染控制对策

12.5.1　碳化还原法生产工艺废渣污染控制对策

12.5.1.1　生产工艺概况分析

当前碳酸钡的工业生产工艺主要是碳化还原法，复分解法（纯碱法）在过去的几十年间已被淘汰，毒重石转化法因为原料的限制难以广泛应用。此外有些方法，如用硝酸钡或氯化钡与纯碱反应来生产碳酸钡、在氢氧化钡溶液中通入二氧化碳来制备碳酸钡、由硫化钡与碳酸铵进行复分解反应制取碳酸钡等，都没有被工业生产采用，仅用来小规模生产碳酸钡或者用于探究性试验。

碳化还原法工艺简单、成本低、产品质量稳定。主要流程如下。

① 粗硫化钡的制取　将重晶石和煤按一定比例［100：（25～27），以质量计］混合，经过破碎、筛分后连续加入回转炉或反射炉内，在 900～1200℃高温下进行焙烧。在此硫酸钡被煤还原为硫化钡，制得粗硫化钡熔体。

② 粗硫化钡的浸取　把粗硫化钡用逆流过滤浸取法进行浸洗，浸出的硫化钡溶液用泵打入澄清池澄清，以分离废渣。澄清液送去碳化塔，粗渣继续用热水或碳酸化洗涤废水浸取，直至粗渣浸取液中只含有少量硫化钡方可弃去。

③ 碳酸化和洗涤　碳酸化过程为间断式。把澄清溶液送入碳化塔内，同时将石灰窑制得的二氧化碳气体经水洗、分离、压缩后打入碳化塔，硫化钡和二氧化碳进行碳化反应生成碳酸钡。待生成浆料合格后，放入洗涤槽，先用纯碱洗涤脱硫，澄清后澄清液回收，剩余钡浆再用软水洗涤。

④ 制得成品　洗涤后的碳酸钡浆液，进入过滤机滤去水分，随后钡饼由转筒烘干经皮运机、磁辊脱铁器风送到成品仓包装，即为沉淀碳酸钡成品。

碳化还原法生产碳酸钡产生的工艺废渣主要是钡渣[13-15]。

12.5.1.2 钡渣的污染控制技术

（1）钡渣产生环节污染风险与污染控制对策

钡渣主要产生于硫化钡浸取工段，该工段的主要工艺流程为：把粗硫化钡用逆流过滤浸取法进行浸洗，浸出的硫化钡溶液用泵打入澄清池澄清，以分离废渣。澄清液送去碳化塔，粗渣继续用热水或碳酸化洗涤废水浸取，直至粗渣浸取液中只含有少量硫化钡方可弃去。

硫化钡水溶液呈强碱性，有腐蚀性，能烧伤皮肤，使毛发脱落。硫化钡在水中会发生水解放出有毒的硫化氢气体。该工段产生的钡渣为含水量较高的湿渣，其主要组分是 $BaSO_4$、$BaCO_3$、$BaSO_3$、SiO_2、Al_2O_3、Fe_2O_3、H_2O 及少量的 BaS 等。在《环境化学毒物防治手册》中指出：废渣中的 $BaSO_4$ 是难溶的钡化合物，因为不吸收，所以无毒性；$BaSO_3$、$BaSiO_3$、$Ba(FeO_2)_2$、BaS 等可溶性钡化合物有毒性作用；碳酸钡虽不溶于水，但误食后，因可与胃酸作用生成氯化钡，所以也有一定毒性。

在浸取工段生产过程中，要严防浸取液发生“跑、冒、滴、漏”等现象；产生的钡渣在转移过程中要做好防泄漏措施，同时避免人体的直接接触。

（2）钡渣堆存环节污染风险与污染控制对策

钡渣的堆积首先会占用大量土地，而且一旦泄漏，一般其污染半径是堆存地半径的几十倍甚至上百倍。

① 在堆积过程中，废渣中的硫化钡和酸溶钡会改变堆场所在地的土质和土色，直接危害到周边生态环境，废渣附近的土壤中含钡量可高达 3.86%。

② 在气温高、潮湿空气中或酸雾中时，钡渣会发生自燃等化学反应，放出有毒气体，如废渣中的硫化钡在潮湿空气中或酸雾中能发生强烈的化学反应，可能引起燃烧。硫化钡的水溶液呈强碱性，有腐蚀性，能烧伤皮肤，使毛发脱落；与水或酸反应会生成硫化氢，其他产物是氢氧化钡、硫氢化钡或其他钡盐；可以从饱和溶液中析出六水合物（$BaS \cdot 6H_2O$），为六方片状晶体。硫化钡有毒，食入会造成中毒；遇酸放出硫化氢，与浓酸加热则分解出硫化氢和硫黄；在潮湿空气中水解会放出有毒的硫化氢气体。

③ 废渣经雨水渗透后，会流出大量含硫化物的黄色废水，可以转入地表水及地下水，并随之迁移，威胁整个地下生态系统，还可能造成水源地的污染。

因此，钡渣在堆存过程中一定要按照《危险废物管理办法》的要求做好“防雨、防渗、防风”等防护措施，严防钡渣发生泄漏污染周围生态环境。同时，应积极寻求多样化的、环境友好型的综合利用措施，尽可能地减小钡渣对生态环境的威胁。

（3）钡渣制备免烧砖的污染风险与污染控制对策

由于碳酸钡企业在利用钡渣制备免烧砖之前，并未对钡渣中的重金属钡进行一定的预处理，所以生产的钡渣砖仍存在一定的环境风险，仍然会对周边环境以及人体产生一定的危害。所以在使用钡渣生产免烧砖时，碳酸钡企业应当采取加药剂（芒硝）的措施对钡渣中的重金属钡进行预处理，使其不再对周边的环境或者人体产生危害，能够符合免烧砖原料的要求。

（4）钡渣制备水泥添加剂的污染风险与污染控制对策

在利用钡渣制备水泥添加剂时，存在着与制备免烧砖相同的环境风险，所以在使用钡渣生产水泥添加剂时，同样要按照要求，先对钡渣中的重金属钡进行预处理，之后方可用于生产水泥添加剂。

12.6　钛白粉行业废渣污染控制对策

12.6.1　硫酸法生产工艺废渣污染控制对策

12.6.1.1　生产工艺概况分析

硫酸法可生产锐钛型和金红石型钛白粉，其工艺大致可分为两类：一是传统硫酸法生产工艺；二是联产法硫酸法清洁生产工艺[16-18]。

（1）传统硫酸法生产工艺

传统硫酸法生产工艺是指以价低易得的钛铁矿与浓硫酸为原料生产钛白粉的传统工艺，技术较成熟，设备简单，防腐蚀材料易解决。其特点为：单线产能一般小于 5 万吨/年；仍在采用摩尔过滤机、雷蒙磨等落后设备，自动控制水平低；单位产品能耗折标煤约 1.6t，TiO_2 收率 84%；生产每吨钛白粉约产生 20%浓度的废硫酸 8t，缺少废硫酸浓缩和利用设施，废硫酸基本不能得到回收利用；七水硫酸亚铁产生量约 3t/t 钛白粉，缺少深加工手段，难于形成产品全部外销，易成为废物堆存；废酸水产生量>100t/t 钛白粉，废水处理设施不完善，不能全部达标排放；含 SO_2、酸雾和粉尘废气 3 万～3.5 万立方米/t 钛白粉，不能全部治理达标排放；酸解废渣和废水处理生成的黄石膏约 7t/t 产品，不能全部得到综合利用和妥善处置。

目前没有采取一系列改进措施，仍在沿用老的传统硫酸法工艺的企业约有 58 家，产能合计约 190 万吨/年，占全国总产能的 68%左右。

（2）联产法硫酸法清洁生产工艺

联产法硫酸法清洁生产工艺指的是：对传统硫酸法钛白粉生产工艺进行系统改进，通过综合利用和多种产品联产的方法，并采取严格的环保措施，大大提高资源利用率，同时节能、降耗、减排，实现污染物全部达标排放的清洁生产工艺。该工艺的特点为：钛白粉单线生产能力一般大于 6 万吨/年；以硫黄、钛渣、钛精矿等为主要原料，采取钛白粉与硫酸、七水硫酸亚铁及其深加工产品等联产的办法，大幅度提高资源和余热利用率，配套硫酸装置所产硫酸和副产蒸汽能满足钛白粉生产需要，单位产品能耗折标煤≤0.9t，TiO_2 收率≥90%；采用管式过滤机或全自动板框压滤机、辊压磨等先进设备代替摩尔过滤机、雷蒙磨等落后设备并提高自动控制水平，做到了工艺水套用、冷却水循环、部分中水回用，将污染物尽量消减在生产过程中；建有废硫酸浓缩回用或生产硫酸锰、硫酸铵等装置，废硫酸全部得到利用，废水中和治理产生的黄石膏50%以上用于生产建材，尽量将多种污染物变废为宝；配备工艺尾气脱硫等完善的环保设施，废水、废气全部达标排放，不能综合利用的废渣安全堆存。

随着环保法规的日趋严格和各级环保部门监管力度的加大，钛白粉行业在环保和清洁生产方面取得了质的进步。一些骨干企业根据自身的产业特点和区域经济要求，逐步做到了“三废”的综合治理和综合利用，在资源利用和能源节约方面取得了较好的成效。如山东东佳集团、四川龙蟒集团、河南佰利联等企业致力于硫酸法钛白粉清洁生产技术、节能减排技术和资源综合利用技术的研究，形成了具有特色的硫钛联产法等硫酸法钛白粉清洁生产工艺体系，为行业其他企业提供了有益的经验，其中具有代表性的包括山东东佳集团的硫—铵—钛模式、四川龙蟒集团的硫—磷—钛模式、河南佰利联的硫—铁—钛模式等。

据初步调查，达到和基本达到联产法硫酸法清洁生产工艺要求的约有6家企业，产能合计约95万吨/年，约占全国总产能的34%。其中，已经达到联产法硫酸法清洁生产工艺要求的企业有3家，即山东东佳集团、河南佰利联、四川龙蟒集团，产能合计约62万吨/年，约占全国总产能的22%。

采用硫酸法生产工艺生产钛白粉的过程中，主要产生以下废渣：

① 钛矿酸解浸取后产生的酸解残渣；

② 酸性废水和废硫酸中和处理后产生的钛石膏；

③ 钛液冷冻结晶后产生的$FeSO_4 \cdot 7H_2O$（七水硫酸亚铁）。

12.6.1.2 酸解残渣的污染控制对策与建议

（1）酸解残渣产生环节污染风险与污染控制对策

酸解残渣是指钛矿酸解浸取后剩余的废渣，每吨钛白粉约产生0.3t酸解残渣，酸解残渣的特征污染物是硫酸以及酸不溶物。酸解残渣的主要成分是未参与反应的钛铁矿、锆英石、脉石、硫酸亚铁、泥沙、游离硫酸和部分可溶的二氧化钛。酸解残渣中含有硫酸，硫酸是六大无机强酸之一，也是酸中最常见的强酸之一。

新产生的酸解残渣要尽快地收集到同一个临时堆存地点，然后整体运往浮选回收钛工段。生产工人在转移酸解残渣时应当做好防护措施，同时要防止酸解残渣发生泄漏而对生产现场造成污染。

（2）酸解残渣堆存环节污染风险与污染控制对策

由于酸解残渣中有一定含量的硫酸存在，所以在堆存过程中会有释放出有毒物质的可能性。虽然硫酸并不是易燃物质，但当其与金属发生反应后会释放出易燃的氢气，有可能会导致爆炸。另外，长时间暴露在带有硫酸成分的浮质中会使呼吸管道受到严重的刺激，更可导致肺水肿。

所以，酸解残渣在堆存过程中应按照固体废物的堆存要求对堆存场地进行建设，特

别是应根据酸解残渣的特性建立防雨、防风、防渗等设施，同时在堆场周围树立提示标志牌。

（3）酸解残渣浮选回收钛的污染风险与污染控制对策

在综合利用酸解残渣进行浮选回收渣中所含钛时，在运输过程中一定要采取一定的防护措施，不得出现泄漏现象，同时工人在上料、下料时要采取防护措施，如穿防护服、戴防护手套等，尽量避免酸解残渣与身体的接触。同时，浮选后剩余的废渣要完全混入到钛石膏当中去，不得存在残留现象。

12.6.1.3　钛石膏的污染控制对策与建议

（1）钛石膏产生环节污染风险与污染控制对策

钛石膏是指钛白粉生产过程中所产生的酸性废水以及废硫酸进行中和处理后生成的固体废物，每吨钛白粉约产生 6t 钛石膏，钛石膏的特征污染物是硫酸钙以及硫酸亚铁。

钛石膏的主要成分是二水硫酸钙，还含有一定量的硫酸亚铁等杂质，具有以下特性：

① 含水量高，黏度大，杂质含量高；

② 呈弱酸性；从废渣处理车间出来时，先是灰褐色，置于空气中二价铁离子逐渐被氧化成三价铁离子而变成红色（偏黄），故又名红泥或红、黄石膏；

③ 有时会含有少量的放射性物质，目前，我国尚未见有放射性物质超标的报道。

（2）钛石膏堆存环节污染风险与污染控制对策

占地堆存的钛石膏既浪费土地，又污染环境。当作垃圾处理的钛石膏堆砌于地面，受到雨水的冲洗，会导致钛石膏在堆砌场上的流失，同时，钛石膏经过雨水的冲刷和浸泡，可溶性有害物质溶于水，经水在环境中的流动和循环，会严重污染地表水以及地下水；另外，堆积的钛石膏经日晒后，风吹使其以粉末状飘散于大气中或沉降到可能接触到的外物表面，既污染环境又威胁健康。

所以，在对钛石膏进行堆存处置时，一定要按照堆存场地的建设要求、管理要求，做好堆存现场的建设、管理。只有按照要求对钛石膏进行安全堆存才不会对环境造成污染。

（3）钛石膏处理后替代天然石膏的污染风险与污染控制对策

钛石膏替代天然石膏用在水泥、石膏砌块等行业是目前钛石膏相对较好的综合利用方式，可减少天然石膏的开采。在钛石膏用于替代天然石膏的生产过程中要严格按照《用于水泥中的工业副产石膏》（GB/T 21371—2019）的要求进行生产。

12.6.1.4　七水硫酸亚铁污染控制对策与建议

（1）七水硫酸亚铁产生环节污染风险与污染控制对策

$FeSO_4 \cdot 7H_2O$（七水硫酸亚铁）产生于钛液冷冻结晶工段，每吨钛白粉约产生 2.8t $FeSO_4 \cdot 7H_2O$。

七水硫酸亚铁对呼吸道有刺激性，人体吸入可引起咳嗽和气短，对眼睛、皮肤和黏膜也有刺激性。七水硫酸亚铁对环境有危害，对水体可造成污染。

（2）七水硫酸亚铁堆存环节污染风险与污染控制对策

$FeSO_4 \cdot 7H_2O$ 堆存时易随降水流失污染环境，同时，$FeSO_4 \cdot 7H_2O$ 在堆存过程中会与空气中的氧气、水分发生反应生成碱式硫酸铁。碱式硫酸铁对皮肤、黏膜有刺激作用，长期接触可引起头痛、头晕、食欲减退、咳嗽、鼻塞、胸痛等症状。

所以，在七水硫酸亚铁临时堆存过程中，应尽量避免七水硫酸亚铁暴露在室外环境中，应做好防雨、防水、防风等措施。同时，在工人搬运过程中要做好防护措施，尽量避免与七水硫酸亚铁直接接触。

（3）七水硫酸亚铁制备一水硫酸亚铁的污染风险与污染控制对策

在利用七水硫酸亚铁生产一水硫酸亚铁的过程中会产生一定量的废水（即硫酸亚铁母液），该废水应当完全用于生产氧化铁黑，不得外排。

利用七水硫酸亚铁生产的一水硫酸亚铁完全符合饲料级一水硫酸亚铁技术指标的要求，完全可以用于饲料行业，建议钛白粉行业可以对该综合利用方式进行推广应用。

（4）七水硫酸亚铁制备氧化铁黑的污染风险与污染控制对策

利用七水硫酸亚铁和一水硫酸亚铁母液生产氧化铁黑，既消耗了部分钛白粉副产的七水硫酸亚铁，又消耗了生产一水硫酸亚铁时产生的废水，而且所得的氧化铁黑产品完全符合《氧化铁黑颜料》（HG/T 2250—91）的技术指标要求。氧化铁黑生产过程中不但不产生危险废物或者大量的其他废物，而且所消耗的原料是其他产品产生的废物，这种变废为宝的综合利用方式完全可以在钛白粉行业进行推广使用。

12.6.2 熔盐炉氯化法工艺废渣污染控制对策

12.6.2.1 生产工艺概况分析

目前，国内已经投产使用的氯化法生产工艺是指熔盐炉氯化法，且该方法仅有锦州钛业 1 家企业在使用。

富钛物料的熔盐氯化是在气（氯气）-固（物料）-液（熔盐）三相体系中进行的，反应过程复杂。氯气流以一定流速由炉底部喷入熔盐，对熔盐和反应物料产生强烈的搅动作用，并分散成许多细小气泡由炉底部向上移动。悬浮于熔盐中的细物料在表面张力作用下黏附于熔盐与氯气泡的界面上，随熔盐和气泡的流动而分散于整个熔体中，为在高温下进行氯化反应创造了良好条件[19,20]。

熔盐的物理化学性质（表面张力、黏度等）随其组成不同而变化，并对氯化过程产生重要影响。具有并使之保持较低表面张力和黏度的盐系，对反应物料的润湿性能好，

可减少熔盐流动阻力和增强氯气泡的活动性，这是维持正常熔盐氯化反应的必要条件。此外盐系还要具有较大的密度，使反应物料不易沉积。

熔盐中存在的少量氯化铁，在参与氯化反应时起着传递氯的催化作用，使 TiO_2 的氯化速率明显提高。

根据工艺流程和发生的化学反应可知，熔盐氯化法工艺生产过程中产生的废渣主要是氯化工段产生的废盐、除尘工段产生的除尘灰。

理论上，每生产 1t 钛白粉产品将会产生 0.15t 的废盐和 0.19t 的除尘灰。

实际上，每生产 1t 钛白粉产品将会产生 0.20t 的废盐和 0.21t 的除尘灰。

12.6.2.2　废盐的污染控制对策与建议

（1）废盐产生、堆存环节污染风险与污染控制对策

废盐是指氯化工段产生的废渣，每生产 1t 钛白粉产品将会产生 0.20t 的废盐，废盐的特征污染物有锰、钙、镁、铁等的氯化物。

废盐主要组分是 $NaCl$、$CaCl_2$、$MgCl_2$、$MnCl_2$ 等，很难找到合适的综合利用方式。由于产生量不大，目前采取的处置方式是填埋。

（2）废盐填埋处置的污染风险与污染控制对策

废盐不具有危险特性，目前主要的处置方式是安全填埋，在历史产生量不大的前提下，该方法仍然适用，但是，随着产生量的逐渐增大，就需要企业积极寻求合理的综合利用方式对废盐进行处理，从而降低废盐在大量堆存时可能产生的环境风险。

12.6.2.3　除尘渣的污染控制对策与建议

（1）除尘渣产生、堆存环节污染风险与污染控制对策

除尘渣是指采用氯化法工艺生产钛白粉过程中除尘工段产生的除尘灰，每生产 1 吨钛白粉约产生 0.21t 的除尘渣，其特征污染物主要包括钠、钾、钙、镁等的氯化物。

除尘渣主要是高钛渣中杂质的氯化物，如 $AlCl_3$、$CaCl_2$、$MgCl_2$、$MnCl_2$ 等。由于高钛渣含杂质小于 10%，因此除尘渣的产生量也不大。目前除尘渣采取加碱中和后压滤的方式处理，得到各元素的氢氧化物，对环境危害不大，但是没有合适的综合利用方式，目前采取的处置方式是水泥固化后填埋。

（2）除尘渣填埋处置的污染风险与污染控制对策

除尘渣不具有危险特性，目前主要的处置方式是进行水泥固化后安全填埋，在历史产生量不大的前提下，该方法仍然适用，但是，随着产生量的逐渐增大，就需要企业积极寻求合理的综合利用方式对除尘渣进行处理，从而降低除尘渣在大量堆存时可能产生的环境风险。

12.7 黄磷行业废渣污染控制对策

12.7.1 电炉法生产工艺废渣污染控制对策

12.7.1.1 生产工艺概况分析

我国第一台制磷电炉（100kV · A 单相）于 1942 年建于重庆市长寿县。新中国成立后，我国黄磷工业得到较快发展。我国西南地区磷矿和水电资源丰富，供应充沛，发展黄磷工业优势明显。自 20 世纪 80 年代后期至 21 世纪初，云南、贵州、四川三省的黄磷工业利用国内“西部大开发”和国外磷化工布局与结构调整的机遇获得了快速的发展，其黄磷生产能力、产量均占全国的 85%左右。近几年云南省的黄磷工业得到了迅速发展，制磷电炉容量不断扩大，有的电炉采用 7 根石墨电极，产量增幅较大。

我国制磷电炉大多是中小型的，企业规模小，布局分散；黄磷生产企业逐渐向磷矿和水电资源丰富的西南地区转移，使布局逐渐趋于合理化。

目前国内所有生产企业均采用电炉法生产工艺。

电炉法生产黄磷的大概工艺流程：将焦炭破碎，再与磷矿石、硅石经皮带输送机送入干燥机进行烘干、筛分，然后送至配料仓中，按一定比例配料后加入密闭的电炉内。磷矿石、焦炭、硅石在电炉内经三相电极输入的电能加热到 1300～1500℃，呈熔融状态，发生还原反应，其中，磷矿石中的化合磷被碳（C）还原成元素磷，含磷蒸气经导气管进入冷凝塔，经塔顶喷淋冷却，磷蒸气被水冷凝为液态黄磷与炉气中粉尘同时落入塔底受磷槽中，成为含有粉尘的粗磷。粗磷定时放入精制锅中，经热水漂洗、静置分离工序，使液态磷沉入锅底成为合格的液态黄磷。一氧化碳等气体经净化后送去综合利用。炉料中的氧化铁（Fe_2O_3）被还原生成金属铁，熔融的铁与磷反应生成磷铁，磷铁随同偏硅酸钙炉渣定期排出。

电炉法生成黄磷产生的废渣主要是磷铁、磷渣和泥磷等[21-23]。

12.7.1.2 磷铁的污染控制对策与建议

（1）磷铁产生环节污染风险与污染控制对策

磷铁是黄磷生产过程中产生的副产物，磷铁的产生过程是：磷矿石、硅石、焦炭在电炉中发生反应，炉料中的氧化铁（Fe_2O_3）被还原生成金属铁，熔融的铁与磷反应生成磷铁，磷铁随同偏硅酸钙炉渣定期排出。

磷铁是磷和铁的混合物，对环境不会造成危害，但是由于在从黄磷电炉中排出时是

高温熔融状态，需要注意工人和设备的防护措施，防止发生烫伤和因设备损坏造成的危险情况。

（2）磷铁堆存环节污染风险与污染控制对策

我国每年电炉法生产黄磷将近 100 万吨，同时产生磷铁约 15 万吨。由于磷铁的特殊用途，在市场上的销量非常好，几乎不存在堆存的情况。即使出现临时堆存，企业也是使用包装口袋在专门的堆存区进行包装保存。所以，相对来说，磷铁处置的环境风险比较小。

12.7.1.3　磷渣的污染控制对策与建议

（1）磷渣产生环节污染风险与污染控制对策

磷渣是黄磷生产过程中产生的废物，磷渣的产生过程是：磷矿石、硅石、焦炭在电炉中发生反应，磷矿石和硅石、焦炭在电炉中反应完成后在排渣时通过水淬过程形成的黄磷水淬渣就是磷渣，其主要成分是硅、钙、磷等的氧化物。磷渣和磷铁同时定期排出电炉。

（2）磷渣堆存环节污染风险与污染控制对策

我国每年电炉法生产黄磷将近 100 万吨，同时产生磷渣约 800 万吨。和水淬矿渣一样，水淬磷渣也是以玻璃体为主，其含量达到 85%～90%，所以磷渣和矿渣一样，几乎全部用于生产水泥。

随着国家禁止生产、销售和使用黏土砖强制性法规的实施，在经济欠发达和交通不便的地方用黄磷炉渣替代黏土制砖投资少，工艺技术简单，是黄磷炉渣减量化的一条出路。

有的企业用黄磷炉渣替代部分黏土或页岩研制黄磷炉渣烧结砖，黄磷炉渣掺量达 40%以上，坯料中掺入黄磷炉渣后，改善了砖坯的工艺性能，比一般烧结普通砖的烧成温度约低 100℃。有的企业利用磷石膏、黄磷炉渣生产建筑节能用砖，可有效节约天然矿产资源，实现节能减排。

由于磷渣的特性较好，所以市场需求量也大，几乎不存在堆存现象。

（3）磷渣用作水泥添加剂的污染风险与污染控制对策

磷渣玻璃体含量，达 85%～90%，是作为水泥添加剂生产水泥的很好原料，而水泥的消耗量又一直很大，所以相当一部分的磷渣送往了水泥厂。在一些需求量较大的地区，磷渣在排渣的同时便有运输车将其运往水泥厂。

水泥厂在使用磷渣进行水泥生产时，应当严格遵守水泥生产的技术规范和安全规范，防止安全事故和质量事故的发生。

12.7.1.4　泥磷的污染控制对策与建议

（1）泥磷产生环节污染风险与污染控制对策

从泥磷生产过程中的原料和生产工艺上进行分析可知，泥磷是粗磷精制加温时，由精制锅溢流管流出的溢流水经冷却沉降时产生和精制锅中浮于上层的泥磷，主要成分是元素磷和其他杂质。泥磷由于具有特别强的酸性和可自燃性，所以是危险废物。

在生产过程中应当特别注意泥磷不得与空气接触，以防止自燃现象的发生；同时，工人在运送泥磷时应当特别注意尽量不要直接接触泥磷。

（2）泥磷堆存环节污染风险与污染控制对策

目前，黄磷生产企业一般会先将泥磷进行临时的水封堆存，待达到一定的堆存量之后，再进行综合利用。在水封堆存过程中，企业要做好安全防护措施和应急处理措施，防止由于错误操作造成的危险事故发生。

（3）泥磷回收黄磷的污染风险与污染控制对策

泥磷本身是危险废物，所以所有的黄磷生产企业在对其进行处理时，均是采用蒸磷法回收其中的黄磷后再做堆存处理。蒸磷法回收黄磷既降低了其酸性，也降低了其可自燃性，所以回收黄磷后的泥磷渣不再具有危险特性。

目前国内黄磷行业的产能为220万吨/年，产量为100万吨/年，每年会产生将近15万吨的处理后的泥磷渣。虽然处理后的泥磷渣不再具有危险特性，但是由于其酸性依然较强，所以在堆存过程中一定要做好防腐蚀措施。在对泥磷进行堆存处置时，一定要按照堆存场地的建设要求、管理要求，做好堆存现场的建设、管理。只有按照要求对泥磷进行安全堆存才不会对生态环境造成污染。

同时，要尽快寻找能够解决回收磷后泥磷渣的再次综合利用的途径，以更好地解决其堆存的问题。

12.8 硼砂行业废渣污染控制对策

12.8.1 碳碱法生产工艺废渣污染控制对策

12.8.1.1 生产工艺概况分析

碳碱法是目前使用最广泛的方法，其工艺过程为：硼镁矿粉加纯碱溶液，通入CO_2进行碳解、过滤，洗水回用于碳解配料，滤液适度蒸发浓缩、冷却结晶、离心分离得到硼砂，母液直接回用于碳解配料。碳碱法制取硼砂工艺具有流程短、硼砂母液可循环利用、碱的利用率高、B_2O_3收率较高、设备和厂房需用量较少、基建投资低等优点，特别是该法可加工低品位硼镁矿，适合中国硼矿资源的特点。

碳解是碳碱法生产硼砂中最重要的步骤，影响碳解的因素有硼矿石焙烧质量、矿粉细度、碱量、液固比、反应温度以及CO_2分压等。其中，CO_2分压对反应速率和碳解率起着决定性的作用。CO_2分压越高，反应速率越快，碳解时间越短，最终碳解率也越高。CO_2分压取决于反应压力、窑气中CO_2浓度和反应温度。在反应总压力一定时，温度越

高，水蒸气压力也越高，而 CO_2 分压则相应下降。在生产控制上，反应温度以 125～135℃为宜，温度再高，并无必要。

与其他硼砂生产工艺相比，碳碱法的优越性表现在以下几方面：

① 工艺流程短，硼砂母液可直接回用于分解硼镁矿粉，生产设备相应简化，基建投资相应较少；

② 操作损失较少，B_2O_3 收率和碱利用率都较高；

③ 纯碱价格较低，且较易得；

④ 料液腐蚀性小，操作较安全，设备材料易解决，滤布损耗较少；

⑤ 加适量或微过量的碱，可加工品位较低（8%以上）的硼镁矿。

碳碱法生产硼砂产生的废渣主要是硼泥[24,25]。

12.8.1.2 硼泥的污染控制对策与建议

（1）硼泥产生环节污染风险与污染控制对策

硼泥主要来自硼镁矿碳解、过滤后的剩余残渣，具体过程是硼镁矿经过煅烧和粉碎形成熟矿粉，在硼镁矿熟矿粉中加入纯碱溶液和母液，再通入 CO_2 进行碳解，碳解后的溶液经过过滤，剩余的残渣便是硼泥。

硼泥的化学组成与所用原料有关，所用原料产地不同，硼泥的组分也有很大的差异，如宽甸地区的硼泥 MgO 含量较高，凤城地区的硼泥 Fe_2O_3 含量较高，营口大石桥地区的硼泥 SiO_2 含量较高。

硼泥的污染主要是硼泥的强碱性造成的，一般硼泥有毒物质含量极微，没有放射性。

（2）硼泥堆存环节污染风险与污染控制对策

我国每年碳碱法生产硼砂 35 万吨左右，同时产生碱性硼泥约 140 万吨，多年来硼砂生产积存大量硼泥，在硼砂产地，硼泥堆积如山。大量硼泥除少量应用于生产硼镁肥、硼镁磷肥等化学肥料之外，大部分的硼泥基本作废物堆存处理。

如果硼泥处置不当，乱堆乱放任其受雨水冲刷，就会使硼泥中的水溶性硼和碱向外渗透，造成周围土壤硼含量升高和盐碱化，硼泥堆的表面也会覆盖一层呈白色的盐碱。硼泥颗粒较细，在失去水分后常常会随风飞散，对大气环境产生污染。

所以，在对硼泥进行堆存处置时，一定要按照堆存场地的建设要求、管理要求，做好堆存现场的建设、管理。只有按照要求对硼泥进行安全堆存才不会对环境造成污染。

（3）硼泥用于生产硼镁肥、硼镁磷肥等化学肥料的污染风险与污染控制对策

通过对硼砂企业对硼泥进行综合利用所生产的硼镁肥的检测分析，可知硼镁肥中硼和镁的含量较高，基本达到了做肥料的要求，可以用于农业生产。但是由于硼镁肥生产过程中需要使用稀硫酸，所以要保证稀硫酸的安全使用，不能造成综合利用过程中的二次污染。同时，硼泥综合利用于生产硼镁肥，既降低了硼泥的堆存量，也提高了企业的利润，所以应该制定一些鼓励政策，开拓硼泥制备硼镁肥等化学肥料的市场和销路。

12.9 氧化镁行业废渣污染控制对策

12.9.1 碳化法生产工艺废渣污染控制对策

12.9.1.1 碳化法生产工艺概况分析

主要流程是菱镁矿经煅烧、消化、碳化、过滤、热解、灼烧生成轻质氧化镁。具体过程如下：菱镁矿与无烟煤（或焦炭）按一定比例（煤：矿石=1：10）均匀加入窑内，经 800～900℃煅烧，矿石分解成轻烧镁和 CO_2，轻烧镁由窑下两侧溜口均匀放出，冷却后粉碎，加水消化（配料），然后用离心泵送至碳化塔内；同时窑上引出的 CO_2，经除尘洗涤脱硫，冷却后用空压机送至碳化塔，进行碳酸化反应。碳化完成液用离心泵打至脱水机脱渣，滤液（重镁水）打入分解塔，通入蒸汽加热分解。分解后的悬浮液用离心泵打入脱水机脱水，滤饼为碱式碳酸镁湿料，经热风干燥即为轻质碳酸镁，再经高温焙烧，即生成轻质氧化镁。

碳化法生产氧化镁产生的废渣主要是镁渣[26]。

12.9.1.2 镁渣的污染控制对策与建议

（1）镁渣产生环节污染风险与污染控制对策

镁渣主要来源是碳酸氢镁溶液离心分离后产生的残渣。具体过程是菱镁矿经过煅烧、粉碎，加水消化之后通入二氧化碳进行碳酸化反应，再经离心分离产生的废渣便是镁渣。

（2）镁渣堆存环节污染风险与污染控制对策

在实际生产过程中，生产每吨氧化镁产品会产生 0.25t 的镁渣，镁渣的主要成分是 MgO、SiO_2、Fe_2O_3、Al_2O_3、CaO 等。

由于镁渣的产生量相对较小，所以占地面积也不大，但是在临时堆存时仍要做好防护措施，因为如果镁渣处置不当，乱堆乱放任其受雨水冲刷，就会使镁渣中的水溶性金属成分和碱性物质向外渗透，造成周围土壤中的金属含量升高和盐碱化。

所以，在对镁渣进行堆存处置时一定要按照堆存场地的建设要求、管理要求，做好堆存现场的建设、管理。只有按照要求对镁渣进行安全堆存才不会对周围环境造成污染。

（3）镁渣填埋废矿坑、作为路基材料铺路的污染风险与污染控制对策

目前，国内氧化镁行业的产能为 150 万吨/年，产量为 100 万吨/年。每年新产生废渣约 20 万吨，镁渣由于其组成物质的利用价值较低，且其中镁含量也不高，所以暂时没有较好的可综合利用途径。常见的镁渣利用方式是填埋废矿坑或者作为路基材料进行铺路，虽然利用方式相对较低端，但是由于其产生量相对较低，暂时也未出现大量堆存现象。

镁渣的分析结果与《危险废物鉴别标准　浸出毒性鉴别》（GB 5085.3—2007）比较可以发现，镁渣无重金属超标现象，不具有较明显的环境风险，不会对环境造成较严重的影响。所以使用镁渣填埋废矿坑或作为路基材料进行铺路是可行的。

镁渣中镁的含量虽然不是特别高，但是也达到了30%（以MgO计）左右，后期可针对镁渣中镁的回选重用做一些研究工作，以提高镁渣的利用价值。

12.9.2　菱镁矿硫酸、碳酸铵法生产工艺废渣污染控制对策

12.9.2.1　菱镁矿硫酸、碳酸铵法工艺概况分析

主要原理是菱镁矿经煅烧生成轻烧镁粉，轻烧镁粉经浓硫酸酸化生成硫酸镁溶液，溶液经板框过滤后与碳酸铵进行碳化反应生成碳酸镁，板框过滤产生的滤渣即是镁渣，碳化过程中产生的硫酸铵返回到酸化工序与浓硫酸一起对轻烧镁粉起酸化反应。生成的碳酸镁经焙烧生成医药级氧化镁产品。

菱镁矿硫酸、碳酸铵法生产氧化镁产生的废渣主要是镁渣[27,28]。

12.9.2.2　镁渣的污染控制技术

（1）镁渣产生环节污染风险与污染控制对策

不同的氧化镁生产工艺对产生的镁渣组分基本没有太大影响，所以菱镁矿硫酸、碳酸铵法工艺产生镁渣的污染控制对策可参照碳化法工艺镁渣的污染控制对策。

（2）镁渣堆存环节污染风险与污染控制对策

不同的氧化镁生产工艺对产生的镁渣组分基本没有太大影响，所以菱镁矿硫酸、碳酸铵法工艺产生镁渣的污染控制对策可参照碳化法工艺镁渣的污染控制对策。

（3）镁渣填埋废矿坑、作为路基材料铺路的污染风险与污染控制对策

不同的氧化镁生产工艺对产生的镁渣组分基本没有太大影响，所以菱镁矿硫酸、碳酸铵法工艺产生镁渣的污染控制对策可参照碳化法工艺镁渣的污染控制对策。

12.10　硫酸锰行业废渣污染控制对策

12.10.1　生产工艺概况分析

硫酸锰产品生产有多种工艺，国内外正在应用的包括软锰矿高温焙烧法、软锰矿与

硫铁矿焙烧法、菱锰矿酸浸法、对苯二酚副产回收法、两矿加酸浸出法等。传统硫酸锰企业以软锰矿为原料，采用高温焙烧工艺为主，近年来多数新建和扩建硫酸锰企业以两矿加酸浸出工艺为主[29-32]。

（1）软锰矿高温焙烧工艺

硫酸锰高温焙烧 - 酸浸法是一个较为成熟的传统工艺。目前，国内大多数厂家仍然采用这种方法生产硫酸锰。其工艺流程可描述为：软锰矿→还原焙烧→硫酸浸出→净化→蒸发结晶→干燥→产品。软锰矿的还原焙烧工序需要在还原性气氛下进行，工业上常采用煤粉作为还原剂，焙烧温度为 750～900℃。软锰矿经还原焙烧生成的 MnO 是碱性氧化物，把浓度为 10%～15%的稀硫酸加入焙烧渣中浸出，便可得到粗硫酸锰溶液。软锰矿的主要成分为 MnO_2，还含有 Fe_2O_3、MgO、Al_2O_3、CaO 等杂质。高温焙烧酸解后得到粗硫酸锰溶液，还含有多种金属杂质。粗硫酸锰溶液通常会先采用双氧水将 Fe^{2+}氧化成 Fe^{3+}，再用石灰水调 pH 值至 5～6，使铁和铝形成氢氧化物沉淀；过滤后在滤液中加入硫化物，除去 Ca、Mg 等杂质。经过净化除杂得到硫酸锰的精滤液，即可进行蒸发结晶操作，再经过干燥工序即可得到硫酸锰产品。

该工艺酸浸过滤得到的滤渣即为锰渣，后续除铁、硫化除杂的滤渣量较少，通常与锰渣一并处理处置。

（2）两矿加酸浸出工艺

两矿加酸浸出法与高温焙烧酸浸法主要区别在于前段工序不同，前者不需要进行高温焙烧，而是采用黄铁矿（FeS_2）作为还原剂，使软锰矿中的 Mn^{4+}还原成 Mn^{2+}进入浸出液。得到粗硫酸锰溶液后二者工序大致相同，都是通过除杂精制、蒸发结晶得到硫酸锰产品。

两矿一步酸浸法的浸出过程是一个多相的氧化还原反应，其反应机理非常复杂，各文献的报道也不尽相同。一般都是基于对黄铁矿（FeS_2）氧化生成不同的产物进行分析的。该工艺目前逐渐被我国硫酸锰厂家采用，优点在于省掉了高温还原焙烧工序，改善了操作环境，降低了原料消耗，浸取、中和除铁、除重金属都是在同一反应槽中一次完成，固液分离容易。利用 Fenton 试剂的催化氧化作用对还原阶段的后期进行了改进，使锰矿中锰的利用率从现行工艺的 83%提高至 91%。缺点是，反应温度需要控制在 95℃以上，除了能耗增大外，由于产生大量蒸汽，还给生产操作带来不便。

12.10.2 锰渣污染控制对策与建议

12.10.2.1 锰渣产生环节污染风险与污染控制对策

锰渣主要是锰矿粉经过硫酸浸泡后再经过压滤机过滤得到的剩余矿渣。部分企业由于加酸浸出和氧化除铁等操作都是在化合桶一个设备内完成的，再经粗压机分离固液，因此得到的锰渣就包含了不能浸出的矿渣和氧化除铁渣。后续除杂过程中产生的硫化渣

和静置除钙镁的精滤渣等由于量少和工艺操作便利性，通常都与锰渣一并处理处置。锰渣目前缺乏适用的综合利用途径，主要以堆存填埋为主，主要管控手段应以减量化为主。硫酸锰生产过程采用品位较高的软锰矿石或经过浮选、磁选预处理的锰矿石能够有效减少锰渣的产生量。

12.10.2.2　锰渣堆存环节污染风险与污染控制对策

锰渣主要堆存于渣场以及厂内的临时渣场。锰渣为酸解残渣，呈酸性，含有多种重金属，并含有大量氨氮和硫酸盐；堆放锰渣经雨水淋溶会产生含有多种污染物的渗滤液，若渗入土壤或排入河流，会对地表水和地下水造成严重污染和破坏。因此厂内的临时堆渣场一般要设置在室内防止雨水浸淋，厂外的渣场应按要求（一般工业固体废物Ⅱ类）选址建设，渣场要有防渗措施，渣场四周应设置排水沟等，渣场下游要设有渗滤液收集处置设施，渣场上下游要对地下水污染进行长期监测。

锰渣颗粒粒径很小，露天堆放的锰渣经过长时间日晒风干后，很容易进入大气，并能飘散很远，对周边很大范围内的空气质量造成不良影响。因此，厂内的锰渣应定期清理运至渣场堆存，厂外的渣场应及时清渣，并在锰渣堆存填埋到一定高度后适时进行覆土覆盖，达到设计库容的渣场应及时封场覆土绿化。

参 考 文 献

[1] 魏而宏. 我国硫铁矿制酸现状、存在问题及建议[J]. 硫酸工业, 2002（06）: 1-4.
[2] 李俊峰. 硫酸生产烧渣浸出特性研究[D]. 武汉: 武汉工程大学, 2012.
[3] 刘娟, 王津, 陈永亨, 等. 硫铁矿和冶炼废渣中毒害重金属形态分布特征及环境效应的研究[J]. 地球环境学报, 2013, 4（02）: 1243-1248.
[4] 李艳丽. 硫酸厂废水污泥浸出特性研究[D]. 武汉: 武汉工程大学, 2012.
[5] 陈佳星, 张韵竹. 氯碱产业发展及存在的问题[J]. 化工设计通讯, 2020, 46（11）: 157-158.
[6] 张文雷. 中国氯碱行业碳排放现状及碳减排实施路径[J]. 中国氯碱, 2022（01）: 1-3, 10.
[7] 何立柱, 贾丽丽. 纯碱行业发展新格局探析[J]. 柴达木开发研究, 2022（01）: 42-48.
[8] 尚建壮, 石青松. 我国纯碱行业发展回顾及未来发展重点[J]. 化学工业, 2020, 38（01）: 13-17.
[9] 张晨鼎. 2017 年国外纯碱工业发展概况与趋势[J]. 纯碱工业, 2018（06）: 3-7.
[10] 陈宁, 董明甫, 黄玉西, 等. 铬盐产业绿色发展现状及展望[J]. 无机盐工业, 2018, 50（10）: 10-13.
[11] 纪柱. 铬盐发展方向——开发铬盐新产品、新用途[J]. 无机盐工业, 2014, 46（10）: 1-7.
[12] 张树龙, 张焕祯, 王智丽, 等. 铬盐清洁生产工艺研究进展[J]. 无机盐工业, 2014, 46（02）: 6-9, 30.
[13] 陈英军, 王缓. 我国碳酸钡的市场现状和发展方向[J]. 现代化工, 2002（05）: 53-55.
[14] 尚方毓, 胡昉, 苏小红. 浅谈国内沉淀硫酸钡生产现状及发展趋势[J]. 无机盐工业, 2015, 47（01）: 1-4.
[15] 叶丽君. 钡、锶盐行业发展现状及存在问题[J]. 现代化工, 2006（02）: 10-13.
[16] 毕胜. 近年中国钛白粉行业基本状况及发展展望[J]. 钢铁钒钛, 2021, 42（02）: 1-4.
[17] 龚家竹. 中国钛白粉行业 60 年发展历程及未来发展趋势[J]. 无机盐工业, 2020, 52（10）: 55-63, 83.
[18] 赵丁, 刘峰, 张美杰, 等. 我国钛白粉制备工艺的现状及发展方向[J]. 化纤与纺织技术, 2021, 50（12）: 51-53.
[19] 刘红星. 我国氯化钛白行业发展面临的竞争与挑战[J]. 有色金属设计, 2021, 48（02）: 125-128.
[20] 李亚东, 徐征, 张汉平, 等. 钛白粉可持续发展能力探究[J]. 化工设计通讯, 2021, 47（09）: 89-90.

[21] 王辛龙，许德华，钟艳君，等. 中国磷化工行业 60 年发展历程及未来发展趋势[J]. 无机盐工业, 2020, 52（10）: 9-17.
[22] 崔继荣，高永峰. 我国磷化工发展现状及措施建议[J]. 肥料与健康, 2020, 47（04）: 1-4.
[23] 贾燕燕. 我国磷化工产业现状及发展建议[J]. 中国石油和化工标准与质量, 2020, 40（10）: 140-141.
[24] 胡伟，杨晓军，符寒光. 含硼矿中硼的提取工艺技术现状及趋势[J]. 有色金属科学与工程, 2015, 6（06）: 65-70.
[25] 仲剑初，宁桂玲. 中国含硼无机产品 60 年发展历程及未来发展趋势[J]. 无机盐工业, 2020, 52（10）: 1-8.
[26] 叶其奎，于方，熊建波，等. 氧化镁膨胀剂的应用现状研究进展[C]//. 第六届“全国先进混凝土技术及工程应用”研讨会论文集, 2018: 33-41.
[27] 刘家辉，宁志强，谢宏伟，等. 氧化镁的制备方法及发展趋势综述[J]. 有色金属科学与工程, 2021, 12（03）: 12-19.
[28] 宗俊. 国内外特种氧化镁现状及发展趋势[C]//. 2018 年镁化合物行业年会暨行业发展论坛论文集, 2018: 123-132.
[29] 刘建本，陈上，鲁广. 硫酸锰的生产技术及发展方向[J]. 无机盐工业, 2005（09）: 5-7.
[30] 葛晓霞. 黄兴镇硫酸锰行业地下水污染及其治理研究[D]. 长沙: 湖南大学, 2004.
[31] 胡爱民. 硫酸锰发展亟待突破三大瓶颈[N]. 中国化工报, 2010-06-11（003）.
[32] 李维健. 我国锰行业湿法产品发展趋势[J]. 中国锰业, 2021, 39（06）: 1-4.